UTB **3331**

Eine Arbeitsgemeinschaft der Verlage

Böhlau Verlag · Köln · Weimar · Wien
Verlag Barbara Budrich · Opladen · Farmington Hills
facultas.wuv · Wien
Wilhelm Fink · München
A. Francke Verlag · Tübingen und Basel
Haupt Verlag · Bern · Stuttgart · Wien
Julius Klinkhardt Verlagsbuchhandlung · Bad Heilbrunn
Lucius & Lucius Verlagsgesellschaft · Stuttgart
Mohr Siebeck · Tübingen
Orell Füssli Verlag · Zürich
Ernst Reinhardt Verlag · München · Basel
Ferdinand Schöningh · Paderborn · München · Wien · Zürich
Eugen Ulmer Verlag · Stuttgart
UVK Verlagsgesellschaft · Konstanz
Vandenhoeck & Ruprecht · Göttingen
vdf Hochschulverlag AG an der ETH Zürich

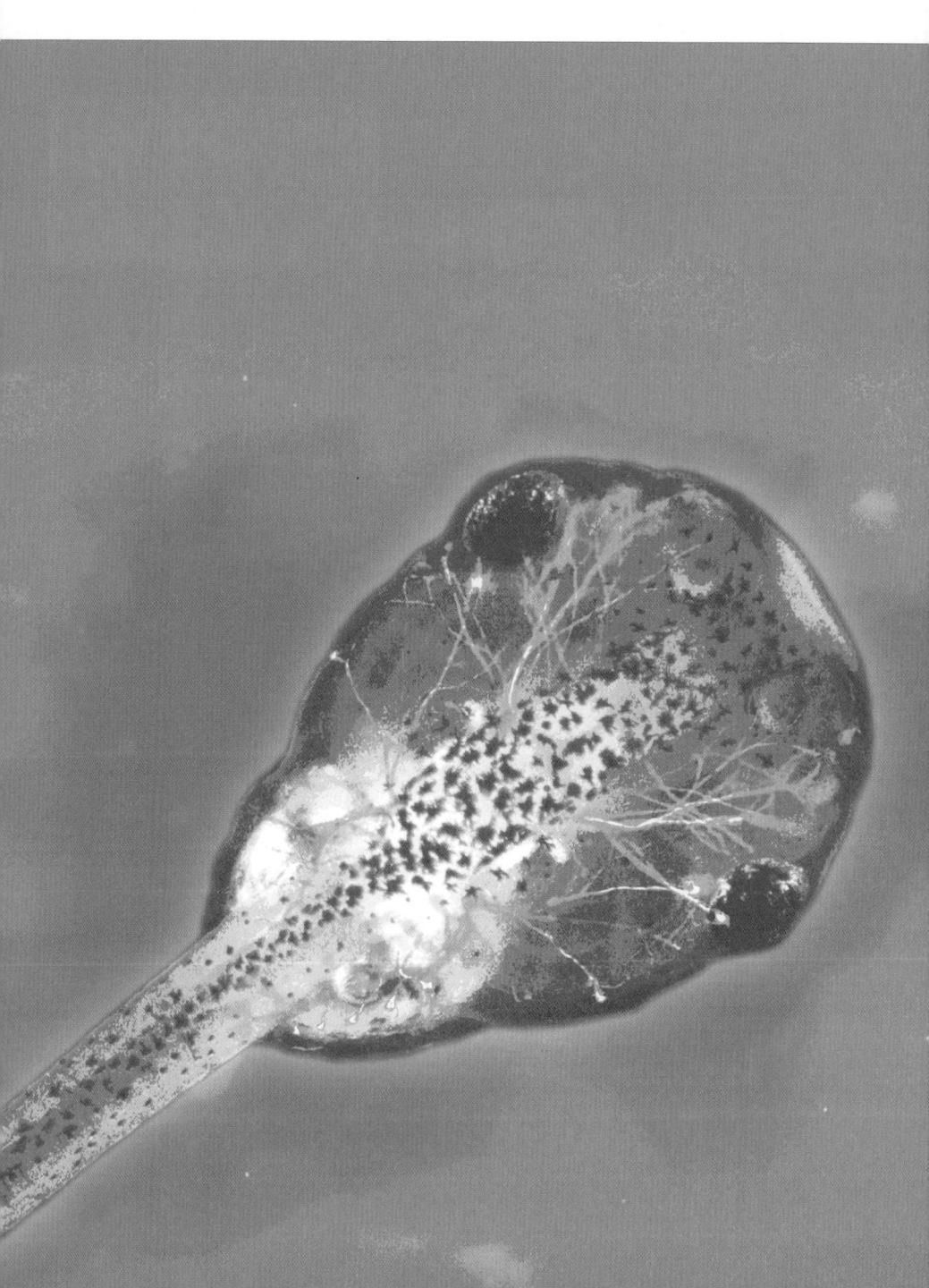

MICHAEL KÜHL | SUSANNE GESSERT

Entwicklungs-biologie

146 Abbildungen
6 Tabellen

UTB basics

Verlag Eugen Ulmer Stuttgart

Inhaltsverzeichnis

Vorwort

Die Entwicklungsbiologie ist eine hoch aktuelle Teildisziplin der Biologie. Das Verständnis der Prinzipien und molekularen Mechanismen, welche die Entwicklung von Vertebraten wie Invertebraten steuern, ist nicht nur von rein akademischem Interesse, sondern hat uns auch tiefe Einblicke in die Entstehung verschiedener Erkrankungen des Menschen geliefert. Die Fähigkeit zur Organregeneration inspiriert viele Forscher, nach Möglichkeiten zu suchen, auch im menschlichen Körper diese Mechanismen zu reaktivieren. Ausgehend von der Entwicklungsbiologie hat sich mit der Stammzellbiologie in den letzten Jahren ein neuer Forschungszweig entwickelt, der in seiner Bedeutung die gesamte Gesellschaft durchdringt und vermutlich langfristig die Medizin tief beeinflussen wird. Die Erkenntnisse der Entwicklungsbiologie haben für die Stammzellbiologie herausragende Bedeutung. Aus diesem Grunde finden sich heutzutage an vielen Universitäten bereits in den grundständigen Bachelorstudiengängen einführende Lehrveranstaltungen, welche dieses Fach abdecken. Dieses Buch ist gerade für Studenten dieser Studiengänge geschrieben.

Das Buch vermittelt die Grundlagen der Entwicklungsbiologie und fokussiert auf wichtige Prinzipien, die zugrunde liegenden molekularen Mechanismen und wichtige methodische Ansätze. An vielen Stellen wäre es aus Sicht eines Entwicklungsbiologen sicher wünschenswert gewesen, die Oberfläche zu verlassen und an der einen oder anderen Stelle eine tiefer gehende Darstellung zu geben. Der begrenzte Platz für dieses einführende Lehrbuch hat hier Einhalt geboten. Wir sind jedoch der Ansicht, dass für Studenten der grundständigen Studiengänge zunächst eine einführende Darstellung in das Fach an erster Stelle stehen sollte. Eine Überfrachtung mit Details wäre einem Verständnis der Prinzipien initial sicher hinderlich.

Dieses Buch beruht auf einer Vorlesung, die wir seit einigen Jahren für Bachelorstudenten der Studiengänge Molekulare Medizin, Biologie und Biochemie an der Universität Ulm halten. Weitergehende Lehrbücher, Übersichtsartikel und Originalarbeiten, die uns bei der Zusammenstellung unserer Vorlesung inspiriert haben, sind in den

Literaturangaben zu den einzelnen Kapiteln wiedergeben. Den interessierten Lesern seien sie zur weiteren Lektüre empfohlen.

Einer ganzen Reihe von Kollegen möchten wir besonders danken, da ihr Beitrag, ob Fotos oder Anmerkungen zu den Texten, wesentlich zum Gelingen dieses Buches beigetragen hat. Fotos für die Abbildungen haben freundlicherweise Martin Blum (Stuttgart), Thomas Brand (Würzburg, jetzt London), Thomas Holstein (Heidelberg), Gregg Duester (La Jolla), Daniel Maurus (Cambridge), Melanie Philipp (Duke), Elisabeth Pollerberg (Heidelberg), Einhard Schierenberg (Köln), Diane Slusarski (Iowa), Octavian Voiculescu (London), Stephan Wacker (Ulm), Doris Wedlich (Karlsruhe) sowie die Mitglieder unseres Institutes Verena Bugner, Barbara Kracher, Tabea Mann, Petra Pandur, Tata Rao, Ovidiu Sirbu und Aleksandra Tecza bereitgestellt. Des Weiteren danken wir Stephan Wacker (Ulm) und Hans Jansen (Niederlande), die uns die ersten zwei Filme für die dieses Buch begleitende Internetseite zur Verfügung gestellt haben. Auch danken wir Nils und Laura Kühl für die Fotos, die sie mit viel Einsatz bei einem Besuch in der Wilhelma in Stuttgart aufgenommen haben. Weiterhin gilt unser Dank den Kollegen und Kolleginnen, die einzelne Kapitel auf Fehler und Verständlichkeit geprüft haben und deren Hinweise sehr hilfreich waren: Dietmar Gradl (Karlsruhe), Jörg Großhans (Göttingen), Thomas Hollemann (Halle), Walter Knöchel (Ulm), Daniel Maurus (Cambrigde), Tomas Pieler (Göttingen) sowie Verena Bugner, Isabel Burkhart, Petra Dietmann, Franziska Herrmann, Hans Kestler, Tabea Mann, Petra Pandur und Ilona Stein von der Universität Ulm. Fehler, die sich trotz aller Bemühungen eingeschlichen haben sollten, gehen einzig und allein auf unser Konto. Abschließend sei Frau Alessandra Kreibaum und Herrn Jürgen Sprenzel vom Ulmer-Verlag gedankt, die uns während der Zeit der Vorbereitung dieses Buches freundlich und kompetent begleitet haben.

Den Lesern und Leserinnen unseres Buches wünschen wir viel Spaß bei der Lektüre. Wir hoffen, den Stoff übersichtlich und verständlich präsentiert zu haben.

Ulm, September 2009
Prof. Dr. Michael Kühl, Dr. Susanne Gessert

Was ist Entwicklungsbiologie: Ein kurzer Überblick | 1

Die Entwicklungsbiologie beschäftigt sich mit der Frage, wie aus einer einzelnen befruchteten Eizelle ein ausgewachsener Organismus mit all seinen verschiedenen spezialisierten Zelltypen und seinen komplexen Strukturen entstehen kann. Die individuelle Entwicklung beginnt meist mit der Verschmelzung von Eizelle und Spermium, wobei sich einige Organismen auch asexuell reproduzieren können. Im Laufe der nachfolgenden Embryonalentwicklung bilden sich aus einer einzelnen, nicht spezialisierten Zelle verschiedenste Zelltypen, die zu komplexen Strukturen und Organen wie beispielsweise dem Herzen, dem Auge oder dem Gehirn organisiert sind. Daraus ergeben sich die zentralen Problemstellungen der heutigen, molekular orientierten Entwicklungsbiologie: Wie entstehen während der embryonalen Entwicklung unterschiedlich spezialisierte Zelltypen? Wie werden die Achsen des Körpers festgelegt? Wie werden verschiedene Zellen zu komplexen Organen organisiert? Woher erhält eine Zelle ihre Instruktionen, einen bestimmten Entwicklungsweg einzuschlagen? Wie wandern Zellen während der embryonalen Entwicklung an den Ort ihrer Bestimmung? Eine einführende Bestandsaufnahme unseres heutigen Wissens bezüglich dieser Teilfragen ist zentrales Anliegen dieses Buches.

Historisch gesehen nähert sich die Entwicklungsbiologie, bedingt durch methodische und apparative Möglichkeiten, ihren zentralen Fragestellungen aus unterschiedlichen Richtungen. Ursprünglich hat sich die Entwicklungsbiologie mit der Beschreibung der Veränderungen eines Organismus beschäftigt, die während dessen Reifung zu beobachten sind. Die Anfänge dieser beschreibenden Entwicklungsbiologie reichen bis in die Zeit von Aristoteles (384–322 v. Chr.) zurück; aber auch heute finden sich rein deskriptive Arbeiten. Mithilfe moderner Mikroskope versucht man beispielsweise, das Verhalten einzelner Zellen in einem lebenden Organismus zu untersuchen. In diesem Zusammenhang spricht man vom *Life Cell Imaging*. Im Gegensatz zur beschreibenden versucht die experimentelle Entwicklungsbiologie darüber hinaus die zugrunde liegenden Zusammenhänge und Mechanismen der zuvor beschriebenen Entwicklungsprozesse aufzudecken. Die klassische, experimentelle Entwicklungsbiologie hat beispielsweise untersucht, welches Schicksal Gewebestücken eines Embryos zuteil wird, die aus dem sich entwickelnden Organismus entfernt und in Kultur genommen werden (Explantate); wie sich Gewebestücke verschiedener Regionen eines Embryos beeinflussen, wenn sie in Kultur zusammen gebracht werden; oder was passiert, wenn Gewebestücke von einem Embryo in einen anderen transplantiert werden. Früher erfolgte die Analyse solcher Experimente mithilfe histologischer Verfahren, während heute die Untersuchung molekularer Marker im Vordergrund steht. Solche Arbeiten haben zur Entdeckung der Induktion geführt, bei welcher ein Gewebe Signalmoleküle abgibt, die von einem anderen Gewebe empfangen werden und das daraufhin mit einer geänderten Entwicklung reagiert (siehe Kapitel 3). Hans Spemann (1869–1941) hat für diese Entdeckung 1935 den Nobelpreis für Medizin erhalten. Heute untersucht man die molekularen Ursachen der Entwicklungsprozesse z.B. auf Ebene der Gene (Entwicklungsgenetik) oder auf dem Gebiet der zellulären Signalverarbeitung (Entwicklungsbiochemie). Die Interaktion mit anderen Wissenschaftsdisziplinen wie Genetik, Biochemie, Molekularbiologie oder Biophysik wird dabei immer wichtiger. Eine Teildisziplin der Entwicklungsbiologie beschäftigt sich mit der Evolution entwicklungsgenetischer Programme. Dieses Teilgebiet wird meist kurz und etwas umgangssprachlich als EvoDevo bezeichnet.

Molekularer Marker:
Molekül, meist RNA oder Protein, welches die Identität eines Zelltyps nachweist.

1.1 | Grundlegende Prinzipien der Entwicklung

Die Fragestellungen der Entwicklungsbiologie werden an verschiedenen Modellorganismen untersucht. Entscheidend ist dabei, dass sich die Gemeinschaft der Wissenschaftler auf einige wenige Organismen geeinigt hat, um einerseits einen Vergleich der von einzelnen Wissenschaftlern erzielten Ergebnisse mit denen anderer zu ermöglichen, andererseits aber auch, um die Reproduzierbarkeit der Befunde zu erleichtern. Für viele Modellorganismen der Entwicklungsbiologie liegt mittlerweile auch die Sequenz des Genoms vor. Bei der Auswahl der verwendeten Organismen waren ganz unterschiedliche Parameter von Bedeutung, wie z.B. die Unterscheidung zwischen Vertebraten und Invertebraten, die Generationszeit, die Möglichkeit, Veränderungen am Erbgut vorzunehmen, die Haltungsbedingungen aber auch die Haltungskosten. Heutzutage konzentrieren sich die Arbeiten auf dem Gebiet der

Genom:
Gesamtes Erbgut eines Organismus

Vertebraten:
Tiere mit Wirbelsäule

Invertebraten:
Tiere ohne Wirbelsäule, Wirbellose

Entwicklungsbiologie im Wesentlichen auf die Invertebraten *Caenorhabditis elegans* (der Fadenwurm) und *Drosophila melanogaster* (die Taufliege, im englischsprachigen Raum auch als *fruit fly* bezeichnet) sowie auf die Vertebraten *Danio rerio* (der Zebrafisch), *Xenopus laevis* (der südafrikanische Krallenfrosch), *Gallus gallus* (das Huhn) und *Mus musculus* (die Maus). Auch Hydra (der Süßwasserpolyp) und der Seeigel werden zur Bearbeitung verschiedener Fragestellungen gerne herangezogen. Die angesprochenen Modellorganismen werden wir im Rahmen der einzelnen Kapitel im Detail gesondert besprechen. Auch auf dem Gebiet der Pflanzenentwicklung sind Modellorganismen etabliert, wie beispielsweise *Arabidopsis thaliana*, die Acker-Schmalwand. Auf die Entwicklung der Pflanze wollen wir aus Platzgründen in diesem Buch nicht eingehen. Der interessierte Leser sei in diesem Zusammenhang auf die weitergehenden Lehrbücher der Entwicklungsbiologie oder der Botanik verwiesen.

Den komplexen Entwicklungsvorgängen während der Embryogenese liegen einige, sich wiederholende und einheitliche Prinzipien zugrunde. Die individuelle Entwicklung beginnt allgemein mit der Verschmelzung des Spermiums mit einer Eizelle (siehe dazu Kapitel 2). Während die befruchtete Eizelle aus einer einzelnen Zelle besteht, finden wir im ausgewachsenen und voll entwickelten, adulten Organismus sehr viele Zellen vor (ca. 10^{13} beim Menschen). Dies bedeutet, dass während der embryonalen Entwicklung Zellvermehrung, also Zellproliferation, stattfinden muss. So kommt es nach der Befruchtung zu einer Serie schnell aufeinander folgender Zellteilungen, die als Furchungsteilungen bezeichnet werden. Durch diese wird der sich entwickelnde Embryo in immer kleinere Zellen geteilt, da gleichzeitig keine Volumenzunahme stattfindet. Nach mehreren erfolgten Zellteilungen hat sich der Embryo in einen Zellhaufen verwandelt, der im Inneren einen mit Flüssigkeit gefüllten Hohlraum aufweist. Je nach Spezies spricht man von einer Blastula (z.B. bei *Xenopus laevis*) oder einer Blastocyste (z.B. bei Säugern). Es ist leicht ersichtlich, dass der Zellzyklus während der Embryogenese streng reguliert werden muss, wobei neben der Zellproliferation zudem Apoptose stattfindet (siehe dazu als Beispiele die Entwicklung des Fadenwurmes *C. elegans*, Kap. 7.3, oder der Finger, Kapitel 9.3).

Während die Eizelle nicht differenziert ist, liegen am Ende der Embryonalentwicklung viele spezialisierte Zelltypen vor. Diese unterschiedliche Aufgabenverteilung erfolgt in Zellen, die grundsätzlich über die gleiche genetische Information verfügen. Dieser Zusammenhang gibt bereits einen Hinweis auf das der Differenzierung zugrunde liegende Prinzip: Die Differenzierung von Zellen kann als eine gewebespezifische, differentielle Aktivität der Gene beschrieben werden (siehe Abschnitt 1.2). Interessant in diesem Zusammenhang ist die Beobachtung, dass die

Apoptose:
Kontrollierter Zelltod

Furchung:
Frühembryonale Zellteilungen

Zellproliferation:
Zellvermehrung durch mitotische Zellteilung

Differenzierung:
Spezialisierung von Zellen, Begrenzung der Entwicklungspotenz

Dorsal:
Rückenwärts

Ventral:
Bauchwärts

Anterior:
Nach vorne, vorne

Posterior:
Nach hinten, hinten

Cranial:
In Richtung Kopf

Caudal:
In Richtung Schwanz

Rostral:
In Richtung Schnauze

Intrazellulär:
Innerhalb der Zelle

Extrazellulär:
Außerhalb der Zelle

Differenzierung schrittweise über verschiedene Zwischenstufen erfolgt. Dabei erfordert das Erreichen einer neuen Entwicklungsstufe das Vorhandensein eines definierten vorhergehenden Entwicklungsstadiums. Zu jedem Zeitpunkt der Differenzierung ist sozusagen der bisher während der Embryogenese durchlaufene Weg gespeichert. Während der Differenzierung wird der Embryo zunächst in größere Bereiche eingeteilt, die in der weiteren Entwicklung in immer kleinere und weiter spezialisierte Domänen aufgegliedert werden. Erstes Anzeichen dieser Differenzierungsprozesse ist das Anlegen der drei Keimblätter Ektoderm, Mesoderm und Endoderm (siehe dazu auch Abschnitt 1.3). Weiterhin werden bereits früh im Embryo die späteren Körperachsen angelegt, die anterior-posteriore, die dorso-ventrale sowie die links-rechts Achse (siehe dazu die Kapitel 3 und 4).

Einen wichtigen Anteil an der Embryogenese haben Zellbewegungen. Dabei wandern (migrieren) Zellen innerhalb des Embryos von einem Ort an einen anderen, wodurch meist komplexe Strukturen (Muster) entstehen. Als herausragende Beispiele seien hier die Gastrulation (siehe dazu Kapitel 1.3 sowie Kapitel 5) oder die Migration der Neuralleistenzellen (siehe dazu Kapitel 8.8) genannt. An dieser Stelle weist die Entwicklungsbiologie viele Berührungspunkte mit der Zellbiologie auf, da das Wanderungsverhalten von Zellen mit ihrer Ausstattung an Zelladhäsionsmolekülen, der intrazellulären Organisation des Cytoskeletts sowie der Interaktion mit der extrazellulären Matrix zusammenhängt.

Damit all diese genannten Prozesse koordiniert ablaufen können, müssen Zellen Informationen untereinander austauschen. Dies geschieht entweder über direkte Zell-Zell-Kontakte wie bei der Notch/Delta-Signalgebung (siehe dazu Kapitel 1.4 und 8.2) oder über sezernierte Wachstumsfaktoren. Diese Wachstumsfaktoren werden von Zellen abgegeben (sezerniert) und können über eine längere Distanz diffundieren, wodurch sie ihre Wirkung auch an einem entfernten Ort entfalten können (siehe dazu Kapitel 1.4 sowie 3, 8 oder 9). Zusammenfassend tragen also Prozesse wie die Zellproliferation und -apoptose, die zelluläre Differenzierung, Zellbewegungen und die zelluläre Kommunikation maßgeblich zur Musterbildung des Organismus bei und können somit als die grundlegenden Mechanismen der Embryogenese bezeichnet werden.

1.2 | Differenzierung als Prozess der differentiellen Genaktivität

Die Spezialisierung von Zellen beruht auf der differenziellen Nutzung der allen Zellen gemeinsamen genetischen Erbinformation (Infobox 1). So werden in spezialisierten, differenzierten Zellen zur Wahrnehmung wichtiger Funktionen charakteristische Gene abgelesen und die damit verbundenen Genprodukte (Proteine) gebildet. Zwei Beispiele seien hier kurz aufgeführt. So finden wir in den β-Zellen der Bauchspeicheldrüse (Pankreas) eine Expression des Insulingens, dessen Genprodukt Insulin in die Regulation des Blutglucosespiegels involviert ist (siehe auch Kapitel 12.2). Andererseits sind in Zellen der Skelettmuskulatur Proteine des kontraktilen Apparats wie Aktin, Myosin oder Titin, die für die Muskelkontraktion benötigt werden, lokalisiert. Nun sind jedoch nicht nur diese terminal differenzierten Zellen durch eine charakteristische Expression einzelner Proteine geprägt, sondern auch deren Vorläuferzellen. Im Umkehrschluss bedeutet dies, dass mit zunehmender Spezialisierung von Zellen während der Differenzierung unterschiedliche Genexpressionsprogramme greifen. In diesem Zusammenhang stellt die Entwicklungsbiologie die Fragen, durch welche externen Stimuli diese genetischen Programme aktiviert werden, welche Zellen oder Organe diese externen Stimuli meist in Form von Wachstumsfaktoren bilden und abgeben, welche Transkriptionsfaktoren für die Umsetzung dieses genetischen Programms verantwortlich sind und wie dies letztendlich in der terminalen Differenzierung mündet.

Infobox 1
▼

Regulation der Genaktivität

DNA (engl. _desoxyribonucleic acid_) ist die universelle Erbinformation aller Lebewesen. Eine Ausnahme bilden RNA-Viren, die als Erbinformation RNA (engl. _ribonucleic acid_) verwenden. Im strengen Sinne gehören Viren allerdings nicht zu den Lebewesen, da sie ohne Wirtszelle nicht lebens- und vermehrungsfähig sind.

DNA setzt sich aus einem Zuckerphosphatrückgrat bestehend aus 2-Desoxy-D-ribose und Phosphatresten sowie vier verschiedenen Purin- bzw. Pyrimidinbasen (Adenin (A), Guanin (G), Cytosin (C) und Thymin (T)) zusammen. Zwei solcher Stränge sind in Form einer komplementären Doppelhelix umeinander gewunden, wobei dies über Wechselwirkung (Wasserstoffbrückenbindungen) von je zwei Nukleotiden erfolgt: A paart mit T; G paart mit C (Merksatz: „Armer Teufel, guter Christ"). Gene bestehen aus einer definierten Abfolge dieser vier Nukleotide auf einem der beiden Stränge. Sie codieren meist für Proteine, die für den Phänotyp (das äußere Erscheinungsbild) einer Zelle verantwortlich sind, wobei jeweils ein Triplet aus drei Nukleotiden auf Ebene der DNA für eine Aminosäure auf Ebene der Proteine codiert. Neben diesen codierenden Genabschnitten befinden sich auf der DNA auch regulatorische Bereiche, durch welche das Ablesen der Gene reguliert wird: Die Promotor- und Enhancer-Regionen. Einige Proteine, die Transkriptionsfaktoren, sind in der Lage, an diese DNA-Elemente (engl. _response elements_) sequenzspezifisch zu binden und so die Expression von Genen positiv (Aktivatoren) oder negativ (Repressoren) zu regulieren. Dabei erfolgt die Bindung an DNA über eine DNA-

Abb. 1.1

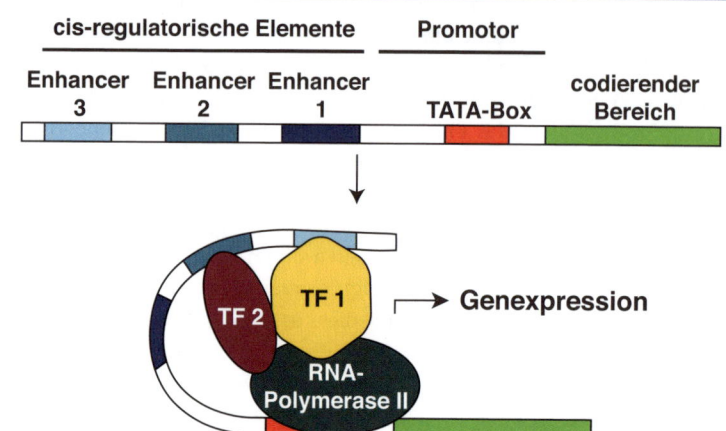

Regulation der Genexpression   Auszug eines DNA-Abschnitts. Vor dem Transkriptionsstart des codierenden Bereichs eines jeden Gens (hellgrün) befinden sich regulatorische Abschnitte. Nahe am Transkriptionsstart befindet sich die Promotorregion, die für die Bindung der RNA-Polymerase II (dunkelgrün) benötigt wird. Meist enthält diese die so genannte TATA-Box (rot), welche durch eine sich wiederholende TA-Abfolge charakterisiert ist. Wenige Basen stromabwärts beginnt die Transkription. Darüber hinaus gibt es regulierende Elemente, die als Enhancer (blau, dargestellt sind drei) bezeichnet werden. Die Bindungsstellen für regulierende Transkriptionsfaktoren (TF) werden auch als cis-regulatorische Elemente bezeichnet, durch welche die Transkriptionsfaktoren die Genexpression positiv oder auch negativ beeinflussen können. Der Übergang zwischen Promotor und Enhancer ist nicht eindeutig definiert. Die Lage eines Enhancers beeinflusst die Promotor Funktion nicht, so dass ein Enhancer auch stromabwärts in einem Intron liegen kann. Die Darstellung ist nicht maßstabsgetreu.

Bindungsdomäne, während die aktivierenden oder repressiven Eigenschaften über die Rekrutierung weiterer Proteine und deren Interaktion mit der basalen Transkriptionsmaschinerie erfolgt. Durch die Kombination verschiedener regulatorischer DNA-Abschnitte in den Promotor- und Enhancerbereichen, an welche entsprechende Transkriptionsfaktoren binden, gelingt es, die Expression einzelner Gene gewebespezifisch zu steuern. Oft liegen diese regulativen Elemente in einem kürzeren DNA-Abschnitt gehäuft (geclustert) vor, welchen man als cis regulatives Modul (CRM) bezeichnet. Mit Hilfe dieser Module kann die Expression sowohl räumlich als auch zeitlich genau gesteuert werden. Die Aktivität der Transkriptionsfaktoren steht zusätzlich häufig unter der Kontrolle äußerer Signale, die intrazelluläre Signalkaskaden aktivieren und so den Transkriptionsfaktor über Modifikationen verändern können (siehe **Abb. 1.1**).

Nach Aktivierung durch Transkriptionsfaktoren wird ein Protein-codierendes Gen durch die RNA-Polymerase II abgelesen und in ein mRNA (engl. _messenger RNA_)-Molekül umgeschrieben (Transkription). Diese mRNA dient als Matrize für die eigentliche Proteinbiosynthese. In Eukaryoten wird zunächst ein Vorläufer RNA-Molekül (Prä-RNA oder hnRNA) gebildet, in dem sowohl codierende als auch nicht-codierende RNA-Abschnitte vorhanden sind. Nicht-codierende Abschnitte, die Introns, werden durch den Vorgang des Spleißens entfernt.

Beim differentiellen Spleißen können aus einem Primärtranskript durch das Aneinanderfügen alternativer Exons verschiedene mRNA-Spezies (Spleißvarianten) erzeugt werden, die für unterschiedliche Proteine codieren. Die Anzahl der Proteine eines Organismus ist daher deutlich größer als die Anzahl seiner Protein-codierenden Gene. Die RNA wird zusätzlich an beiden Enden modifiziert (Cap-Struktur und Poly-A-Schwanz) und somit für die Translation, die Synthese eines Proteins, im Cytoplasma vorbereitet (siehe **Abb.1.2**).

In der Zelle ist die DNA in Form von Chromatin angeordnet. Dabei ist die DNA- Doppelhelix um Histonproteine gewickelt, um eine höhere Verpackungsdichte der DNA zu erlangen. Beim Ablesen der DNA durch RNA-Polymerasen muss daher zunächst die Chromatinstruktur der DNA gelockert werden, um DNA-Bereiche für die Polymerase zugänglich zu machen. Dies wird durch Chromatin Remodellierungsfaktoren wie beispielsweise Histon-Acetyltransferasen und Histondeacetylasen erreicht. Auch das Methylierungsmuster von Histonen und der DNA selbst nimmt Einfluss auf die Verpackungsdichte des Chromatins.

Abb. 1.2

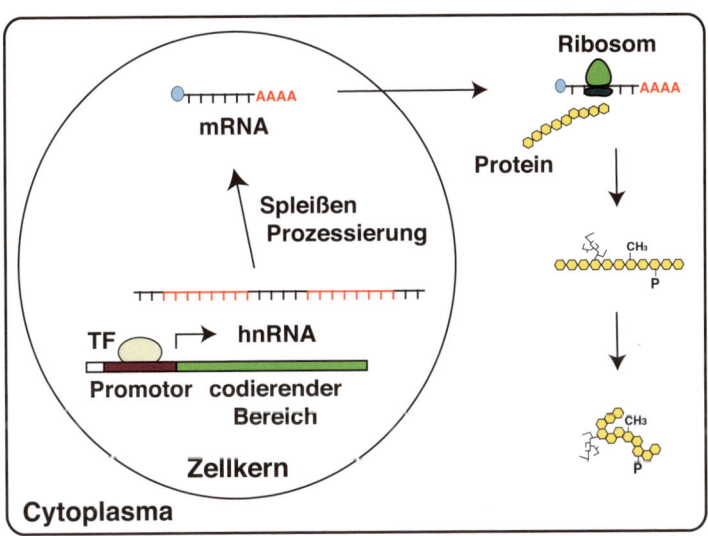

Übersicht über die Genexpression in Eukaryoten   Über die Bindung an die Promotorregion (weinrot) kann ein Transkriptionsfaktor (TF) die Expression des Gens (grün) aktivieren. Als erstes Transkriptionsprodukt entsteht die hnRNA (<u>h</u>eterogene <u>n</u>ukleäre <u>RNA</u>), die noch Exon- (schwarze Abschnitte) und Intronbereiche (rote Abschnitte) enthält. Über zwei anschließende Prozesse, das Spleißen und die Prozessierung, wird die mRNA (engl. <u>*m*</u>essenger <u>*RNA*</u>) gebildet. Über das Spleißen werden die Introns (nicht-codierende Sequenzabschnitte) heraus geschnitten und die Exons (codierende Sequenzabschnitte) aneinandergefügt. Die Prozessierung sorgt auch für das Anfügen einer *Cap*-Struktur (hellblau) am 5`Ende und eines Poly-A-Schwanzes am 3`Ende der mRNA. Alle diese Schritte erfolgen im Zellkern. Die mRNA wird aktiv über die Poren des Zellkerns ins Cytoplasma transportiert, wo an den Ribosomen (grün) die Translation der mRNA in ein Protein (gelb) stattfindet. Über darauf folgende posttranslationale Prozesse kann das Protein modifiziert werden.

Genotyp:
Gesamtheit der genetischen Information

Phänotyp:
Äußeres Erscheinungsbild eines Organismus

Mutation:
Veränderung des Genotyps

Mutante:
Genetisch veränderter Organismus

Viele entwicklungsbiologisch relevante Gene sind über natürlich auftretende oder künstlich induzierte Mutationen identifiziert worden, deren veränderter Genotyp zu einem veränderten Phänotyp geführt hat. In Kapitel 4 und 6 gehen wir auf Mutagenese-Screens zur Identifizierung solcher Gene ein. In diesem Zusammenhang ist von Bedeutung, dass alle in der Entwicklungsbiologie verwendeten Modellorganismen von jedem Gen (mindestens) zwei Kopien, Allele, besitzen. Diese Organismen bezeichnet man als diploid. Manche Mutationen resultieren bereits in einem Phänotyp, wenn lediglich ein Allel betroffen ist. Man spricht hierbei von einer dominanten Mutation. Der zugrunde liegende Genotyp wird als heterozygot bezeichnet. Tritt eine phänotypische Veränderung erst dann auf, wenn beide Allele betroffen sind, bezeichnen wir die Mutation als rezessiv und den Genotyp als homozygot. Der diploide Genotyp dieser Organismen entsteht durch die Verschmelzung der haploiden Keimzellen (Eizelle und Spermium), die jeweils nur eine Kopie pro Gen (ein Allel) mitbringen. Einige Modellorganismen wie *Xenopus laevis* oder *Danio rerio* sind zumindest teilweise tetraploid, besitzen also bis zu vier Kopien pro Gen.

Die Differenzierung von Zellen verläuft über mehrere Stufen. Dabei verwendet der Entwicklungsbiologe zwei grundlegende Begriffe, die

Abb. 1.3

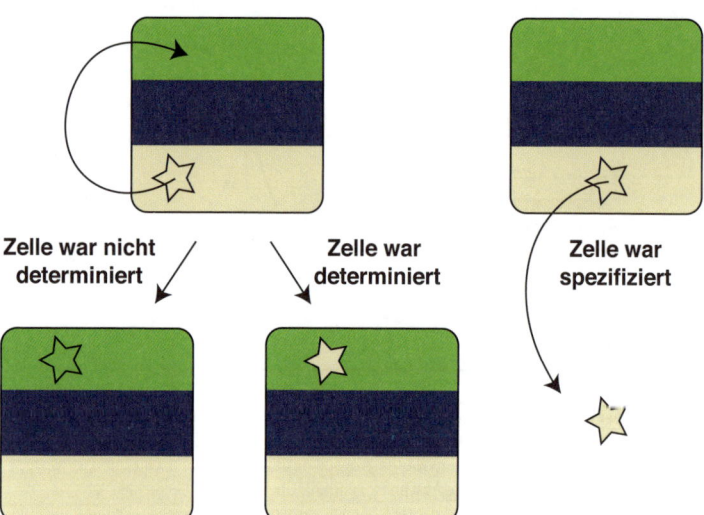

Zelle war nicht determiniert

Zelle war determiniert

Zelle war spezifiziert

Determination und Spezifikation   Führt die Transplantation eines Gewebeteils an einen Ort mit einem anderen Zellkontext zu einer Anpassung an die neue Umgebung, so waren die Zellen noch nicht determiniert. Behält das transplantierte Gewebe sein Entwicklungsschicksal bei, so waren die Zellen determiniert. Waren die Zellen spezifiziert, behält das Gewebe sein zuvor genetisch programmiertes Schicksal auch als isoliertes Explantat bei.

wir hier kurz voneinander abgrenzen wollen: Spezifikation und Determination (**Abb. 1.3**). Unter Determination verstehen wir die Tatsache, dass eine Zelle bereits auf eine bestimmte Entwicklungslinie festgelegt ist. Würde man beispielsweise determinierte Zellen von einem Spenderembryo in einen Empfängerembryo oder in einen anderen zellulären Kontext (ein anderes Gewebe) transplantieren, so würden determinierte Zellen ihren festgelegten Entwicklungsweg unabhängig von der Umgebung durchlaufen. Dieser ist irreversibel festgelegt. Nicht-determinierte Zellen hingegen würden das Schicksal der Umgebung des Empfängergewebes annehmen. Heute wissen wir, dass der Vorgang der Determination bereits mit Veränderungen auf molekularer Ebene verbunden ist, lange bevor diese Festlegung im Laufe der Differenzierung phänotypisch sichtbar wird. Bei der Spezifikation durchläuft ein Gewebestück seinen weiteren Entwicklungsweg, wenn es als Explantat in Kultur gehalten wird. Dieser Zustand wird noch als reversibel angesehen, da äußere Einflüsse diesen Zustand noch verändern könnten. Die Differenzierung einer Zelle verläuft also über verschiedene Abschnitte: Die Spezifikation, die Determination und nachfolgend die terminale Differenzierung. Spezifikation und Determination werden zusammen auch als *commitment* (dt. Festlegung) bezeichnet.

Die Ausbildung der Keimblätter und die Gastrulation | 1.3

Erster Schritt der zellulären Differenzierung ist die Festlegung der Keimblätter, aus denen im Laufe der weiteren Entwicklung der vollständige adulte Organismus gebildet wird (**Abb. 1.4**). Diploblastische Tiere wie die Nesseltiere und Rippenquallen besitzen nur zwei (Ektoderm und Endoderm), die triploblastischen Organismen drei Keimblätter (Ektoderm, Mesoderm und Endoderm). Aus dem Ektoderm entstehen die Epidermis (äußere Haut) sowie das Nervensystem. Aus dem Mesoderm entspringen das Herz, die Somiten als Vorläufer des Skeletts und der Skelettmuskulatur, die Nieren, das Blut sowie das vaskuläre Gefäßsystem. Aus dem Endoderm wird der Urdarm und im Laufe der weiteren Entwicklung beispielsweise die Leber, das Pankreas und die Schilddrüse gebildet. Wichtig bei dieser Aufzählung ist die Feststellung, dass in adulten Organen durchaus Derivate aus allen drei Keimblättern vertreten sein können. So finden wir beispielsweise im Herzen Anteile des Mesoderms (z.B. der Herzmuskel selber) sowie Derivate des Ektoderms (Neuralleistenzellen, die in das Herz einwandern, siehe Kapitel 8.8 und 10). Eine im Laufe der Entwicklung getroffene Entscheidung hinsichtlich einer Entwicklungslinie ist in der Regel nicht reversibel.

Abb. 1.4

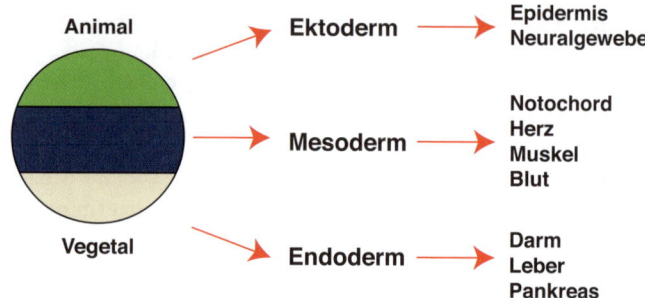

Die drei Keimblätter In *Xenopus laevis* werden schon früh in der späten Blastula die drei Keimblätter angelegt. Am animalen Pol befindet sich das zukünftige Ektoderm (grün), aus welchem in der weiteren Entwicklung die Epidermis (Haut) und das Neuralgewebe entstehen. In der Marginalzone findet man die mesodermale Keimblattanlage (blau), dessen Derivate beispielsweise das Notochord, das Herz, die Muskeln und das Blut sind. Am vegetalen Pol ist das Endoderm (beige) lokalisiert. Aus diesem entstehen u.a. der Darm, die Leber und das Pankreas.

Infobox 2
▼

Methoden zur Darstellung der differentiellen Genaktivität

Mit Hilfe der *in situ* Hybridisierung kann man die Transkripte (die endogene mRNA) eines Gens spezifisch detektieren. Dies funktioniert sogar an ganzen Embryonen (engl. *whole mount*), so dass gegen Ende des Experiments eine Aussage getroffen werden kann, in welchem Teil eines Embryos das untersuchte Gen aktiv ist (**Abb. 1.5**). Zu Beginn der Untersuchung werden die Embryonen im gewünschten Entwicklungsstadium fixiert. Anschließend werden die Embryonen mit einer genspezifischen RNA-*antisense* Sonde inkubiert. Diese bindet nach der Basenpaarungsregel ausschließlich an die komplementäre, zu untersuchende mRNA, wodurch stabile RNA-RNA-Doppelstränge entstehen. Diese Interaktion erfolgt nur in den Geweben, in denen das zu untersuchende Gen aktiv ist und eine entsprechende mRNA vorliegt. Um nachfolgend die Gewebe zu identifizieren, in denen dieses Hybrid vorliegt, wurde die eingesetzte Sonde mit modifizierten Nukleotiden (UTP-Digoxygenin oder -Fluorescein) markiert. Um anschließend die nicht gebundenen Anteile der RNA-Sonde zu eliminieren, wird eine Behandlung mit RNasen durchgeführt, die lediglich einzelsträngige mRNA-Moleküle abbauen. Das zuvor gebildete mRNA/Sonden-Hybrid bleibt daher intakt. Im folgenden Schritt werden die Embryonen mit einem Antikörper inkubiert, der spezifisch Digoxygenin oder Fluorescein erkennt. Die verwendeten Antikörper sind mit einer enzymatischen Aktivität gekoppelt, der alkalischen Phosphatase. Werden die Embryonen nun mit einem Substrat versetzt, welches mit Hilfe des Enzyms in einen Farbstoff umgewandelt wird, wird die Expression des Gens durch eine Färbung des Gewebes sichtbar. Alternativ kann der Antikörper mit einem Fluoreszenzfarbstoff gekoppelt sein, so dass man die Expression des Gens direkt unter einem

Fluoreszenzmikroskop beobachten kann. Durch diese Methode wird also die spezifische, räumliche Expression eines Gens zu einem bestimmten Zeitpunkt der Embryonalentwicklung nachgewiesen.

Über die RT-PCR (Reverse Transkriptase – Polymerasekettenreaktion) kann die zeitliche oder organspezifische Expression eines Gens im Organismus untersucht werden (**Abb. 1.6**). Im ersten Schritt wird hierzu die Gesamt-RNA aus Gewebe, Zellen oder Embryonen isoliert und anschließend diese RNA mit Hilfe des Enzyms Reverse Transkriptase (RT) in cDNA umgeschrieben. Nachfolgend wird eine PCR mit genspezifischen Primern durchgeführt. Zur Erläuterung einer PCR siehe grundlegende Lehrbücher der Molekularbiologie. Mit Hilfe der Gelelektrophorese kann die Expression der zu untersuchenden Gene visualisiert werden. Stellt man gleichzeitig die Expression eines Gens dar, welches während der Entwicklung konstant exprimiert wird (Ladekontrolle), so kann aus dem Vergleich der Signalstärken auch ein relative Aussage über den zeitlichen Expressionsverlauf gemacht werden. Eine Reaktion, bei der keine Reverse Transkription durchgeführt wurde, schließt eine Kontamination der Probe mit genomischer DNA aus (-RT). Neuere Verfahren erlauben auch eine quantitative Aussage über die Expressionsstärke eines Gens (*Real-time PCR*). Im Gegensatz zur oben beschriebenen Methode der *whole mount in situ* Hybridisierung kann mit dieser Methode die räumliche Expression eines Genes nicht aufgelöst werden.

Mit Hilfe der Immunfluoreszenz können Proteine in Zellen, Embryonen oder Geweben dargestellt werden. Hierzu werden Antikörper verwendet, die entweder im Handel erhältlich sind oder in einem längeren Verfahren selbst hergestellt wurden. Nach der Detektion des zu untersuchenden Proteins mittels eines spezifischen primären Antikörpers erfolgt die Visualisierung dieses Protein-Antikörper-Komplexes mit Hilfe eines sekundären Antikörpers. Dieser bindet an den primären Antikörper und kann durch einen am Antikörper gebundenen Fluoreszenzfarbstoff detektiert werden.

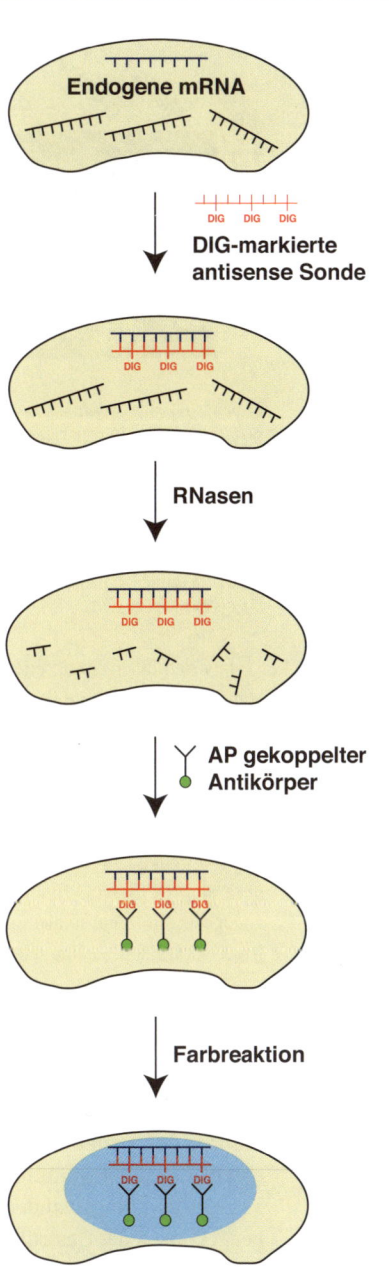

Abb. 1.5

Endogene mRNA

DIG-markierte antisense Sonde

RNasen

AP gekoppelter Antikörper

Farbreaktion

In situ **Hybridisierung ganzer Embryonen**

Abb. 1.6

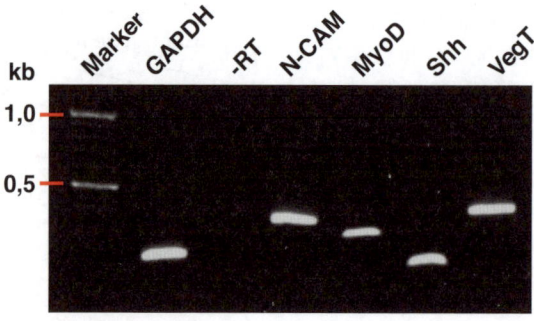

RT-PCR   Zur Größenbestimmung der DNA-Banden wird ein DNA-Marker aufgetragen (links). Dieser Marker enthält DNA-Fragmente definierter Längen (siehe rote Markierung; kb = engl. *kilo basepairs*). Die RT-PCR mit GAPDH (Glycerinaldehyd-3-phosphat-Dehydrogenase) dient als Ladekontrolle. Die –RT Probe dient zur Negativkontrolle, sprich die Kontrolle auf Reste an genomischer DNA. N-CAM ist ein Zelladhäsionsmolekül (siehe Kapitel 5.1.3 und 5.5) im Neuralsystem und dient somit als Marker für das Nervensystem. MyoD ist in ein Marker für die Skelettmuskulatur (siehe Kapitel 9.1.5). Shh ist insbesondere im Notochord, im ventralen Bereich des Neuralrohr wie auch im Endoderm exprimiert (siehe Kapitel 8.3 und 12). VegT ist ein Marker für das endodermale Keimblatt (siehe Kapitel 3.3.1).

In vielen Fällen ist ein primärer Antikörper für das zu untersuchende Protein nicht vorhanden. Eine Alternative ist die Herstellung sogenannter Fusionskonstrukte, in welchen das zu untersuchende Protein mit einer bekannten Aminosäuresequenz gekoppelt ist (beispielsweise His-Tag oder Flag-Tag), für die ein Antikörper kommerziell erhältlich ist. Dieses Konstrukt kann in Zellen überexprimiert und die Lokalisation des Proteins in der Zelle untersucht werden. Der wesentliche Nachteil dieser Methode ist jedoch, dass nur die Lokalisation eines überexprimierten Proteins bestimmt werden kann und nicht die des endogenen. Leider verhalten sich überexprimierte Proteine manchmal anders als die endogenen. Trotzdem können solche Experimente wertvolle Einblicke in die intrazelluläre Lokalisation eines Proteins geben.

Die Ausbildung der drei Keimblätter ist von intensiven Zellwanderungen begleitet, sodass sich die Keimblätter in einer definierten Position zueinander anordnen. Dabei wird der zunächst kugel- oder scheibenförmige Embryo des späten Blastulastadiums (oder Blastocystenstadiums), der einen flüssigkeitsgefüllten Hohlraum aufweist, in einen mehrschichtigen Embryo umgewandelt, der einen Urdarm (Archenteron) besitzt. So bedeckt nach der Gastrulation das Ektoderm die gesamte Oberfläche des Keimes, während das Endoderm im Inneren des Embryos den Urdarm formt. Zwischen beiden befindet sich das Mesoderm (siehe dazu **Abb. 1.7**).

Abb. 1.7

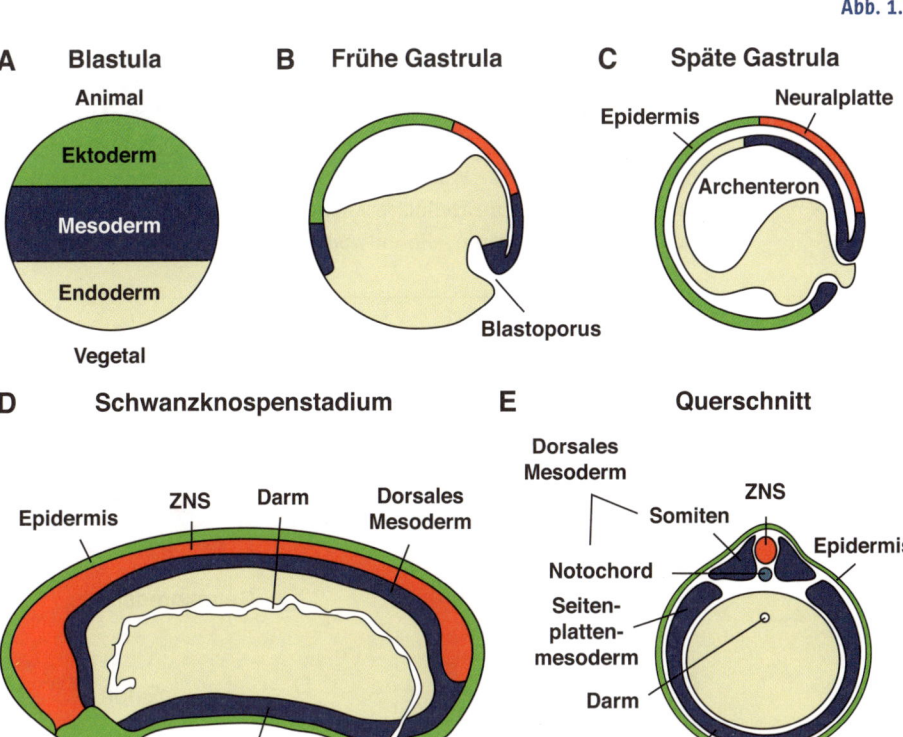

A Blastula

Animal
- Ektoderm
- Mesoderm
- Endoderm

Vegetal

B Frühe Gastrula

Blastoporus

C Späte Gastrula

Epidermis — Neuralplatte

Archenteron

D Schwanzknospenstadium

Epidermis · ZNS · Darm · Dorsales Mesoderm

Ventrales Mesoderm · Kloake

E Querschnitt

Dorsales Mesoderm

Somiten · ZNS · Epidermis

Notochord

Seitenplattenmesoderm

Darm

Ventrales Mesoderm

Gastrulation bei *Xenopus laevis* **A.** In der späten Blastula sind die Vorläufer der drei Keimblätter Ektoderm (grün), Mesoderm (blau) und Endoderm (beige) von animal nach vegetal angeordnet. **B + C.** Während der Gastrulation findet eine Umstrukturierung dieser drei Keimblätter statt. Über den Blastoporus wandern die endodermalen und mesodermalen Zellen in den Embryo ein. Das Ektoderm zieht sich über den gesamten Embryo. Gleichzeitig wird in diesem die Bildung der Epidermis (grün) und der Neuralplatte (rot) induziert. **D + E.** Aus der Neuralplatte bildet sich das zentrale Nervensystem (ZNS). Das Mesoderm teilt sich in das dorsale Mesoderm, aus welchem das Notochord (*Chorda dorsalis*) und die Somiten entstehen, und das ventrale Mesoderm (z.B. Blutzellen) auf. Aus dem Endoderm entwickelt sich u.a. der Darm. In **A-D** sind Längsschnitte in **E** ein Querschnitt von **D** dargestellt.

Die genauen Vorgänge während der Gastrulation unterscheiden sich in verschiedenen Spezies und werden im Detail in **Kapitel 4 und 5** behandelt. Mit der Festlegung der Körperachsen und dem Abschluss der Gastrulation ist der Grundbauplan des Organismus etabliert. Im Anschluss an die Gastrulation beginnt die Organogenese, die in der Differenzierung und der dreidimensionalen Ausbildung der verschiedensten Organe mündet.

1.4 | Zelluläre Kommunikation

Um die verschiedenen angesprochenen Aspekte wie zelluläre Differenzierung, Zellwanderung oder Zellproliferation zu ermöglichen und zu regulieren, müssen embryonale Zellen miteinander kommunizieren. Hierfür gibt es verschiedene Mechanismen. So können Zellen Substanzen wie beispielsweise Wachstumsfaktoren sezernieren, die in benachbarten Zellen eine intrazelluläre Antwort auslösen. Dazu binden diese Faktoren an Rezeptoren, die entweder auf der Zelloberfläche (Trans-

Abb. 1.8

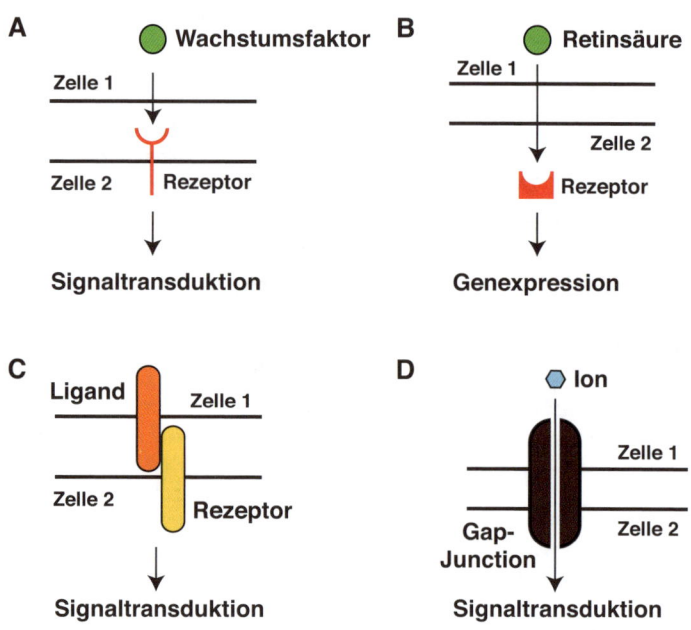

Zelluläre Kommunikation Die Kommunikation von Zellen erfolgt über verschiedene Mechanismen. **A.** Ein Wachstumsfaktor wird von Zelle 1 synthetisiert und sezerniert. Auf der Oberfläche von Zelle 2 befindet sich ein Rezeptor, an welchen der Wachstumsfaktor bindet und eine Signalkaskade in Zelle 2 auslöst. **B.** Retinsäure wird von Zelle 1 abgegeben und kann durch die Zellmembran von Zelle 2 (Nachbarzelle oder weiter entfernt) diffundieren. In dieser befindet sich ein Rezeptor, der über die Bindung von Retinsäure die Genexpression beeinflusst. In Beispiel A und B kann Zelle 2 entweder eine direkt benachbarte Zelle oder eine mehrere Zellreihen entfernte Zelle sein **C.** Die Zellkommunikation kann auch über zwei Membranproteine erfolgen. Hierbei ist der Ligand auf der Oberfläche von Zelle 1, der Rezeptor auf der benachbarten Zelle 2 lokalisiert. Die direkte Bindung beider löst eine Signalkaskade in Zelle 2 aus. Diese Form der Zellkommunikation kann nur zwischen zwei benachbarten Zellen erfolgen. **D.** Zelluläre Kommunikation über *Gap-Junctions*. Hierbei können kleine Moleküle wie beispielsweise Ionen von einer Zelle in die benachbarte Zelle delokalisiert werden und in dieser einen Signalweg aktivieren.

Abb. 1.9

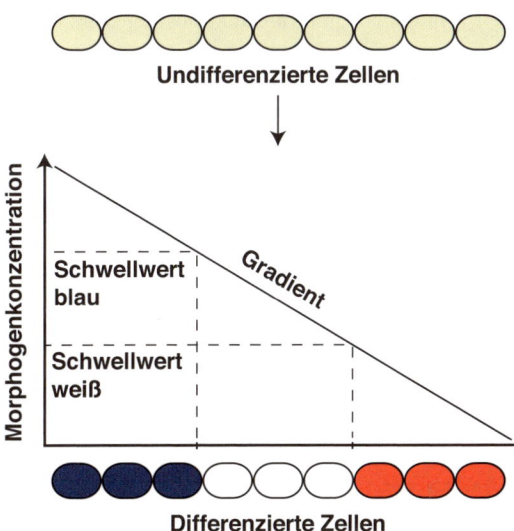

Modell der Französischen Flagge   Wachstumsfaktoren (Morphogene) bilden von ihrem Syntheseort (in der Abbildung links) einen Konzentrationsgradienten aus und bewirken dadurch die Differenzierung von Vorläuferzellen (Zellen beige). Je nach Morphogenkonzentration wird ein bestimmter Zelltyp (blaue, weiße und rote Zellen) gebildet. Die Bildung der verschiedenen Zelltypen hängt von bestimmten Schwellenwerten der Morphogenkonzentration ab.

membranrezeptoren) oder intrazellulär (Kernrezeptoren) lokalisiert sind. Die Aktivierung dieser Rezeptoren kann zu verschiedenen intrazellulären Antworten führen. Es können intrazelluläre Signalkaskaden aktiviert werden, die schließlich mithilfe von Transkriptionsfaktoren in der Expression von Genen (**Infobox 2**) münden. Auch die Reorganisation des Cytoskeletts, wie sie für Zellwanderungen notwendig ist, wird über solche Signalwege reguliert. Ähnlich verläuft die Zellkommunikation, wenn sowohl der Ligand als auch der Rezeptor an der Zelloberfläche präsentiert werden, wie beispielsweise die Delta-Liganden und die Notch-Rezeptoren im Rahmen der lateralen Inhibition (siehe Kapitel 8.2). Eine noch direktere Form der Zellkommunikation finden wir beim Austausch von kleinen Molekülen über *Gap-Junctions*, die sich zwischen benachbarten Zellen als Kanäle ausbilden. Die verschiedenen Mechanismen der interzellulären Signalkommunikation sind in **Abbildung 1.8** zusammenfassend dargestellt. Die Analyse der verschiedenen inter- und intrazellulären Kommunikationswege und ihre Bedeutung für das Verhalten und die Genexpression einer Zelle oder eines Zellverbandes sind wesentliche Bestandteile der heutigen molekularen Entwicklungs-

Intrazellulär:
Innerhalb einer Zelle

Interzellulär:
Zwischen den Zellen

biologie. Im Rahmen dieses Buches werden wir daher die molekularen Komponenten zellulärer Signaltransduktionswege, die Bedeutung verschiedener Wachstumsfaktorfamilien für die Embryogenese und ihren Einfluss auf die differentielle Genexpression an einer Vielzahl von Beispielen im Detail analysieren.

Extrazellulär:
Außerhalb der Zelle

Die Wirkungsweise extrazellulärer Faktoren kann unterschiedlicher Natur sein. So wirkt ein autokriner Faktor auf die Zelle, welche den Wachstumsfaktor selbst synthetisiert hat, d.h. hier befindet sich auch der Rezeptor für den Wachstumsfaktor auf der gleichen Zelle. Juxtakrine Wachstumsfaktoren wirken auf direkt benachbarte Zellen, während parakrine Substanzen auch auf solche Zellen wirken, die einige Zelldurchmesser entfernt liegen. Endokrine Faktoren werden über den Blutkreislauf transportiert und können an weit entfernten Orten wir-

Tab. 1.1   **Ausgewählte Signalmoleküle, sowie deren Rezeptoren und Modulatoren**

Signalmolekül	Rezeptoren	Inhibitoren	Bedeutung (Kapitel)
Wnt	Frizzled	Dickkopf Cerberus	Dorsale Körperachse (Kap. 3) Musterung Neuralrohr (Kap. 8) Gastrulation (Kap. 6) Extremitäten (Kap. 9)
BMP	BMP Rezeptor Typ I und II (Serin/Threonin-Kinasen)	Noggin Chordin Follistatin	Mesoderminduktion und Musterung (Kap. 3) Neuralentwicklung (Kap. 3 & 8)
Hedgehog	Patched Smoothened	HIP GAS	Musterung Neuralrohr (Kap. 8) Extremität (Kap. 9) Links/Rechts Asymmetrie (Kap. 4)
Delta	Notch	Fringe	Laterale Inhibition (Kap. 8)
FGF	FGF Rezeptoren (Tyrosin-Kinasen)		Mesoderminduktion (Kap. 3) Neuralinduktion (Kap. 3) Extremitäten (Kap. 9)
Retinsäure	Retinsäure-Rezeptoren RAR, RXR		Neurale Musterung (Kap. 9)
Ephrin	Ephrin-Rezeptor		Axonale Wegfindung (Kap. 8)

Bei den meisten angegebenen Signalstoffen handelt es sich nicht um einzelne Moleküle sondern um eine ganze Familie von Wachstumsfaktoren. Gleiches gilt für die zugehörigen Rezeptoren. Für die Inhibitoren sind nur ausgewählte Beispiele angegeben. Hinweise zu den weiterführenden Kapiteln sind vermerkt.

ken. Letztere sind in der Entwicklungsbiologie jedoch von untergeordneter Bedeutung.

In diesem Zusammenhang ist auch von Interesse, dass Zellen durchaus in der Lage sind, auf unterschiedliche Konzentrationen eines Wachstumsfaktors mit verschiedenen intrazellulären Antworten zu reagieren, d.h. unterschiedliche genetische Programme abzurufen. Häufig bilden solche Wachstumsfaktoren, Morphogene genannt, ausgehend vom Ort ihrer Synthese einen Gradienten aus. Man spricht hierbei von einem Morphogengradienten, welcher im Gewebeverband nach dem Modell der Französischen Flagge zu entsprechend unterschiedlichen Antworten führt (**Abb. 1.9**). Anhand von sich überschneidender Gradienten ist eine Zelle in der Lage, ihre Position innerhalb eines Zellverbandes zu bestimmen und sich entsprechend weiterzuentwickeln. Damit verbunden ist folglich der Begriff der Positionsinformation (engl. *positional information*).

Morphogen: Signalmoleküle, die an der Morphogenese beteiligt sind.

Interessanterweise werden während der Embryonalentwicklung auf den ersten Blick nur eine kleine Anzahl von Signaltransduktionswegen verwendet. Je nach Kombination der aktiven Signalwege, der Konzentration der vorhandenen Wachstumsfaktoren, der Fähigkeit der Zellen, diese Signale zu interpretieren (Kompetenz), und der Vorgeschichte einer Zelle bzw. des zellulären Gesamtkontexts kann die Aktivierung dieser Wege jedoch zu unterschiedlichen Ergebnissen führen. Die aktive Konzentration eines Wachstumsfaktors wird auch über die mögliche Gegenwart extrazellulärer Inhibitoren oder Mediatoren gesteuert. Einen Überblick der wichtigsten Wachstumsfaktoren und deren Inhibitoren gibt **Tabelle 1.1**.

Regulative Entwicklung versus Mosaikentwicklung | 1.5

Die Begriffe regulative Entwicklung und Mosaikentwicklung gehen auf Experimente zurück, die Ende des 19. Jahrhunderts durchgeführt wurden. So hat der deutsche Entwicklungsbiologe Hans Driesch (1876–1941) Seeigel-Embryonen im Zwei-Zell-Stadium in ihre beiden Einzelzellen getrennt und die weitere Entwicklung dieser voneinander isolierten Zellen beobachtet. Dabei hat er festgestellt, dass auch aus einer einzelnen Zelle eine komplette, wenn auch kleinere Seeigellarve entstehen kann und der Verlust der anderen Zelle für die weitere Entwicklung nicht entscheidend ist. Die verbleibende Zelle hat die Möglichkeit, Strukturen auszubilden, zu denen sie unter normalen Umständen nicht beitragen würde. Der Embryo ist offensichtlich in der Lage den Verlust der Zelle regulativ auszugleichen. Man spricht daher von einer regulativen Entwicklung. Ein weiteres Beispiel für die regulative Entwicklung ist der

Mensch. Die Entfernung einer Zelle des frühen Embryos hat keine offensichtlichen Auswirkungen auf seine weitere Entwicklung, was in der heutigen Literatur zuweilen jedoch noch diskutiert wird. Dies macht man sich bei der Präimplantationsdiagnostik (PID) zunutze. Dabei wird von Embryonen, die durch künstliche Befruchtung erzeugt wurden, sehr früh eine Zelle für diagnostische Zwecke entnommen. Diese Methode ist in Deutschland verboten, da sie eine genetische Selektion von Embryonen vor der Implantation ermöglicht.

Ein weiterer deutscher Entwicklungsbiologe, Wilhelm Roux (1850–1924), kam jedoch durch die Untersuchung der frühen Entwicklung eines anderen Modellsystems zu einem anderen Ergebnis. Er tötete in Amphibienembryonen des Zwei-Zell-Stadiums eine der beiden Zellen mit einer heißen Nadel ab. Als Ergebnis erhielt er lediglich einen halben Embryo. Dementsprechend argumentierte er, dass während der Entwicklung je nach verloren gegangener Zelle unterschiedliche Strukturen entstehen, ganz im Sinne eines Mosaiks. Daher wird diese Form der Entwicklung auch als Mosaikentwicklung bezeichnet. Die Modelle beider Wissenschaftler wurden zur damaligen Zeit sehr intensiv diskutiert. Heutzutage wissen wir, dass beide Modelle ihre Richtigkeit und ihre Bedeutung haben und dass auch Mischformen aus beiden existieren können. Interessanterweise wäre Roux zu einem anderen Ergebnis gekommen, hätte er die abgetötete Zelle entfernt. Dann hätte sich nämlich ein kompletter Embryo ausgebildet. Erst im Vierzellstadium hätte ein Zellverlust zu einem Teilembryo geführt.

Abb. 1.10

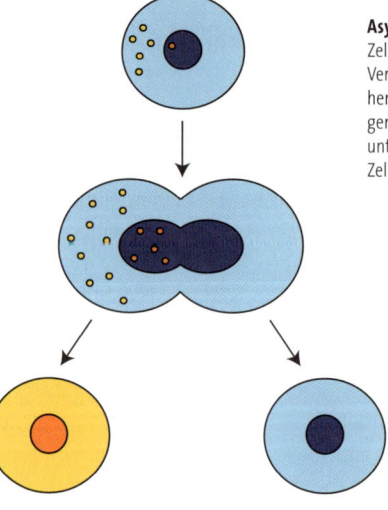

Asymmetrische Zellteilung   Während der Zellteilung kann es zu einer asymmetrischen Verteilung von Molekülen (gelb und orange hervorgehoben) kommen, wobei aus einer gemeinsamen Vorläuferzelle (blaue Zelle) zwei unterschiedliche Zelltypen (blaue und gelbe Zelle) entstehen.

Abb. 1.11

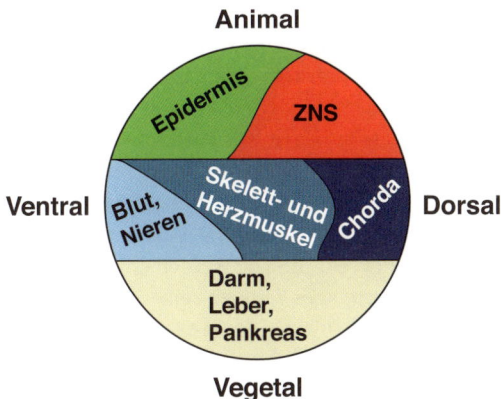

Schicksalskarte Im frühen *Xenopus laevis* Embryo lässt sich das Schicksal verschiedener Regionen durch Zellmarkierungsexperimente voraussagen. Das Ektoderm trägt einerseits zur Bildung des Zentralen Nervensystems (ZNS) (animal-dorsal; rot) und andererseits zur Epidermis (animal-ventral; grün) bei. Im Mesoderm (blau) entwickeln sich von dorsal nach ventral u.a. folgende Strukturen: *Chorda dorsalis*, Skelett- und Herzmuskeln, Blut und Nieren. Aus dem vegetal lokalisierten Endoderm (beige) entstehen beispielsweise der Darm, die Leber und das Pankreas.

Eine Erklärung für die Mosaikentwicklung auf zellulärer Ebene ist die asymmetrische Zellteilung, bei der im Rahmen der Zellteilung nicht zwei identische Tochterzellen generiert werden, sondern diese hinsichtlich ihrer molekularen Ausstattung unterschiedlich sind (**Abb. 1.10**). So teilt die erste Zellteilung einen *Xenopus laevis* Embryo (südafrikanischer Krallenfrosch) in eine linke und eine rechte Körperhälfte, wobei diese allerdings nicht determiniert sind. Die zweite Zellteilung, deren Teilungsebene senkrecht auf der ersten steht, teilt den Embryo in eine ventrale und eine dorsale Körperhälfte (siehe dazu auch Kap. 3). Damit ist die asymmetrische Zellteilung zugleich ein zellulärer Mechanismus, um Diversität zu schaffen.

Zell-Schicksalskarten | 1.6

Durch Markierung einzelner Zellen in Embryonen früher Stadien (engl. *lineage labelling*) lässt sich im Verlauf der Entwicklung das Schicksal einer Zelle feststellen und für den gesamten Embryo eine Schicksalskarte (engl. *fate map*) erstellen. Im Wurm *C. elegans* lässt sich so ein detaillierter Zellstammbaum aufstellen (siehe Kapitel 7). Für den frühen *Xenopus laevis* Embryo erkennt man in dieser Schicksalskarte nicht nur die drei Keimblätter wieder, sondern gleichzeitig auch zu welchen Organen bestimmte Bereiche eines Keimblatts beitragen (**Abb. 1.11**). Die Schicksalskarte ist nicht mit der Spezifizierungskarte zu verwechseln, die entsteht, wenn Bereiche eines Embryos als Explantat in Kultur genommen und deren Entwicklung isoliert untersucht werden (siehe Abschnitt 1.2).

Zusammenfassung

Die Entwicklungsbiologie beschreibt die Vorgänge der embryonalen Entwicklung und untersucht die zugrunde liegenden molekularen Prozesse. Dabei werden verschiedene Modellsysteme verwendet. Den embryonalen Entwicklungsprozessen liegen mit der Proliferation, der Differenzierung, der Apoptose und der Zellwanderung einheitliche zelluläre Prinzipien zugrunde. Diese sind zeitlich und räumlich streng reguliert. Zur Regulation dieser Prozesse greift der Organismus auf verschiedene Signalsysteme zurück. Die Signale werden entweder über einen direkten Zell-Zell Kontakt von einer Zelle zu seiner Nachbarzelle oder durch sezernierte Substanzen über eine größere Distanz vermittelt. Während der Embryonalentwicklung werden manche Signaltransduktionswege in unterschiedlicher Kombination in verschiedenen zellulären Kontexten verwendet, um unterschiedliche zelluläre Antworten auszulösen.

Fragen

▼

1. Welche einheitlichen Prinzipien liegen der tierischen Entwicklung zugrunde?
2. Was ist der Unterschied zwischen Determination, Spezifikation, Differenzierung und terminaler Differenzierung?
3. Was ist ein Morphogen?
4. Beschreiben Sie die gängigen Methoden zur Darstellung der differentiellen Genaktivität.
5. Was passiert während der Gastrulation?
6. Was verstehen wir unter Mosaikentwicklung, was unter regulativer Entwicklung?
7. Welche Möglichkeiten der zellulären Kommunikation kennen Sie?
8. Was ist eine Positionsinformation?
9. Was ist der Unterschied zwischen einer Schicksals- und einer Spezifizierungskarte?
10. Benennen Sie wichtige Signalmoleküle und die zugehörigen Rezeptoren.
11. Mit welchen Begriffen können Sie die verschiedenen Körperachsen eines Embryos beschreiben.
12. Nennen Sie die drei Keimblätter und deren wichtigste Derivate

Weiterführende Literatur

▼

Als weiterführende Literatur für dieses einführende Kapitel seien gängige Lehrbücher der Entwicklungsbiologie, Molekularbiologie und Zellbiologie genannt, die entweder über den hier behandelten Stoff hinausgehen, oder aber Grundlagen der Molekularbiologie und Genetik vermitteln, auf die wir in diesem Buch nur kurz eingehen können:

ALBERTS B., JOHNSON A., LEWIS J., RAFF M., ROBERT K., WALTER P. Molecular Biology of the Cell, 5. Auflage, Garland Science, Abingdon UK, (2008)

DAVIDSON E.H. The regulatory genome: Gene regulatory networks in development and evolution, Academic Press, Elsevier, Amsterdam, Niederlande (2008)

GERHART J. UND KIRSCHNER M. Cells, Embryos And Evolution, Blackwell Science, Massachusetts, USA (1997)

GILBERT S.F, The Conceptual History of Modern Embryology, Johns. Hopkins Univers. Press, Baltimore, USA (1994)

GILBERT S.F. Developmental Biology, 8. Auflage, Sinauer Associates Massachusetts, USA (2006)

JANNING W. UND KNUST E. Genetik, 2. Auflage, Thieme Verlag Stuttgart (2008)

WILKINS A.S. The Evolution of Developmental Pathways, Sinauer Associates Massachusetts, USA (2002)

WOLPERT L., Principles of Development, 2. Auflage, Oxford University Press (2006)

2 | Die Befruchtung und frühe Teilungsstadien

Inhalt

In vielen Spezies beginnt die Embryonalentwicklung mit der Befruchtung der Eizelle durch ein Spermium. Dabei kommt es zur Fusion der weiblichen und männlichen Keimzelle und zur Vermischung des mütterlichen und väterlichen genetischen Materials. Die Verschmelzung von Spermium und Eizelle ist ein komplexer Vorgang, welcher der Interaktion und Aktivität verschiedener Proteine bedarf. Durch eine Änderung des Membranpotentials der Eizelle wird das Eindringen weiterer Spermien in eine Eizelle verhindert. Gleichzeitig werden die nachfolgenden Teilungen des Embryos vorbereitet. Aufgrund der Geometrie der einsetzenden Teilungen werden verschiedene Furchungstypen unterschieden. Andere Spezies können sich durch asexuelle Reproduktion fortpflanzen, wie beispielsweise Hydra durch Knospung oder manche Insektenarten, bei denen Nachkommen aus unbefruchteten Eizellen entstehen können. Letzteres wird als Parthenogenese, die Jungfernzeugung, bezeichnet.

2.1 | Die Keimzellen

Die Keimzellen (auch Gameten genannt) sind haploide Zellen, die der geschlechtlichen Fortpflanzung dienen und aus der Meiose hervorgehen (siehe **Infobox 3**). Durch die Verschmelzung einer weiblichen mit einer männlichen Gamete wird ein neues Individuum erzeugt. Die dabei entstehende diploide Zelle ist die Zygote. Ein Vorteil der geschlechtlichen Fortpflanzung ist die Neukombination verschiedener Genome (von Mutter und Vater) und damit der Erhalt bzw. die Erhöhung der genetischen Vielfalt einer Population.

Zygote:
Befruchtete Eizelle

Haploid:
Einfacher Chromosomensatz

Die männliche Gamete, das Cytoplasma-arme Spermium, entsteht während der Spermatogenese und besteht aus einem Spermienkopf, in welchem der haploide Nucleus sowie das Akrosom zu finden sind, und einem Spermienschwanz (**Abb. 2.1**). Im Akrosom befinden sich verschiedene Enzyme, die Proteine und Kohlenhydrate zersetzen kön-

Abb. 2.1

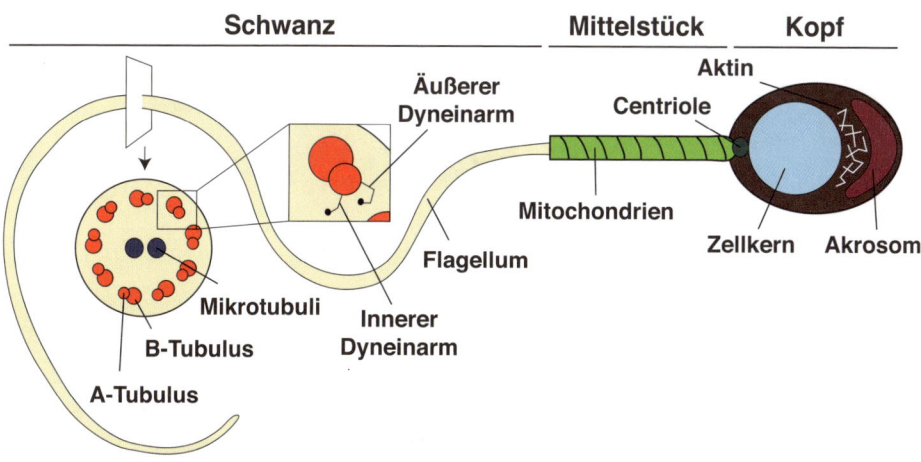

Darstellung eines Spermiums Das Spermium setzt sich aus Kopf, Mittelstück und Schwanz zusammen. Der Kopf beinhaltet das Akrosom (weinrot), Aktin (weiß), den Zellkern (hellblau) und die Centriole (dunkelgrün). Das Mittelstück umfasst die Mitochondrien (hellgrün). Der Schwanz, auch Flagellum genannt, weist in seinem Inneren verschiedene, für die Bewegung wichtige Mikrotubuli auf. In einem Querschnitt des Flagellums wird deutlich, dass die Mikrotubuli eine charakteristische 9 + 2 Anordnung (Axonem) annehmen. Im Zentrum befinden sich zwei einzelne Mikrotubuli (dunkelblau), die von neun Mikrotubulidubletten (A- und B-Tubulus; rot) eingekreist sind. Eine weitere Vergrößerung zeigt am A-Tubulus einen inneren und einen äußeren Dyneinarm.

nen und dadurch für den eigentlichen Befruchtungsvorgang essentiell sind. Der haploide Nucleus seinerseits ist durch die Meiose entstanden. Bei der Meiose wurden die beiden Chromosomensätze des Vaters, die ihrerseits von Großmutter und Großvater stammen, neu zusammengesetzt (homologe Rekombination) und auf die Gameten verteilt. Im Mittelstück des Spermiums befinden sich Mitochondrien, die für die Energiegewinnung notwendig sind. Im Spermienschwanz, dem Flagellum, sind Mikrotubuli nach der 9 + 2 Regel angeordnet: Neun äußere Mikrotubuli Doubletten umgeben zwei innere, einzelne Mikrotubuli. Mikrotubuli entstehen durch die gerichtete Multimerisierung einzelner Tubulin-Moleküle. Diese 9 + 2 Anordnung von Mikrotubuli wird auch als Axonem bezeichnet. Die einzelnen Mikrotubuli sind durch die Aktivität des Proteins Dynein unter Verbrauch von ATP als Energielieferant in der Lage, gegeneinander zu gleiten und so die Schlagbewegung des Spermienschwanzes auszulösen. Ein weiteres Merkmal des Spermiums ist die geringe Menge an Cytoplasma.

Auch die weibliche Gamete, die Eizelle (Oocyte), durchläuft während der Oogenese eine meiotische Teilung, sodass ein haploider Nucleus

Spermatogenese: Reifung der Spermien

Rekombination: Austausch von Allelen

Abb. 2.2

Zellzyklus Der Zellzyklus setzt sich aus verschiedenen Phasen zusammen: Der M-Phase (Mitosephase; rot), der G1-Phase (Gap 1-Phase; gelb), der S-Phase (Synthesephase; grün) und der G2-Phase (Gap 2-Phase; blau). Zellen, die sich nicht mehr teilen, gehen in die G0-Phase.

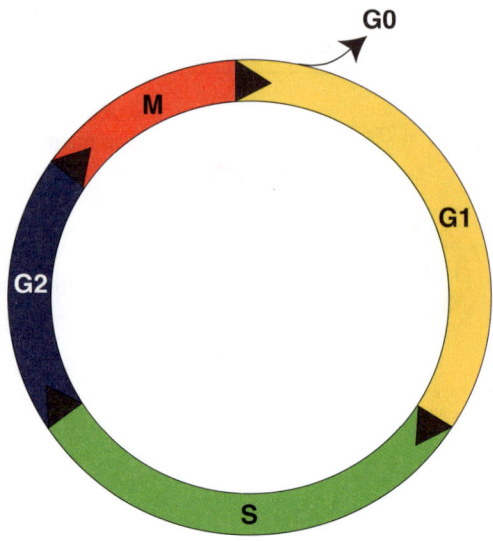

entsteht. Während bei einigen Spezies die meiotische Teilung zum Zeitpunkt der Befruchtung bereits vollständig abgelaufen ist, gibt es andere, die diese noch nicht beendet haben. Bei letzteren führt die eigentliche Befruchtung zugleich auch zum Abschluss der meiotischen Teilung. Im Gegensatz zu den Spermien besitzen Oozyten eine große Menge an Cytoplasma, da in diesem bereits viele verschiedene Moleküle wie Proteine, Ribosomen, RNAs und Lipide als Speicher für die anstehende frühe Entwicklung abgelegt worden sind. Ein typisches Merkmal der Eizelle ist darüber hinaus das Auftreten von Lampenbürstenchromosomen als Zeichen hoher Genaktivität.

Oogenese:
Eireifung

Ribosom:
Ort der Proteinbiosynthese

Die Zellmembran der Oozyten ist bei Säugetieren von einer Schicht aus Glycoproteinen umgeben, die als *Zona pellucida* bezeichnet wird. Um diese *Zona pellucida* befinden sich die Cumuluszellen. Bei niederen Vertebraten und anderen Organismen wird die eigentliche Zellmembran von einer Vitellinmembran und einer Gallerthülle (eng. *jelly*) umgeben (**Abb. 2.5**). Bei allen Lebewesen haben diese Schichten für den Vorgang der Befruchtung eine wichtige Funktion inne, auf welche im **Kapitel 2.2** näher eingegangen wird.

Infobox 3
▼

Mitose und Meiose

Die Mitose ist Teil des Zellzyklus, der sich in die G1-, S-, G2- und M-Phase einteilen lässt (siehe **Abb. 2.2** und **2.3**). Während der S-Phase (Synthesephase) des Zellzyklus kommt es zur Verdopplung der DNA, der Replikation. Im Verlauf der M-Phase (Mitosephase) findet die eigentliche Kern- und Zellteilung und die Verteilung der DNA auf die beiden Tochterzellen statt. S- und M-Phase sind durch die G1- bzw. G2-Phase voneinander getrennt. Dabei steht G für das englische Wort *gap*, die Lücke, wobei es hier alles andere als ruhig zugeht. Die Mitose selber wird insgesamt in vier Phasen unterteilt. Während der Prophase kondensieren die Chromosomen und der mitotische Spindelapparat bildet sich ausgehend von beiden Centrosomen an den Polen der Zelle. Im Verlauf der Prometaphase kommt es zum Abbau der Kernhülle und zur Verankerung der Chromosomen an den Mikrotubuli des Spindelapparates. Die nachfolgende Metaphase ist durch die Anordnung der Chromosomen in der so genannten Metaphaseebene gekennzeichnet. Während der Anaphase wird jeweils ein Schwesterchromatid der Chromosomen durch Verkürzung der Centromer-assoziierten Mikrotubuli in Richtung der Centrosomen bewegt. In der Telophase erreichen die Chromosomen den Spindelpol, wo sie dekondensieren. Gleichzeitig wird eine neue Kernhülle produziert. Die Zellteilung beginnt mit der Ausbildung eines kontraktilen Ringes aus Aktin und Myosin (siehe dazu auch **Infobox 9** und **Abb. 5.2**). In der anschließenden Cytokinese, die nicht mehr zur eigentlichen Mitose gehört, wird die Zelle geteilt. Die Mitose dient damit dem Ziel, durch Zellteilung einen identischen Chromosomensatz auf die entstehenden Tochterzellen zu verteilen.

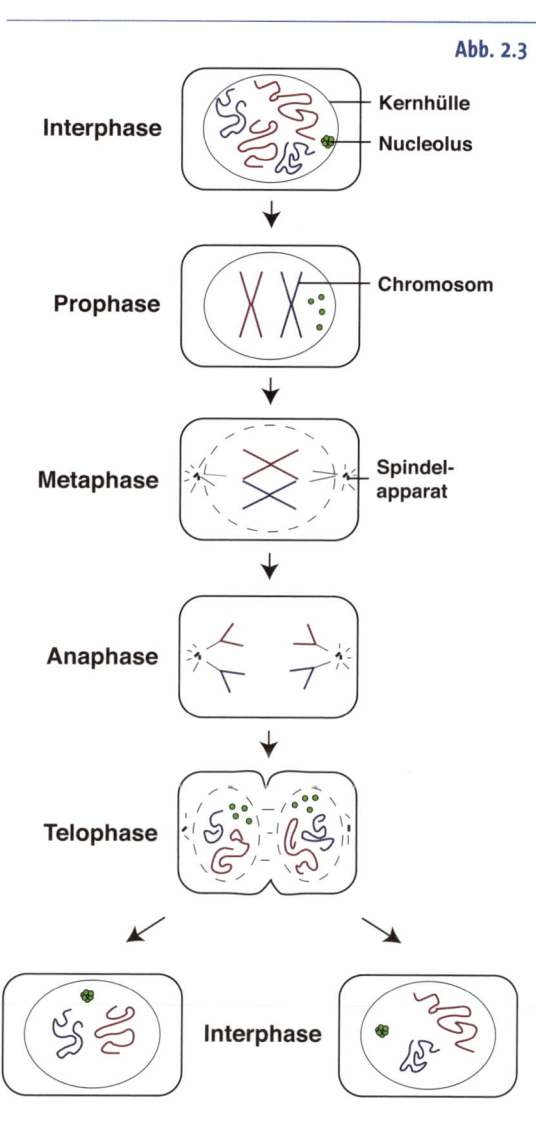

Abb. 2.3

Interphase — Kernhülle, Nucleolus

Prophase — Chromosom

Metaphase — Spindelapparat

Anaphase

Telophase

Interphase

Die Mitose

Die Meiose ist durch zusätzliche Vorgänge charakterisiert und unterscheidet sich somit von der Mitose (siehe **Abb. 2.4**). Die Meiose dient der Bildung der Keimzellen, wobei der diploide Chromosomensatz auf einen haploiden reduziert wird. Im Anschluss an die eigentliche DNA-Replikation kann es zur Rekombination homologer Chromoso-

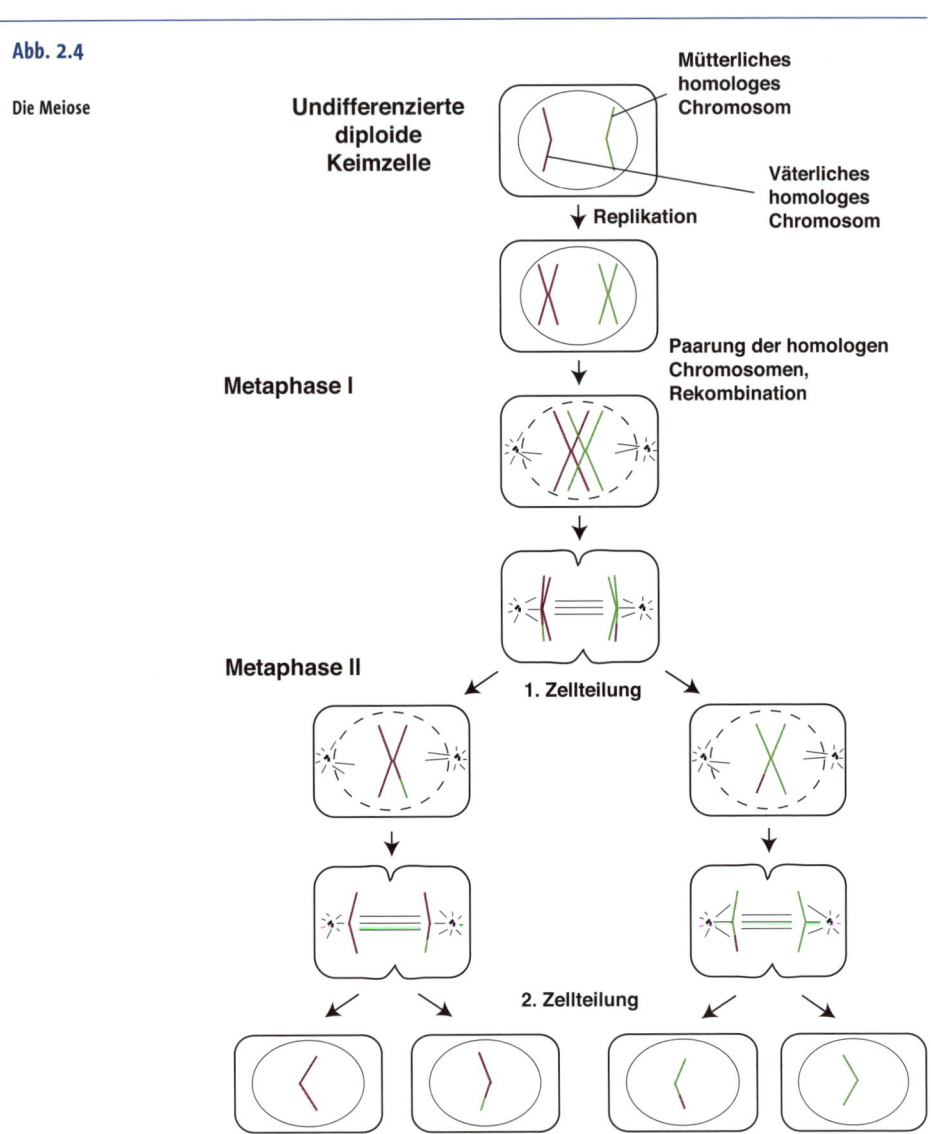

Abb. 2.4

Die Meiose

menabschnitte kommen, wodurch die genetische Vielfalt einer Population erhöht wird. Nach der ersten meiotischen Teilung, die zur Produktion diploider Zellen führt, werden die Schwesterchromatiden in einer zweiten Zellteilung auf die Tochterzellen, die Keimzellen, verteilt, so dass diese einen haploiden Chromosomensatz erhalten. Die Meiose dient damit der Neuanordnung und Neukombination der genetischen Information der vormals väterlichen und mütterlichen Chromosomen in den Keimzellen.

Die Interaktion von Spermium und Ei | 2.2

Der Vorgang der Befruchtung wurde zunächst besonders gut an Seeigeleiern untersucht, wobei mittlerweile auch viele Befunde aus Säugern vorliegen. Die zugrunde liegenden Prinzipien können als gut konserviert bezeichnet werden, wobei die Details von Organismus zu Organismus variieren. Der eigentliche Vorgang der Befruchtung kann in verschiedene Phasen unterteilt werden (siehe hierzu **Abb. 2.5**). Zunächst kommt es zu einer Anziehung von Spermium und Eizelle. Für diese Anziehung werden diffusible Substanzen aus der Eizelle verantwortlich gemacht, die eine chemoattraktive Wirkung auf die Spermien ausüben und ihnen somit den Weg zur Eizelle weisen. Treffen beide aufeinander, kommt es zur Interaktion eines Spermiums mit den äußeren Schichten der Eizelle. Die sogenannte Akrosomenreaktion wird ausgelöst. Dabei erkennen Proteine der Spermiumoberfläche spezifische Interaktionspartner in der *Zona pellucida* (bei Säugern) oder spezielle Polysaccharide in der Gallerthülle (z.B. beim Seeigel) der Eizelle. Durch diese Interaktion gibt das Akrosom seine Verdauungsenzyme in die Umgebung ab, sodass die Gallerthülle und die Vitellinmembran, beziehungsweise die *Zona pellucida* lokal aufgelöst werden. Dadurch wird dem Spermium der Durchtritt durch die physikalische Barriere der Eizelle ermöglicht. Im Anschluss kommt es zur eigentlichen Interaktion des Spermienkopfes mit der Zellmembran der Eizelle, wodurch die Membranen beider Keimzellen miteinander verschmelzen. Man geht davon aus, dass Membranproteine auf der Oberfläche des Spermiums mit Rezeptoren auf der Eizelle reagieren. Durch die Membranenverschmelzung kann der männliche Vorkern (der haploide Zellkern) in die Eizelle übertreten. Gleichzeitig wird die Centriole, ein Organisationszentrum für die Bildung von Mikrotubuli (siehe auch **Kapitel 3.4.1**), in die Eizelle überführt. Die durch die Befruchtung entstandene Zygote weist demnach Erbmaterial sowohl des Vaters als auch der Mutter auf. Das Cytoplasma mit seinen Speichermolekülen jedoch stammt fast ausschließlich von der Mutter.

Vorkern: Nucleus der Gamete

Abb. 2.5

Die Interaktion zwischen Spermium und Ei Beim Seeigel ist die Eizelle zu derem Schutz von einer Eizellmembran (orange), einer Vitellinmembran (braun) und einer Gallerthülle (blau) umgeben. Bei der Interaktion des Spermiums mit der Eizelle muss das Spermium erst diese Barriere überwinden. Das geschieht über die Akrosomenreaktion. Hierbei werden Verdauungsenzyme vom Akrosom (weinrot) abgegeben, welche sowohl die Gallerthülle als auch die Vitellinmembran zersetzen. Es kommt zur Verschmelzung der Spermium- mit der Eizellmembran, wobei nur der Zellkern und die Centriole des Spermiums an die Eizelle abgegeben werden - die Eizelle ist befruchtet.

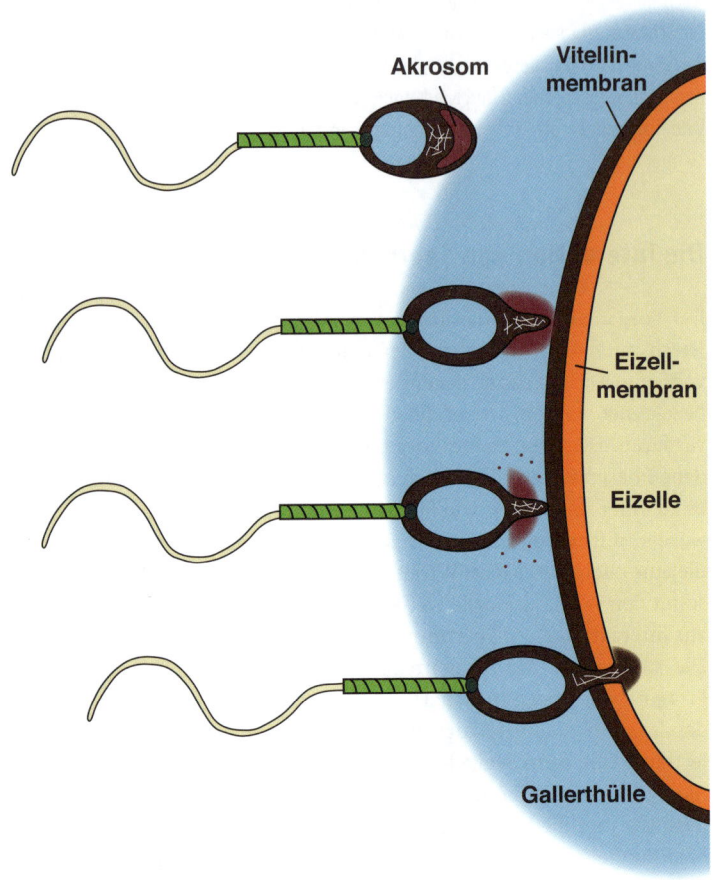

2.3 | Die Verhinderung der Polyspermie

Membranpotential: Elektrische Spannungsdifferenz zwischen extra- und intrazellulärem Kompartiment.

Nachdem es einem einzelnen Spermium gelungen ist, seinen Vorkern in die Eizelle abzugeben, ist es für eine korrekte nachfolgende Entwicklung der befruchteten Eizelle essentiell, dass dieses Kunststück keinem weiteren Spermium mehr gelingt. Um dies sicherzustellen, kommen verschiedene Mechanismen zur Anwendung. Zum einen beobachtet man eine sehr schnelle Veränderung des Membranpotentials in der befruchteten Eizelle, wodurch die Interaktion mit einem weiteren Spermium deutlich erschwert wird. Zum anderen kommt es kurz nach der Befruchtung zusätzlich zu einer Freisetzung des Inhalts der sogenannten Corticalgranula, auch Corticalvesikel genannt, aus der befruchteten Eizelle. Die daraus abgegebene Serinprotease bewirkt die Entfernung weiterer, nicht mehr benötigter, aber bereits an der Oberfläche der Eizelle gebundener Spermien. Darüber hinaus werden Proteoglykane in die Umgebung der befruchteten Eizelle freigesetzt. Dies führt beispielsweise dazu, dass sich beim Seeigel die Vitellinmembran von der Oberfläche der Eizelle ablöst und zwischen Eizell- und Vitellinmembran ein flüssigkeitsgefüllter Hohlraum entsteht. Bei Säugern wird durch die Sekretion des Inhalts der Corticalgranula die *Zona pellucida* derart verändert, dass kein weiterer Befruchtungsvorgang mehr stattfinden kann.

Wichtiger Auslöser für diese Granularreaktion ist der Einstrom von Calciumionen in die Eizelle. So beobachtet man mit dem Eintritt des Spermiums innerhalb von ca. 30 Sekunden den Einstrom von Calcium in einer wellenförmigen Bewegung durch die gesamte Eizelle. Das einströmende Calcium ist nicht nur für das Auslösen der Granularreaktion entscheidend. Nebenbei aktiviert es auch verschiedene Stoffwechsel- und Signalwege in der Zelle, wie beispielsweise die Bildung von $NADP^+$, welches für die Synthese von Fettsäuren und daraus resultierenden neuen Zellmembranen entscheidend ist. Des Weiteren aktiviert das einströmende Calcium die Proteinbiosynthese, die DNA-Replikation sowie den mitotischen Zellzyklus. Man kann also sagen, dass der Calciumeinstrom, der durch das Spermium ausgelöst wird, zugleich der Auslöser für die nachfolgenden Entwicklungsschritte der befruchteten Eizelle ist.

Die Furchungsteilungen | 2.4

Bei den folgenden Zellteilungen unterscheidet der Entwicklungsbiologe verschiedene Formen. Einerseits kann durch diese Zellteilungen die befruchtete Eizelle bzw. der sich entwickelnde Embryo vollständig in immer kleinere Zellen zerteilt werden. In diesem Fall spricht man von holoblastischer Furchung (siehe **Abb. 2.6**). Wird die Eizelle bei der Furchung hingegen nicht vollständig durchtrennt, spricht man von einer meroblastischen Zellteilung. Ob eine holoblastische oder eine meroblastische Zellteilung erfolgt, ist von der Dotterzusammensetzung des Embryos abhängig. Die holoblastischen Furchungen finden in jenen Organismen statt, deren Zellen durch einen verhältnismäßig dünnen Dotter gekennzeichnet sind, wie u.a. in Amphibien und Säugetieren (siehe **Kapitel 3.1 und 4.4**). Im Gegensatz hierzu weisen Organismen mit einer dichten Dotterzusammensetzung wie Fische und Vögel eine meroblastische Furchungsart auf (siehe hierzu auch **Kapitel 4.1.1 und 4.3**). Zur weiteren Beschreibung der Furchung werden darüber hin-

Abb. 2.6

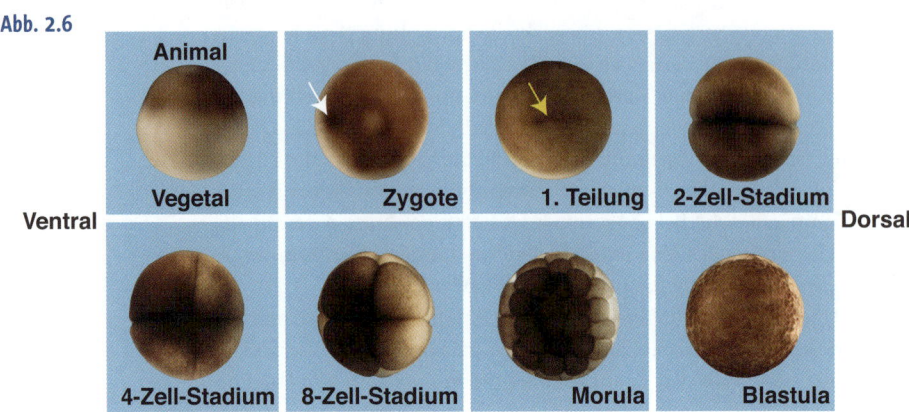

Die Furchungsteilungen bei *Xenopus laevis*   Die befruchtete Eizelle (links oben) weist zwei von außen gut unterscheidbare Pole auf: Der dunkel pigmentierte animale und der unpigmentierte vegetale Pol. Die Spermiumeintrittstelle am animalen Pol der Zygote ist von außen gut erkennbar (weißer Pfeil). In *Xenopus laevis* finden holoblastische Furchungen statt und die Anzahl der Blastomeren steigt während den frühen Furchungsteilungen exponentiell an. Durch die erste Furchungsteilung, die in der Mitte der Zygote beginnt (gelber Pfeil), wird der Embryo in eine rechte und linke Körperseite geteilt. Im Vier-Zell-Stadium können zudem eine dorsale und eine ventrale Seite unterschieden werden. Die dorsalen Blastomeren sind kleiner und auf der animalen Seite heller pigmentiert als die ventralen. Im Acht-Zell-Stadium ist zusätzlich der animale vom vegetalen Pol getrennt. In diesem Stadium kann man die einzelnen Bastomere anhand ihrer Pigmentierung und Größe gut voneinander unterscheiden. Durch weitere Furchungsteilungen entsteht erst die Morula, dann die Blastula.

aus folgende Begriffe verwendet: Sind die Tochterzellen unterschiedlich groß, spricht man von einer inäqualen Teilung, wohingegen die Entstehung von gleich großen Tochterzellen durch den Begriff äquale Zellteilung definiert ist. Damit verwandt sind auch die Begriffe Micromäre und Macromäre, um die Zellgröße der sich entwickelnden Zellen zu beschreiben. Im Falle der meroblastischen Furchungen unterscheiden wir die superfiziellen Furchungen, die wir beispielsweise bei Insekten wie *Drosophila melanogaster* vorfinden (siehe **Kapitel 6**), von den discoidalen Furchungen, die beispielsweise bei Fischen, Reptilien und Vögeln stattfinden (siehe **Kapitel 4.1.1 und 4.3**).

Ein wichtiges Charakteristikum der frühembryonalen Zellteilungen während der Furchungsstadien ist eine kurze Zellzyklusdauer, was durch sehr kurze G1- und G2-Phasen während des Zellzyklus erreicht wird. Dies ist möglich, da der Embryo während der frühen Entwicklungsphase auf die maternal angelegten Speicher aus RNA, Proteinen und Nährstoffen zurückgreifen kann, sodass keine Transkription oder Translation benötigt werden, beides Prozesse, die normalerweise in der G1-Phase des Zellzyklus stattfinden.

Regulation des Zellzyklus

▼

Die zyklische Abfolge von G1-, S-, G2- und M-Phase während des Zellzyklus wird von Cyclinen und Cyclin-abhängigen Kinasen (Cdk) reguliert. Verschiedene Cyclin-abhängige Kinasen weisen dabei einen zyklischen Verlauf ihrer Aktivität auf und regulieren damit das Voranschreiten des Zellzyklus. Unterschiedliche Cyclin-abhängige Kinasen erreichen dadurch ihr Aktivitätsmaximum zu unterschiedlichen Phasen des Zellzyklus. Als Kinasen sind sie in der Lage, verschiedene Proteine zu phosphorylieren, die in der darauffolgenden Phase des Zellzyklus wichtig sind. Die Aktivität der Cyclin-abhängigen Kinasen wird über die Cycline reguliert, die zu bestimmten Phasen des Zellzyklus hergestellt und nach Überschreiten eines bestimmten Schwellenwertes in Abhängigkeit vom Zellzykluszustand wieder degradiert werden. Die wichtigsten Cycline und ihre interagierenden Cyclin-abhängigen Kinasen der Vertebraten sowie deren Bedeutung für den Zellzyklus sind in der nachfolgenden **Tabelle 2.1** zusammengefasst.

Aktivitäten ausgewählter Cyclin/Cdk Komplexe während des Zellzyklus **Tab. 2.1**

Cyclin/Cdk	Zellzyklusphase
Cyclin E / Cdk2	Eintritt S Phase
Cyclin A / Cdk 2	Eintritt G2 Phase
Cyclin B / Cdk 1	Eintritt M Phase

▲

Das Imprinting | 2.5

Das Imprinting (auch genomische Prägung) ist ein Vererbungsprinzip unabhängig von der klassischen Mendel´schen Vererbungstheorie. Durch die Vereinigung von männlichen und weiblichen Vorkernen während der Befruchtung erhält der neue Organismus einen diploiden Chromosomensatz, bei dem jedes Gen in der Regel in Form von zwei Allelen vorkommt. Eine Ausnahme sind die Gene, die auf den X oder Y Chromosomen (Geschlechtschromosomen) lokalisiert sind, wodurch manche dieser Gene gegebenenfalls nur in einer einfachen Kopie vorkommen können. Für die meisten Gene gibt es zwischen beiden Allelen keine funktionellen Unterschiede. Diese Äquivalenz der Allele ist die Grundlage der klassischen Mendel'schen Genetik. In Säugetieren jedoch gibt es eine Reihe von Genen, bei denen es sehr wohl einen Unterschied

Abb. 2.7

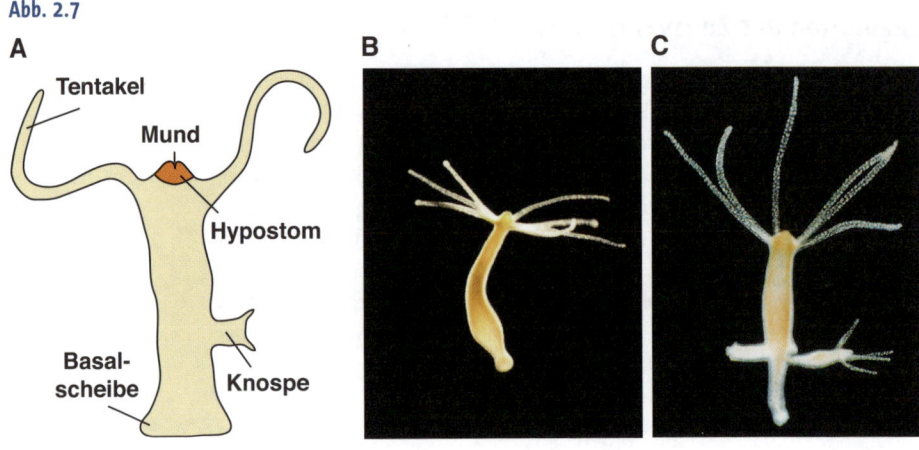

Die Hydra   A. Schematische Darstellung einer Hydra (Süßwasserpolyp) mit Mund, Hypostom (orange), Tentakeln und Basal-scheibe. Während der asexuellen Vermehrung können Knospen entstehen, die später abfallen und als eigenständige Organismen weiterleben. **B.** Hydra ohne Knospen. **C.** Hydra mit Knospen nahe zur Basalscheibe. Die Aufnahmen in B und C wurden freund-licherweise von Prof. Dr. Thomas Holstein, Universität Heidelberg, zur Verfügung gestellt.

macht, ob ein Allel vom Vater oder der Mutter vererbt wurde. So kann beispielsweise nur eines dieser beiden elterlichen Allele exprimiert werden, während das andere inaktiv ist. Ein sehr gut untersuchtes Bei-spiel hierfür ist der Insulin-ähnliche Wachstumsfaktor 2 (IGF2), dessen aktives Allel immer vom Vater kommt. Im Gegensatz dazu ist das müt-terlich vererbte Allel immer inaktiv. IGF2 bindet in seiner Funktion an einen Rezeptor, IGF2R. Im Falle dieses Rezeptors ist ausschließlich das mütterliche Allel aktiv, wohingegen das väterliche Allel in inaktiver Form vorliegt. Das heißt also, dass jene Gene, die dem Imprinting unter-liegen, eine elterliche genomische Prägung erhalten. Entsprechend die-ser unterschiedlichen Aktivitäten der beiden Allele können Mutationen im väterlichen oder mütterlichen Allel gegebenenfalls schwerwiegende Folgen für den Organismus haben. Die Unterschiede in der Aktivität zwischen diesen beiden Allelen werden in der Regel durch spezifische DNA-Methylierungen in den regulatorischen DNA-Abschnitten (Enhan-cer- oder Promotorregionen) verursacht. In diesem Zusammenhang spricht man auch vom genomischen Imprinting. Eng damit verwandt ist auch der Begriff der Epigenetik. Diese beschreibt vererbbare Zustände der Genfunktion, die nicht durch Veränderungen in der DNA-Sequenz erklärt werden können.

Die asexuelle Reproduktion | 2.6

Nicht bei allen Lebewesen ist die Verschmelzung von Spermium und Eizelle notwendig, um ein neues Lebewesen zu generieren. Bei Einzellern erfolgt die Reproduktion durch eine einfache mitotische Zellteilung. Auch mehrzellige Lebewesen können durch Teilung neue Organismen hervorbringen. Hier ist Hydra ein für die Entwicklungsbiologie wichtiges Beispiel.

Hydra ist ein Süßwasserpolyp (Coelenterat), der sich sowohl geschlechtlich, als auch ungeschlechtlich fortpflanzen kann. Der Körper besteht aus einem etwa 0,5 cm langen, röhrenförmigen Rumpf, der mit einem Stiel und einer Basalscheibe mit dem Untergrund verhaftet ist (siehe **Abb. 2.7**). Im oberen Teil des Körpers befindet sich der Mund sowie Tentakeln, die zur Nahrungsaufnahme verwendet werden. Ebenfalls im Kopfbereich befindet sich das Hypostom (Mundfeld). Der röhrenförmige Körper besteht aus einer äußeren Epithelschicht, dem Ektoderm sowie einer inneren Epithelschicht, dem Endoderm. Somit gehört Hydra den diploblastischen Tieren an, die nur aus zwei Keimblättern bestehen. Diese beiden Keimblätter sind durch eine Schicht extrazellulärer Matrix voneinander getrennt. Insgesamt besitzt Hydra etwa 20 verschiedene Zelltypen wie Nervenzellen, kontraktile und sekretorische Zellen. Eine besondere Eigenschaft von Hydra ist, dass alle Zellen des Organismus kontinuierlich aus pluripotenten Vorläuferzellen durch Proliferation und Zellwanderung ersetzt werden können. Auf diese besondere Regenerationsfähigkeit von Hydra werden wir in **Kapitel 13.1** gesondert einge-

Abb. 2.8

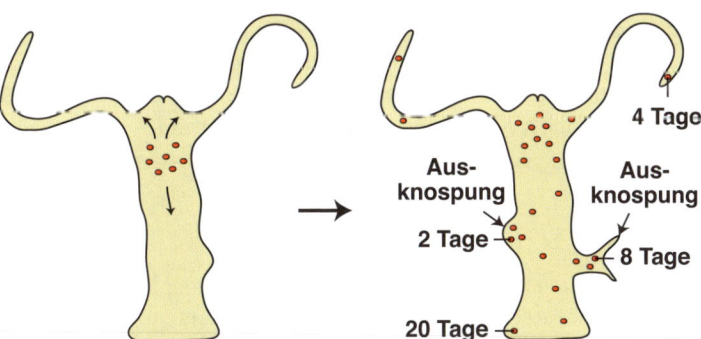

Die asexuelle Vermehrung bei Hydra   Die Markierung von Zellen (rot) zeigt an, dass in Hydra sowohl Zellproliferation als auch -wanderung stattfindet. Abhängig von der verstrichenen Zeit nach der Markierung sind die Zellen unterschiedlich weit von ihrem Ursprung entfernt. Dadurch können u.a. neue Knospen entstehen, die nach einiger Zeit abfallen und einen eigenständigen Organismus bilden.

hen. Zur asexuellen Vermehrung bilden sich am Rumpfbereich Knospen, aus denen neue Hydren heranwachsen können (**Abb. 2.8**). Die dabei neu gebildeten Hydren fallen zu gegebenem Zeitpunkt ab und leben als selbstständige Organismen fort. Wir haben es hier also mit einem Organismus zu tun, der sich über asexuelle Reproduktion fortpflanzt. Hydra ist zudem ein Zwitter und besitzt so die Fähigkeit, sich auch geschlechtlich fortzupflanzen.

Manche Lebewesen können sich durch den Vorgang der Parthenogenese fortpflanzen. Bei diesen entwickeln sich auch aus einer unbefruchteten Eizelle Embryonen. Dabei wird der Eizelle durch Änderung ihrer Umgebung unter Verwendung definierter Hormone eine Befruchtung vorgetäuscht - die Eizelle beginnt mit den Teilungen. Diesen Vorgang finden wir bei einigen Insekten, Spinnen, Krebsen, Fischen, Eidechsen oder Vögeln.

Zusammenfassung

In Lebewesen mit sexueller Reproduktion wird durch die Verschmelzung von Eizelle und Spermium ein neues Individuum gezeugt. Bei der Verschmelzung erlaubt die Akrosomenreaktion das Eindringen des Spermiums in die Eizelle. Durch das Verschmelzen einer Eizelle mit einem Spermium werden zwei haploide Chromosomensätze zu einem diploiden zusammengeführt. Die haploiden Genome von Eizelle und Spermium entstehen während der Meiose. Durch eine Veränderung des Membranpotentials wird unmittelbar nach erfolgreicher Befruchtung die Polyspermie unterbunden. Ein Vorteil der geschlechtlichen Fortpflanzung ist der Erhalt und die Erhöhung der genetischen Variabilität einer Population. Die Epigenetik beschreibt vererbbare genetische Zustände, die meist auf einem differentiellen Methylierungsmuster der DNA beruhen. Manche tierische Organismen können sich auch asexuell durch Knospung fortpflanzen, wie beispielsweise Hydra.

Fragen

1 Wie ist ein Spermium aufgebaut?

2 Wie ist eine Eizelle aufgebaut? Welche Unterschiede gibt es zwischen Säugetieren und anderen Organismen?

3 Was ist die Akrosomenreaktion?

4 Was passiert während der Meiose?

5 Wie wird die Polyspermie verhindert?

6 Welche unterschiedlichen Furchungstypen gibt es?

7 Was ist der Unterschied zwischen dem Imprinting und der klassischen Mendel´schen Vererbungstheorie?

8 Was ist eine asexuelle Reproduktion, was die Parthenogenese?

9 Beschreiben Sie den Aufbau von Hydra.

Literatur
▼

JUNGNICKEL, M.K., K.A. SUTTON, H.M. FLORMAN (2003) In the beginning: lessons from fertilization in mice and worms. Cell 114, 401-404

MORISON, I.M., J.P. RAMSAY, H.G. SPENCER (2005) A census of mammalian imprinting. Trends Genet. 21, 457-465

REIK, W., J. WALTER (2001) Genomic imprinting: parental influence on the genome. Nat. Rev. Genet. 2, 21-32

WHITACKER, M. (2006) Calcium at fertlization and in early development. Physiol. Rev. 86, 25-88

3 | Die drei Keimblätter und deren Derivate: *Xenopus laevis* als Modellsystem

Inhalt

Die Bildung der drei Keimblätter und die Festlegung der Körperachsen wurden besonders gut an Amphibien untersucht. Die Ausbildung der dorso-ventralen Achse ist eng mit der Befruchtung assoziiert. Die dorsale Körperseite entsteht gegenüber dem Spermieneintrittspunkt. Durch die Reorganisation cytoplasmatischen Materials während der Cortexrotation wird der Spemann-Organisator festgelegt. Das mesodermale Keimblatt wird von Signalen induziert, die ihren Ursprung in der vegetalen Hälfte des Embryos haben. Neuralgewebe wird sekundär durch Faktoren aus dem mesodermalen Keimblatt induziert. Dem Spemann-Organisator wird in diesem Zusammenhang eine besondere Rolle zuteil.

Im folgenden Kapitel wollen wir die Bildung der drei Keimblätter Ektoderm, Mesoderm und Endoderm sowie die Festlegung der dorsoventralen Körperachse exemplarisch am Beispiel des südafrikanischen Krallenfrosches *Xenopus laevis* beschreiben.

3.1 | Der südafrikanische Krallenfrosch *Xenopus laevis*

Der südafrikanische Krallenfrosch *Xenopus laevis* ist heute der Modellorganismus zur Untersuchung der Amphibienentwicklung. Die *Xenopus* Weibchen können durch die subkutane Injektion des menschlichen Schwangerschaftshormons (hCG, humanes Choriongonadotropin) zur Eiablage angeregt werden. Die Befruchtung sowie die gesamte embryonale Entwicklung erfolgen außerhalb des Mutterleibes (**Abb. 3.1**). Die befruchtete Eizelle weist einen Durchmesser von etwa 1,2 mm auf. Diese beiden Tatsachen erlauben die Beobachtung der *Xenopus* Entwicklung unter einem einfachen Binokular (Lupe). Bei äußerer Betrachtung fällt auf, dass eine Hälfte einer individuellen Eizelle stark pigmentiert und dadurch dunkel gefärbt ist, wohingegen die zweite Hälfte unpigmen-

Abb. 3.1

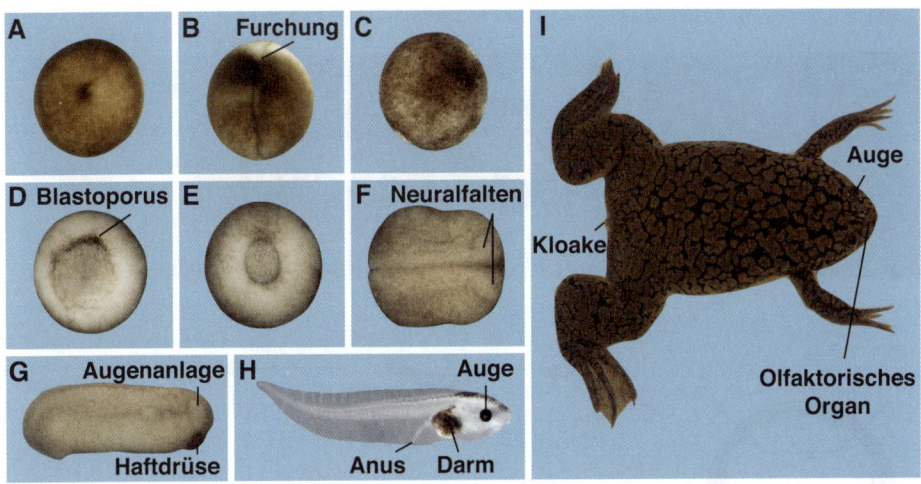

Die Embryonalentwicklung von *Xenopus laevis* **A.** Animaler Pol der befruchteten Eizelle. **B.** Zwei-Zell-Stadium. Aufsicht auf den animalen Pol. **C.** Blastula-Stadium. Der animale Pol ist zu sehen. **D.** Während der Gastrulation wandern endodermale und mesodermale Zellen über den Blastoporus in den Embryo ein. Aufsicht auf den vegetalen Pol. **E.** Späte Gastrula. Vegetale Ansicht. **F.** Embryo im Neurulastadium. Dorsale Aufsicht. Der Embryo befindet sich in der Neurulation, wobei die Neuralfalten beidseitig gut sichtbar sind. Anterior zeigt nach rechts. **G.** Seitenansicht eines Embryos im Schwanzknospenstadium. Anterior zeigt nach rechts. Die Augenanlage ist hier gut zu erkennen. Auf der ventralen Seite befindet sich die pigmentierte Haftdrüse (Zementdrüse). **H.** Laterale Ansicht einer Kaulquappe. Anterior zeigt nach rechts. Ab diesem Stadium ist der Embryo transparent, wodurch viele Organe wie Auge, Darm und Anus von außen gut sichtbar sind. Bei einer Temperatur von 21 °C hat der Embryo dieses Stadium innerhalb von sechs Tagen erreicht. **I.** Dorsale Ansicht eines weiblichen, adulten Frosches.

tiert und somit heller ist. Man bezeichnet die pigmentierte Region als die animale, die unpigmentierte Gegenseite als vegetale Hälfte (**Abb. 2.6**). Entlang dieser animal-vegetalen Achse kommt es bereits während der Oogenese, der Bildung der reifen Eizelle, im Ovar des Mutterleibes zur asymmetrischen Verteilung von Proteinen, RNA-Molekülen und Lipiden. Von außen erscheint die Eizelle radiär-symmetrisch zur animal-vegetalen Achse. Die Verteilung der Pigmente entlang dieser Achse hat keinen weiteren Einfluss für die nachfolgende Entwicklung. So entwickeln sich auch völlig unpigmentierte Embryonen (Albinos) normal. Die erfolgreiche Befruchtung erkennt man durch eine Drehung der Embryonen innerhalb der Vitellinmembran, sodass die animale, pigmentierte Seite nach oben kommt. Diese Drehung kommt dadurch zustande, dass durch die Erdanziehung die schwere, dotterreiche vegetale Körperhälfte nach unten ausgerichtet wird. Dieser Vorgang ist erst nach der Befruchtung möglich, da sich dann die Vitellinmembran von der befruchteten Eizelle ablöst und diese frei drehbar wird (siehe **Kapitel 2**).

Subkutan:
Unter die Haut

Ovar:
Eierstock

Abb. 3.2

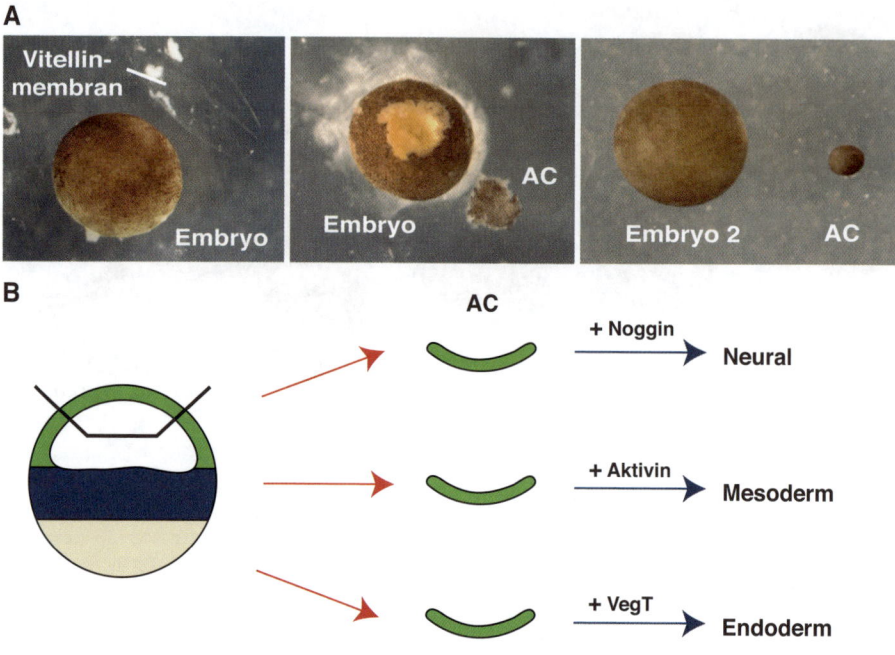

Animaler Kappenassay in *Xenopus laevis* **A.** Das Auschneiden der animalen Kappe wird im Blastula-Stadium in Agarose-beschichteten Plastikschalen vorgenommen, in welchem sich ein einfacher Salzpuffer befindet. Für die Isolation der pigmentierten animalen Kappe (engl. *animal cap* = AC) wird zunächst die Vitellinmembran mit Hilfe zweier Pinzetten entfernt. Im Anschluss kann die animale Kappe beispielsweise mit feinen Pinzetten geschnitten werden. Die weitere Inkubation der animalen Kappe findet in einer Agarose- oder BSA-beschichteten Plastikschale statt, die einen Salzpuffer enthält. Nach einer halben Stunde hat sich die animale Kappe zu einer Kugel geschlossen. Die Aufnahmen wurden freundlicherweise von Aleksandra Tecza, Universität Ulm, zur Verfügung gestellt. **B.** Die Behandlung (Injektion oder Inkubation) mit unterschiedlichen Faktoren führt zur Entwicklung unterschiedlicher Gewebe in der animalen Kappe (grün). Die Inkubation oder Injektion von Noggin führt zur Ausbildung neuraler Strukturen. Die Inkubation der animalen Kappe mit einer mittleren Aktivin-Dosis resultiert in einem mesodermalen Schicksal der animalen Kappe. Sehr hohe Konzentrationen von Aktivin oder VegT sorgen für die Entwicklung endodermaler Zellen.

Aufgrund der extrakorporalen Entwicklung und der Größe der Embryonen sind diese nicht nur unter einem Binokular einfach zu beobachten, sondern auch experimentell leicht zugänglich. So sind Gewebetransplantationen von einem Embryo in einen anderen möglich. Des Weiteren können einzelne Gewebestücke wie beispielsweise die animale Kappe des Embryos als Explantate in einer einfachen Salzlösung kultiviert werden (**Abb. 3.2**). Die Entwicklung erfolgt schnell, sodass innerhalb weniger Tage aus der befruchteten Eizelle eine schwimmende Kaulquappe entsteht. Im Kaulquappenstadium sind bereits alle frühen

Differenzierungsentscheidungen getroffen sowie die Organe angelegt worden. Erst später wird durch die Metamorphose aus der Kaulquappe der adulte Frosch. Während der frühen Entwicklung des Embryos, von der Zygote bis zu den ersten Furchungsteilungen, sind Mikroinjektions- experimente, bei denen man RNA oder DNA Konstrukte in den Embryo einbringt, leicht möglich. Für die verschiedenen Blastomeren, die während der ersten Teilungen der Zygote bis zum 32-Zell-Stadium im Embryo angelegt werden, gibt es Schicksalskarten (siehe **Kapitel 1.6**). Dadurch sind gezielte Gewebe- bzw. Organ-spezifische Injektionen möglich. Im Zwei-Zell-Stadium beispielsweise kann gezielt ausschließlich eine Körperhälfte (links oder rechts) manipuliert werden, sodass die uninjizierte Seite als interne Kontrolle dient (**Abb. 3.3**). Im Vier-Zell-Stadium hingegen kann man zusätzlich die ventrale und dorsale Hälfte des Embryos unterscheiden. Die ventralen Blastomeren sind meist größer und im animalen Bereich dunkler pigmentiert als die dorsalen. Im darauf folgenden Entwicklungsstadium, dem Acht-Zell-Stadium, wird der Embryo durch die dritte, horizontale Furchungsteilung zusätzlich in die animale und vegetale Hälfte morphologisch sichtbar geteilt (**Abb. 2.6**). Eine Injektion in diesem Stadium in beispielsweise eine animal-dorsale Blastomere führt zur Manipulation anteriorer Neuralstrukturen.

Ein Merkmal dieser frühen Entwicklung in *Xenopus laevis* ist, dass die Zellteilungen sehr rasch und synchron ablaufen. Während der frühen Teilungsstadien durchläuft der Embryo einen zweiphasigen Zellzyklus bestehend aus Mitose (M-)- und Synthesephasen (S-Phase). Die G1- und G2-Phase hingegen fehlen nahezu vollständig. In dieser Phase

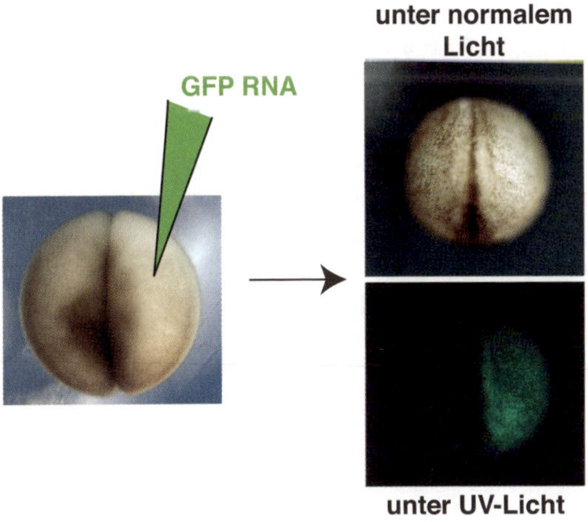

Blastomeren:
Zellen des frühen Embryos bis hin zur Blastula, die während der Furchungsteilungen der Zygote entstehen.

Extrakorporal:
Außerhalb des Körpers

Abb. 3.3

unter normalem Licht

GFP RNA

unter UV-Licht

Die Injektion in *Xenopus laevis* Embryonen
Die unilaterale Injektion einer mRNA, die für GFP (Grün fluoreszierendes Protein) codiert, führt zu einem einseitigen Leuchten der Embryonen nach Anregung mit Licht entsprechender Wellenlänge. Mit dieser Methode kann das Schicksal injizierter Blastomeren während der Embryonalentwicklung verfolgt und dabei die Injektion kontrolliert werden.

der Entwicklung wird der Embryo zum großen Teil durch maternal gespeicherte Moleküle wie mRNAs und Proteine versorgt. Wenn einige dieser Speicher aufgebraucht sind (bei *Xenopus* kurz nach der 12. Zellteilung), müssen diese vom Embryo selbst synthetisiert werden – er tritt in den Midblastula-Übergang (engl. mid-blastula transisition = MBT) ein. Das wichtigste Merkmal der MBT ist die beginnende Transkription des embryoeigenen Genoms, wobei man auch von der zygotischen Genexpression spricht. An diesem Punkt der Entwicklung werden die G1- und G2-Phasen zum Zellzyklus zugefügt. Des Weiteren laufen die Zellteilungen nicht mehr synchron ab. Zudem werden die Zellen beweglich und können durch den Embryo wandern (siehe Gastrulation, **Kapitel 5**).

Nachteile von *Xenopus laevis* als Modellorganismus sind seine lange Generationszeit von 1 bis 2 Jahren und seine Tetraploidie. Das bedeutet, dass alle Chromosomen und damit alle Gene in vier Kopien bzw. Allelen vorliegen. Daher ist eine genetische Modifikation von *Xenopus laevis* nicht nur technisch sehr schwierig, sondern auch sehr zeitaufwendig. Dies verhindert, dass genetische Experimente im Sinne einer vollständigen Entfernung von Genen (*Knock-out*) routinemäßig angewendet werden können. Eine Alternative zu *Xenopus laevis* stellt der verwandte *Xenopus tropicalis* dar, der mit einem diploiden Genom und einer Generationszeit von etwa sechs Monaten für genetische Ansätze sehr viel geeigneter ist.

Infobox 5

▼

Funktionelle Untersuchungen in *Xenopus laevis*

Um funktionelle Analysen vorzunehmen, bedient man sich in *Xenopus laevis* im Wesentlichen der Mikroinjektion. Man unterscheidet dabei Funktionsgewinnstudien (engl. *gain of function*, kurz GOF), bei denen das zu untersuchende Genprodukt in erhöhten Konzentrationen vorliegt, von so genannten Funktionsverluststudien (engl. *loss of function*, kurz LOF), bei denen das zu untersuchende Protein in verminderten Konzentrationen vorliegt.

Bei der *gain of function* Analyse injiziert man die für das zu untersuchende Protein codierende *messenger* RNA (mRNA) in wässriger Lösung in einzelne Blastomere des *Xenopus* Embryos. In dieser Zelle und seinen Derivaten wird anschließend das Protein von der Synthesemaschinerie der Zelle gebildet, so dass dessen Konzentration steigt. Für eine *gain of function* Analyse beginnt man in der Regel mit der Überexpression des normalen Wildtyp-Proteins. Weiterführende Analysen könnten beispielsweise die funktionelle Bedeutung einer bestimmten Proteindomäne betreffen, indem man Deletionsmutanten der Wildtyp-RNA in den Embryo einbringt. Bei der *loss of function* Analyse besteht das Ziel in der Reduktion der Menge des zu untersuchenden, endogenen Proteins. Zur Inhibition der Translation in *Xenopus laevis* haben sich so genannte *antisense* Morpholino Oligonukleotide (MO) als geeignet erwiesen, die revers-komplementär zum Translationsstartpunkt der endogenen mRNA sind. Dabei lagern sich die synthetischen *antisense* Oligonukleotide aufgrund ihrer Basenpaarung an die homologe mRNA an und blockieren so deren Translation. Diese Morpholino Oligonukleotide werden meist so konstruiert, dass sie spezifisch an die umliegende Sequenz des AUG-Startcodons der zu inhibierenden RNA binden und so spezifisch deren Proteinbiosynthese hemmen. Die Folge ist eine Abnahme der endogenen Proteinkonzentration (**Abb. 3.4**). Morpholino Oligonukleotide sind einzelsträngig, haben eine Länge von ungefähr 25 Nukleotiden und besitzen statt einem Zucker-Phosphat- ein künstlich synthetisiertes Morpholino-Phosphorodiamidat-Rückgrat. Durch dieses künstliche Rückgrat sind sie vor der Aktivität zellulärer Nucleasen geschützt und weisen eine über mehrere Tage andauernde Stabilität im Embryo auf. Um die Spezifität der beobachteten Effekte nachzuweisen, führt man *Rescue*-Experimente durch. Dabei wird neben dem *antisense* Morpholino Oligonukleotid die Wildtyp-RNA für den Faktor, der durch das

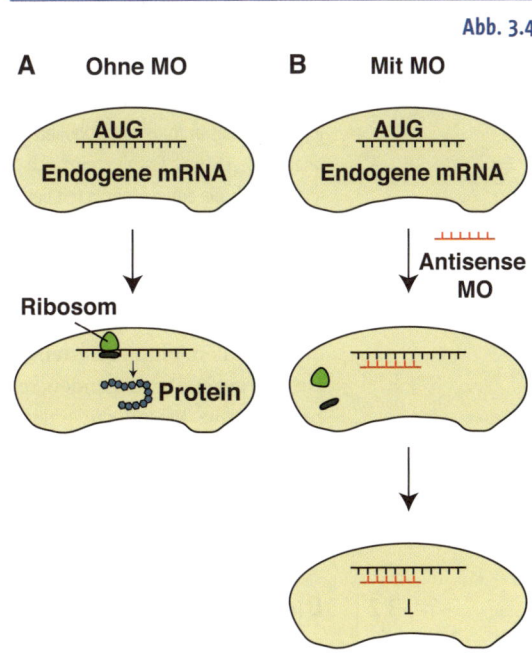

Abb. 3.4

A Ohne MO   **B** Mit MO

Funktion der *antisense* Morpholino Oligonukleotide

MO inhibiert wird, injiziert. Diese Wildtyp-RNA ist eine in der Morpholino Oligonukleotid Erkennungssequenz modifizierte Variante, so dass die Morpholino Oligonukleotide diese nicht erkennen und somit deren Translation nicht beeinflussen. Mit Hilfe dieses Experimentes füllt man künstlich den endogenen Proteinspeicher, der durch die Morpholino Oligonukleotid Injektion herunter reguliert wurde, wieder auf und versucht, Wildtypbedingungen herbeizuführen. Dies ist ein wichtiger Test, um die Spezifität des durch das Morpholino Oligonukleotid hervorgerufenen Phänotyps zu zeigen.

Nuclease:
Enzym, welches RNA (RNase) oder DNA (DNase) spaltet.

    Da für jede einzelne Blastomere des frühen *Xenopus* Embryos das Entwicklungsschicksal vorhergesagt werden kann, können durch gezielte Injektionen bestimmte Gewebeteile manipuliert werden. Somit ist bei diesen Experimenten von entscheidender Bedeutung, dass die zu applizierenden Substanzen in die richtigen Blastomeren injiziert werden. Um dies im Nachhinein noch kontrollieren zu können, kann ein so genannter *Lineage Tracer* mit injiziert werden, beispielsweise die RNA, welche für das grün fluoreszierende Protein (GFP) oder für das Enzym β-Galactosidase (LacZ) codiert. So ist mit Hilfe eines Fluoreszenzmikroskops oder einer enzymatischen Reaktion die Nachkommenschaft der injizierten Blastomere leicht zu finden (**Abb. 3.3**). Es werden nur solche Embryonen in die weitere Auswertung eines Injektionsexperimentes mit einbezogen, in denen die richtige Blastomere manipuliert wurde. Im Gegensatz zu Mausembryonen, in denen über die

Methode des *Knock-outs* ein Gen vollständig entfernt werden kann (siehe **Kapitel 4.7**), führt die Injektion von *antisense* Morpholino Oligonukleotiden in *Xenopus laevis* lediglich zu einer Reduktion der endogenen Proteinmenge. Man spricht daher in diesem Zusammenhang auch von einem *Knock-down* anstelle eines *Knock-outs*. Die Embryonen, die nach der Injektion eines *antisense* Morpholino Oligonukleotids hervorgehen, werden auch als „Morphants" bezeichnet. Damit grenzt sich diese Bezeichnung von der Verwendung des Begriffs Mutante ab, die einen Embryo mit veränderter genetischer Information beschreibt.

In *Xenopus* werden die drei genannten Keimblätter schon im späten Blastulastadium angelegt. Das zukünftige Ektoderm befindet sich auf der animalen, pigmentierten Seite, während das prospektive Endoderm auf der gegenüberliegenden Seite, dem vegetalen Pol, zu finden ist. Das präsumptive Mesoderm entsteht zwischen diesen zwei Keimblättern in der äquatorialen Ebene, auch Marginalzone genannt (siehe **Abb. 1.4**). Zunächst wollen wir uns der Bildung des mesodermalen Keimblatts zuwenden.

3.2 | Die Mesoderminduktion

Erste Einblicke in die Bildung des Mesoderms hat man durch Explantationsexperimente anhand von *Xenopus* Embryonen gewonnen. Diese vom niederländischen Entwicklungsbiologen Pieter Nieuwkoop (1917–1996) durchgeführten Versuche zeigten, dass weder der isolierte animale Pol des Embryos, die animale Kappe, noch der explantierte vegetale Pol allein in der Lage sind, Zellen mesodermalen Schicksals zu bilden. Bringt man jedoch beide Gewebe zusammen, finden sich bereis nach kurzer Zeit mesodermale Zellen in der animalen Kappe (**Abb. 3.5**). Diese Experimente brachten den ersten Hinweis, dass aus dem vegetalen Pol Signale an die darüberliegende Marginalzone ausgesandt werden, um dort die Ausbildung von Mesoderm anzuregen. Weiterhin konnte mithilfe dieser Experimente gezeigt werden, dass die Zellen des zukünftigen Mesoderms nur innerhalb eines definierten Zeitfensters nach der Befruchtung in der Lage sind, ein mesodermales Schicksal einzugehen. Die Fähigkeit auf ein Signal in definierter Weise reagieren zu können, bezeichnet man als Kompetenz einer Zelle. So ist das Zeitfenster, in dem die Zellen die Kompetenz zur Ausbildung eines mesodermalen Schicksals besitzen, nur wenige Stunden lang. Danach verlieren die Zellen diese Kompetenz wieder. Innerhalb der beschriebenen Kompetenzphase allerdings genügt es, die Zellen für einen kurzen Zeitraum, beispielsweise zwei Stunden, dem induktiven Signal auszusetzen, um

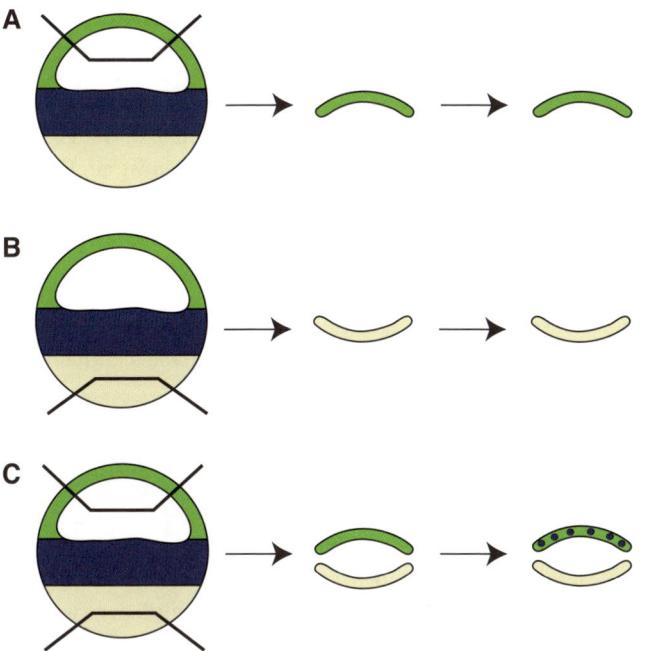

Abb. 3.5

Assay zur Mesoderminduktion
A. Die Inkubation einer isolierten animalen Kappe (grün) führt zu epidermalen Strukturen (grün).
B. Die Inkubation einer isolierten vegetalen Hälfte (beige) resultiert in der Bildung von endodermalen Zellen (beige).
C. Die Inkubation beider Gewebe in einer Sandwich- Anordnung (animale und vegetale Gewebe übereinander) hat die Bildung mesodermaler Zellen (blaue Zellen) in der animalen Kappe zur Folge.

eine veränderte Entwicklungsrichtung einzuleiten. Weiterhin hat sich gezeigt, dass die Induktion von Mesoderm in der animalen Kappe nur dann funktioniert, wenn eine bestimmte Mindestanzahl von etwa 200 Zellen vorliegt. Dieser Effekt wird als Gemeinschaftseffekt (engl. *community effect*) bezeichnet und lässt sich auch später in der Entwicklung in anderen Zusammenhängen wieder finden.

Weiterführende Experimente konnten zeigen, dass die Inkubation der animalen Kappe mit dem vegetalen Pol auch dann zu mesodermalen Zellen führt, wenn beide Gewebe durch eine poröse Membran getrennt sind. Diese Ergebnisse sprechen dafür, dass die Zellen der vegetalen Hälfte diffusible Signalmoleküle abgeben, welche an den benachbarten Zellen ihre Wirkung entfalten können. Da diffusible Substanzen im Gewebe einen Konzentrationsgradienten aufbauen können (Morphogengradienten), gibt dieses Experiment einen ersten Einblick, wie die unterschiedlichen mesodermalen Zelltypen etabliert werden könnten. In **Kapitel 1** hatten wir bereits eingeführt, dass Zellen auf unterschiedliche Konzentrationen eines Wachstumsfaktors je nach Überschreiten verschiedener Schwellenwerte entlang des Morphogengradienten unterschiedliche Differenzierungswege eingehen können (Modell der französischen Flagge **Abb. 1.9**).

3.3 | Signalmoleküle der Mesoderminduktion

Heute interessiert uns natürlich die molekulare Natur des Mesoderm-induzierenden Signals. Im folgenden Absatz sollen verschiedene experimentelle Ansätze vorgestellt werden, die zur Beantwortung dieser, aber auch ähnlicher Fragestellungen durchgeführt wurden bzw. werden.

Die Suche nach Mesoderm-induzierenden Molekülen ist ein Beispiel dafür, mit welcher Ausdauer Wissenschaftler zuweilen wissenschaftliche Fragestellungen lösen. Der deutsche Entwicklungsbiologe und Biochemiker Heinz Tiedemann (1923–2004) beschäftigte sich 40 Jahre seines Lebens mit der Aufreinigung von Mesoderminduktoren. Schlussendlich konnte er nachweisen, dass es sich bei diesen um Proteine handelt und lüftete im Jahr 1992 mit dem Faktor Aktivin die Identität eines dieser Moleküle.

Auf der Suche nach Mesoderm-induzierenden Signalstoffen konnten außerdem Zellkulturüberstände einer adulten *Xenopus* Zelllinie beschrieben werden, die in animalen Kappen den gesuchten Effekt, also eine Mesoderminduktion, auslösen können. Mithilfe Protein-biochemischer Methoden wurden diese Zellkulturüberstände weiter fraktioniert und analysiert. So konnte letztlich auch in diesem Experiment das Protein Aktivin als ein Mesoderm-induzierender Faktor identifiziert werden. Behandelt man isolierte animale Kappen mit Aktivin, so kann man die Bildung von mesodermalem Gewebe in der Kappe stimulieren (**Abb. 3.2**). Der Effekt von gereinigtem Aktivin auf die Entwicklung isolierter animaler Kappen ist zudem konzentrationsabhängig: Eine hohe Aktivin-Konzentration führt zur Ausbildung einer *Chorda dorsalis*, eine geringere Konzentration an Aktivin dagegen hat die Bildung von Muskelzellen zur Folge. Die Suche nach einer Aktivin-codierenden mRNA in frühen *Xenopus* Embryonen blieb jedoch erfolglos, was die Vermutung nahe legte, dass andere, dem Aktivin ähnliche Faktoren für die Mesoderminduktion *in vivo* verantwortlich sind. Weitere Analysen bestätigten schließlich diese Vermutung. Aktivin selber gehört zur TGFβ-Superfamilie (engl. *transforming growth factor β*) extrazellulärer Wachstumsfaktoren. Mithilfe dieses Wissens konnte aus dem vegetalen Pol früher *Xenopus* Embryonen ein anderes Mitglied dieser Familie isoliert werden, welches ebenso für die Mesoderminduktion verantwortlich ist: Vegetal 1 (Vg1). Die mRNA dieses Faktors ist schon maternal im frühen Embryo vorhanden und dort im vegetalen Pol lokalisiert. Später wurden noch weitere Mitglieder der TGFβ-Superfamilie im vegetalen Pol identifiziert, die an der Mesoderminduktion beteiligt sind. Hierbei handelt es sich um die Nodal-verwandten Proteine.

Infobox 6

▼

Sib Selection: Eine Methode zur Identifizierung neuer Moleküle mit definierten biologischen Eigenschaften

Gewebe-induzierende Moleküle können auch über eine andere Methode als die im Text beschriebene identifiziert werden. Hierzu werden *Xenopus* Embryonen im Zwei-Zell-Stadium herangezogen, die gezielt in die animale Region beider Zellen injiziert werden. Nach Entwicklung dieser injizierten Embryonen wird im Blastula-Stadium die animale Kappe isoliert und als Explantat in einem einfachen Salzpuffer in Kultur genommen. Nach Kultivierung können Veränderungen in der animalen Kappe auf morphologischer oder molekularer Ebene mit geeigneten Methoden verfolgt werden.

In diesem Experiment werden im Zwei-Zell-Stadium mRNA-Moleküle injiziert, von denen man annimmt, dass ihr Translationsprodukt an der Induktion des untersuchten Gewebes beteiligt ist. Die injizierte RNA wird während der Entwicklung der Embryonen bis zum Blastula-Stadium von den Nachkommen der beiden injizierten Zellen, hier also allen Zellen der animalen Kappe, in das entsprechende Protein translatiert. Codiert nun eine RNA beispielsweise für einen Mesoderm-induzierenden Faktor, wird in der isolierten animalen Kappe die Mesodermbildung angeregt.

Diese Methode kann auch verwendet werden, um neue Mesoderm-induzierende RNA-Moleküle zu finden. Dazu injiziert man einen Pool verschiedener mRNA-Moleküle. Führt dieser zur Ausbildung von Mesoderm, kann in einem zweiten Experiment jede einzelne Komponente des Gemisches getrennt getestet werden. Dadurch lässt sich die Identifikation eines neuen Moleküls in einem kürzeren Zeitraum durchführen, da durch das Injizieren einer größeren Anzahl von solchen Pools große Zahlen von definierten RNA-Molekülen gleichzeitig getestet werden können. Dieses Verfahren kann bei vorhandenem biologischen Assay auch in anderen Zusammenhängen verwendet werden und wird als *Sib Selection* bezeichnet.

▲

Die TGFβ-Wachstumsfaktoren

| 3.3.1

Die TGFβ-Superfamilie beschreibt eine große Proteinfamilie, deren Mitglieder für viele wichtige Entwicklungsvorgänge essentiell sind. Unterfamilien dieser Gruppe an Wachstumsfaktoren stellen u.a. die TGFβ-Familie selber, die Aktivin-Familie, die Nodal-Familie, die BMP-Familie (engl. *bone morphogenetic protein*) und einzelne Vertreter wie Vg1 oder GDNF (engl. *glial-derived neurotrophic factor*) dar. Diese Proteine werden zunächst in Form eines Vorläufermoleküls hergestellt und anschließend posttranslational durch eine Protease an einer definierten Stelle gespalten. Lediglich der Carboxy-terminale Anteil des Vorläufers wird für die reife Form des Wachstumsfaktors verwendet. Die biologisch aktive Form der TGFβ-Wachstumsfaktoren besteht aus zwei dieser Spaltprodukte, die als Homo- oder Heterodimere über Disulfidbrücken miteinander verknüpft sind.

Posttranslational:
Nach der Translation

Intrazellulär aktivieren Proteine der TGFβ-Superfamilie den Smad-Signalweg (siehe **Abbildung 3.6**). Dabei bindet das oben beschriebene Dimer des Wachstumsfaktors an den TGFβ-Rezeptor vom Typ II, der eine Serin/Threoninkinase-Aktivität besitzt. Dadurch kommt es zur Anlagerung des TGFβ-Rezeptors vom Typ I, der anschließend durch den TGFβ-Rezeptor II an Serin- und Threoninresten (GS Box) phosphoryliert wird. Der so aktivierte Rezeptorkomplex ist nun in der Lage, cytoplasmatische Smad-Proteine zu binden und nachfolgend zu phosphorylieren.

Durch unterschiedliche Liganden der TGFβ-Superfamilie können unterschiedliche Rezeptoren aktiviert und intrazellulär verschiedene Smad-Proteine als Mediatoren verwendet werden. Durch BMP-Faktoren werden beispielsweise Smad 1 und 5 phosphoryliert, während TGFβ-Rezeptoren, die über Aktivin, Nodal oder Mitglieder der TGFβ-Familie aktiviert werden, Smad 2 und 3 phosphorylieren. Da Smad 1, 2, 3 und 5 durch die aktivierten Rezeptoren modifiziert werden, spricht man auch von Rezeptor-Smads (R-Smads). Nach Phosphorylierung binden die R-Smads an Smad 4 (ein Co-Smad), wandern so in den Zellkern ein und agieren dort als Transkriptionsfaktoren. Neben den R- und Co-Smads gibt es auch inhibitorisch wirkende Mitglieder dieser Familie, die I-Smads. Im Rahmen der Mesoderminduktion führt der TGFβ-Signalweg beispielsweise zur Aktivierung des panmesodermalen Markergens Bra-

---

Abb. 3.6

Der BMP-Signalweg Die Bindung von sezerniertem BMP (engl. *bone morphogenetic protein*) an die zugehörigen Rezeptoren führt zur Aneinanderlagerung von BMPRI und II (engl. *bone morphogenetic protein receptor* I / II) und der Phosphorylierung von BMPRI an intrazellulären Serin- oder Threoninresten. Dies resultiert in einer Aktivierung von Smad1 oder Smad5. Es kommt zur Anlagerung von Smad4 (Co-Smad) und zu einer Translokation dieses Komplexes in den Zellkern, wo schlussendlich gezielt die Genexpression gesteuert wird.

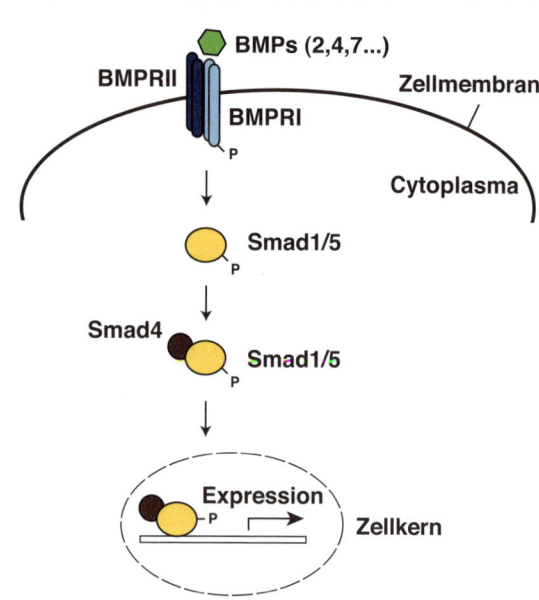

chyury. Dieses Protein ist ein Transkriptionsfaktor der T-Box Familie, welcher viele weitere mesodermale Gene aktivieren kann.

Die Bedeutung der TGFβ-Wachstumsfaktoren für die Mesodermentwicklung wird auch in genetisch veränderten Mäusen deutlich. Hier wird Nodal im Primitivstreifen exprimiert. Mäuse, denen das Protein vollständig fehlt (homozygote *Knock-out* Tiere, siehe **Kapitel 4.7**), bilden kein Mesoderm aus.

Von großem Interesse ist nun, wie die Wachstumsfaktoren der TGFβ-Superfamilie in der frühen *Xenopus* Entwicklung selber reguliert werden. Einerseits können diese schon maternal gespeichert sein, wobei Vg1 bereits als ein solches Beispiel genannt wurde. Interessanterweise ist in *Xenopus* der T-Box Transkriptionsfaktor VegT ein weiterer Mesoderm-Induktor. Die mRNA für VegT ist ebenfalls maternal vorhanden und im vegetalen Pol von frühen Embryonen lokalisiert. VegT entfaltet seine Wirkung als Transkriptionsfaktor über die Aktivierung der zygotischen Genexpression von Aktivin, Derrière und Nodal-Proteinen, also Mitgliedern der TGFβ-Superfamilie.

T-Box:
Spezielle DNA-Bindedomäne in bestimmten Transkriptionsfaktoren

Primitivstreifen:
Spezielle Struktur in Maus- und Hühnerembryonen, durch welche die Zellen während der Gastrulation hindurch wandern.

Die Musterung des Mesoderms | 3.4

Neben der animal-vegetalen weist bereits der frühe *Xenopus* Embryo eine dorso-ventrale Achse auf. Dies kann besonders gut über Markierungsexperimente gezeigt werden, über die das Schicksal von Zellen im Embryo verfolgt und ein Anlageplan des frühen *Xenopus* Embryos erstellt werden kann (siehe **Abb. 1.11**). In *Xenopus laevis* bildet sich das Mesoderm in der Äquatorialebene, wobei verschiedene Bereiche dieses äquatorialen Rings zu unterschiedlichen mesodermalen Organen beitragen. Aus dem dorsalen Mesoderm entsteht die *Chorda dorsalis* (auch Notochord genannt), eine bei vielen Organismen (Chordaten) während der Embryonalentwicklung angelegte Achsenstruktur (ähnlich einem elastischen Stab), die sich während der weiteren Entwicklung meist vollständig zurückbildet. Aus dem ventralen Mesoderm bilden sich die blutbildenden Zellen, während aus dem dazwischen liegenden Mesoderm die Somiten, die Herzmuskelzellen und die Niere entstehen.

Chordaten:
Organismen mit einer *Chorda dorsalis*

Bis zu diesem Punkt konnten wir klären, dass verschiedene, im vegetalen Pol lokalisierte Moleküle an der primären Induktion des Mesoderms in der Äquatorialebene beteiligt sind. Im weiteren Verlauf wollen wir nun klären, wie es zur oben beschriebenen Musterung des Mesoderms entlang der dorso-ventralen Achse kommt.

Erste Hinweise auf den möglichen Mechanismus ergaben sich aus experimentellen Versuchen, in denen animale Kappen aus *Xenopus*

Nieuwkoop-Zentrum:
Geweberegion im dorso-vegetalen Bereich von frühen *Xenopus* Embryonen. Benannt nach seinem Entdecker Pieter Nieuwkoop (1917–1996).

Embryonen mit unterschiedlichen Regionen des vegetalen Pols kombiniert wurden. Dabei zeigte sich, dass die Kombination einer animalen Kappe mit dem dorso-vegetalen Bereich des vegetalen Pols zur Bildung von Chordagewebe und Muskelzellen, die Kombination von ventral-vegetalen Bereichen mit animalen Kappen hingegen zur Ausbildung von Blutzellen in der animale Kappe führt. Demnach müssen von der dorso-vegetalen Hälfte andere Signale ausgesandt werden, als von der ventral-vegetalen. Die dorso-vegetale Region wird auch als Nieuwkoop-Zentrum bezeichnet. Molekulare Analysen haben ergeben, dass die Ursache für den Unterschied zwischen dorsalem und ventralem Mesoderm in der unterschiedlichen Konzentration von β-Catenin begründet ist. Es zeigte sich, dass dieses Molekül vermehrt auf der dorsalen Seite des frühen Embryos im Zellkern lokalisiert ist. β-Catenin ist ein multifunktionelles Molekül, da es einerseits im Cytoplasma am Zell-Zell Kontakt und andererseits im Zellkern an der Regulation der Genexpression beteiligt ist.

Wie hat man nun herausgefunden, dass das Nieuwkoop-Zentrum und β-Catenin an der Festlegung der dorsalen Körperseite des Embryos beteiligt sind? Transplantiert man eine dorso-vegetale Blastomere (Ort des

Abb. 3.7

Der Einfluss des kanonischen Wnt-Signalwegs auf die *Xenopus* Entwicklung Die Injektion von aktivierenden Komponenten des kanonischen Wnt-Signalwegs führt zu einer zweiten Körperachse (schwarze Pfeile) in *Xenopus laevis*. Dargestellt sind Embryonen, die mit der mRNA von β-Catenin oder Xwnt-8 injiziert wurden.

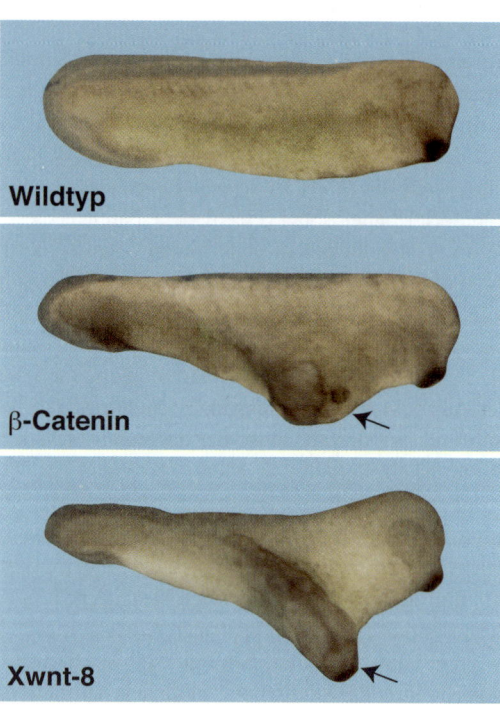

Nieuwkoop-Zentrums) eines frühen *Xenopus* Embryos in die ventral-vegetale Region eines Empfängerembryos, bildet sich ein Embryo mit einer
zweiten dorsalen Achsenstruktur aus, also zum Beispiel einer zweiten
Chorda dorsalis. Ein ähnliches Ergebnis ergibt sich, wenn man Cytoplasma
der dorso-vegetalen Blastomere absaugt und auf der ventral-vegetalen
Seite in einen Empfängerembryo einbringt. Die Tatsache, dass β-Catenin
in diesen Prozess involviert ist, war zunächst eher ein Zufallsbefund. So
führte die Injektion von Antikörpern gegen β-Catenin in frühe *Xenopus*
Embryonen ebenso zu einer Doppelachse. Schnell zeigte sich, dass dieser Antikörper vermutlich zu einer Erhöhung der cytoplasmatischen
β-Catenin Menge führt, da auch die kurze Zeit später durchgeführte
Injektion von β-Catenin mRNA denselben Effekt hatte (siehe **Abb. 3.7**).
Im Gegensatz hierzu führt ein Verlust von β-Catenin zum gleichzeitigen
Verlust dorsaler Strukturen. Während der frühen Entwicklung spielen
also das Nieuwkoop-Zentrum und das darin lokalisierte β-Catenin eine
entscheidende Rolle in der Dorsalisierung des *Xenopus* Embryos.

Festlegung der dorso-ventralen Achse: Befruchtung und Cortexrotation

| 3.4.1

Wie kommt es nun zu dieser Akkumulation von β-Catenin auf der dorsalen Seite des Embryos? Die Festlegung der dorso-ventralen Achse in
Amphibien erfolgt bereits mit der Befruchtung. So kann in *Xenopus* das
Spermium prinzipiell an jedem Ort der animalen Hälfte in die Eizelle eintreten. Der Ort des Spermieneintritts legt die ventrale Seite des Embryos
fest, während auf der 180° gegenüberliegenden Seite die dorsale Seite
gebildet wird. Ursache hierfür ist der Übertritt der Centriole aus dem
Spermium. Dieses organisiert die Mikrotubuli der Eizelle neu, welche
in der vegetalen Hälfte eine parallele Anordnung annehmen. Dadurch
wird das unmittelbar unterhalb der vegetal lokalisierten Zellmembran
liegende Cytoplasma, die Cortex-Schicht, vom Rest des Cytoplasmas sepa-
riert. In Folge dessen rotiert das cortikale Cytoplasma entlang der parallel angeordneten Mikrotubuli um etwa 30° in Richtung der zukünftigen
dorsalen Seite, was dazu führt, dass sich ehemals vegetal lokalisierte
Moleküle auf der zukünftigen dorsalen Seite des Embryos ansammeln
(siehe **Abb. 3.8**). Weiterhin sorgt ein Protein namens Dishevelled für die
vermehrte Stabilisierung des cytoplasmatischen Proteins β-Catenin in
den dorsalen Zellen. Beide genannten Proteine sind intrazelluläre Komponenten des Wnt/β-Catenin-Sigalwegs. In vielen Amphibien ist die Cortexrotation auch von außen sichtbar. Während die animale Hälfte in der
Regel dunkel pigmentiert ist, ist der vegetale Pol frei von Pigment. Durch
die Cortexrotation kommt es auf der zukünftigen dorsalen Seite zu einer
Verschiebung dieser Pigmente nach dorsal und zur Ausbildung des soge-

Abb. 3.8

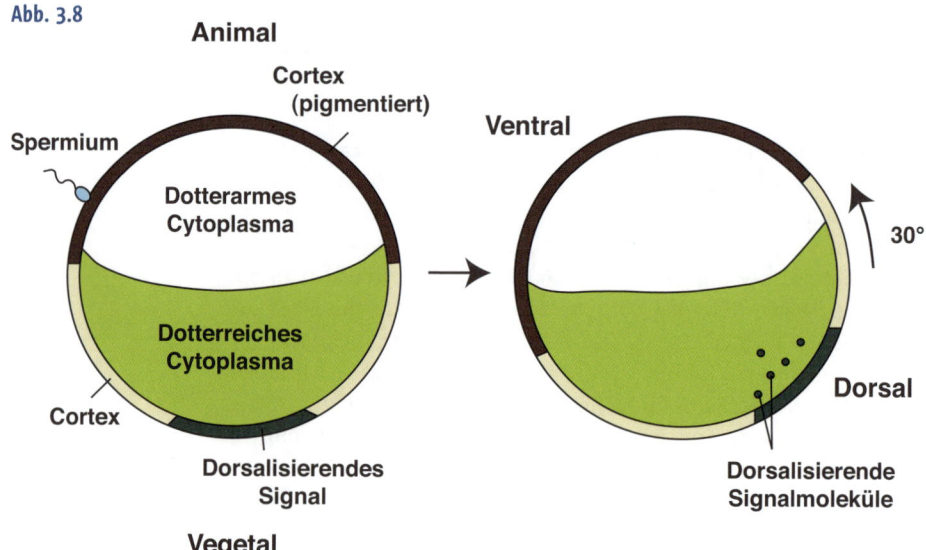

Cortexrotation in *Xenopus laevis* Durch das Eindringen eines Spermiums wird die dorso-ventrale Achse festgelegt, wobei die dorsale Seite auf der der Spermiumeintrittstelle gegenüber liegenden Seite induziert wird. Durch den Übertritt der Centriole aus dem Spermium in die Eizelle werden im vegetalen Pol die Mikrotubuli neu organisiert, so dass sich die vom dotterreichen Cytoplasma gelöste Cortexschicht 30° in Richtung der zukünftigen dorsalen Seite bewegen kann. Dort kommt es zu einer Akkumulation und Freisetzung dorsalisierender Faktoren (dunkelgrün).

nannten grauen Halbmondes, einer pigmentfreien Zone in der dorsalen Hälfte. Dies führt dazu, dass dorso-animale Zellen weniger stark pigmentiert sind als ventral-animale (siehe dazu im Falle von *Xenopus* **Abb. 2.6**).

3.4.2 | Der kanonische Wnt-Signalweg

Wie bereits erwähnt, sind die Proteine Dishevelled und β-Catenin Teil des kanonischen Wnt- oder Wnt/β-Catenin-Signalwegs (siehe **Abb. 3.9**). Wnt-Proteine wurden aufgrund ihrer Ähnlichkeit zu den ersten beschriebenen Vertretern Wingless in der Fliege und INT1 in der Maus definiert, woher auch ihr Name rührt. Sie sind sezernierte Glykoproteine, die ein konserviertes Muster an Cysteinresten aufweisen. Zur Aktivierung intrazellulärer Signaltransduktionskaskaden binden Wnt-Proteine an Frizzled-Rezeptoren, die zur Gruppe der G-Protein gekoppelten Rezeptoren gehören und die Zellmembran sieben Mal durchspannen. Außerdem benötigt der Signalweg die Gegenwart eines weiteren Transmembranproteins, LRP6 (engl. *lipoprotein receptor related protein*), welches mit Wnt und Frizzled interagiert. Dies führt intrazellulär zur Aktivierung des Proteins Dishevelled, welches seinerseits zur Inhibition der Glycogen-Synthase-Kinase 3β (GSK3β) führt. Im Rahmen des Wnt-Signalweges besteht die Funktion von GSK3β darin, β-Catenin zu phosphorylieren und so für den intrazellulären Proteinabbau zu markieren. In Abwesenheit eines Wnt-Liganden wird also das cytoplasmatische β-Catenin durch das Proteasom entfernt und demnach die Konzentration cytoplasmatischen β-Catenins gering gehalten. Im Gegensatz dazu führt die Interaktion eines Wnt-Liganden mit seinen zugehörigen Rezeptoren zur Inhibition von GSK3β und damit zur Akkumulation cytoplasmatischen β-Catenins. Dieses kann in den Zellkern wandern und dort mit Transkriptionsfaktoren der TCF/LEF-Familie interagieren. Dabei steht TCF für *T-cell factor* und LEF für *lymphocyte enhancer factor*. In dieser Namensgebung wird deutlich, dass diese Proteine erstmals im Zusammenhang von B- und

Abb. 3.9

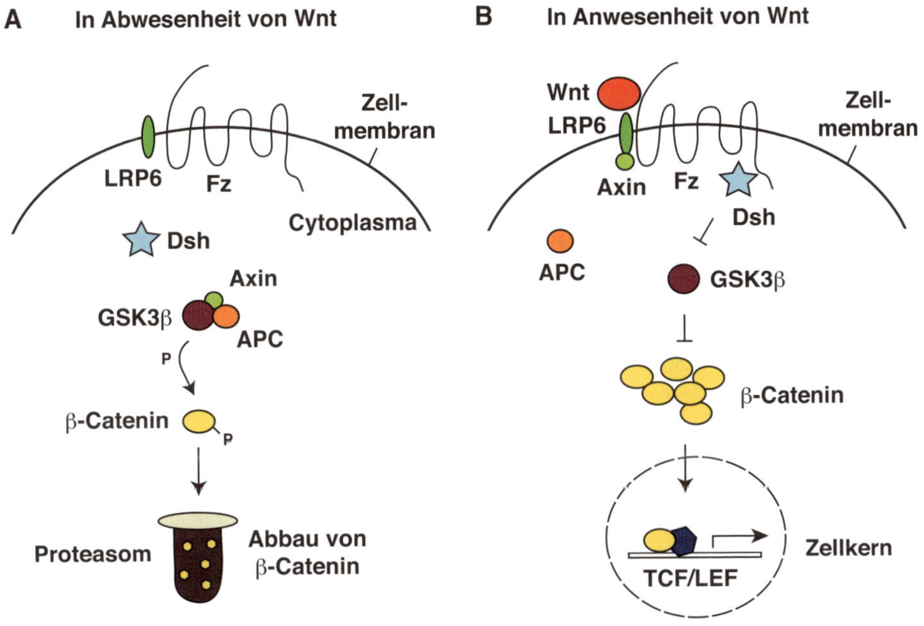

Der kanonische Wnt-Signalweg Der kanonische Wnt-Signalweg oder Wnt/β-Catenin-Signalweg ist durch die Beteiligung des Moleküls β-Catenin charakterisiert (Name!). **A.** In Abwesenheit eines Wnt-Faktors bildet GSK3β (Glycogen-Synthase-Kinase-3β) einen Komplex mit Axin und APC (Adenomatöses Polyposis Coli). Das cytoplasmatische β-Catenin kann so durch GSK3β phosphoryliert werden, wodurch es zu dessen Abbau im Proteasom kommt. **B.** Ist Wnt vorhanden, so bindet dieses an den Rezeptor-Komplex bestehend aus LRP6 (engl. lipoprotein-related protein receptor) und Frizzled. Axin kann mit LRP6 interagieren. Dabei wird Dishevelled im Cytoplasma aktiviert, welches seinerseits die Aktivität von GSK-3β inhibiert. Dadurch akkumuliert β-Catenin im Cytoplasma und beteiligt sich im Zellkern zusammen mit TCF (engl. T-cell factor) und LEF (engl. lymphocyte enhancer factor) Transkriptionsfaktoren an der Regulation der Genexpression. Die Darstellung des Signalwegs ist stark vereinfacht.

T-Lymphozyten beschrieben wurden. Es handelt sich um Transkriptionsfaktoren, die über ihre HMG-Box (engl. *high mobility group*) mit DNA sequenzspezifisch interagieren können. Diese Proteine besitzen selbst keine Transaktivierungsdomäne mithilfe derer sie die basale Transkriptionsmaschinerie aktivieren könnten und haben somit in Abwesenheit von β-Catenin keinen Einfluss auf die Genexpression. β-Catenin hingegen weist eine solche Transaktivierungsdomäne auf, was bedeutet, dass der Komplex bestehend aus einem TCF/LEF-Transkriptionsfaktor und β-Catenin einen transkriptionellen Aktivator darstellt. Durch die Bindung von β-Catenin an TCF/LEF werden außerdem transkriptionelle Repressoren wie Groucho vom Transkriptionsfaktor verdrängt. Während der embryonalen Entwicklung von Amphibien ist der Transkriptionsfaktor Siamois ein Zielgen des kanonischen Wnt-Signalwegs auf der dorsalen Seite des Embryos. Ähnlich wie für β-Catenin führt auch die Überexpression von Siamois auf der ventralen Seite des Embryos zur Ausbildung einer sekundären Körperachse.

Infobox 7

▼

Das Proteasom: Ubiquitin-abhängiger Proteinabbau

Das Proteasom ist ein großer Proteinkomplex mit einem Molekulargewicht von ca. 1.700 kDa. In Eukaryoten findet man diesen Proteinkomplex sowohl im Cytoplasma als auch im Zellkern. Das eukaryotische Proteasom setzt sich aus einer 20S- und einer 19S-Untereinheit zusammen (S: Svedberg, die Einheit für den Sedimentationskoeffizienten). Die 20S-Untereinheit bildet aus sieben Polypeptidketten eine Struktur ähnlich eines hohlen Zylinders und wirkt als multikatalytische Protease. Die 19S-Untereinheit ist aus verschiedenen Proteinen aufgebaut, die als Deckel die beiden Öffnungen des Zylinders abdecken. Diese Proteine erkennen Poly-Ubiquitin-markierte Proteine, die dadurch für den Abbau bestimmt sind. Für die Anheftung von Ubiquitin an abzubauende Proteine werden Ubiquitin-Ligasen als Enzyme verwendet.

▲

Behandelt man *Xenopus* Embryonen während der Cortexrotation mit UV-Licht, führt dies zur Unterdrückung der Cortexrotation. Durch die UV-Bestrahlung entfällt die Akkumulation der beschriebenen dorsalen Determinanten, also von β-Catenin. Die Embryonen sind in Folge dessen ventralisiert, dorsale Strukturen wie z.B. das Notochord fehlen. Umgekehrt können Embryonen durch die Inhibition der GSK3β dorsalisiert werden. Ein bekannter Inhibitor der GSK3β sind Lithium-Ionen. Embryonen, die während der frühen Embryonalentwicklung mit Lithium-Ionen, z.B. in Form von Lithiumchlorid, behandelt wurden, sind daher stark dorsalisiert und die Bildung ventraler Strukturen wie das Blut bleibt aus.

Der Spemann-Organisator und die BMP-Antagonisten |3.4.3

Die Akkumulation von β-Catenin auf der dorsalen Seite des Embryos allein erklärt jedoch noch nicht die feine Musterung des Mesoderms entlang der dorso-ventralen Achse. Hierfür müssen noch weitere Signale vorhanden sein. Den Ursprung dieser Signale deckte ein Experiment von Hans Spemann und Hilde Mangold auf. Sie transplantierten ein Stück der dorsalen Marginalzone, die dorsale Urmundlippe, eines Spenderembryos in die ventrale Region eines Empfängerembryos (siehe **Abb. 3.10**, am Beispiel von *Xenopus laevis* gezeigt). Vor der Transplantation können die Zellen der dorsalen Seite des Spenderembryos an der Ausbildung der Urmundlippe als Zeichen der einsetzenden Gastrulation identifiziert werden. Die Transplantation in den Empfängerembryo bewirkte die Ausbildung einer kompletten, zweiten Körperachse. Spemann und Mangold verwendeten für diese Experimente unterschiedlich stark pigmentierte Molche, um das Schicksal der Zellen von Empfänger- und Spenderembryo unterscheiden zu können. So konnten sie mithilfe histologischer Untersuchungen zeigen, dass die neu induzierte, zweite Körperachse neben Spender- auch Empfängergewebe beinhaltet. Das transplantierte Gewebestück war also in der Lage, benachbarte Zellen

Abb. 3.10

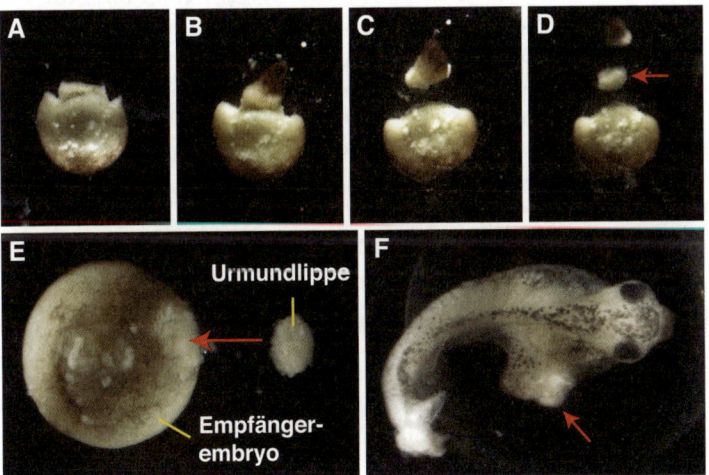

Spemann-Experiment   A-D. Isolation der dorsalen Urmundlippe (roter Pfeil) aus *Xenopus* Embryonen während der frühen Gastrulation. **E.** Einfügen der dorsalen Urmundlippe auf die ventrale Seite eines Gastrula Empfängerembryos. **F.** Die Transplantation der dorsalen Urmundlippe führt zur Entwicklung einer zweiten Körperachse. Die Aufnahmen wurden freundlicherweise von PD Dr. Stephan Wacker, Universität Ulm, und Dr. Hans Jansen, Universität Leiden, Niederlande, zur Verfügung gestellt.

des Empfängers hinsichtlich ihres Entwicklungsweges neu zu instruieren. Die dorsale Urmundlippe wird seitdem auch als Spemann-Organisator bezeichnet. Mit diesem Experiment konnten Spemann und Mangold zeigen, dass Signale aus der Urmundlippe für die Dorsalisierung des Embryos in allen drei Keimblättern essentiell sind.

Infobox 8

▼

Hans Spemann und Hilde Mangold

Hans Spemann (1869-1941) und Hilde Mangold (1898-1924) waren deutsche Biologen. Hilde Mangold promovierte 1923 im Labor von Hans Spemann, wo sie u.a. die im Haupttext beschriebenen Transplantationsexperimente durchführte, welche zur Entdeckung des Organisators führten. Für die Entdeckung der Organisator Funktion bekam Hans Spemann 1935 den Nobelpreis in Medizin. Hilde Mangold, die mit dem deutschen Biologen Otto Mangold verheiratet war, wurde diese Ehre nicht zu Teil. Sie verstarb kurz nach der Geburt ihres Kindes bei einem Unfall. Eine posthume Verleihung des Nobelpreises ist in den Regularien für die Vergabe des Preises nicht vorgesehen.

▲

Als verantwortlich für die dorsalisierende Wirkung aus dem Spemann-Organisator konnten mittlerweile verschiedene Faktoren beschrieben werden, darunter die Moleküle Chordin, Noggin und Follistatin. Ein Verlust dieser Moleküle hat eine Ventralisierung des Embryos zur Folge. Bei diesen Molekülen handelt es sich um sezernierte Proteine, die an Wachstumsfaktoren der BMP-Familie binden und somit deren Wirkung neutralisieren können. Umgekehrt hat sich heraus gestellt, dass BMP2 und insbesondere BMP4 auf der ventralen Seite des Embryos lokalisiert sind. Eine Überexpression dieser Faktoren führt zu einer Ventralisierung des Embryos. Wird die Funktion von BMP4 während früher Blastula-Stadien hingegen unterdrückt, kommt es zur Dorsalisierung des Embryos. Die Expression von Noggin und Chordin in der Region des Spemann-Organisators hängt von der Ausbildung des Nieuwkoop-Zentrums und somit von der Stabilisierung β-Catenins ab. Die β-Catenin-vermittelte Aktivierung von Siamois führt in der Folge zur Aktivierung des Transkriptionsfaktors Goosecoid, welcher wiederum einen positiven Einfluss auf die Expression von Noggin und Chordin besitzt. Durch eine positive Rückkopplungsschleife kommt es also zu einer Verstärkung des Signals.

Die Musterung entlang der dorso-ventralen Achse kann also zusammenfassend wie folgt dargestellt werden: Auf der ventralen Seite des Embryos werden ventralisierende Faktoren der BMP-Familie, auf der dorsalen Seite, im Spemann-Organisator, hingegen BMP-Antagonisten

Abb. 3.11

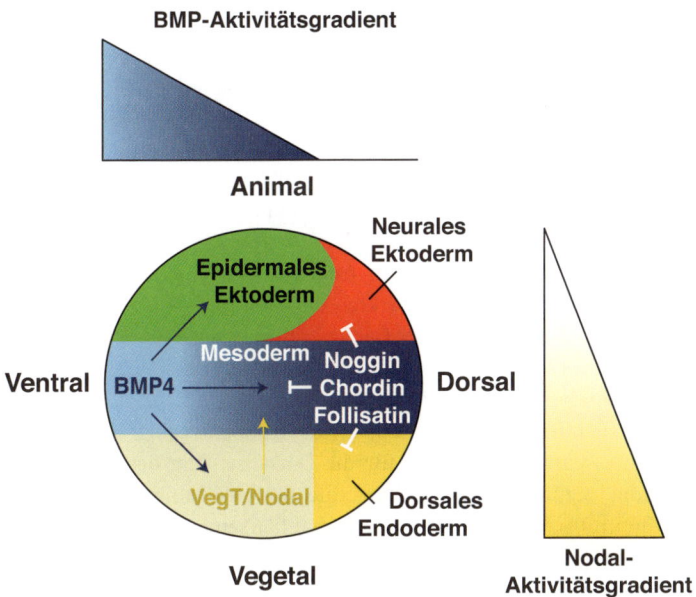

Frühe Musterung des *Xenopus laevis* Embryos Im frühen Embryo sind die drei Keimblätter Ektoderm (grün und rot), Mesoderm (blau) und Endoderm (gelb) angelegt. Konzentrationsgradienten verschiedener Faktoren sorgen für die Musterung entlang der dorso-ventralen als auch der animal-vegetalen Achse. Im dorsalen Mesoderm (Spemann-Organisator) werden die sezernierten BMP-Antagonisten Noggin, Chordin und Follistatin gebildet und sorgen für eine Dorsalisierung über die drei Keimblätter hinweg. Insbesondere im Ektoderm sind sie für die Induktion von neuralem Gewebe notwendig. Im ventralen Mesoderm werden BMPs wie BMP4 gebildet, die für die Ventralisierung des Embryos wichtig sind. In dorsaler Richtung wird ihre Aktivität durch die genannten Inhibitoren gehemmt, wodurch ein ventro-dorsaler Aktivitätsgradient ausgebildet wird. Im Ektoderm sind BMP-Moleküle für die Bildung der Epidermis essentiell. Vom vegetalen Pol des Embryos wird ein Nodal-Aktivitätsgradient aufgebaut. Eine hohe Nodalkonzentration bewirkt die Bildung von endodermalen Zellen.

gebildet (**Abb. 3.11**). Die Diffusion dieser Faktoren und deren Interaktion führt entlang der dorso-ventralen Achse zur Ausbildung eines BMP-Aktivitätsgradienten, bei dem die höchste Aktivität auf der ventralen, die niedrigste auf der dorsalen Seite vorzufinden ist. Durch die verschiedenen Stufen der BMP-Aktivität entlang der dorso-ventralen Achse kommt es folglich zur Ausbildung verschiedener mesodermaler Gewebetypen. Die dorso-ventrale Musterung des Mesoderms in *Xenopus* ist ein schönes Beispiel für die Bedeutung von Morphogengradienten während der embryonalen Entwicklung.

3.4.4 | Das Vier-Signal-Modell

Der gesamte Vorgang der Induktion und Musterung des Mesoderms kann über das sogenannte Vier-Signal-Modell beschrieben werden (siehe **Abb. 3.12**). Das erste Signal kommt aus dem vegetalen Pol und führt zur Induktion des Mesoderms in der darüber liegenden Marginalzone (äquatorialer Bereich). Faktoren hierfür sind u.a. Vg1, VegT und Nodal-Proteine. Das zweite Signal spezifiziert das dorsale Mesoderm zum Spemann-Organisator. Dieses zweite Signal hat seinen Ursprung in der dorsalen Region des vegetalen Pols, dem Nieuwkoop-Zentrum. Die Lokalisation dieses Zentrums wird durch die Cortexrotation kurz nach der Befruchtung in Folge der verstärkten dorsalen Aktivierung des Wnt/β-Catenin Signalwegs festgelegt. Das dritte und vierte Signal führt zur Musterung des Mesoderms entlang der dorso-ventralen Achse, also der regiospezifischen Anlage der *Chorda dorsalis*, des Herzens, der Somiten, der Blutzellen und der Nieren. Das dritte Signal entspringt hierbei dem Spemann-Organisator und ist für die Dorsalisierung des Mesoderms zuständig. Signalmoleküle hierfür sind die BMP-Inhibitoren Noggin, Chordin und Follistatin. Das vierte Signal hat seinen Ursprung auf der ventralen Seite des Embryos und ist für die Ventralisierung des Mesoderms zuständig. Hierbei spielen BMPs eine entscheidende Rolle.

Abb. 3.12

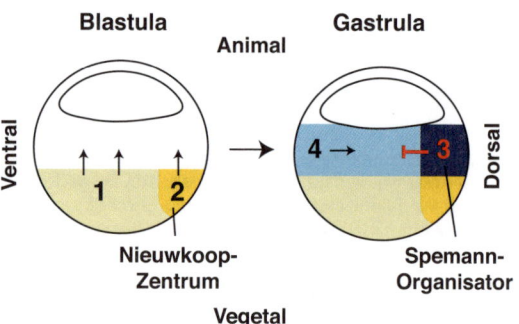

Vier-Signal-Modell   Die dorso-ventrale Musterung des mesodermalen Keimblatts kann über das Vier-Signal-Modell erklärt werden. In der Blastula wirkt einerseits das erste Signal aus dem vegetalen Pol (Nodal, Vg1, VegT) auf die Marginalzone ein und induziert dort das Mesoderm. Das zweite Signal stammt aus der dorso-vegetalen Region (Nieuwkoop-Zentrum; β-Catenin) und ist für die Festlegung des dorsalen Mesoderms zuständig. Während der Gastrulation kommt ein drittes Signal aus dem Spemann-Organisator (BMP-Antagonisten) und ein viertes aus dem ventralen Mesoderm (v.a. BMP4). Signal drei und vier sind für die Musterung des Mesoderms in der dorso-ventralen Achse verantwortlich.

Der FGF-Signalweg | 3.4.5

Auch der FGF-Signalweg (engl. *fibroblast growth factor*) nimmt in der Differenzierung des mesodermalen Keimblatts eine wichtige Funktion ein. In diese Familie sezernierter Wachstumsfaktoren gehören derzeit 18 Vertreter, die mit insgesamt vier verschiedenen FGF-Rezeptoren interagieren können. Im Rahmen der Mesoderminduktion zeigt bereits FGF alleine eine Mesoderm-induzierende Aktivität im animalen Kappenassay (siehe **Abb. 3.2**) und kann den panmesodermalen Marker Brachyury (Xbra) aktivieren. Andererseits ist embryonales FGF (eFGF) ein Zielgen von Brachyury im mesodermalen Keimblatt. So entsteht eine positive Rückkopplungsschleife aus Xbra und eFGF, was einen stabilen mesodermalen Zustand erlaubt.

Die FGF-Rezeptoren sind Rezeptor-Tyrosinkinasen. Dies bedeutet, dass diese die Membran einfach durchspannenden Proteine intrazellulär eine Kinasedomäne aufweisen, die nach Bindung des Liganden durch eine Veränderung der dreidimensionalen Struktur (Konformationsänderung) aktiviert wird und Tyrosinreste phosphorylieren kann. So führt die Bindung des Liganden in diesem Fall nicht nur zu einer Dimerisierung von FGF-Rezeptor-Molekülen, sondern auch zu ihrer Phosphorylierung an speziellen cytoplasmatischen Tyrosinresten. Dadurch können andere intrazelluläre Proteine, Adapterproteine, an den Rezeptorkomplex binden und das Signal weiter in die Zelle hineintragen. Weiter abwärts im Signalweg findet sich die kleine GTPase Ras, die im GTP gebundenen Zustand aktiv ist, aber durch die eigens katalysierte Hydrolyse von GTP zu GDP wieder inaktiv wird. Letztlich werden cytoplasmatische Kinasen wie MEK und ERK aktiviert, die dann z.B. Transkriptionsfaktoren phosphorylieren und damit die Expression von Zielgenen regulieren können (siehe hierzu **Abbildung 3.13**).

Die Bildung von Ektoderm und Endoderm | 3.5

Das Ektoderm als auch das Endoderm werden mithilfe maternaler Faktoren spezifiziert. Dies zeigt ein einfaches Experiment anhand von *Xenopus* Embryonen: Inkubiert man isolierte animale Kappen oder vegetale Hälften, die vor Einsetzen der zygotischen Genexpression (MBT) isoliert wurden, in einem einfachen Salzpuffer, entwickelt sich aus den Zellen des animalen Pols eine atypische Epidermis, also ein ektodermales Derivat, wohingegen die Zellen des vegetalen Pols ein endodermales Schicksal eingehen (siehe auch **Abb. 3.5**). Die endodermale Spezifizierung übernimmt hierbei der bereits besprochene, maternal vorhandene Transkriptionsfaktor VegT, der als Schlüsselregulator der Endodermbildung

Abb. 3.13

Der FGF-Signalweg Durch die Bindung von FGF-Liganden (engl. *fibroblast growth factor*) an FGF-Rezeptoren (FGFR) werden diese an cytoplasmatischen Thyrosinresten phosphoryliert. Dies erlaubt die Bindung von Adapterproteinen wie Grb2 (engl. *growth factor receptor-bound protein 2*) oder Sos (engl. *son of sevenless*) und die Aktivierung von Ras. Ras ist eine kleine GTPase, die im GTP gebundenen Zustand aktiv ist. GAP ist ein GTPase aktivierendes Protein und begünstigt die Spaltung von GTP zu GDP durch Ras - Ras wird inaktiviert. Von Ras kann das Signal über die Kinasen Raf, MEK (Mitogen aktivierte Kinase) und ERK (extrazellulär regulierte Kinase) in den Zellkern transportiert werden. Dort werden Transkriptionsfaktoren (TF) über Phosphorylierung reguliert.

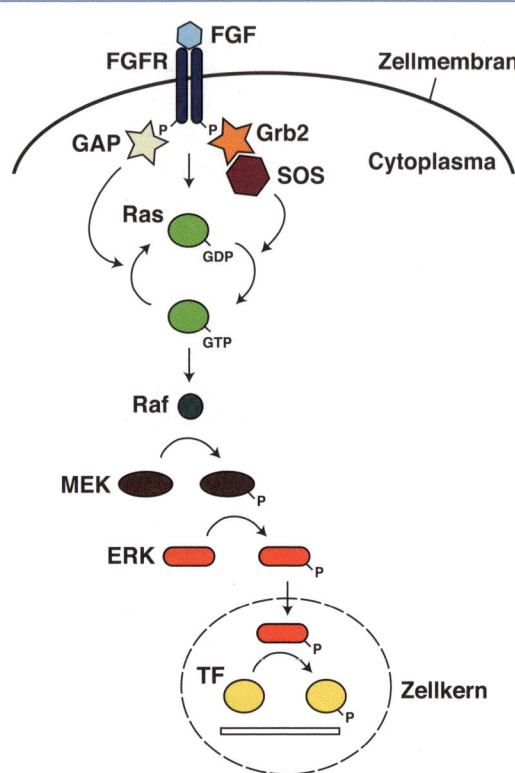

gilt und in der vegetalen Embryonenhälfte in hoher Konzentration vorliegt. Seine Aktivität führt dazu, dass in der vegetalen Hälfte die höchste Konzentration an Wachstumsfaktoren der TGFβ-Familie zu finden ist. Injiziert man die mRNA von VegT in animale Kappen, so kommt es dort zur Expression endodermaler Markergene (**Abb. 3.2**). Unterdrückt man hingegen in der vegetalen Körperhälfte die Bildung von VegT Protein durch *antisense* Strategien, führt dies zu einem Verlust endodermaler Zellen in dieser Region.

Für die Spezifizierung des Ektoderms konnte die Ubiquitin-Ligase Ektodermin beschrieben werden. Für diesen Faktor liegt ein maternaler Speicher in der animalen Embryonenhälfte vor. Dieses Protein modifiziert Smad 4 und bereitet es damit für den intrazellulären Proteinabbau vor. Dadurch wird die intrazelluläre Aktivität von TGFβ-Signalwegen in der animalen Hemisphäre und damit dem prospektiven Ektoderm minimiert.

Damit ergibt sich unter der Annahme eines bestehenden Morphogengradienten der TGFβ-Proteine ein Gesamtmodell für die Bildung der drei Keimblätter. Das Endoderm bildet sich im Bereich höchster TGFβ-Aktivität. Ursächlich ist hierfür die vegetale Lokalisation des Transkriptionsfaktors VegT. In der äquatorialen Zone induzieren mittlere Dosen an Nodal, das Mesoderm, während in der animalen Kappe die niedrige Nodal-Aktivität nicht mehr ausreicht, um Mesoderm oder gar Endoderm zu bilden. Es kommt zur Ausbildung von Ektoderm. Um diese niedrige Aktivität zu erreichen, wird der TGFβ-Signalweg in der animalen Kappe intrazellulär inhibiert.

Die Bildung der drei Keimblätter entlang der animal-vegetalen Achse sowie die Etablierung der dorso-ventralen Achse lässt sich also durch zwei Gradienten an TGFβ-Wachstumsfaktoren erklären (siehe **Abb. 3.11**).

Die Bildung des Nervensystems: Die Neuralinduktion | 3.6

Sowohl das Neuralgewebe als auch die Epidermis (Haut) entstehen aus dem ektodermalen Keimblatt. Die grundlegenden Erkenntnisse über die Entstehung des neuralen Gewebes konnten anhand einer Reihe verschiedener, experimenteller Ansätze in Amphibien Embryonen begründet werden (**Abb. 3.14**).

So führt die Dissoziation und nachfolgende Reaggregation von Zellen der animalen Kappe zur Bildung neuraler Zellen. Eine Erklärung dieses Phänomens ist die Gegenwart eines extrazellulären Wachstumsfaktors, der in der animalen Kappe die Ausbildung neuraler Zellen unterdrückt. Durch die Dissoziation der Zellen wird dieser extrazellulär vorliegende Faktor ausgedünnt, was zur Induktion von Neuralgewebe führt.

Ein weiteres Experiment mit animalen Kappen verdeutlicht, dass die Inkubation animaler Kappen mit Aktivin ein mesodermales Schicksal hervorruft (siehe oben). Nach einiger Zeit jedoch wird in den animalen Kappen die zusätzliche Bildung von Neuralgewebe beobachtet, ein wichtiger Hinweis darauf, dass die Induktoren des Neuralgewebes ihren Ursprung im mesodermalen Keimblatt haben.

Ein weiterer Hinweis ergab sich aus den bereits geschilderten Transplantationsexperimenten von Spemann und Mangold (**Abb. 3.10**). Diese beobachteten in den induzierten sekundären Achsen auch die Ausbildung von Neuralgewebe im Wirtsgewebe, was die Vermutung nahe legt, dass die Neuralinduktoren im mesodermalen Keimblatt in der Region der dorsalen Urmundlippe zu finden sind. Dies wird auch durch einen anderen experimentellen Ansatz untermauert. Das ventrale Ektoderm entwickelt sich normalerweise zur Epidermis. Die Transplantation eines Teils dieses ventralen Ektoderms auf die dorsale Seite eines Empfängerembryos (und damit näher an den Organisator!), führt zur Bildung neuraler Zellen im Spendergewebe. Zusammenfassend implizieren beide geschilderten Experimente, dass der Spemann-Organisator an der Induktion von Neuralgewebe beteiligt ist.

Die bereits beschriebenen Moleküle Noggin, Chordin und Follistatin, die im Spemann-Organisator gebildet werden, bewirken in der animal-

Abb. 3.14

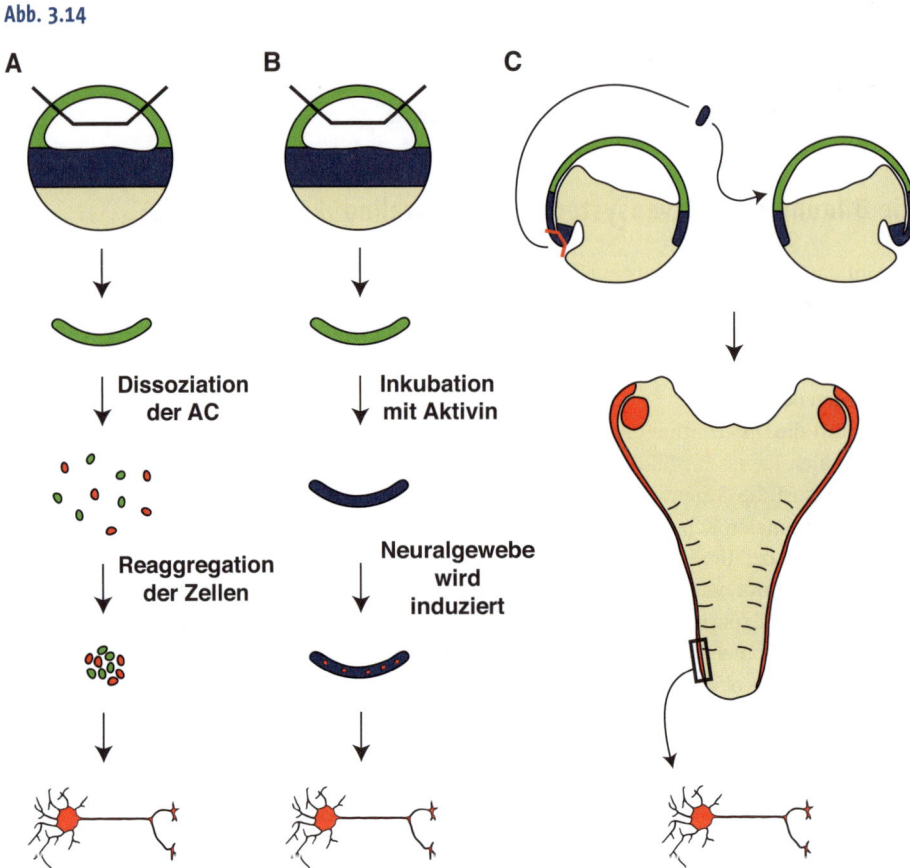

Experimente zur Neuralinduktion   **A.** Die Dissoziation und anschließende Reaggregation von Zellen der animalen Kappe bewirken neben der Bildung von epidermalen Zellen (grüne Zellen) die Induktion von Zellen neuralen Schicksals (rote Zellen). Die Dissoziation der Zellen führt zu einem Ausdünnen der BMP-Faktoren wie BMP4, welche normalerweise die Bildung von Neuralgewebe in der animale Kappe hemmen. **B.** Behandelt man animale Kappen mit einer mittleren Konzentration an Aktivin, so wird in dieser die Bildung von Mesoderm angeregt (blaue animale Kappe). Nach einiger Zeit kommt es zur Induktion neuraler Zellen (rote Zellen), was darauf hindeutet, dass die Neuralinduktoren aus dem mesodermalen Gewebe stammen. **C.** Spemann-Experiment. Die Transplantation einer dorsalen Blastoporuslippe einer Spendergastrula in die ventrale Seite einer Empfängergastrula hat die Entwicklung einer zweiten Körperachse zur Folge. In dieser werden auch neurale Strukturen (rot) gebildet.

Abb. 3.15

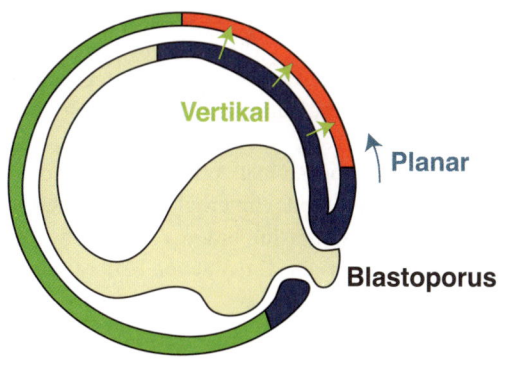

Neuralinduktion in *Xenopus laevis* Im Zuge der Gastrulation wandern die endodermalen (beige) und mesodermalen (blau) Zellen über den Blastoporus in den Embryo ein. Dabei wirken Signale vom Mesoderm auf das benachbarte (blauer Pfeil) und darüber liegende (grüne Pfeile) Ektoderm, so dass in diesen die Induktion von Neuralgewebe ausgelöst (rot) wird. Diese Mechanismen werden als planare und vertikale Induktion beschrieben.

dorsalen Hälfte des Ektoderms durch Inhibition des BMP-Signalweges die Ausbildung der Neuralplatte. Der Neural-induzierende Effekt durch die Dissoziation der animalen Kappe beruht also darauf, dass dadurch das in der animalen Kappe befindliche extrazelluläre BMP-Protein entfernt wird. Die Bedeutung der BMP-Inhibition für die Neuralinduktion wird auch durch *gain* und *loss of function* Experimente verdeutlicht. So führt die Injektion von *antisense* Morpholino Oligonukleotiden gegen Noggin, Chordin und Follistatin in frühe *Xenopus* Embryonen zu einer dramatischen Reduktion von Neuralgewebe als auch anderer dorsaler Strukturen. Neben dem BMP- spielt auch der FGF-Signalweg eine essentielle Rolle während der Neuralinduktion.

Neuralplatte:
Vorläuferzellpopulation des Zentralen Nervensystems (ZNS)

Während der Gastrulation wandert die ehemalige Organisatorregion unterhalb des Ektoderms in den Embryo ein und regt in diesem weiterhin die Bildung von Neuralgewebe an. Man spricht hierbei von der vertikalen Neuralinduktion. Der Mechanismus, bei dem das neuralinduzierende Signal seinen Ursprung im Organisator hat und von dort innerhalb des ektodermalen Keimblatts signalisiert, wird als planare Neuralinduktion bezeichnet (siehe **Abb. 3.15**).

Zusammenfassung

In *Xenopus laevis* wird die dorso-ventrale Achse mit der Befruchtung festgelegt. Durch den Eintritt des Spermiums in der animalen Hälfte wird dort die ventrale Seite festgelegt. Die Befruchtung löst die Cortexrotation aus, wodurch es auf der zukünftigen dorsalen Seite zu einer Akkumulation von β-Catenin kommt. Dadurch wird das Nieuwkoop-Zentrum festgelegt, welches wiederum für die Ausbildung des Spemann-Organisators entscheidend ist. Die Ausbildung der drei Keimblätter entlang der animal-vegetalen Achse erfolgt durch unterschiedliche Konzentration an Nodal-verwandten Proteinen. Auch die dorso-ventrale Musterung des Embryos erfolgt durch einen Signalgradienten mit der höchsten Konzentration von aktiven BMPs auf der ventralen Körperseite. Bei der Etablierung dieses Aktivitätsgradienten spielen BMP-Antagonisten aus dem Spemann-Organisator eine besondere Rolle. Innerhalb des Ektoderms wird das zukünftige Neuralgewebe durch Inhibition von BMP festgelegt, während die zukünftige Epidermis die Aktivität von BMP-Faktoren benötigt.

Fragen

1 Welche Möglichkeiten gibt es, Funktionsstudien für ein Gen in *Xenopus laevis* durchzuführen?

2 Wodurch wird die cortikale Rotation in Amphibien ausgelöst?

3 Beschreiben Sie die Ausbildung des Nieuwkoop-Zentrums.

4 Was ist der Spemann-Organisator? Welche Aufgabe hat dieser?

5 Wie wird die dorso-ventrale Achse in Amphibien angelegt? Wie wird diese gemustert?

6 Nach welchem einheitlichen Prinzip werden Ektoderm, Mesoderm und Endoderm in Amphibien angelegt?

7 Was bewirkt UV-Licht in frühen Amphibien Embryonen, was bewirkt Lithiumchlorid?

8 Beschreiben sie den TGFβ-Signalweg.

9 Was sind die Hauptderivate des Mesoderms im sich entwickelnden *Xenopus* Embryo?

10 Wie sieht der Wnt/β-Catenin-Signalweg aus?

11 Sie behandeln animale Kappen von *Xenopus laevis* mit Aktivin. Was erwarten Sie?

12 Sie injizieren RNA, die für ein cytoplasmatisch trunkierten BMP-Rezeptor codiert, in Zellen der animalen Kappe von *Xenopus laevis*. Was erwarten Sie?

13 Was ist der Unterschied zwischen planarer und vertikaler Induktion von Neuralgewebe?

Literatur

BIRSOY, B., M. KOFFRON, K. SCHAIBLE, C. WYLIE, J. HEASMAN (2006) Vg1 is an essential signaling molecule in *Xenopus* development. Development 133, 15-20

DEROBERTIS, E.M., J. LARRAIN, M. OELGESCHLÄGER, O. WESSELY (2000) The establishment of Spemann's Organizer and patterning of the vertebrate embryo. Nat. Rev. Genet. 1, 171-181

HEASMAN, J. (2006) Patterning the early *Xenopus* embryo. Development 133: 1205-1217

KIMELMAN, D. (2006) Mesoderm induction: from caps to chips. Nat. Rev. Genet. 7, 360-372

STERN, C.D. (2005) Neural induction: old problem, new findings, yet more questions. Development 132, 2007-2021

Achsendetermination bei Vertebraten: Fisch, Huhn und Maus | 4

Inhalt

Im Hühnchen Embryo lässt sich der Hypoblast, aus welchem extraembryonale Strukturen entstehen, vom Epiblast, der den gesamten Embryo bildet, abgrenzen. Die frühe Hühnchen Embryogenese ist durch die diskoidale Furchung, die zum Blastodermstadium führt, und durch den Primitivstreifen der anschließenden Gastrulation charakterisiert. In der Maus entwickelt sich der gesamte Embryo aus einem Teil der inneren Zellmasse, dem Epiblasten, während das Trophektoderm und das primitive Endoderm zu extraembryonalen Strukturen beitragen. Später kommt dem anterioren visceralen Endoderm eine besondere Funktion bei der Festlegung der Körperachsen zu. Die Festlegung der Körperachsen im Zebrafisch ähnelt dem Vorgang in *Xenopus laevis*. Bei allen drei Organismen besitzen die Nodal-verwandten Proteine sowie β-Catenin eine Schlüsselfunktion in der Festlegung der Körperachsen.

Der Zebrafisch *Danio rerio* als Modellorganismus | 4.1

Ein Überblick: Vor- und Nachteile | 4.1.1

Der Zebrafisch *Danio rerio* ist der Modellorganismus zur Untersuchung der Fischentwicklung. Wie auch bei *Xenopus laevis* erfolgt beim Zebrafisch die embryonale Entwicklung extrakorporal (**Abb. 4.1**). Ein Weibchen ist in der Lage, ca. 300 Eier pro Woche abzulegen. Im Gegensatz zu *Xenopus* Embryonen sind Zebrafisch Embryonen transparent, wodurch alle Zellen bis in späte Embryonalstadien sichtbar sind. Dies erlaubt die Untersuchung der Embryogenese am lebenden Organismus auf Einzelzellebene. Durch die Generierung transgener Tiere können einzelne Zellen oder Zellverbände mithilfe von Fluoreszenzfarbstoffen markiert bzw. identifiziert und deren Schicksal im Laufe der Entwicklung leicht von außen verfolgt werden. Prinzipiell sind die Zebrafisch Embryonen groß genug, um klassische Transplantationsexperimente durchzuführen, dennoch ist dies nicht so einfach wie im *Xenopus* System, da die

Abb. 4.1

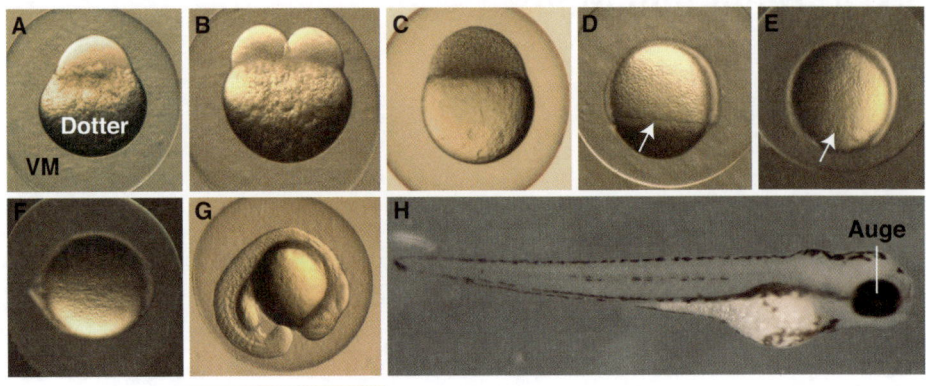

Die Entwicklung von *Danio rerio* **A.** Befruchtete Eizelle. Am animalen Pol (oben) befindet sich das Cytoplasma, vegetal (unten) der Dotter. Die Eizelle ist mit einer Vitellinmembran (VM) umhüllt. **B.** Zwei-Zell-Stadium. **C.** Blastula-Stadium. **D.** Gastrula-Stadium. Die Epibolie (weißer Pfeil) ist von außen sichtbar und zu 60–70 % abgeschlossen. **E.** Spätes Gastrula-Stadium. Der weiße Pfeil zeigt die Epibolie, die zu 90 % abgeschlossen ist. **F.** Schwanzknospenstadium. **G.** 20 Somitenstadium. **H.** Larve. Alle Fotos wurden freundlicherweise von Dr. Daniel Maurus, Cambridge, UK, zur Verfügung gestellt.

Xenopus Embryonen wesentlich größer sind. Ein weiterer Vorteil ist die preiswerte Haltung der adulten Zebrafische, die nur einige (ca. 3–5 cm) Zentimeter groß werden (**Abb. 4.2**), da sie genügsame Ansprüche an Wasser, Futter und Aquariengröße haben. Zudem beträgt ihre Generationszeit nur etwa 12 Wochen.

Die Zebrafisch Eizelle hat einen Durchmesser von ungefähr 0,7 mm. Wie auch in *Xenopus laevis* ist eine animal-vegetale Achse zu erkennen (siehe **Abb. 4.1**). Der vegetale Bereich wird von Dotter eingenommen, während der animale Pol durch den Zellkern und das dotterarme Cyto-

Abb. 4.2

Adulte Zebrafische Es sind ein Weibchen (oben) und ein Männchen (unten) dargestellt. Die Fotos wurden freundlicherweise von Dr. Melanie Philipp, Duke University, USA, zur Verfügung gestellt.

plasma charakterisiert ist. Nach der Befruchtung kommt es zur Zellteilung, wobei diese nicht bis in den vegetalen Bereich vordringt. Im Zebrafisch findet also die schon in **Kapitel 2.4** beschriebene meroblastische Furchung statt. So kommt es zur Ausbildung einzelner, auf dem Dotter sitzender Blastomeren, die zu diesem nach unten hin offen sind. Erst mit den folgenden Zellteilungen werden die Blastomeren diskret abgegrenzt. Etwa vier Stunden nach der Befruchtung liegen etwa 1000 Zellen dem Dotter auf. Man spricht vom Blastodermstadium oder auch im Englischen vom *sphere stage*. An der Grenze zum Dotter bildet sich das sogenannte *yolk syncytial layer* aus. Dabei handelt es sich um eine Schicht Cytoplasma, in dem eine größere Anzahl von Kernen zu finden ist (Syncytium). Diese trennt die Region der Blastomeren vom Dotter ab. Das Blastoderm selber kann in mehrere Schichten eingeteilt werden. Eine äußere Deckschicht und eine tiefer liegende Schicht. Etwa 5,5–6 Stunden nach der Befruchtung ist auf der dorsalen Seite des Embryos eine Verdickung zu erkennen, das sogenannte *shield*, bei welcher die Gastrulation einsetzt (siehe **Abb. 4.3**). Hierbei ziehen sich die Zellen der Deckschicht über den Dotter (Epibolie) und die Zellen der tieferen Schicht wandern nach innen ein (Involution). Durch die Gastrulation werden die drei Keimblätter angelegt, und der Embryo umschließt die Dottermasse. Etwa 16 Stunden nach der Befruchtung sind das anteriore Neuralgewebe und der Kopf erkennbar – die Organogenese beginnt.

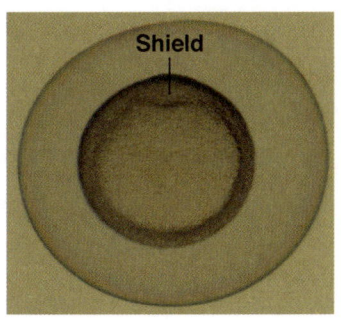

Abb. 4.3

Das *Shield* in *Danio rerio*   Animale Ansicht einer frühen Gastrula von *Danio rerio*. Auf der dorsalen Seite ist eine Verdickung, das *Shield*, zu erkennen, an welcher die Gastrulation einsetzt. Das Foto wurde von Dr. Daniel Maurus, Cambridge, UK, zur Verfügung gestellt.

Shield: Äquivalent zum Spemann-Organisator in Amphibien

Blastoderm: Äquivalent zur Blastula in *Xenopus laevis*

Syncytium: Zelle mit vielen Zellkernen, die nicht durch eine Zellmembran getrennt

Funktionelle Untersuchungen im Zebrafisch

4.1.2

Zur Untersuchung der Zebrafischentwicklung können, wie auch im Frosch, Injektionen von RNA-Molekülen oder *antisense* Morpholino Oligonukleotiden vorgenommen werden. Da die einzelnen Zellen jedoch sehr viel kleiner als in *Xenopus* sind, ist die regional-spezifische Injektion um einiges schwieriger. Meist wird in einem frühen Stadium der Entwicklung in den Dotter injiziert. Die injizierte Substanz gelangt dann in die darüber liegenden Zellen des Embryos, da diese in den frühen Entwicklungsphasen noch nicht durch Zellgrenzen vom Dotter abgetrennt sind.

Darüber hinaus wurden in der Vergangenheit eine große Zahl an Zebrafisch-Mutanten im Rahmen verschiedener Mutagenese-Screens, wie in

Abbildung 4.4 dargestellt, generiert. Dafür werden Spermien mit einer mutagenen Chemikalie behandelt, welche Veränderungen der Erbinformation (Mutationen) in der Spermien bewirkt. Die mutagene Substanz wird bei dieser Behandlung in einer Konzentration eingesetzt, bei welcher es im optimalen Fall nur zu einer einzigen DNA-Veränderung pro Spermium kommt. Mit den so behandelten Spermien werden anschließend Eier von Wildtyp Weibchen befruchtet. Aus der resultierenden F1 Generation verwendet man nunmehr die männlichen Nachkommen, die potentiell eine Mutation tragen, und kreuzt diese erneut mit Wildtyp Weibchen. Aus der resultierenden F2 Generation werden für eine weitere Kreuzung sowohl Männchen als auch Weibchen herangezogen. Da jetzt beide Geschlechter möglicherweise eine Mutation in heterozygoter Form tragen, führt die Kreuzung in der F3 Generation prinzipiell auch zu homozygoten Nachkommen, nämlich dann, wenn bei den individuellen Verpaarungen ein heterozygotes Männchen mit einem heterozygoten Weibchen verpaart wurde. Bei der Analyse dieser Experimente ist von entscheidender Bedeutung, ob eine Mutation bereits im hetero-

Abb. 4.4

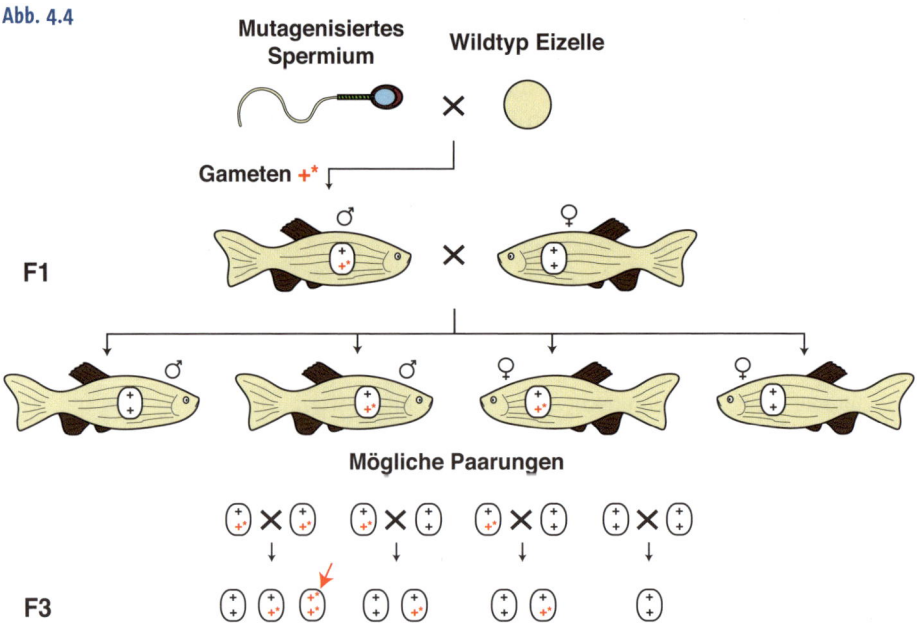

Mutagenese-Screen in *Danio rerio* Zur Etablierung von Zebrafisch Mutanten werden Spermien mit einer mutagenen Chemikalie behandelt und anschließend zur Befruchtung von Wildtyp Eizellen verwendet. Um eine homozygote Mutante (roter Pfeil) zu generieren, wird die dritte Generation (F3) benötigt. Details siehe Haupttext.

zygoten oder erst im homozygoten Zustand einen Phänotyp hervorruft. Dementsprechend groß ist der zu betreibende experimentelle Aufwand. Im Anschluss erfolgen eine Beschreibung des Phänotyps und ein sehr aufwendiges Verfahren zur Identifikation des betroffenen Gens.

Die Festlegung der dorso-ventralen Körperachse im Zebrafisch | 4.2

Ähnlich wie in *Xenopus* spielen in der Zebrafischentwicklung die Nodal-Proteine und β-Catenin bei der Festlegung der dorso-ventralen Körperachse eine entscheidende Rolle. Die mRNA für das Nodal-verwandte Protein 1 (NDR1) ist in der Zygote ubiquitär und gleich verteilt vorhanden. Bereits im Vier-Zell-Stadium findet man eine Akkumulation dieses Proteins in den dorsalen Blastomeren, was sich auch im Acht-Zell-Stadium fortsetzt. Wie auch im Frosch kommt es beim Zebrafisch zu einer Anreicherung dorsaler Determinanten auf der zukünftigen dorsalen Seite des Embryos. Hier ist insbesondere β-Catenin zu nennen. Während β-Catenin in *Xenopus* notwendig ist, um das Protein Siamois anzuschalten (siehe **Kapitel 3**), aktiviert es im Zebrafisch das Protein Dharma. In diesem Bereich bildet sich später die *Shield* Struktur aus, die mit dem Spemann-Organisator vergleichbar ist (siehe auch **Kapitel 3.4.3, Abb. 4.3**). Die Festlegung der dorso-ventralen Achse in Zebrafisch erfolgt also ähnlich zu der in *Xenopus*.

Das Huhn als Modellsystem | 4.3

Das Huhn *Gallus domesticus* ist der Modellorganismus zur Untersuchung der Entwicklung von Vögeln (**Abb. 4.5**). Die Embryonalentwicklung findet innerhalb der Eischale statt und lässt sich leicht beobachten, indem man die Eischale oberhalb des Embryos eröffnet (**Abb. 4.6**). Experimentell sind die Embryonen des Hühnchens sehr gut zugänglich und eignen sich aufgrund ihrer Größe hervorragend für Transplantationsexperimente. Genetische Experimente hingegen sind nicht möglich, da sich die befruchtete Eizelle bis in spätere Entwicklungsstadien im Eileiter befindet und die Eier von einer harten Eischale umhüllt sind. Aufgrund dieses großen Nachteils sind im Vergleich zu anderen Organismen bislang verhältnismäßig wenig Gene funktionell beschrieben worden.

Die Eizelle des Hühnchen Embryos besitzt eine große Menge Dotter (**Abb. 4.7**). Nach der Befruchtung kommt es zu den ersten Zellteilungen, die sich jedoch auf den cytoplasmatischen Anteil der Eizelle beschränken.

Abb. 4.5

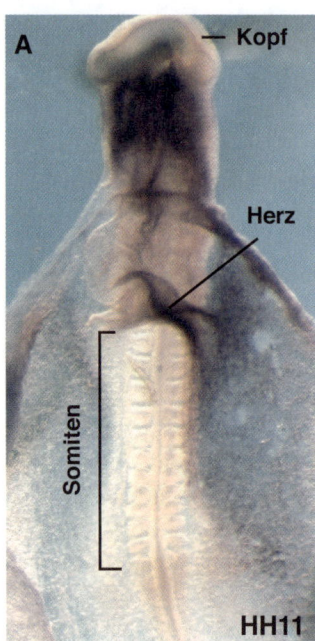

Das Hühnchen als Modellorganismus
A. Ein Hühnchen Embryo in Stadium HH11 (Hamburger Hamilton 11). Einzelne Strukturen wie Kopf, Herzschlauch und Somiten sind zu erkennen. Mit Hilfe einer *in situ* Hybridisierung ist die Expression von Pitx2 gezeigt, einem Homeobox Transkriptionsfaktor, der insbesondere im Herzschlauch aktiv ist. Die Segmentierung des Mesoderms im Bereich der Somiten ist gut zu erkennen. Das Bild wurde freundlicherweise von Prof. Dr. Thomas Brand, Universität Würzburg, zur Verfügung gestellt.
B. Adultes Huhn. Wir danken Laura Kühl für diese Aufnahme.

Die Furchungsteilungen im Hühnchen sind meroblastisch-diskoidal (siehe **Kapitel 2.4**) und erst nach der vierten Teilung werden die ersten Blastomeren komplett vom Dotter abgetrennt. Wie schon für die Zebrafischentwicklung beschrieben, bleiben die dem Dotter benachbarten Blastomeren mit diesem in Verbindung. Nach einigen Zellteilungen bilden die zentralen Blastomeren eine Blastodermscheibe, die einerseits dem Dotter aufliegt, andererseits jedoch durch einen flüssigkeitsgefüllten Hohlraum von diesem abgetrennt ist. Die Blastodermscheibe ist zu diesem Zeitpunkt ca. 2 mm groß und entspricht der frühen Blastula anderer Wirbeltiere wie *Xenopus laevis* oder *Danio rerio*. Diese frühe Phase der Entwicklung geschieht im Eileiter des Muttertiers. Während der Passage durch den Eileiter wird der sich entwickelnde Embryo zum Schutz mit Eiweiß und der Eihülle (Eischale) umgeben.

Wie oben beschrieben, entwickelt sich der Hühnchenembryo bis zum Blastodermstadium in Form einer Scheibe von Zellen, die dem Dotter aufsitzt (**Abb. 4.7**). Schon während der Wanderung durch den Eileiter wird die anterior-posteriore Achse des Embryos durch die Schwerkraft definiert. Es kommt zu einer Drehung des Eies, sodass das Blastoderm seitlich verschoben wird. Das posteriore Ende des Embryos entwickelt sich am höchst gelegenen Punkt des Blastoderms. An diesem Ende befindet sich die posteriore Marginalzone. Bei Aufsicht auf die Keimscheibe (Blastodermscheibe) ist diese in der Mitte durchscheinend (*Area pellucida*), an den Rändern hingegen nicht (*Area opaca*). Von der posterioren Marginalzone aus beginnen Zellen, sich unter den Epiblasten zu schieben und bilden den einschichtigen Hypoblasten. Zum Zeitpunkt der Eiablage hat sich das Blastoderm also in einen äußeren Epiblasten und einen dem Dotter aufliegenden Hypoblasten entwickelt, zwischen denen sich das Blastocoel befindet. Der eigentliche Embryo wird später ausschließlich aus dem Epiblasten gebildet. Im weiteren Verlauf der Entwicklung entsteht in der posterioren Marginalzone die sogenannte

Epiblast:
Obere Zellschicht der Keimscheibe bei Vögeln, bei Mäusen Teil der inneren Zellmasse.

Hypoblast:
Untere Zellschicht der Keimscheibe bei Vögeln, liegt dem Dotter auf.

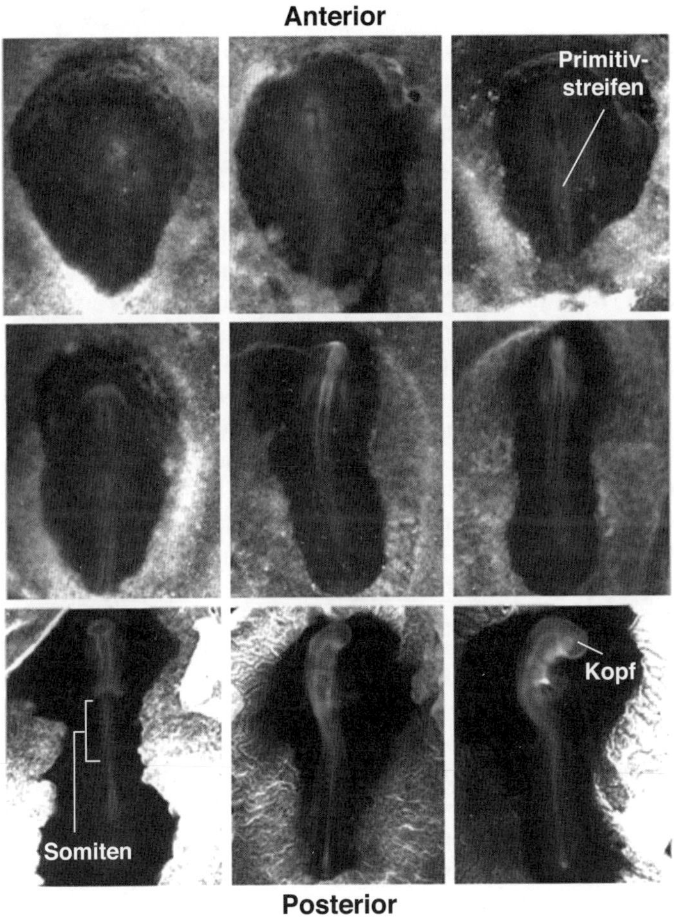

Abb. 4.6

Die Embryonalentwicklung des Hühnchens Aufsicht auf den sich entwickelnden Hühnchen Embryo. Die Entwicklung zwischen Tag eins und zwei ist von links nach rechts und von oben nach unten zu beobachten. Um die Embryonen zu sehen, wurden Eischale und Chorion geöffnet sowie die Strukturen mit Hilfe schwarzer Tusche verdeutlicht. Die Aufnahmen wurden freundlicherweise von Dr. Octavian Voiculescu, University College London, UK, zur Verfügung gestellt.

Anterior

Primitivstreifen

Kopf

Somiten

Posterior

Kollersche Sichel:
Halbmondförmiger
Bereich kleiner Zellen
vor der posterioren
Marginalzone.

Primitivstreifen:
Äquivalent zum Blasto-
porus in Amphibien

Kollersche Sichel. Von dieser Struktur ausgehend kommt es zu verstärkter Zellproliferation und insbesondere Zellbewegungen, ein Zeichen für die einsetzende Gastrulation. Es kommt zur Wanderung von Zellen des Epiblasten in Richtung Mittellinie, wobei der Primitivstreifen gebildet wird. Im anterioren Teil wird diese Primitivrinne durch den Hensenschen Knoten begrenzt, der dem Spemann-Organisator in Amphibien entspricht. Während der Gastrulation wandern die Zellen durch die im Primitivstreifen ausgebildete Primitivrinne in das Innere des Embryos ein. Von außen ist die Primitivrinne als eine Absenkung von Zellen gut zu erkennen. Zellen, die durch den Primitivstreifen einwandern, bilden einerseits das zukünftige Endoderm, andererseits das Mesoderm. Bei seiner Einwanderung verdrängt das Endoderm den Hypoblasten in den extraembryonalen Bereich. Die Kollersche Sichel ist ein wichtiges Signalzentrum während der Entwicklung des Hühnchens. Wird diese an eine andere Stelle im Embryo transplantiert, induziert dies die Ausbildung einer zweiten Primitivrinne. Wichtige Signalmoleküle sind auch hier die schon bekannten Wnt- und Nodal-Proteine (für die Entwicklung des Hühnchens siehe **Abb. 4.7**).

Amnioten:
Tiere, die eine Amnion-
höhle ausbilden, wie
Vögel und Säugetiere.

Der Hypoblast trägt zur Bildung extraembryonaler Strukturen bei. Bei diesen handelt es sich um dünne Häute (manchmal in der Literatur auch irreführend als Membranen bezeichnet), die den Embryo als auch den Dotter umgeben. Dabei umgibt das Amnion den Embryo und bildet die mit Fruchtwasser gefüllte Amnionhöhle. Der Dottersack umgibt den Dotter, der an einem Nabelstrang mit dem Embryo in Kontakt steht. Vom Embryo führen Blutgefäße sowohl in den Dottersack als auch in die Allantois. Die Allantois bildet eine embryonale Harnblase aus. Sie sammelt nicht nur Abfallprodukte des embryonalen Stoffwechsels, sondern dient auch dem Gasaustausch. Das Chorion umgibt den gesamten Embryo inklusive Dottersack und Allantois und liegt unmittelbar unterhalb der Eischale. Alle extraembryonalen Strukturen werden in der späteren Entwicklung vom Embryo abgetrennt und sind demnach nicht Bestandteil des adulten Organismus (**Abb. 4.8**).

Intrakorporal:
Innerhalb des Körpers

Das Hühnchen ist ebenso wie *Xenopus laevis* kein Modellorganismus, der für genetische Studien geeignet ist. Dies bedeutet, dass Funktionsgewinn- und Funktionsverluststudien nicht über Modifikationen des Erbguts erreicht werden können. Anders als *Xenopus laevis* und *Danio rerio* ist der Hühnerembryo aufgrund seiner frühen intrakorporalen Entwicklung auch nicht für Mikroinjektionsexperimente geeignet. Bei allen Experimenten mit Hühnerembryonen ist man auf Stadien beschränkt, die zeitlich nach der Eiablage liegen. Dann allerdings lässt sich die Eischale öffnen, wodurch der Embryo für Manipulationen sehr gut zugänglich wird.

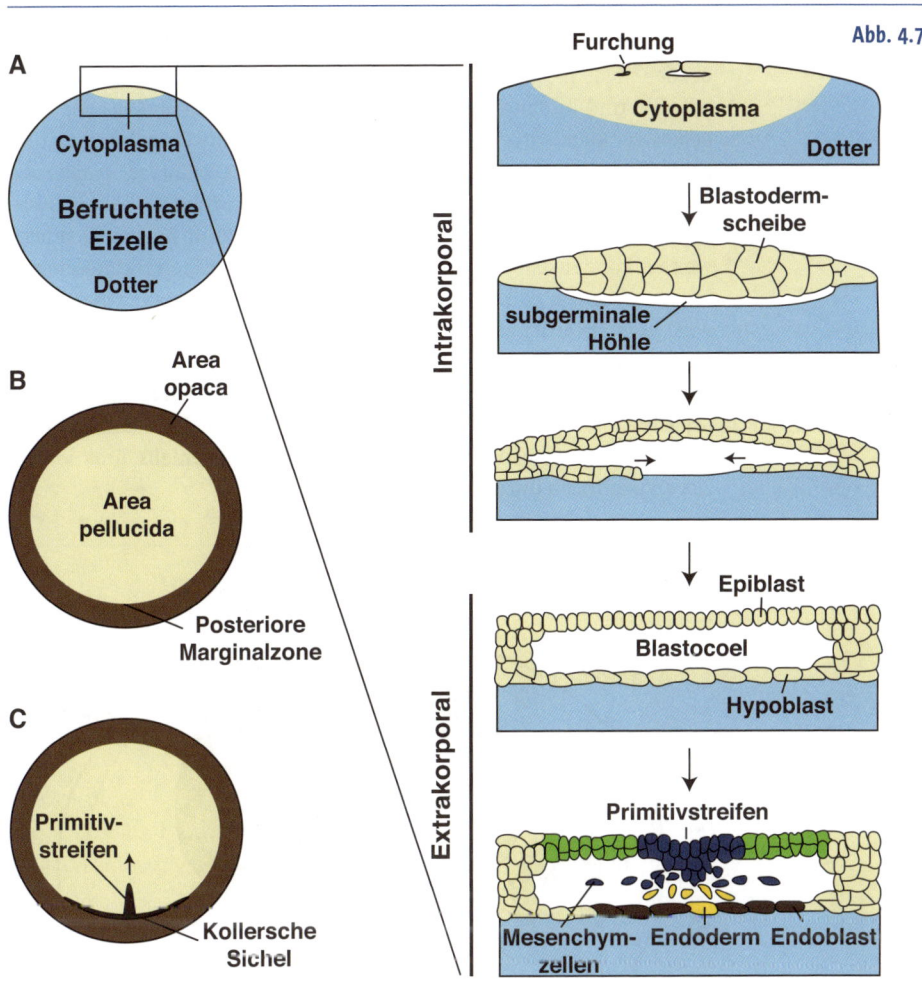

Die Entwicklung des Hühnchens **A.** Befruchtete Eizelle. Dorsal ist oben, ventral unten. Der Dotter (blau) macht den größten Bestandteil des Embryos aus, während das Cytoplasma mit dem Zellkern (beige) diesem aufsitzt. Auf der rechten Seite ist eine Vergrößerung des cytoplasmatischen Anteils während der frühen Entwicklung dargestellt. Das Hühnchen weist eine meroblastische Furchung auf. Nach den ersten Furchungsteilungen hat sich die auf dem Dotter aufsitzende Blastodermscheibe gebildet. Zwischen Blastodermscheibe und Dotter befindet sich die subgerminale Höhle, unter welche sich eine Reihe von Zellen von der posterioren Marginalscheibe (Pfeile; siehe zusätzlich **B**) schiebt. Bis zu diesem Punkt findet die Hühnchenentwicklung im Mutterleib statt. Anschließend wird das Ei abgelegt und die weitere Entwicklung des Embryos geschieht extrakorporal. Nachdem sich die Zellen unter die subgerminale Höhle geschoben haben, bilden sich Epiblast und Hypoblast, zwischen denen sich das Blastocoel befindet. Während der Gastrulation wandern die endodermalen (gelb) und die mesodermalen Zellen (blau) über den Primitivstreifen in das Innere des Embryos ein. Ektodermale Zellen sind in grün dargestellt. **B.** Dorsale Aufsicht auf die Blastodermscheibe nach den ersten Furchungsteilungen. Posterior ist unten. Zu erkennen ist die *Area pellucida* (beige) und die *Area opaca* (braun). **C.** Dorsale Aufsicht auf die Blastodermscheibe während der Ausbildung des Primitivstreifens, der sich aus der Kollerschen Sichel formt. Posterior ist unten.

Für Funktionsstudien am Hühnchenembryo werden im Wesentlichen zwei Methoden angewandt. Klassisch sind Implantationsexperimente, bei denen kleine, poröse Kügelchen (engl. *beads*) mit Wachstumsfaktoren beladen und in den Embryo eingebracht werden (siehe **Abb. 4.9**). Dort geben die Kügelchen die Wachstumsfaktoren in die Umgebung ab und beeinflussen somit die weitere Entwicklung des Embryos. Funktionsverluststudien sind in diesem Rahmen nur dann möglich, wenn extrazelluläre Inhibitoren von Wachstumsfaktoren zum Einsatz gebracht werden können. Um DNA-Moleküle in Zellen von frühen Hühnerembryonen einbringen zu können, verwendet man die Elektroporation. Dabei wird eine DNA der Wahl auf frühe Hühnerembryonen appliziert und mithilfe zweier Elektroden ein kurzer Stromstoß verabreicht. Dieser verändert die Permeabilität der Zellmembran zwischen den Elektroden und erleichtert damit die Aufnahme von DNA in die Zellen. Codiert diese DNA für zu untersuchende Proteine, gelingt es so ebenfalls, funktionelle Untersuchungen durchzuführen.

Abb. 4.8

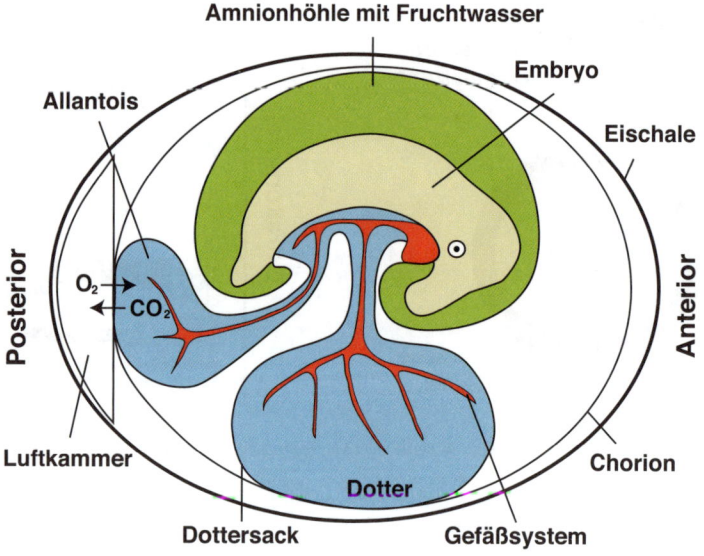

Extraembryonale Strukturen während der Embryogenese des Hühnchens   Der Hühnchen Embryo (beige) ist von Fruchtwasser (grün) umhüllt. Auf der ventralen Seite ist der Embryo über die Nabelschnur mit dem Dotter (blau) verbunden, der mit Blutgefäßen (rot) durchzogen ist und von welchem der Embryo während seiner Entwicklung die benötigten Nährstoffe erhält. Die embryonale Harnblase (Allantois) am posterioren Ende des Eies dient einerseits der Beseitigung von Abfallprodukten, andererseits auch dem Gasaustausch. Die äußeren Schichten des Eies sind das Chorion und die Eischale.

Abb. 4.9

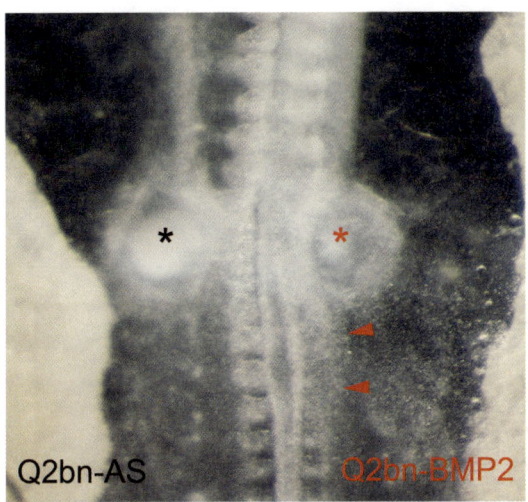

Implantationsassay im Hühnchen Ventrale Ansicht eines Hühnchen Embryos. Auf der linken (anatomische rechte Seite) wurden Kontrollkügelchen (schwarzer Stern), auf der rechten (anatomische linke Seite) Seite mit BMP2 beladene Kügelchen (roter Stern) eingebracht. Die Anwesenheit von BMP2 führt zu einer Störung in der Somitenbildung (rote Pfeilspitzen). Das Foto wurde freundlicherweise von Prof. Dr. Thomas Brand, Universität Würzburg, zur Verfügung gestellt.

Q2bn-AS Q2bn-BMP2

Die Maus *Mus musculus* als Modellorganismus | 4.4

Ein Überblick: Vor- und Nachteile | 4.4.1

Die Maus *Mus musculus* ist der Modellorganismus zur Untersuchung der Säugetierentwicklung (siehe **Abb. 4.10**). Wesentliche Gründe dafür sind die verhältnismäßig kurze Generationszeit von neun Wochen und die relativ geringe Größe der Tiere, was die Haltung vieler verschiedener genetisch veränderter Mauslinien auf wenig Raum ermöglicht. Im Gegensatz zu *Xenopus laevis* und *Danio rerio* findet die Embryogenese intrakorporal statt, sodass die Mutter zur Gewinnung der Embryonen getötet werden muss.

Die Befruchtung der Eizellen erfolgt bereits im Eileiter, wo auch die ersten Teilungsstadien stattfinden (holoblastische Furchung, siehe **Kapitel 2.4**). Das Ei selbst ist mit einem Durchmesser von 0,1 mm relativ klein. Im Vergleich zu *Xenopus* ist der Zellzyklus mit 12 Stunden verhältnismäßig lang. Bis zum Acht-Zell-Stadium kann man die einzelnen Blastomeren des Embryos noch sehr gut erkennen. Zu diesem Zeitpunkt findet die sogenannte Kompaktion statt, bei der durch veränderte Zell-Zell-Adhäsionsbedingungen die Zellen in einen sehr engen Kontakt gelangen und die einzelnen Zellen ohne weitere Hilfsmittel von außen nicht mehr individuell unterscheidbar sind. Am Tag 3,5 nach der Befruchtung besteht der Embryo, der nun die Blastocyste bildet, aus einer äußeren Schicht Trophektoderm, einer inneren Zellmasse (engl.

inner cell mass, ICM) und dem Blastocoel (siehe **Abb. 4.11**). Die innere Zellmasse wiederum kann etwa ab Tag 4 nach der Befruchtung in den Epiblasten und das primitive Endoderm unterteilt werden. Zu diesem Zeitpunkt trennt das Blastocoel, ein flüssigkeitsgefüllter Raum, über weite Bereiche den Epiblasten der inneren Zellmasse räumlich vom Trophektoderm. Wie auch beim Hühnchen entsteht später aus dem Epiblasten der eigentliche Embryo. Außerdem trägt der Epiblast zur Bildung extraembryonaler Strukturen wie dem extraembryonalen Ektoderm bei.

Abb. 4.10

**Die Maus als Modell-
organismus** Für alle Embryonen ab E8,25 gilt: Anterior ist rechts, posterior links; dorsal oben, ventral unten. Am Embryonaltag (E) 7,5 kann man dem Mausembryo in einen extraembryonalen (gelbe Markierung) und einen embryonalen Teil (weiße Markierung) einteilen. Die Anlage der Allantois ist zu erkennen. Den Embryonen der folgenden Stadien (E8,25; E9,25 und E14) wurden die extraembryonalen Strukturen zum größten Teil entfernt. Abkürzungen: AA = Augenanlage; E-Knospe = Extremitätenknospe; HE = Hinterextremität; OA = Ohranlage; VE = Vorderextremität. Alle Fotos wurden freundlicherweise von Dr. Ovidiu Sirbu, Universität Ulm, zur Verfügung gestellt.

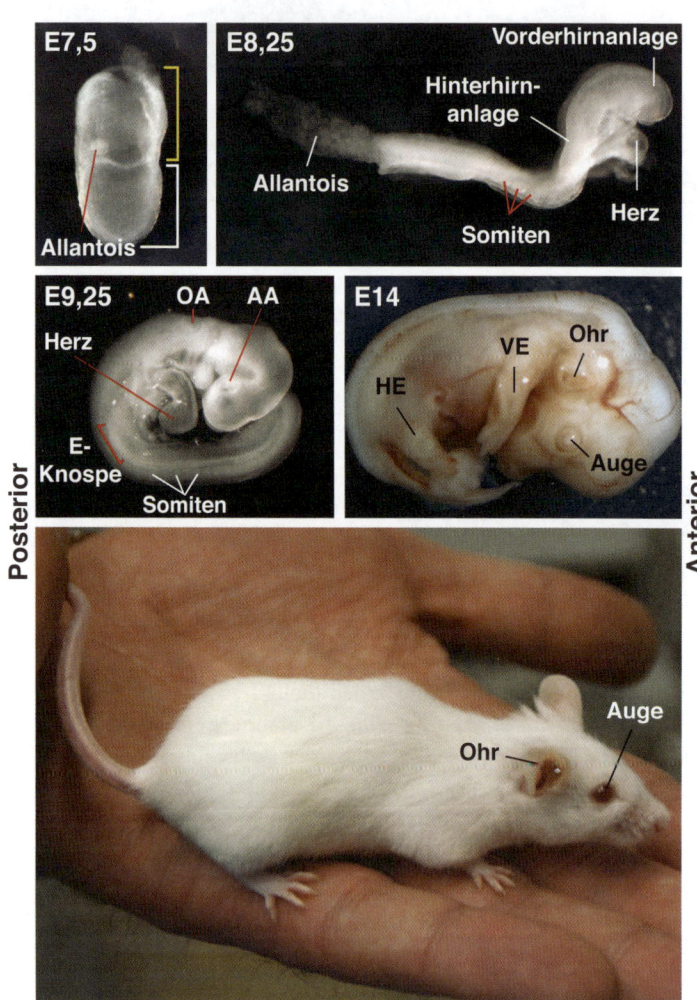

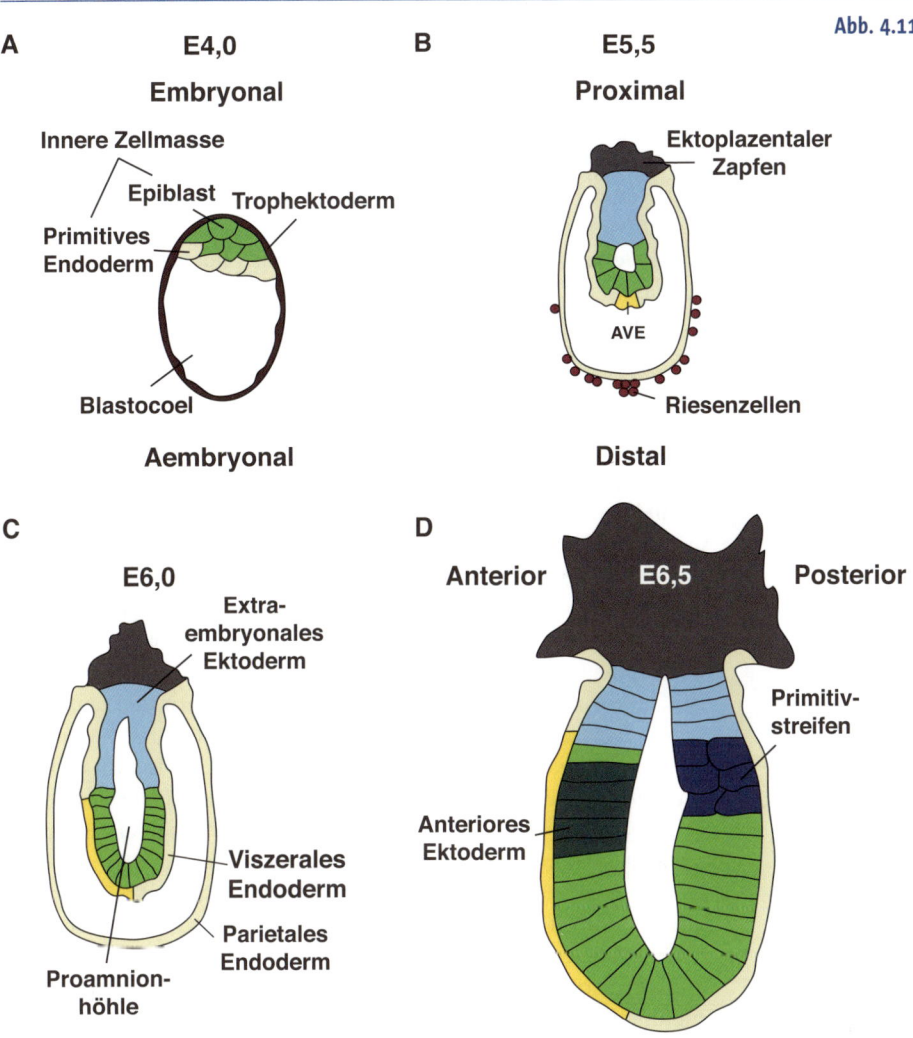

Abb. 4.11

A E4,0 Embryonal
- Innere Zellmasse
- Epiblast
- Trophektoderm
- Primitives Endoderm
- Blastocoel
- Aembryonal

B E5,5 Proximal
- Ektoplazentaler Zapfen
- AVE
- Riesenzellen
- Distal

C E6,0
- Extra-embryonales Ektoderm
- Viszerales Endoderm
- Parietales Endoderm
- Proamnion-höhle

D Anterior E6,5 Posterior
- Primitiv-streifen
- Anteriores Ektoderm

Schematische Darstellung der Mausentwicklung **A.** Am Embryonaltag vier (E4,0) kann man den Mausembryo in einen embryonalen und einen aembryonalen Pol einteilen. Der embryonale Pol enthält die innere Zellmasse aus Epiblast (grün) und primitiven Endoderm (beige). Am aembryonalen Pol ist das Blastocoel (weiß) lokalisiert. Das Trophektoderm (braun) umhüllt den Embryo. **B.** Am Tag E5,5 hat sich das Trophektoderm in die Riesenzellen (weinrot) und den ektoplazentalen Zapfen (grau) umgewandelt. Das viszerale und das parietale Endoderm (beige) umschließen den Epiblasten, das extraembryonale Ektoderm (hellblau) und das Blastocoel (weiß). Das anteriore viszerale Endoderm (AVE; gelb) hat sich am distalen Pol des Embryos ausgebildet. **C.** Der Epiblast (grün) und das extraembryonale Ektoderm (hellblau) umhüllen die Proamnionhöhle. Das AVE (gelb) wandert zur zukünftigen anterioren Seite des Embryos. **D.** Am Embryonaltag E 6,5 ist aus dem Embryo eine zylindrische Struktur entstanden und die Gastrulation beginnt mit der Bildung des Primitivstreifens (dunkelblau) am posterioren Ende des Embryos. Das AVE induziert die Bildung des anterioren Ektoderms (dunkelgrün) im benachbarten Epiblasten.

**Implantation,
Nidation:**
Einnisten des Embryos
in die Gebärmutter-
schleimhaut

Plazenta:
Aus extraembryonalen
Zellen des Embryos
gebildet, dient dem
Stoffaustausch zwi-
schen Embryo und
Mutter

Etwa 4,5 bis 5 Tage nach der Befruchtung kommt es zur Implantation
der Blastocyste, wobei dieses Entwicklungsstadium etwa dem Stadium
des Hühnchenembryos zur Eiablage entspricht.

Am Tag 5,5 nach der Befruchtung hat sich das äußere Erscheinungsbild des Embryos geändert. Das Trophektoderm hat sich zu den Riesenzellen und dem ektoplazentalen Zapfen umgewandelt. Es beteiligt sich
später an der Bildung extraembryonaler Strukturen, wie beispielsweise
der Plazenta, über die der Embryo in Kontakt mit der Mutter steht. Das
primitive Endoderm bildet nun das viszerale Endoderm, welches den
Epiblasten umhüllt, und das parietale Endoderm, welches das Trophektoderm ersetzt hat.

Am Tag 6 der embryonalen Entwicklung hat der Epiblast eine zylin-
derförmige Hohlstruktur angenommen. Es hat sich der Eizylinder gebildet. Der Epiblast umschließt die Proamnionhöhle und ist außen vom
extraembryonalen, viszeralen Endoderm umkleidet. Die zukünftige dorsale Seite des Embryos ist in diesem Entwicklungsstadium der Proamnionhöhle zugewandt. Etwa am Tag 6,5 nach der Befruchtung beginnt
die Gastrulation (**Abb. 4.12**). An der Grenze zwischen Epiblast und ext-
raembryonalem Ektoderm entwickelt sich der Primitivstreifen. Am
zukünftigen anterioren Ende des Primitivstreifens kommt es zu einer
Verdickung, wo sich der Primitivknoten ausbildet. Zellen des Epiblasten
wandern durch den Primitivstreifen hindurch, bedecken den Epiblasten
von außen und bilden somit das definitive Mesoderm und Endoderm.
Dabei streckt sich die Primitivrinne zwischen Tag 6,5 und 7,5 der Entwicklung in Richtung proximales Ende des Embryos. Wie auch im Huhn
verdrängt dabei das definitive Endoderm das viszerale Endoderm. In der
Folge entwickeln sich aus dem verbleibenden Epiblasten das Ektoderm
sowie das Neuroektoderm. Scheinbar liegt jetzt das Ektoderm im Inneren des Keimes, während sich das Endoderm außen befindet. Es liegt
hier also im Vergleich zu *Xenopus*, dem Zebrafisch oder dem Huhn eine
Keimblatt-Inversion vor. Am Tag 8,5 nach der Befruchtung hat bereits
die Neurulation begonnen. Später kommt es zu einer komplexen Umgestaltung des Mausembryos, wobei das Innere des vormaligen Eizylinders
nach außen gestülpt wird und damit das Ektoderm das weiter innen
liegende Mesoderm sowie das Endoderm umschließt.

4.5 | Die Achsenbildung bei der Maus

Ein erstes Anzeichen der Asymmetrie im Mausembryo ist die Auftrennung der einzelnen Zellen auf das zukünftige Trophektoderm und die
innere Zellmasse. Um die Entwicklung dieser beiden Zelltypen zu unter-

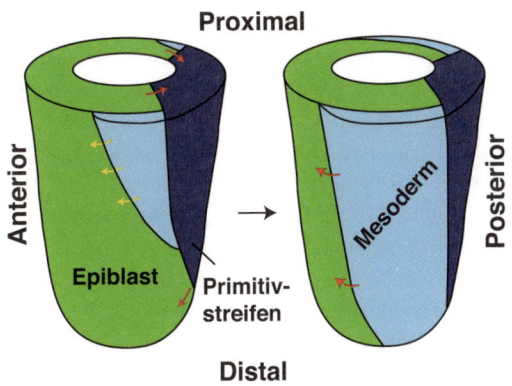

Abb. 4.12

Schematische Darstellung der Gastrulation in der Maus Während der Gastrulation wandern die Zellen des Epiblasten (grün) in den Primitivstreifen (dunkelblau; rote Pfeile) ein. Im weiteren Verlauf wandern die ersten Zellen (Mesoderm, hellblau) über den Epiblasten (gelbe Pfeile) unter dem viszeralen Endoderm (nicht dargestellt).

suchen, hat man Zellmarkierungsexperimente durchgeführt. Dabei hat sich gezeigt, dass Zellen, welche im frühen Mausembryo weiter innen liegen, eher zu Zellen der inneren Zellmasse werden, während weiter außen liegende Zellen eher Zellen des Trophektoderms formen. Mit der Ausbildung der inneren Zellmasse und des Blastocoels ist die Symmetrie des Mausembryos gebrochen und es haben sich zwei Pole ausgebildet. Der embryonale Pol weist die innere Zellmasse auf, der aembryonale Pol die Blastocystenhöhle. Damit ist sogleich die proximo-distale Achse des Mausembryos festgelegt (**Abb. 4.11**). Am distalen Ende des Mausembryos bildet sich um Tag 5,5 nach der Befruchtung das anteriore viszerale Endoderm (AVE) aus, welches sich am Tag 6 durch Proliferation und Zellwanderung zur anterioren Seite des Embryos ausbreitet (**Abb. 4.11**). Am proximalen Ende des anterioren viszeralen Endoderms wird im darunter liegenden Epiblasten das anteriore Ektoderm induziert, auf der gegenüberliegenden posterioren Seite entsteht im Epiblasten der Primitivstreifen. Wie auch in den anderen Organismen, spielen Moleküle der Nodal-, Wnt- und TGFβ-Familie (BMP) bei der Ausbildung der dorso-ventralen Achse eine entscheidende Rolle. Der Primitivstreifen dehnt sich bis zum distalen Ende des Embryos aus, wo schlussendlich der Hensensche Knoten entsteht, der das Mausäquivalent zum Spemann-Organisator darstellt.

Die Links/Rechts-Asymmetrie | 4.6

Wie der Name schon ausdrückt, besitzen Bilateria zwei Seiten, also neben der anterior-posterioren und dorso-ventralen Körperachse auch eine Links-Rechts Achse. Während viele Strukturen und Organe diesbezüglich paarig angelegt sind, wie beispielsweise die Extremitäten, sind eine ganze Reihe innerer Organe entlang der Links-Rechts Achse asymmetrisch aufgebaut. Genannt seien hier insbesondere das Herz oder der Darm. Diese Links/Rechts-Asymmetrie wird ebenfalls bereits früh in der embryonalen Entwicklung festgelegt.

So ist während der Gastrulation das uns bereits bekannte Gen Nodal vorübergehend nur auf der linken Körperhälfte exprimiert (siehe **Abb. 4.13**). Gleiches gilt für den extrazellulären Wachstumsfaktor Sonic Hedgehog (Shh) (zu diesem Molekül weitere Informationen in **Kapitel 8, Infobox 14**), welches die Nodal-Expression aktiviert (**Abb. 4.14**). Zielgen des auf der linken Körperseite aktiven Nodal-Signalweges ist der Transkriptionsfaktor Pitx2 (siehe **Abb. 4.13** und **4.14**). Lefty, ein Nodal Antagonist, wird im mesodermalen und ektodermalen Keimblatt links der Mittellinie in einem Streifen exprimiert und verhindert, dass linksseitig gebildete Nodalsignale auf die rechte Körperhälfte einwirken können. Dem gegenüber wird ein weiteres Mitglied der TGFβ-Wachstumsfamilie, das uns bereits bekannte Aktivin, transient nur auf der rechten Körper-

Abb. 4.13

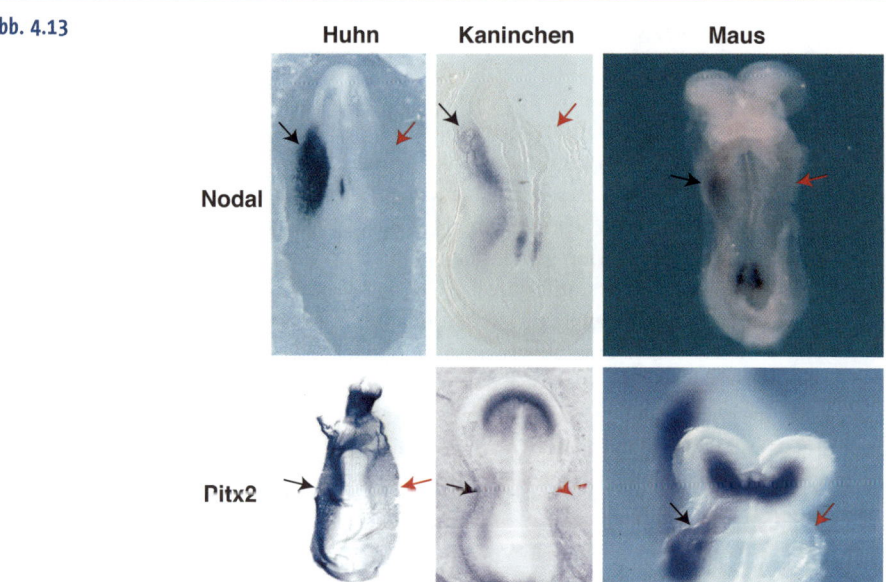

Expression von Nodal und Pitx2 Nodal und Pitx2 werden während der Entwicklung verschiedener Organismen auf der linken Körperseite exprimiert (schwarze Pfeile), auf der rechten hingegen nicht (rote Pfeile). Die Fotos wurden freundlicherweise von Prof. Dr. Martin Blum, Universität Stuttgart-Hohenheim, zur Verfügung gestellt.

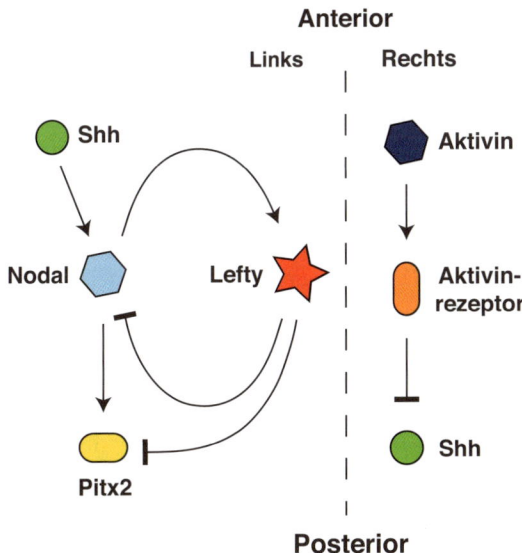

Anterior

Links   Rechts

Shh

Aktivin

Nodal   Lefty

Aktivin-
rezeptor

Pitx2

Shh

Posterior

Abb. 4.14

Molekulare Vorgänge zur Links/Rechts-Asymmetrie Auf der linken Körperseite bewirkt die Aktivität von Sonic hedgehog (Shh) die Expression von Nodal. Nodal wiederum aktiviert die Gene Pitx2 und Lefty. Lefty hingegen hat einen negativen Einfluss auf die Aktivitäten von Pitx2 und Nodal. Auf der rechten Seite bewirkt die Expression von Aktivin eine Repression von Shh über den Aktivin-Rezeptor.

hälfte exprimiert und dabei die Expression von Shh unterdrückt (**Abb. 4.14**). Dieser asymmetrischen Genexpression geht bereits kurz vorher eine unilaterale Erhöhung der extrazellulären Calciumkonzentration auf der linken Körperhälfte voraus. Wie es zu dieser asymmetrischen Genexpression kommt, ist bisher nur in Ansätzen verstanden.

Ein gängiges Modell geht im Moment davon aus, dass Cilien, die im Bereich des Hensenschen Knotens zu finden sind, aufgrund ihres molekularen Aufbaus einen linksseitig gerichteten Fluss extrazellulärer Flüssigkeit bewirken. So könnten initial gleichmäßig exprimierte Wachstumsfaktoren oder aber auch Ionen einseitig konzentriert und damit nachfolgend die Genexpression beeinflusst werden. In Amphibien scheinen diese Cilien im Blastulastadium auf der Unterseite des Blastocoeldachs lokalisiert zu sein. Möglicherweise wird die Links/Rechts-Asymmetrie jedoch schon sehr viel früher in der Embryogenese angelegt. So findet man in Amphibienembryonen die Vg1 mRNA bereits im 16-Zell-Stadium eher links- als rechtsseitig lokalisiert. Die Ursachen für diese Asymmetrie sind bisher jedoch unbekannt.

Interferiert man mit den beschriebenen molekularen Mechanismen der Links/Rechts-Festlegung, so kann es zu einer irregulären Anordnung der Organe kommen. Bei Organismen mit dem sogenannten *Situs inversus* Syndrom sind die inneren Organe spiegelbildlich zur Normalsituation angelegt.

Blastocoeldach: Unterseite der animalen Kappe in *Xenopus*

4.7 | Die Generierung genetisch veränderter Mäuse

Für die Herstellung genetisch veränderter Mäuse macht man sich die besonderen Eigenschaften der Zellen der inneren Zellmasse zunutze. Diese haben naturgemäß die Fähigkeit, in alle Derivate des Embryos differenzieren zu können. Des Weiteren können sie unter besonderen Zellkulturbedingungen als undifferenzierte Vorläuferzellen zeitlich unbegrenzt in Kultur gehalten werden. In Kultur bezeichnet man die Zellen der inneren Zellmasse daher auch als embryonale Stammzellen (ES-Zellen, siehe **Kapitel 13.3**). Fügt man embryonale Stammzellen bzw. Zellen der inneren Zellmasse in eine andere Blastocyste ein, so integrieren sich die neu eingebrachten Zellen in die innere Zellmasse des Empfängerembryos. Auf diese Weise können chimäre Mäuse generiert werden, die Zellen verschiedener Individuen vereinen. Verwendet man für dieses Experiment beispielsweise Mäuse verschiedener Fellfarbe, können so gescheckte Mäuse hergestellt werden. Werden genetisch veränderte ES-Zellen in eine Blastocyste injiziert, so weist die entstehende, chimäre Maus in einigen Zellen ein verändertes Genom auf.

Um den Verlust eines Gens herbeizuführen, muss man den Locus des betreffenden Gens derart manipulieren, dass keine funktionsfähige mRNA und damit kein funktionsfähiges Protein mehr gebildet werden kann (**Abb. 4.15**). Meist führt man dazu einen genetischen Marker in den Locus der Wirtszelle ein, der beispielsweise für GFP oder einen Selektionsmarker codiert. Um die Integration in den Wirtslocus spezifisch zu gestalten, bedient man sich der Methode der homologen Rekombination. Dazu werden in einem Plasmid flankierend zum Selektionsmarker DNA-Abschnitte eingebracht, die auch im Wirtsgenom die zukünftige Integrationsstelle flankieren. Nach Einbringen des Plasmids in ES-Zellen kommt es zu einem Aneinanderlagern homologer DNA-Abschnitte und im Rahmen der homologen Rekombination zu einem DNA-Austausch (engl. *crossing over*). Dadurch wird der Selektionsmarker zielgerichtet in das Wirtsgenom integriert.

Durch den eingebrachten Selektionsmarker lassen sich anschließend die embryonalen Stammzellen selektieren, bei denen die homologe Rekombination erfolgreich war. Bringt man diese ES-Zellen über Mikroinjektion in Blastocysten ein, können chimäre Mäuse generiert werden, die sowohl aus Zellen der ursprünglichen Blastocyste (Wildtyp Genom) als auch aus den injizierten Zellen (genetisch manipuliertes Genom) bestehen. In einigen dieser chimären Mäuse können die genetisch veränderten ES-Zellen zur Bildung der Keimzellen beigetragen. Kreuzt man diese mit Wildtypmäusen, erhält man heterozygot genetisch veränderte Tiere. Diese werden nachfolgend untereinander gekreuzt, bis man

GFP:
Grün fluoreszierendes Protein

Homologe Rekombination:
Austausch von Allelen

Abb. 4.15

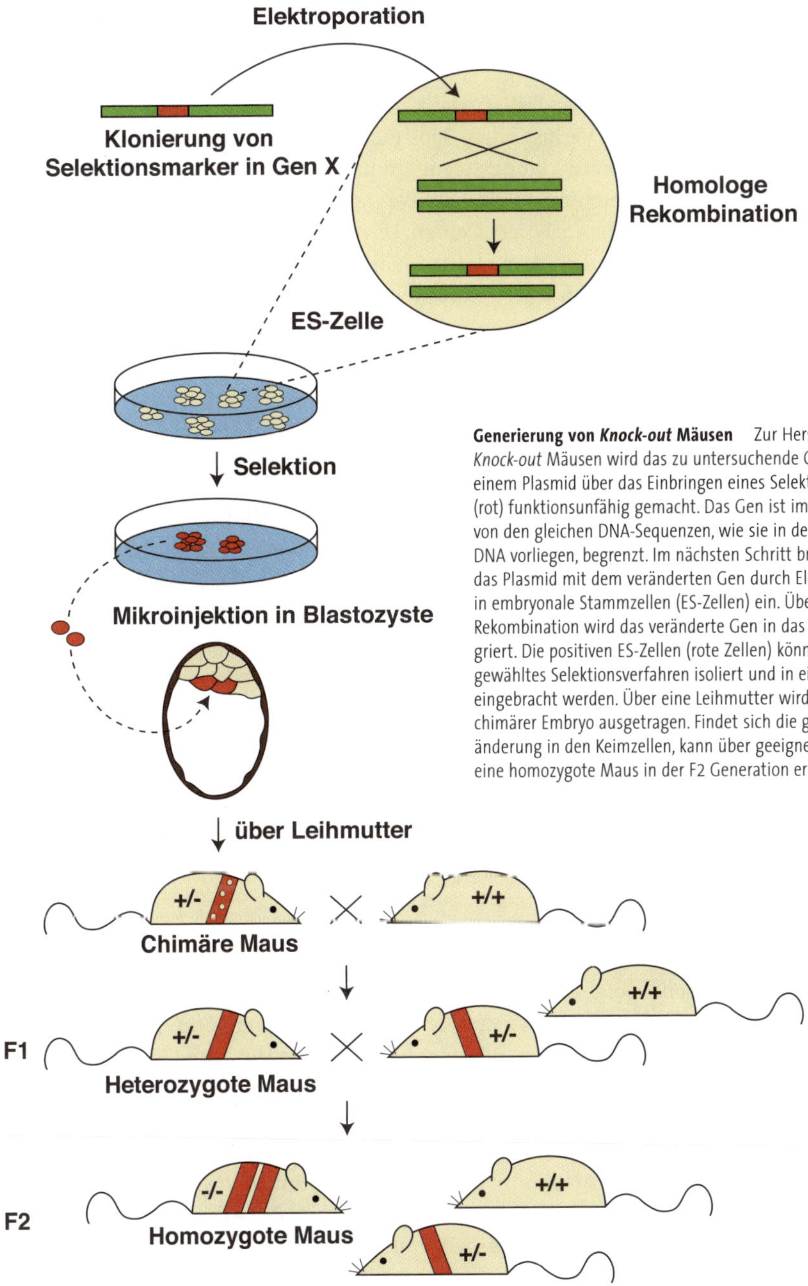

Elektroporation

Klonierung von Selektionsmarker in Gen X

Homologe Rekombination

ES-Zelle

↓ **Selektion**

Mikroinjektion in Blastozyste

Generierung von *Knock-out* Mäusen Zur Herstellung von *Knock-out* Mäusen wird das zu untersuchende Gen (grün) in einem Plasmid über das Einbringen eines Selektionsmarkers (rot) funktionsunfähig gemacht. Das Gen ist im Plasmid von den gleichen DNA-Sequenzen, wie sie in der endogenen DNA vorliegen, begrenzt. Im nächsten Schritt bringt man das Plasmid mit dem veränderten Gen durch Elektroporation in embryonale Stammzellen (ES-Zellen) ein. Über homologe Rekombination wird das veränderte Gen in das Gemon integriert. Die positiven ES-Zellen (rote Zellen) können über ein gewähltes Selektionsverfahren isoliert und in eine Blastocyste eingebracht werden. Über eine Leihmutter wird zunächst ein chimärer Embryo ausgetragen. Findet sich die genetische Veränderung in den Keimzellen, kann über geeignete Kreuzung eine homozygote Maus in der F2 Generation erhalten werden.

↓ **über Leihmutter**

+/− ✕ +/+

Chimäre Maus

↓

+/+

F1 +/− ✕ +/−

Heterozygote Maus

↓

−/− +/+

F2 **Homozygote Maus** +/−

homozygot genetisch veränderte Mäuse erhält. Auf diese Weise werden Mäuse etabliert, bei denen in allen Zellen des Organismus das zu untersuchende Gen funktionsunfähig gemacht wurde. Es sind *Knock-out* Tiere entstanden.

Lethal:
Zum Tode führend

In manchen Fällen steht man jedoch vor dem Problem, dass ein genereller Verlust eines Gens (homozygoter *Knock-out*) zu einer frühen lethalen Entwicklungsstörung führt. Etwaige Funktionen des zu untersuchenden Gens zu späteren Zeitpunkten der Entwicklung können dann nicht mehr analysiert werden. Um dieses Problem zu umgehen, bedient man sich der Methode des konditionalen *Knock-outs*. Mithilfe dieser Methode kann der Funktionsverlust eines Gens auf bestimmte Gewebe bzw. auf ein bestimmtes Entwicklungsstadium beschränkt werden, sodass die Entwicklung der Maus nicht vollständig gestört ist. Bei diesem Verfahren führt man in den zu deletierenden DNA-Locus Schnittstellen für eine Rekombinase ein, sogenannte loxP-Stellen. Kommt es zu einem späteren Zeitpunkt der Entwicklung zur Expression der Cre-Rekombinase, werden die DNA-Abschnitte, die sich zwischen den loxP-Stellen befinden, durch die Rekombinase entfernt. Um die gewebespezifische Deletion eines Gens herbeizuführen, verwendet man genetisch veränderte Mäuse, bei welchen das Enzym Cre unter der Kontrolle eines gewebespezifischen Promotors exprimiert wird. Auf diese Weise erreicht man eine gewebe- aber auch zeitspezifische Expression der Rekombinase und damit in der Folge auch einen gewebe- und zeitspezifischen Verlust des zu untersuchenden Gens. Eine Spielart dieses Verfahrens ist die Expression der Cre-Rekombinase unter induzierbaren Bedingungen. Bei diesem kann durch die Gabe eines Induktors die Expression der Cre-Rekombinase vom Experimentator selbst bestimmt werden.

Zusammenfassung

Die Festlegung der Körperachsen in den verschiedenen Modellorganismen erfolgt durch konservierte molekulare Mechanismen, obwohl die zugrunde liegenden anatomischen Strukturen und Vorgänge unterschiedlich sind. Der Hensensche Knoten im Huhn und in der Maus oder das *Shield* im Zebrafisch entsprechen dabei dem Spemann-Organisator in Amphibien. Im Huhn und in der Maus erfolgt die Wanderung von Zellen während der Gastrulation durch den Primitivstreifen. Eine Besonderheit der frühen Mausentwicklung ist die scheinbare Inversion der Keimblätter. Die Maus ist der Modellorganismus, der mithilfe der homologen Rekombination eine gezielte Veränderung des Genoms erlaubt. Dadurch können *Knock-out* Mäuse generiert werden. Aufgrund der nahen Verwandtschaft zum Menschen werden Mäuse gerne als Modellsystem für die menschliche Entwicklung angesehen.

Fragen

1 Beschreiben Sie Vor- und Nachteile von Zebrafisch, Maus und Huhn als Modellsystem in der Entwicklungsbiologie.

2 Beschreiben Sie einen Mutagenese-Screen im Zebrafisch.

3 Erklären Sie die Festlegung der dorso-ventralen Achse in *Danio rerio*.

4 Wie kann man genetisch veränderte Mäuse generieren?

5 Wie entstehen die extraembryonalen Strukturen in der Maus?

6 Welche Aufgaben haben die extraembryonalen Strukturen im Hühnerembryo?

7 Beschreiben Sie, wie ein funktioneller Assay in der Hühnchenentwicklung aussieht.

8 Wie verläuft die Gastrulation in der Maus?

9 Durch welche molekularen Vorgänge kommt die Links/Rechts-Asymmetrie zustande?

10 Welche Funktion wird dem anterioren viszeralen Endoderm (AVE) zuteil?

Literatur

ARNOLD, S.J., E.J. ROBERTSON (2009) Making a commitment: cell lineage allocation and axis patterning in the early mouse embryo. Nat. Rev. Mol. Cell Biol. 10, 91-103

GORE, A.V., S. MAEGAWA, A. CHEONG, P.C. GILLIGAN, E.S. WEINBERG, K. SAMPATH (2005) The zebrafish dorsal axis is apparent at the four-cell stage. Nature 438, 1030-1035

NAGY A., GERTZENSTEIN M., VINTERSTEN K., BEHRINGER R. (2003) Manipulating the mouse embryo. A laboratory manual. Cold Spring Harbor Laboratory Press, New York, USA

LEVIN, M. (2005) Left-right asymmetry in embryonic development: a comprehensive review. Mech. Dev. 122, 3-25

SCHIER, A.F., W.S. TALBOT (2005) Molecular genetics of axis formation in zebrafish. Annu. Rev. Genet. 39, 561-613

STERN, C.D. (2005) The chick: a great model system becomes even greater. Dev. Cell 8, 9-17

SRINIVAS, S., T. RODRIGUEZ, M. CLEMENTS, J.C. SMITH, R.S.P. BEDDINGTON (2004) Active cell migration drives the unilateral movements of the anterior visceral endoderm. Development 131, 1157-1164

WESTERFIELD, M. (Herausgeber) (1989) The Zebrafish Book, A guide for the use of Zebrafish (Brachydanio rerio). University of Oregon Press, Eugene, USA

ZERNICKA-GOETZ, M. (2005) Cleavage pattern and emerging asymmetry of the mouse embryo. Nat. Rev. Mol. Cell Biol. 6, 919-928

5 | Morphogenese: Gastrulation und Neurulation

Inhalt

Unter dem Begriff Morphogenese fasst man die Prozesse der Gestaltbildung während der Embryogenese zusammen. Diesen Prozessen liegen Formveränderungen, eine geänderte Beweglichkeit und ein verändertes Wanderungsverhalten von Zellen zugrunde. Auf molekularer Ebene basiert die Morphogenese auf Veränderungen des Cytoskeletts sowie auf einer modulierten Zell-Zell- oder Zell-Matrix-Interaktion. Als Beispiele der Morphogenese diskutieren wir in diesem Kapitel die Gastrulation, die zur Bildung des Urdarms führt, sowie die Ausbildung des Neuralrohrs, die Neurulation.

5.1 | Gastrulation bei *Xenopus*

5.1.1 | Flaschenzellen und Involution

Der Begriff Gastrulation wurde 1874 von Haeckel geprägt. In diesem Wortstamm steckt das griechische Wort *gaster*, der Magen. Der Begriff Gastrulation soll damit die Bildung des Urdarms beschreiben, aus welchem sich später unter anderem der Magen entwickelt. Während der Gastrulation werden die drei Keimblätter in einer charakteristischen Weise angeordnet. So bildet sich in *Xenopus* aus dem endodermalen Keimblatt der Urdarm aus, der von einer mesodermalen und einer ektodermalen Schicht umgeben wird.

Erstes sichtbares Zeichen für das Einsetzen der Gastrulation in *Xenopus laevis* ist die Ausbildung der sogenannten dorsalen Urmundlippe (siehe **Abb. 5.1**). Bei Betrachtung des Embryos wird diese durch eine sch-

Abb. 5.1

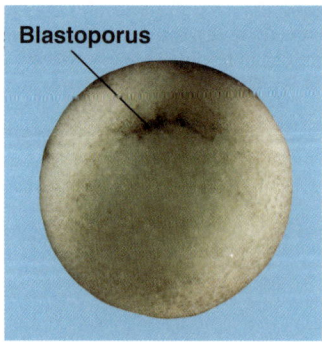

Blastoporus

Die Blastoporuslippe in *Xenopus* Im frühen Stadium 10 (beginnende Gastrulation) ist der Blastoporus als pigmentierte sichelförmige Struktur (Urmundlippe oder Blastoporuslippe) auf der vegetalen Seite des Embryos zu erkennen.

male, sichelförmige Pigmentanordnung auf der vegetalen Körperseite von außen sichtbar. Betrachtet man einen Querschnitt eines *Xenopus* Embryos zu Beginn der Gastrulation, so fallen in der dorsalen Urmundlippe die Flaschenzellen aufgrund ihrer charakteristischen Form auf: Nach außen hin besitzen diese eine sehr kleine Oberfläche, während sie sich in das Innere des Embryos tropfenförmig oder flaschenähnlich ausbreiten. Diese Formveränderung der Flaschenzellen wird durch eine lokale Veränderung des Aktin-Cytoskeletts innerhalb der Zelle erreicht, wie in **Abbildung 5.2C** schematisch dargestellt.

Infobox 9

Das Cytoskelett

Das Cytoskelett dient der mechanischen Stabilität von Zellen zum Beispiel während der Wanderung, der Trennung der Chromosomen während der Mitose, dem Transport von Molekülen oder zur Formgebung der Zellen und der Stabilität von größeren Zellverbänden wie dem Epithelgewebe. Dabei ist das Cytoskelett eine in Raum und Zeit dynamische Struktur. Aktinfilamente (filamentöses Aktin, F-Aktin) haben einen Durchmesser von 5 bis 9 nm und entstehen durch die Aneinanderlagerung (Polymerisierung) von monomeren Aktinuntereinheiten (globuläres Aktin, G-Aktin). Die Aktinfilamente sind insbesondere für die Zellstruktur, die mechanische Stabilität und die Zellwanderung notwendig. Ein weiteres, wichtiges Element des Cytoskeletts sind die Mikrotubuli, welche durch die Polymerisierung von Tubulinuntereinheiten entstehen. Dabei formen sich lang gestreckte Hohlzylinder mit einem Durchmesser von ca. 25 nm. Die Mikrotubuli sind beispielsweise wichtig für die Ausbildung des Spindelapparates während der Zellteilung und für die Funktion von Cilien. Als dritte Komponente des Cytoskeletts sind die Intermediärfilamente zu nennen, die einen Durchmesser von etwa 10 nm aufweisen und damit vom Durchmesser zwischen den Aktinfilamenten und den Mikrotubuli liegen. Sie sind unter anderem wie das Lamin am Aufbau der Kernmembran beteiligt oder tragen wie Keratine zur Stabilität der Epithelien bei.

Die Ausbildung der Flaschenzellen ist notwendig, um die nachfolgende Involution von Zellen in das Innere des Embryos zu ermöglichen. Dabei wandern Zellen des zukünftigen Mesoderms in das Innere des Embryos ein. Bei *Xenopus* erfolgt diese Zellwanderung des Mesoderms als Gewebeverband auf der Oberfläche des inneren Blastocoeldachs, d.h. der Unterseite der animalen Hälfte. Für diese Wanderung nehmen die Zellen des Mesoderms über Rezeptoren aus der Familie der Integrine Kontakt zur extrazellulären Matrix (engl. *extracellular matrix*, kurz ECM) auf. Während die Integrin-Rezeptoren auf den wandernden mesodermalen Zellen vorzufinden sind, wurde die Extrazellulärmatrix von Zellen des animalen

Abb. 5.2

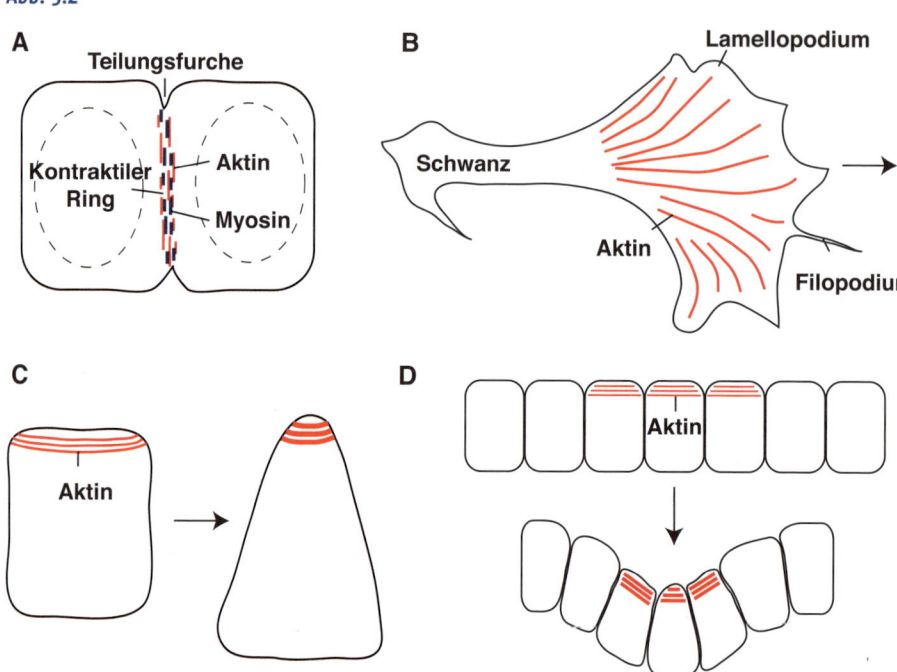

Veränderungen des Aktincytoskeletts **A.** Während der Teilungsphase einer Zelle ordnen sich Aktin (rot) und Myosin (blau) zu einem kontraktilen Ring in der Teilungsebene an. Dieser Ring zieht sich während des Teilungsprozesses zusammen und bewirkt so die Trennung der beiden Tochterzellen. **B.** Wandernde Zelle (Pfeil gibt die Wanderungsrichtung an). In Auf- und Abbau befindliche Aktinfilamente (rot) am Leitsaum unterstützen die Wanderung der Zelle. Lamellopodien und Filopodien tasten die Umgebung ab und geben so die Wanderungsrichtung vor. **C.** Die Bildung der Flaschenzellen wird durch die Kontraktion von Aktinfilamenten (rot) an einer Seite der Zellen erreicht. **D.** Während der Neurulation bildet sich durch Verformung der Zellen die Neuralfurche. Diese Verformung wird durch das Zusammenziehen von Aktinfilamenten (rot) ermöglicht.

Poles gebildet und auf der Oberfläche des Blastocoeldachs angeordnet. Somit dient die ECM als Substrat für die Wanderung des Mesoderms.

Integrine sind Proteine, welche die Membran einfach durchspannen und als α/β-Heterodimere mit ihren extrazellulären Domänen an ganz unterschiedliche Proteine der ECM binden können (**Abb. 5.3**). Dabei erkennen unterschiedliche Integrine die verschiedenen Proteine der ECM wie Fibronektin, Laminin, Tenascin, Kollagen oder Proteoglykane. Die Unterschiede zwischen den verschiedenen Integrinen ergeben sich durch die Zusammensetzung von acht bekannten β-Integrin Untereinheiten und 18 bekannten α-Integrin Untereinheiten. Bis heute sind insgesamt 24 reife Integrine beschrieben. Mit ihrer intrazellulären Domäne haben Integrine Kontakt zum Aktincytoskelett, nach außen mit der schon genannten ECM. Durch den Kontakt zur ECM einerseits und dem Aktincytoskelett andererseits sind die Integrine in der Lage, mechanische Kräfte zwischen Zellen und ihrer Umgebung sowohl zu vermitteln als auch zu messen. Dabei müssen die Kontakte zur extrazellulären Matrix während der Zellwanderung dynamisch reguliert werden. Einerseits ist zur Vermittlung von Kräften ein starker Kontakt zwischen den Zellen notwendig, andererseits dürfen diese zur Bewegung der Zellen innerhalb eines Gewebeverbandes auch nicht zu stark sein. Diese unterschiedlichen Adhäsionsstärken ergeben sich einerseits durch Konformationsänderungen der Integrinuntereinheiten in Abhängigkeit von der Interaktion mit dem Liganden, andererseits durch intrazelluläre Phosphorylierungen. Des Weiteren besitzen Integrine die Eigenschaft, intrazelluläre Signaltransduktionswege zu aktivieren.

Konformation:
Struktur eines Proteins

Ligand:
Bindungspartner für einen Rezeptor

Im Falle der *Xenopus* Gastrulation konnte gezeigt werden, dass die Gegenwart des β_1-Integrins für die Wanderung des Mesoderms entscheidend ist. Als wesentliche Komponente der ECM auf dem Blastocoeldach

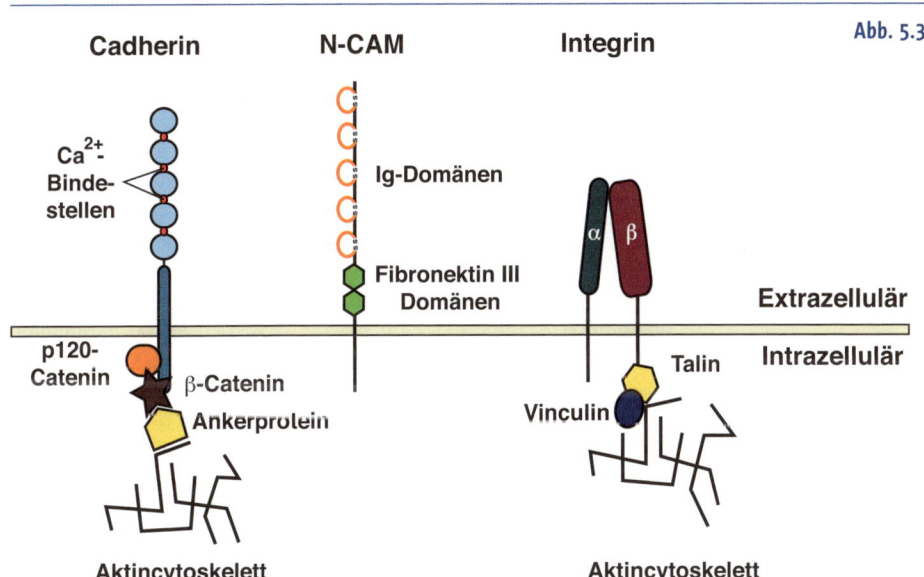

Cadherin　　**N-CAM**　　**Integrin**　　Abb. 5.3

Ca^{2+}-Binde-stellen

Ig-Domänen

α　β

Fibronektin III Domänen

Extrazellulär

Intrazellulär

p120-Catenin

β-Catenin

Ankerprotein

Talin

Vinculin

Aktincytoskelett　　　　**Aktincytoskelett**

Schematische Darstellung verschiedener Zelladhäsionsmoleküle　Cadherine durchspannen die Zellmembran einfach. Auf der extrazellulären Seite weisen sie vier Calcium-Bindungsstellen (rot) auf, während sie intrazellulär über Catenine und weitere Ankerproteine mit dem Aktincytoskelett verbunden sind. N-CAM (engl. *neural cell adhesion molecule*) ist mit den Immunglobulinen verwandt, da es fünf extrazelluläre Immunglobulin-ähnliche (Ig) Domänen aufweist. Des Weiteren besitzt N-CAM zwei extrazelluläre Fibronektin III Einheiten. Die Integrine durchspannen die Zellmembran einfach. Sie bestehen extrazellulär aus zwei Untereinheiten (α und β) und sind über diese mit der Extrazellulärmatrix verbunden. Intrazellulär haben die Integrine über die Verbindungsproteine Talin und Vinculin Kontakt zum Actincytoskelett.

Tab. 5.1 **Ausgewählte Integrine und deren Liganden in der extrazellulären Matrix**

Integrin	Ligand	Phänotyp bei Funktionsverlust (Maus)
α5β1	Fibronektin	β1: embryonal lethal α5: embryonal lethal, Defekte in den Somiten und den Neuralleistenzellen
α6β1	Laminin	α6: Defekte in Epithelzellen
α7β1	Laminin	α7: Muskeldefekte
α4β1	Verschiedene	α4: Defekt in der Neuralleistenzell-Wanderung

konnte das Fibronektin identifiziert werden. Andere Zuordnungen von Integrin-Rezeptoren und Komponenten der ECM ergeben sich aus **Tabelle 5.1**.

Im weiteren Verlauf der Gastrulation wird aus dem von außen sichtbaren Urmund der sogenannte Blastoporus: Hierbei greift die Bildung der Flaschenzellen nach lateral und ventral aus, sodass im weiteren Verlauf der Gastrulation nicht ausschließlich dorsales, sondern auch ventrales Mesoderm in das Innere des Embryos überführt wird. Der Blastoporus wird als kreisförmige Struktur auf der vegetalen Körperseite sichtbar, von welchem aus Zellen in den Embryo einwandern (siehe auch **Abb. 3.1**).

5.1.2 | **Konvergente Extension**

In der Folge der Gastrulation streckt sich der Keim in anterior-posteriore Richtung. Treibende Kraft dieser Streckung ist die sogenannte konvergente Extension (**siehe Abb. 5.4**). Dabei wandern Zellen von ventro-lateral zur dorsalen Mittellinie des Embryos und schieben sich dort ineinander. In Folge dessen kommt es im Bereich der dorsalen Mittellinie zu Platzproblemen, weil einerseits der Raum für die vermehrte Anzahl zuwandernder Zellen zu gering ist und andererseits die Zellen auf den verbleibenden Seiten durch Mesoderm und Ektoderm flankiert werden.

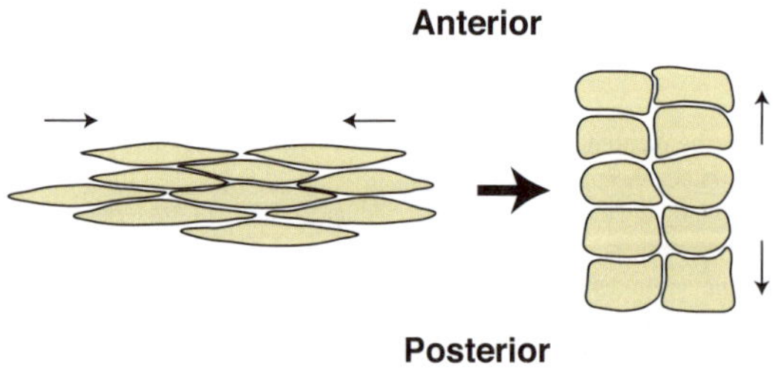

Abb. 5.4

Zellformveränderung während der konvergenten Extension Während der Gastrulation wandern die Zellen von beiden Seiten in Richtung dorsaler Mittellinie (links; Pfeile). Dort kommt es durch die räumliche Einschränkung zur Streckung des Embryos entlang seiner anterior-posterioren Achse (rechts; Pfeile).

Anterior

Posterior

Abb. 5.5

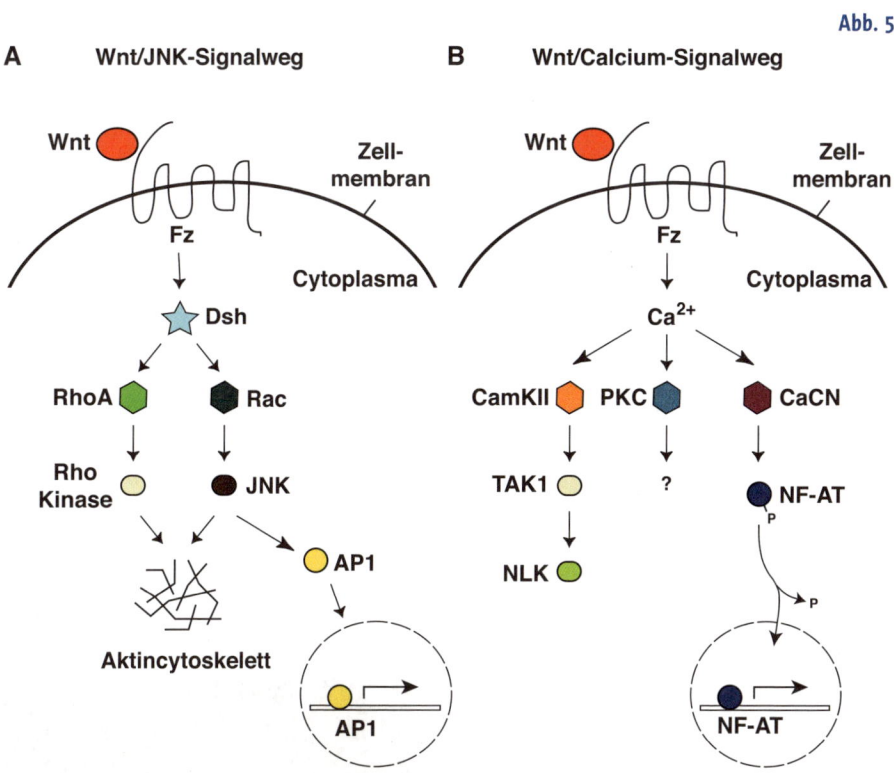

Nicht-kanonische Wnt-Signalwege   **A.** Der Wnt/JNK-Signalweg oder planare Zellpolaritätsweg (PCP-Signalweg). In diesem Signalweg kommt es durch die Bindung von Wnt an seinen membranständigen Frizzled (Fz) Rezeptor zur Aktivierung von Dishevelled (Dsh). Dsh kann kleine GTPasen wie RhoA und Rac aktivieren, die wiederum Kinasen wie die Rho Kinase oder JNK (Jun-N-terminale Kinase) regulieren. Dies kann einerseits zur Veränderung des Aktincytoskeletts führen, andererseits kann JNK AP1 (engl. activator protein 1) aktivieren, welches wiederum die Genexpression im Zellkern moduliert. **B.** Der Wnt/Calcium-Signalweg. Die Bindung eines Wnt-Faktors an Frizzled resultiert in einem intrazellulären Calciumanstieg. Calcium kann CamKII (Calmodulin abhängige Kinase II) und nachgeordnet TAK1 (engl. TGF-β activated kinase 1) und NLK (eng. Nemo-like kinase) aktivieren. Des Weiteren kann PKC (Proteinkinase C) reguliert werden. In einer dritten Signalkaskade kommt es durch die erhöhte Calciumkonzentration zur Regulation von CaCN (Calcineurin) und NF-AT (engl. nuclear factor of activated T-cells), welches an der Regulation von Genen im Zellkern beteiligt ist.

Dieses Problem wird durch eine Streckung des mesodermalen Geweberbandes in anterior-posteriore Richtung gelöst. Vergleichbar kann man sich eine Reihe von Autos vorstellen, die sich von mehreren Spuren nach dem Reißverschlussprinzip auf eine Spur einfädeln müssen. Dieser Prozess des Ineinanderschiebens von Zellen wird auch als medio-laterale Interkalation bezeichnet. Der gesamte Vorgang wird als konvergente Extension beschrieben.

Grundlage für diese mediolaterale Interkalation ist eine Polarisierung der mesodermalen Zellen entlang ihrer medio-lateralen Achse. Sind die mesodermalen Zellen zu Beginn der konvergenten Extension unpolarisiert, so zeichnen sie sich während der Zellwanderung durch eine bipolare Form aus. Dies bedeutet, dass die Zellen entlang ihrer medio-lateralen Achse elongieren und an beiden Enden Lamellopodien ausbilden. Lamellopodien sind breite, mit Cytoplasma gefüllte Ausstülpungen der Zelle, die darüber hinaus Aktinfasern enthalten. An der Spitze des Lamellopodiums bilden sich Integrin-vermittelte Kontakte zur ECM aus, welche der Zelle als Anker dienen. Durch Verkürzung des Aktincytoskeletts kann die Zelle ihren Zellkörper an die Kontaktpunkte heranziehen und damit in der Gesamtsumme eine Wanderung über das Substrat erreichen. Verwandt zu den Lamellopodien sind die sogenannten Filopodien, bei denen es sich um lange, feine Ausstülpungen der Zelle handelt.

Während der Gastrulation kommt auch dem Aktincytoskelett eine besondere Rolle zu. Die Zusammensetzung und Struktur des Aktincytoskeletts wird durch GTP-bindende Proteine reguliert. Es handelt sich hierbei um Mitglieder der Rho-, Rac- und Cdc42-Familie der kleinen GTPasen (siehe **Infobox 10**). Die Aktivität dieser GTPasen wird im Rahmen

---

Abb. 5.6

Einfluss des nicht-kanonischen Wnt-Signalwegs auf die Bildung von Filopodien *Xenopus* Embryonen wurden mit der mRNA von membranständigem GFP (<u>G</u>rün <u>f</u>luoreszierendes <u>P</u>rotein) injiziert und anschließend Keller-Explantate (siehe **Abb. 5.9**) geschnitten. **A.** In Wildtyp (WT) Explantaten sind die lang gestreckten Filopodien gut zu erkennen. **B.** Die Inhibition eines nicht-kanonischen Wnts (Wnt11) führt zu einem Verlust der Filopodien. Die Aufnahmen wurden mit Hilfe eines Fluoreszenzmikroskops gemacht. Die Abbildungen wurden freundlicherweise von Prof. Dr. Doris Wedlich, Universität Karlsruhe, zur Verfügung gestellt.

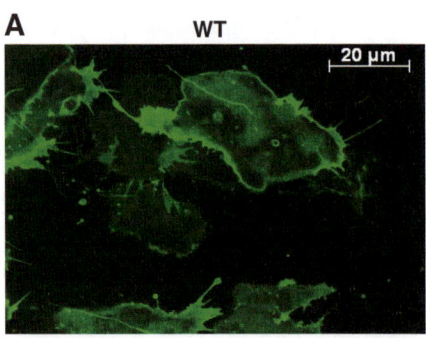

A   WT

20 µm

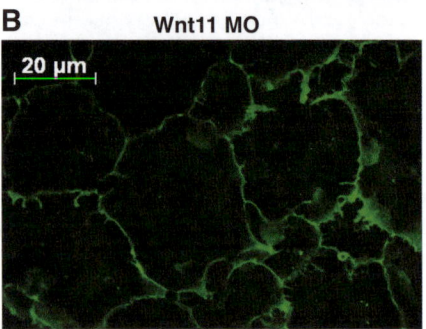

B   Wnt11 MO

20 µm

der Gastrulation durch den sogenannten planaren Zellpolaritätsweg (PCP, engl. _planar cell polarity_) oder auch Wnt/JNK-Signalweg reguliert (**Abbildung 5.5**). Dabei kommt es bei Vertebraten zu einer durch Wnt und Frizzled regulierten Aktivierung eines intrazellulären Signalwegs, der über das Protein Dishevelled einzelne Rho GTPasen reguliert. Diese aktivieren schlussendlich Kinasen, wie die Rho-abhängige Kinase (ROK) oder die jun-N-terminale Kinase (JNK), die sowohl auf das Cytoskelett als auch auf die Genexpression Einfluss nehmen können. Andere Proteine wie Prickle, Strabismus oder Flamingo werden durch diesen Signalweg asymmetrisch in Zellen verteilt und tragen damit zur Ausbildung einer zellulären Polarität bei. Störungen des planaren Zellpolaritätswegs führen zu Problemen in der konvergenten Extension, wodurch die Streckung des Embryos ausbleibt. Auf zellulärer Ebene kommt es zu Problemen bei der Ausbildung von Lamellopodien (**Abb. 5.6**). Neuere Ergebnisse haben gezeigt, dass dieser Signalweg zudem für die Ausrichtung der Fibronektinfibrillen auf dem Dach des Blastocoels verantwortlich ist.

Ursprünglich wurde der PCP-Signalweg für die Ausbildung der planaren Zellpolarität in _Drosophila_ beschrieben (Name!), wo er beispielsweise die Orientierung der Flügelhaare reguliert (**Abb. 5.7**).Wir werden diesem Signalweg nochmals bei der Besprechung der Entwicklung des Fliegenauges begegnen (**Kap. 8.9.1**).

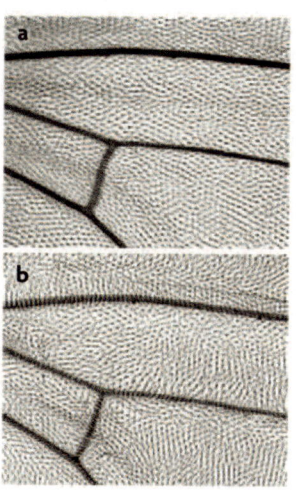

Abb. 5.7

Der Einfluss des planare Zellpolaritätswegs (PCP-Signalweg) auf die _Drosophila_ Entwicklung
Zellen der Flügel von _Drosophila_ bilden kleine Aktinhaare, die in distale Richtung zeigen (oberes Bild). Bei einer Störung des PCP-Signalwegs ist diese Anordnung unregelmäßig (unteres Bild). Aus J.R.K. Seifert und M. Mlodzik, Nat. Rev. Genet., 2007, 8, 126–138, mit Erlaubnis.

Infobox 10

Kleine GTPasen der Rho-Familie

GTPasen sind kleine Proteine, die Guanin-Nukleotide binden können. Die Familie der Rho-GTPasen lässt sich in die Unterfamilien der Rho, Rac und Cdc42 Gruppen gliedern. Im GTP gebundenen Zustand sind sie aktiv und können ein Signal über die Interaktion mit anderen Proteinen in einer Signalkaskade weiterleiten. Darüber hinaus besitzen sie die Eigenschaft, GTP hydrolytisch in GDP und Phosphat zu spalten. Dadurch gehen die Rho-GTPasen in ihren inaktiven Zustand über. Erst durch den Austausch von GDP gegen GTP werden diese wieder aktiviert. Die Aktivität der GTPasen wird durch zwei andere Proteinfamilien reguliert: GEFs sind _guanin nucleotide exchange factors_ und überführen damit

Abb. 5.8

Regulation der GTPasen GTPasen haben die Eigenschaft, GTP zu binden (aktive Form; rot) und hydrolytisch zu GDP und Phosphat zu spalten (inaktive Form; beige). Die Umwandlung der verschiedenen Formen wird durch zusätzliche Faktoren unterstützt. GEF-Proteine (engl. *guanin nucleotide exchange factors*) fördern die Umwandlung in die aktive Form, GAP (engl. *GTPase activating proteins*) die in die inaktive Form.

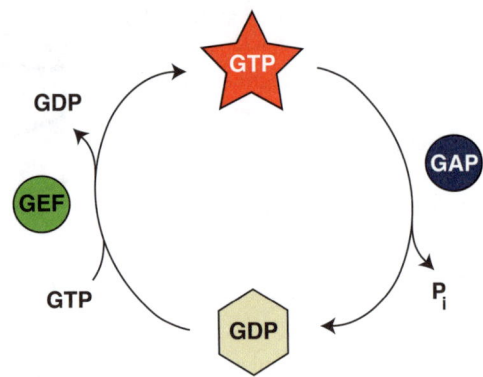

die G-Proteine in ihre aktive Form, GAPs sind *GTPase activating proteins* und fördern damit die intrinsische GTPase Aktivität. Dadurch werden die G-Proteine in ihre inaktive Form überführt. Siehe hierzu **Abbildung 5.8**.

Das Einwandern des Mesoderms in den Embryo geht mit einer gleichzeitigen Ausbreitung des Ektoderms über die Oberfläche des Embryos einher. Dieser Flächenzuwachs wird durch den Vorgang der Epibolie sichergestellt. Dabei kommt es zu einer radialen Interkalation von Zellen des Ektoderms. Während ektodermalen Zellen zu Beginn der Gastrulation in mehreren Zellschichten angeordnet sind, schieben sie sich während der Gastrulation ineinander und liegen gegen Ende der Gastrulation in einer zweireihigen Zellschicht angeordnet vor. Ähnlich wie beim Vorgang der konvergenten Extension, bei der durch die medio-laterale Interkalation von Zellen eine Extension entlang der anterior-posterioren Achse des Embryos erreicht wird, wird im Rahmen der Epibolie durch eine radiale Interkalation eine große Fläche des Embryos bedeckt. Durch die vereinten Prozesse von Involution des Mesoderms und Epibolie des Ektoderms gelangt auch das Endoderm in das Innere des Embryos. Während dieser Vorgang über lange Zeit als ein passiver Vorgang beschrieben wurde, haben neuere Arbeiten gezeigt, dass es zu Beginn der Gastrulation innerhalb des Endoderms zu einer Rotationsbewegung kommt, die für die gesamte Gastrulation bedeutend ist. Vermutlich drückt die Rotationsbewegung des Endoderms das einwandernde Mesoderm zu Beginn der Gastrulation gegen das Blastocoeldach und ermöglicht damit die korrekte Initiation der Gastrulation. Gegen Ende der Gastrulation sind schließlich sowohl das gesamte Mesoderm als auch das Endoderm in das Innere des Embryos eingewandert und die drei Keimblätter haben sich in einer dreischichtigen Anordnung formiert: Das Ektoderm bedeckt den gesamten Embryo, das Mesoderm bildet das mittlere Keimblatt, während das Endoderm im Inneren des Embryos liegt. Einen Überblick über die *Xenopus* Gastrulation gibt **Abbildung 1.7**.

Cadherin-vermittelte Zelladhäsion
5.1.3

Mit der Bildung und Einwanderung der drei Keimblätter stellen sich nunmehr neue Fragestellungen: Wie wird verhindert, dass sich die drei Keimblätter während oder nach der Gastrulation mischen? Wie werden sie als individuelle Einheiten etabliert und sichtbar? Heute wissen wir, dass dabei Zell-Zell-Adhäsionsmoleküle eine besondere Rolle spielen (**Tabelle 5.2**). Pionierarbeit auf diesem Gebiet waren die Arbeiten von Townes und Holtfreter gegen Mitte des letzten Jahrhunderts. Townes und Holtfreter isolierten Gewebestücke aus unterschiedlichen Regionen des Embryos und dissoziierten diese durch Entzug extrazellulären Calciums und Magnesiums in Einzelzellen. Im Anschluss ließen sie die isolierten und gründlich gemischten Zellen durch Zugabe von Calcium wieder reaggregieren. Dabei zeigte sich, dass sich Einzelzellen der Neuralplatte und der zukünftigen Epidermis während der Reaggregation wieder aussortierten: So ordneten sich die Zellen der Neuralplatte in einem Gewebestück an, während die Zellen der zukünftigen Epidermis in einem anderen Areal des Reaggregats zu finden waren. Ähnliche Ergebnisse ergaben sich bei der Mischung von Zellen des Ektoderms und des Endoderms. Ursache dieses Zellverhaltens ist die unterschiedliche (differenzielle) Expression von Zelladhäsionsmolekülen der Cadherin-Familie (**Abb. 5.3**). Bei Cadherinen handelt es sich um Calcium-abhängige Adhäsionsmoleküle, welche die Membran einfach durchspannen und extrazellulär vier sich wiederholende Bindungsstellen für Calcium aufweisen. Die erste extrazelluläre Domäne (EC1) ist für die Interaktion mit Cadherinen auf Nachbarzellen verantwortlich. Intrazellulär binden Cad-

Verschiedene Familien von Zelladhäsionsmolekülen.   **Tab. 5.2**

Adhäsionsmolekül	Typen	Expression	LOF (Maus)
Cadherine	E	Epithelien	Embryonal lethal, fehlerhafte Kompaktion
	N	Neural, Herz, u.a.	Embryonal lethal, Herzdefekte
	VE	Endothelzellen	Fehlerhafte Gefäßbildung
CAM	NCAM	Neural	Milder Phänotyp
Selektine	P, E, L	Blut- und Gefäßzellen	

herine an Catenine, namentlich α- und β-Catenine, die letztlich an das Aktincytoskelett binden können. Während der Adhäsion zweier Zellen über Cadherine kommt es somit über die Bindung an Catenine zu einer Verknüpfung der Aktincytoskelettfilamente beider Zellen.

Insgesamt kennen wir eine ganze Reihe verschiedener Cadherine, die in verschiedenen Zelltypen ganz unterschiedlich exprimiert werden. Diese Expression war auch Namensgeber für die verschiedenen Cadherine. So wird E-Cadherin überwiegend in ektodermalen Zellen exprimiert, N-Cadherin hingegen in neuralem Gewebe. Untersucht man das Zelladhäsionsverhalten verschiedener Cadherine, so zeigt sich, dass sie bevorzugt mit Cadherinen derselben Identität interagieren, also beispielsweise E-Cadherin mit E-Cadherin und N-Cadherin mit N-Cadherin. Diese homophile oder homotypisch genannte Interaktion ist damit Grundlage für das von Townes und Holtfreter beobachtete Aussortieren (engl. *sorting out*) von Neural- und Epidermalgewebe in Zellexplantaten. Letztendlich können auch Gewebetypen, welche identische Cadherine besitzen, über die Menge an Cadherinen einen *sorting out* Effekt generieren. Zellen mit vielen Cadherin-Molekülen zeigen dabei stärkere Adhäsionseigenschaften als Zellen mit weniger Cadherinen. Betrachten wir abschließend nochmals die Frage der Gewebetrennung während der Gastrulation, so ist nunmehr ersichtlich, dass die unterschiedlichen Keimblätter durch die Expression verschiedener Cadherine und durch unterschiedliche Expressionsstärken dieser in der Lage sind, sich voneinander zu trennen.

Diese Ausführungen zeigen, welch entscheidende Bedeutung den Zelladhäsionsmolekülen während der Morphogeneseprozesse zukommt. Neben den Calcium-abhängigen Cadherinen sind auch Calcium-unabhängige Zelladhäsionsmoleküle zu erwähnen. Ein besonderes Beispiel ist hierbei das N-CAM (engl. *neuronal cell adhesion molecule*) (**Abb. 5.3**). N-CAM zeichnet sich durch seine Verwandtschaft zur Familie der Immunglobuline (kurz Igs) aus. Mitglieder dieser Familie weisen einen domänenartigen Aufbau auf, wobei die einzelnen Immunglobulindomänen durch Disulfidbrücken innerhalb dieser Domäne stabilisiert werden. Eine ähnliche Struktur finden wir auch beim N-CAM wieder, wobei hier fünf Immunglobulin-ähnliche Domänen im extrazellulären Bereich des Adhäsionsmoleküls vorhanden sind. Das N-CAM gilt als Prototyp für andere Immunglobulin-ähnliche Zelladhäsionsmoleküle wie das ALCAM (engl. *activated leucocyte cell adhesion molecule*) oder das MCAM, das *melanoma cell adhesion molecule*. Nicht bei allen Adhäsionsmolekülen der Immunglobulin-Superfamilie ist bekannt, ob und wie diese intrazellulär mit dem Cytoskelett verbunden sind.

Zusammenfassend lässt sich die Gastrulation bei *Xenopus* als ein koordinierter Prozess beschreiben, der aus Involution des Mesoderms,

Wanderung der mesodermalen Zellen auf dem Blastocoeldach, einer konvergenten Extension durch medio-laterale Interkalation des Mesoderms, der Epibolie durch radiale Interkalation des Ektoderms und differenzielle Zell-Zell-Adhäsionseigenschaften der verschiedenen Gewebetypen besteht.

Infobox 11

Untersuchung der *Xenopus* Gastrulation im Experiment

Zur Untersuchung der Gastrulationsvorgänge in der Kulturschale verwendet man sehr häufig die so genannten Keller-Explantate, die vom amerikanischen Entwicklungsbiologen Ray Keller eingeführt wurden. Dabei wird aus einem *Xenopus* Embryo zu Beginn der Gastrulation das Gewebestück oberhalb der Urmundlippe isoliert, welches in seiner mehrschichtigen Anordnung die Zellen des einwandernden Mesoderms und des Ektoderms enthält. Dieses Explantat wird annäherungsweise quadratisch zugeschnitten und anschließend unter einem dünnen Deckgläschen kultiviert. Durch das Deckgläschen wird verhindert, dass sich das Explantat durch Zelladhäsionskräfte abrundet und in eine kugelförmige Struktur übergeht. Die Zellen dieses Explantats zeigen in der weiteren Entwicklung das typische Verhalten gastrulierender Zellen, die medio-laterale Interkalation. Aus dem vormals quadratischen Gewebestück wird im Laufe mehrerer Stunden ein mehr oder minder länglich gestreckter Gewebeverband, der an einzelnen Stellen Konstriktionen aufweist (**Abb. 5.9**). Diese Anordnung erlaubt den Einfluss verschiedener Moleküle auf die konvergente Extension zu untersuchen. Mit Hilfe fluoreszenzmarkierter Proteine und hoch auflösender Mikroskopie sind damit zudem Untersuchungen auf zellulärer Ebene möglich. Neben der beschriebenen Anordnung eines einfachen Explantates unter einem Deckgläschen werden zuweilen auch zwei Explantate *face to face*, d.h. Innenseite zu Innenseite, in Form eines Sandwiches kultiviert.

A WT **B Wnt11 MO** **Abb. 5.9**

 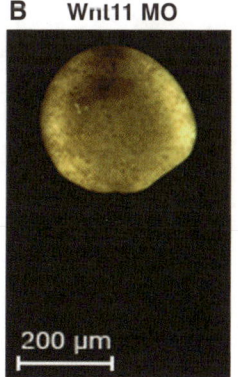

Keller-Explantat Bei diesem Experiment wird ein Explantat oberhalb der dorsalen Urmundlippe isoliert und unter einem Deckgläschen kultiviert. **A.** Die Kultivierung eines Keller-Explantats aus einem WT (Wildtyp) Embryo führt zur Elongation des Explantats. **B.** Durch den Funktionsverlust von Wnt11 bleibt die Elongation des Explantats aus. Die Abbildungen wurden freundlicherweise von Prof. Dr. Doris Wedlich, Universität Karlsruhe, zur Verfügung gestellt.

Während der Gastrulation wird das Mesoderm weiter in verschiedene Gewebe unterteilt. Links und rechts der Mittellinie bilden sich aus dem paraxialen Mesoderm die Somiten aus, die durch das Notochord in der dorsalen Mittellinie voneinander getrennt sind (**Abb. 1.6**). Beidseits der Somiten befindet sich das Seitenplattenmesoderm (engl. *lateral plate mesoderm*), aus dem später beispielsweise die Niere gebildet wird (siehe Kapitel 11.1). Das Seitenplattenmesoderm selbst ist in zwei Schichten organisiert, dem weiter innen liegenden splanchnischen und dem weiter außen liegenden somatischen Mesoderm. In manchen Amphibienspezies sind diese beiden Zellschichten durch einen flüssigkeitsgefüllten Hohlraum getrennt, das Coelom. Das Seitenplattenmesoderm geht über in das ventrale Mesoderm, aus dem sich unter anderem das Blut (siehe Kapitel 10.3) entwickelt.

Abb. 5.10

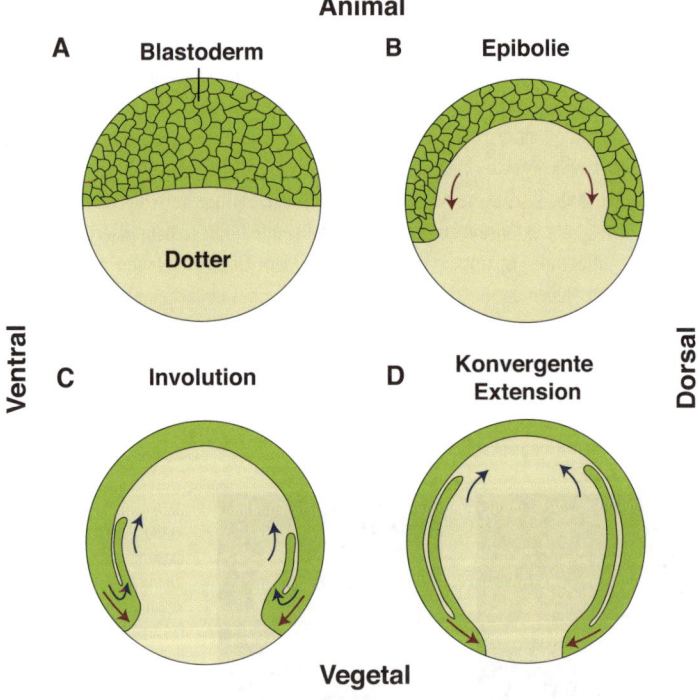

Gastrulation im Zebrafisch Embryo **A.** Durch die ersten Zellteilungen entsteht das Bastoderm, welches auf dem Dotter liegt. **B.** Durch die Epibolie kommt es zur Ausbreitung des Blastoderms über den ventralen Dotter (rote Pfeile). **C.** Durch die Involution wandert das Mesoendoderm in das Innere des Embryos (blaue Pfeile), die äußere Schicht, der Epiblast, umfasst den Embryo (rote Pfeile). **D.** Durch die konvergente Extension kommt es zur Streckung des Embryos entlang der anterior-posterioren Achse. B-D sind Schnitte durch Embryonen.

Abb. 5.11

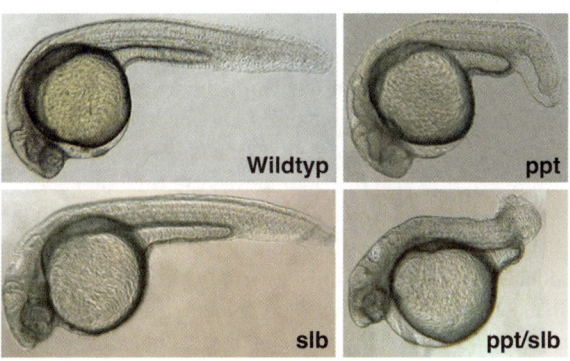

Der Einfluss des Wnt/JNK-Signalwegs auf die Entwicklung von Zebrafisch Embryonen
Der Verlust der *pipetail* (*ppt*, das Vertebraten Homolog ist *wnt5*) Funktion führt zu Defekten während der Streckung der Zebrafisch Entwicklung. Auch die *silberblick* Mutante weist minimale Störungen in der Streckung auf (*slb*, das Vertebraten Homolog ist *wnt11*). Die Doppelmutanten (*ppt/slb*) zeigen einen ausgeprägten Streckungsdefekt. Im Gegensatz zu den Mutanten entwickeln sich Wildtyp Zebrafisch Embryonen normal. Die Abbildungen wurden freundlicherweise von Prof. Dr. Diane Slusarski, University of Iowa, USA, zur Verfügung gestellt.

Die Gastrulation beim Zebrafisch   5.2 |

Erstes Zeichen der Gastrulation im Zebrafisch ist ein Ausbreiten der Zellen des Blastoderms über den vegetal liegenden Dotter. Dieser Prozess wird als Epibolie oder radiale Interkalation bezeichnet (**Abb. 5.10**, siehe auch Abschnitt 5.1.2). Wenn das Blastoderm etwa 50 % des Dotters bedeckt, beginnt die eigentliche Gastrulation. Zu diesem Zeitpunkt haben sich im Blastoderm mehrere Zellschichten entwickelt. Die äußere Zellschicht ist der Epiblast, aus welchem sich später das Ektoderm bildet. Die innere Zellschicht stellt das Mesendoderm dar, aus dem in der weiteren Entwicklung Mesoderm und Endoderm entstehen. Wie auch in *Xenopus* setzt die Gastrulation beim Zebrafisch im Bereich des Organisators, des *Shields*, ein (siehe **Abb. 4.3**). Dort wandern Zellen des Mesendoderms während der Involution in das Innere des Embryos ein. Ausgehend vom *Shield* bildet sich schnell ein Ring einwandernder Zellen. Während Zellen des Mesoderms und Endoderms in das Innere einwandern, setzen die Zellen des Ektoderms die Epibolie fort bis sie schließlich den gesamten Dotter umschließen. Treibende Kräfte der Gastrulation sind wie auch bei *Xenopus* der Vorgang der Epibolie und die konvergente Extension. Mutationen in Wnt-Genen, die in die Regulation des Wnt/JNK-Signalweges (siehe Kap. 5.1.2) involviert sind, führen zu Defekten in der Streckung des Embryos (siehe **Abbildung 5.11**).

| 5.3 Die Gastrulation bei Huhn und Maus

Im Gegensatz zur Situation im Frosch und Zebrafisch wandern die Zellen während der Gastrulation des Hühnchenembryos als Einzelzellen und nicht in einem Gewebeverband. Dabei bildet sich im Epiblast der Primitivstreifen aus, durch den Zellen individuell in das Innere des Embryos einwandern und sich dabei zu Mesoderm und Endoderm differenzieren. Wir sprechen dabei von einer Immigration oder auch Ingression von Zellen. Während dieses Vorgangs ersetzen einwandernde Zellen den Endoblast und bilden damit das zukünftige Endoderm aus. Zellen des Epiblasten, die nicht durch den Primitivstreifen einwandern, entwickeln sich später zum Ektoderm, während andere einwandernde Zellen das mittlere Keimblatt, das Mesoderm, formen. Die genauen Details der Gastrulation in Hühnchen und Maus wurden bereits in Kapitel 4 beschrieben.

5.4 | Gastrulation in Modellorganismen der Invertebraten: Seeigel und *Drosophila*

Anhand der Seeigelentwicklung konnten viele Vorgänge während der frühen Embryogenese, u.a. die Gastrulation, verstanden werden. Der Seeigel gehört zu den Wirbellosen (Invertebraten) und lebt im Salzwasser. Er zeichnet sich durch ein Kalkskelett und unterschiedlich lange Stacheln aus (**Abb. 5.12**). Der Seeigel pflanzt sich geschlechtlich fort, indem er große Mengen an Ei- und Spermienzellen ins Wasser abgibt.

Die Gastrulation des Seeigelkeims ist durch zwei Vorgänge charakterisiert: Dem epithelialen-mesenchymalen Übergang (engl. *epithelial mesenchymal transition*, EMT) und der Invagination. Im Blastulastadium lösen sich Zellen des Mesoderms nach innen ab und bilden Zellen des primären Mesenchyms. Dieser Vorgang ist durch den epithelialen-mesenchymalen Übergang charakterisiert (**Abb. 5.13**). Dabei verlieren die Zellen sowohl ihre Zell-Zell Adhäsionseigenschaften, die sie im epithelialen Zellverband haben, als auch ihre epitheliale Polarität. Gleichzeitig werden sie beweglich und zeigen eine mesen-

Abb. 5.12

Foto eines Seeigels Wir danken Nils Kühl für dieses Foto.

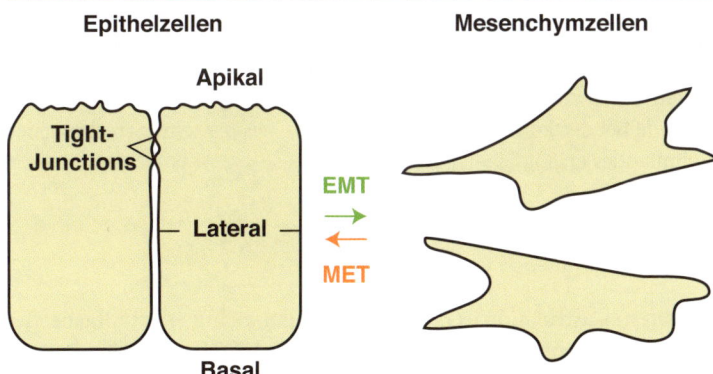

Epithelzellen   **Mesenchymzellen**   Abb. 5.13

Apikal

Tight-Junctions

EMT
MET

Lateral

Basal

Epithelialer-mesenchymaler Übergang (EMT)   Epithelzellen sind in ein- bis mehrschichtigen Zellverbänden angeordnet und kleiden Gewebeoberflächen aus. Sie weisen eine Polarität auf und besitzen somit eine apikale (in Richtung eines Lumens) und eine basale (in Richtung Extrazellu-lärmatrix) Zelloberfläche auf. Die Zelloberflächen, mit welchen die einzelnen Epithelzellen über *Tight-Junctions* verbunden sind, stellen die lateralen Oberflächen dar. Die mesenchymalen Zellen besitzen diese Polarität nicht, haben keinen ständigen Kontakt zu andere Zellen und sind in der Regel mobil. Während der Embryonalentwicklung kann eine Epithelzelle in eine Mesenchymzelle übergehen (EMT = engl. *epithelial-mesenchymal transition*) oder umgekehrt (MET = engl. *mesenchymal-epithelial transition*).

chymale Struktur. Die Zellen des Endoderms durchlaufen anschließend eine Invagination, worunter wir ein Einstülpen der Zellschicht in das Innere des Embryos verstehen. Diese Einstülpung wird durch eine aktive Formveränderung der beteiligten Zellen erreicht, wobei das Aktincytos-kelett die treibende Kraft darstellt (**Abb. 5.2**). Durch das Einstülpen des Endoderms entsteht der Urdarm, das Archenteron. Gegen Ende der Gastrulation bildet die ursprüngliche Einstülpungsstelle den Anus, während der primäre Mund durch das Durchbrechen des Urdarms auf der gegenüber liegenden Seite der Gastrula geformt wird. Während der Gastrulation nehmen die führenden Zellen des Urdarms über Filopodien Kontakt zu den Zellen der Blastocoelwand auf. Durch eine Kontraktion der Filopodien wird anschließend der Urdarm in Richtung des zukünf-tigen Mundes gezogen. Gleichzeitig findet die konvergenten Extension statt, welche zu einer weiteren Elongation des Darmes führt. Zum leich-teren Verständnis der Seeigelgastrulation siehe **Abbildung 5.14**.

In *Drosophila* erfolgt die Einwanderung des zukünftigen Mesoderms ebenfalls durch den Vorgang der Invagination. Es hat sich heraus-gestellt, dass zwei mesodermale Gene, *twist* und *snail*, für diesen Vor-gang entscheidend sind. Twist und Snail regulieren einerseits sowohl Signaltransduktionswege, die auf Aktin und Myosin im Cytoskelett einwirken, und andererseits die Expression von Cadherinen. Auf diese

Weise ermöglichen diese beiden Transkriptionsfaktoren die koordinierten Zellbewegungen während der *Drosophila* Gastrulation. Während der Keimbandstreckung in der Fliege kommt es zu Zellwanderungen, bei denen Zellen zur ventralen Mittellinie hin konvergieren und damit, ähnlich wie bei der konvergenten Extension in *Xenopus*, eine Streckung des Keimbandes ermöglichen (siehe Kapitel 6).

5.5 | Neurulation

Neben der Gastrulation ist die Neurulation ein wichtiger gestaltgebender Vorgang der frühen Embryogenese. Hier wird die im dorsalen Bereich

Abb. 5.14

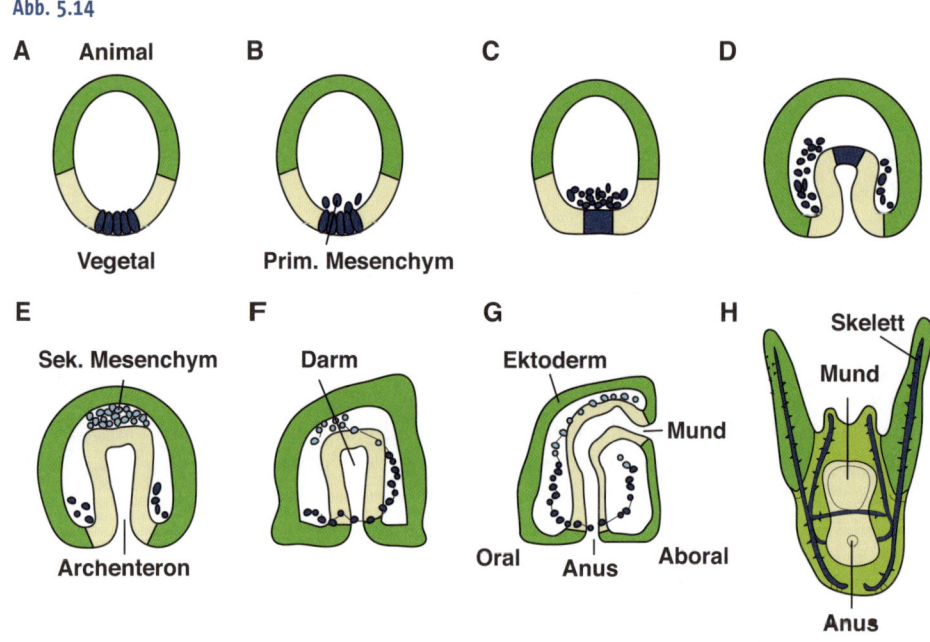

Gastrulation im Seeigel Embryo   Querschnitte durch Seeigel Embryonen. **A.** Blastula Embryo. Der Embryo lässt sich in Ektoderm (grün), Endoderm (beige) und Mesoderm (blau) unterteilen. **B.** Frühe Gastrula. Zellen des Mesoderms erfahren einen epithelialen-mesenchymalen Übergang, d.h. sie lösen sich vom Mesoderm ab und wandern in das Blastocoel des Embryos ein (primäres Mesenchym). **C.** Weitere mesenchymale Zellen wandern ein. **D.** Das Endoderm stülpt sich ins Innere des Embryos ein (Invagination). **E.** Durch die Invagination des Endoderms entsteht das Archenteron, der Urdarm. Das sekundäre Mesenchym (hellblau), welches sich auf der Spitze des eingestülpten Endoderms befindet, beginnt mit der Ausbildung von Filopodien. **F.** Das primäre und sekundäre Mesenchym werden über Filopodien sowohl untereinander als auch mit der Blastocoelwand verknüpft. **G.** Durch die Kontraktion der mesenchymalen Zellen wird die Spitze des Endoderms in aborale Richtung gelenkt, wo der Durchbruch des Endoderms zur Ausbildung des Mundes führt. Der Anus entsteht an der Stelle, an welcher das Endoderm ursprünglich mit der Involution begonnen hat. **H.** Pluteus-Stadium (eine Larvenform), aus welchem später der adulte Seeigel entsteht.

des Vertebratenembryos angelegte Neuralplatte in das Neuralrohr aufgefaltet und vom epidermalen Anteil des Ektoderms abgelöst (**Abb. 5.15**).

Bei Vertebraten wird die Bildung des Neuralrohrs im Wesentlichen durch eine Veränderung der zellulären Form erreicht (**Abb. 5.2**). Ein erstes Zeichen der Neurulation in Organismen wie *Xenopus* oder dem Hühnchen ist die Ausbildung einer Vertiefung in der Neuralplatte, die sich später über die Ausbildung sogenannter Gelenkpunkte in ein Neuralrohr umformt. Dabei kommt es zu einer apikalen Konstriktion der neuroektodermalen Zellen (ähnlich der individuellen Ausbildung der Flaschenzellen in *Xenopus*). Interessanterweise scheint dieser Vorgang während der Neurulation nicht ausschließlich vom Aktincytoskelett abzuhängen. Hier scheint es regional spezifische Unterschiede entlang der anterior-posterioren Achse des Neuralrohrs zu geben. Die Grenze zwischen Neuroektoderm und Epidermis wird als Neuralfalte bezeichnet. Die Auftrennung zwischen Neuroektoderm und epidermalem Ektoderm erfolgt über die gewebespezifische Expression von N-Cadherin und N-CAM im neuralen Anteil des Ektoderms und E-Cadherin im epidermalen Ektoderm. Gegen Ende der Neurulation hat sich ein flüssigkeitsgefüllter Hohlraum gebildet. Der Vorgang des Neuralrohrschlusses ist für die weitere Entwicklung des Embryos entscheidend. Ein fehlerhafter Verschluss des Neuralrohrs führt zu verschiedenartigen Erkrankungen wie beispielsweise einer *Spina bifida*. Beim Menschen unterscheidet man die *Spina bifida occulta*, bei welcher ein zweigespaltener Wirbelbogen ohne Beteiligung des Rückenmarks

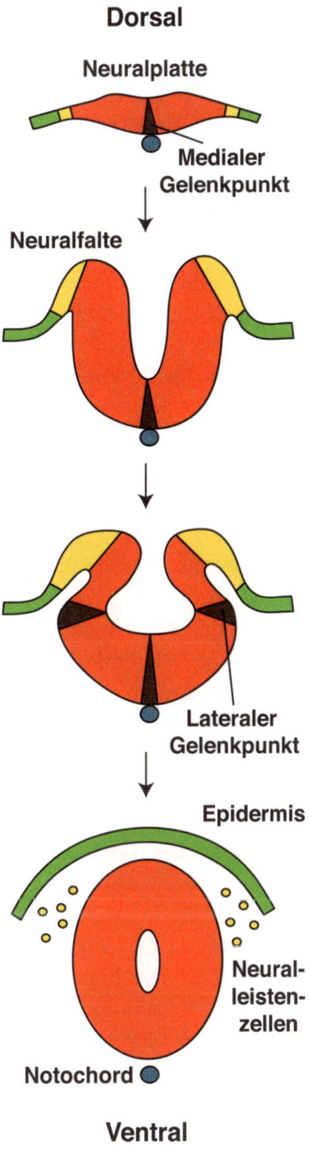

Abb. 5.15

Schematische Darstellung der Neurulation
Die Neuralplatte (rot) wird im ektodermalen Keimblatt induziert. Mit dem medialen Gelenkpunkt (braun) nimmt die Neuralplatte Kontakt zum Notochord (blau) auf. Zwischen der Epidermis (grün) und der Neuralplatte wird das Gewebe, aus welchem die Neuralleistenzellen hervorgehen (gelb), induziert. Durch vermehrtes Schieben der Zellen des Ektoderms in Richtung Mittellinie kommt es zur Ausbildung einer U-förmigen Neuralrohranlage. Durch das Einknicken des Neuralrohrs an den lateralen Gelenkpunkten werden die Neuralfalten zueinander gebracht und fusionieren. Die Neuralleistenzellen durchlaufen einen epithelialen-mesenchymalen Übergang, lösen sich vom dorsalen Neuralrohr ab und wandern zur ventralen Körperseite des Embryos.

Spina bifida:
Fehlbildung des Neuralrohrs

entsteht und die *Spina bifida aperta*, bei welcher die Wirbelsäule von außen sichtbar gebogen und in schweren Fällen auch das Rückenmark geschädigt ist.

Der Vorgang der Neurulation selbst kann zwischen verschiedenen Vertebraten variieren. Ein Beispiel hierfür ist der Zebrafisch, der die Zellen der Neuralplatte zunächst in Form eines kompakten Gewebestrangs, des *neural keels*, anordnet und erst später ein flüssigkeitsgefülltes Volumen geschaffen wird.

Im Hühnchen beginnt die Fusion der Neuralfalten auf Höhe des Mittelhirns und die weitere Schließung des Neuralrohrs verläuft in beide Richtungen nach dem Reißverschlussprinzip. Bei den Säugern hingegen beginnt der Neuralrohrschluß gleichzeitig an mehreren Stellen entlang der anterior-posterioren Achse, was den kompletten Prozess zeitlich verkürzt.

Zusammenfassung

Die Gastrulation und die Neurulation sind die wichtigsten Gestaltgebenden Vorgänge während der frühen Embryogenese. Bei beiden Vorgängen spielt ein geändertes Zell-Zell-Adhäsionsverhalten, die Interaktion von Zellen mit der extrazellulären Matrix und die Dynamik des intrazellulären Aktincytoskeletts eine besondere Rolle. Während der Gastrulation werden die Zellen des mesodermalen und endodermalen Keimblatts in das Innere des Embryos transferiert, um dort die Anlage der inneren Organe zu bilden. Dieser Vorgang wird im Wesentlichen durch zelluläre Formveränderungen getragen, die sich auch in einem geänderten Zellwanderungsverhalten äußern. Zur Beschreibung dieser Bewegungsvorgänge werden verschiedene Fachbegriffe verwendet. Bei der Involution wandern Zellen als Gewebeverband über eine Kante, beispielsweise die Lippe des Urmundes, in das Innere des Embryos. Die Immigration oder Ingression ist das Einwandern von Zellen als Einzelzellen. Die Invagination beschreibt das Einstülpen einer Zellschicht in das Innere des Embryos. Bei der Delamination lösen sich einzelne Zellen nach erfolgter Zellteilung in das Innere des Embryos ab. Dieser Vorgang ist von der Ingression abzugrenzen, bei der das Einwandern durch aktive Zellwanderung unabhängig einer Zellteilung erfolgt. Die Epibolie beschreibt die Ausdehnung des äußeren Keimblatts, welches die inneren Zellen umwächst.

Fragen

1 Erklären Sie die folgenden Begriffe: Involution, Ingression, Epibolie.

2 Was versteht man unter medio-lateraler und radialer Interkalation?

3 Was ist die Grundlage des *sorting out* Effekts?

4 Beschreiben Sie den Aufbau und die Funktion von Integrinen, Cadherinen und CAMs.

5 Mit welchem Experiment könnte man verfolgen, wohin Zellen während der Gastrulation wandern?

6 Was versteht man unter einem Keller-Explantat? Was kann man damit beobachten?

7 Beschreiben Sie den Aufbau und die Funktion von Lamellopodien und Filopodien.

8 Was versteht man unter *Live Cell Imaging*?

9 Was sind die wesentlichen Unterschiede der Gastrulation in *Xenopus laevis* einerseits sowie dem Huhn und der Maus andererseits?

Literatur

COPP, A.J., GREENE, N.D.E., MURDOCH, J.N. (2003) The genetic basis of mammalian neurulation. Nat. Rev. Genet. 4, 784-793

GABOR FORGACS, STUART A. NEWMAN. Biological Physics of the developing embryo. Cambridge University Press, New York, USA (2005)

GOTO, T., L. DAVIDSON, M. ASASHIMA, R. KELLER (2005) Planar cell polarity genes regulate polarized extracellular matrix deposition during frog gastrulation. Curr. Biol. 15, 787-793

HAMMERSCHMIDT, M., WEDLICH, D. (2008) Regulated adhesion as a driving force of gastrulation movements. Development 135, 3625-3641

HYNES, R.O. (2002) Integrins: bidirectional allosteric signaling mechanisms. Cell 110, 673-687

STERN, C (2004) Gastrulation: From Cells to Embryos. Cold Spring Harbor Labaratory Press, New York, USA

SEIFERT, J, R, K. UND M. MLODZIK (2007) Frizzled/PCP signalling: a conserved mechanism regulating cell polarity and directed motility. Nat. Rev. Genet. 8, 126-138

WALLINGFORD, J.B., S.E. FRASER, R.M. HARLAND (2002) Convergent extension: the molecular control of polarized cell movement during embryonic development. Dev. Cell 2, 695-706

6 | *Drosophila melanogaster*: Die Segmentierung des Körpers

Inhalt

Die frühe Entwicklung der Taufliege *Drosophila melanogaster* ist durch Faktoren geprägt, die bereits maternal in der Oocyte als mRNA-Moleküle und Proteine gespeichert sind. Diese legen in Form von Gradienten die Körperachsen über die Aktivierung der zygotischen Gene fest. Entlang der anterior-posterioren Achse regulieren dabei die Lücken-Gene (engl. *gap genes*), die Paarregel-Gene (engl. *pair rule genes*) und die Segmentierungsgene (engl. *segmentation genes*) in unterschiedlicher Kombination die Expression der homeotischen Selektorgene, welche die Identität der angelegten Körpersegmente bestimmen. Weitere Charakteristika der *Drosophila* Entwicklung sind das syncytiale Blastodermstadium zu Beginn der Embryogenese, die weitere Entwicklung über Larven- und Puppenstadien sowie die Metamorphose.

6.1 | Die Fliege *Drosophila melanogaster*

Drosophila melangonaster, die schwarzbäuchige Taufliege, gehört als Insekt zu den wirbellosen Tieren und der Familie der Taufliegen an. Sie wird bereits seit Jahrzehnten als ein Modellorganismus in der Entwicklungsbiologie genutzt. Die adulte Fliege besitzt eine Größe von ca. 5 mm, was die Haltung vieler Fliegen auf kleinstem Raum ermöglicht. Ein Elternpaar kann etwa 80 Nachkommen pro Tag produzieren. *Drosophila* gehört zu den holometabolen Insekten, die in ihrer Entwicklung eine vollständige Metamorphose durchlaufen. Die Entwicklung vom befruchteten Ei über drei Larvenstadien und eine Puppe bis hin zum ausgewachsenen Insekt (Imago) dauert 9–10 Tage bei einer Temperatur von 25 °C (20–22 Tage bei 18 °C). Aufgrund der relativ kurzen Generationszeit und ihres diploiden Genoms bietet *Drosophila melanogaster* ein gutes System für entwicklungsgenetische Analyseansätze während der Embryogenese.

Infobox 12

Drosophila als genetisches Modellsystem: Ein historischer Rückblick

Drosophila melanogaster wurde vom amerikanischen Biologen Thomas Hunt Morgan (1866-1945) als Modellsystem in die Genetik eingeführt. Im ersten Jahrzehnt des 20. Jahrhunderts beschäftigte er sich intensiv mit Kreuzungen von *Drosophila*. Dabei identifizierte er eines Tages eine Fliege, bei der die Augenfarbe weiß statt rot war. Durch Kreuzungsexperimente konnte er schließlich zeigen, dass das Gen für die rote Augenfarbe nach den Mendel'schen Gesetzen vererbt wird und auf dem X-Chromosom lokalisiert ist. In der Folge gelang es ihm, in groß angelegten Kreuzungsexperimenten die Anordnung der untersuchten Gene auf den Chromosomen zu ermitteln. Der Abstand von Genen auf einem Chromosom wird anhand der Rekombinationshäufigkeit beschrieben. Zur Ehre von Thomas Hunt Morgan wird dieser in centimorgan (cM) als Einheit angegeben. Ein Abstand von 1 cM zwischen zwei Genen liegt vor, wenn die Rekombinationswahrscheinlichkeit 1% pro Meiose beträgt.

Der Fliegenkörper zeigt einen segmentalen Aufbau und gliedert sich in Kopf, Thorax und Abdomen (**Abb. 6.1**). Der Thorax besteht aus drei Segmenten, an denen sich jeweils ein Beinpaar befindet. Wie alle Insekten besitzt *Drosophila* ebenfalls die Anlage für zwei Flügelpaare, die im zweiten und dritten thorakalen Segment liegen. Allerdings ist das zweite Flügelpaar zu sogenannten Halteren umgewandelt, welche die Fliege während des Fluges zum Ausbalancieren benutzt. Das Abdomen besteht aus acht Segmenten. Dieser segmentale Aufbau des Körpers wird bereits während der embryonalen Entwicklung festgelegt und durch alle Larvenstadien und in der Puppe aufrechterhalten. Den eigentlichen Segmenten als äußere, morphologisch erkennbare Einheit liegen die Parasegmente zugrunde, die durch die definierte Expression von Genen charakterisiert sind. Segmente und Parasegmente sind dabei leicht gegeneinander verschoben.

Das Genom von *Drosophila* ist fast vollständig sequenziert und auf vier Chromosomen verteilt. In den letzten Jahren wurden viele Techniken und Fliegenstämme etabliert, wodurch die funktionelle Untersuchung einer großen Anzahl von Genen möglich wurde. Über Mutagenese-Screens wurden unzählige Mutanten hergestellt, die eine Analyse der Entwicklungsvorgänge erlauben. Mit der Einführung der Balancer-Chromosomen war es möglich, diese Mutanten verhältnismäßig einfach zu kultivieren. Durch einfache genetische Manipulationen und Kreuzungen ist es möglich, transgene Fliegenstämme zu entwickeln. Die verschiedenen genannten Techniken zu funktionellen Studien in *Drosophila* werden in Kapitel 6.10 ausführlicher besprochen.

Abb. 6.1

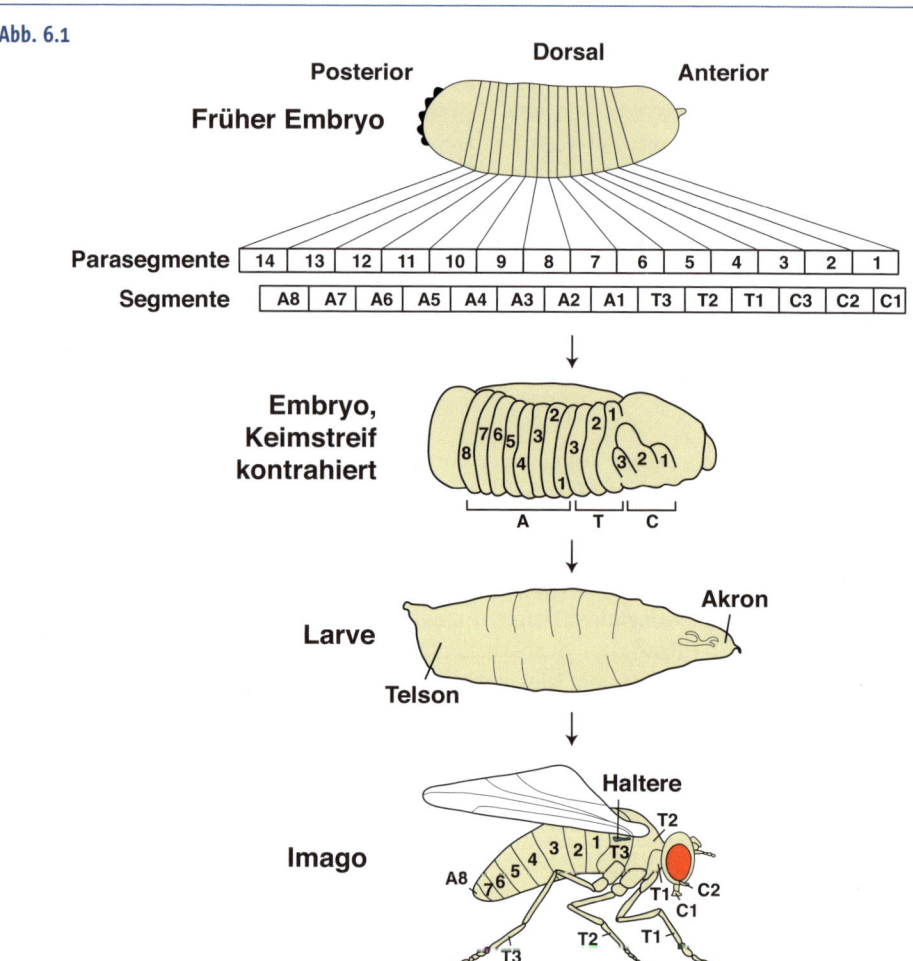

Segmentierung in *Drosophila* Die Segmentierung der Fliege kann man während der gesamten Entwicklung beobachten. Diese wird schon im frühen Embryo festgelegt. Die Segmente entsprechen den äußerlich sichtbaren, morphologischen Einheiten, während die Parasegmente zu diesen versetzt angeordnet und durch Genexpressionsmuster charakterisiert sind. Im anterioren Kopfbereich findet man drei craniale Segmente (C1-3), der Thoraxbereich ist in drei thorakale Segmente (T1-3) gegliedert und das Abdomen in acht abdominale Semente (A1-8) unterteilt. In der Larve beschreibt das anteriore Ende des Organismus das Akron, das posteriore Ende das Telson. In der adulten Fliege (Imago) sind die Haltere (blau), die Flügel (weiß) und die Augen (rot) hervorgehoben.

Die *Drosophila* Entwicklung im Überblick | 6.2

Die Entwicklung der Taufliege *Drosophila melanogaster*, die im englischen Sprachgebrauch als *fruit fly* bezeichnet wird, ist wohl die am besten beschriebene aller Modellorganismen der Entwicklungsbiologie. Die Entwicklung ist kurz und verläuft bei 25 °C über drei Larvenstadien und ein Puppenstadium innerhalb von neun Tagen hin zur adulten Fliege (Imago). Nach der Befruchtung der Eizelle kommt es zur Abfolge schneller Kernteilungen, ohne dass neue Zellen generiert werden. Auf diese Weise entsteht ein Syncytium (**Abb. 6.2**). Etwa 90 Minuten nach der Befruchtung wandern die Zellkerne an die Peripherie der Eizelle, sodass zwei Stunden nach der Befruchtung ein syncytiales Blastoderm entsteht. Zu diesem Zeitpunkt haben sich am posterioren Ende des Embryos bereits die Polzellen gebildet, die während der Gastrulation in den Embryo und dann in die Gonaden einwandern, wo sie schlussendlich die Keimzellen der Fliege bilden. Innerhalb der nächsten Stunde werden Zellgrenzen zwischen den Zellkernen eingezogen und das Syncytium wird zum zellulären Blastodermstadium. Zu diesem Zeitpunkt umgibt eine einzellige Schicht von Zellen den in der Mitte des Embryos befindlichen Dotter.

Syncytium: Zelle mit mehreren Zellkernen

Für diese einzellige epitheliale Schicht können bereits die zukünftigen Keimblätter definiert werden. So findet sich das zukünftige Mesoderm auf der ventralen Seite des Embryos. Am anterioren und posterioren Ende des Embryos befinden sich die zukünftigen endodermalen Zellen (**Abb. 6.3**). Während der Gastrulation wandern die endodermalen

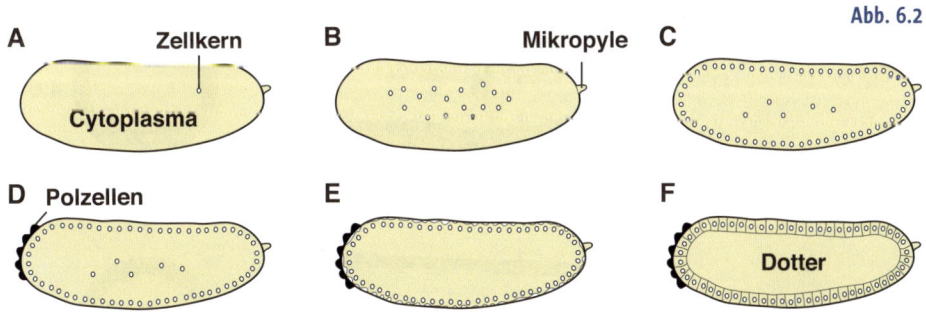

Frühe Entwicklung von *Drosophila* **A.** Die befruchtete Eizelle. Im Cytoplasma befindet sich ein Zellkern. Das Spermium tritt über die Mikropyle (Benennung siehe Abbildungsteil B) ein. **B.** Nach vielen Kernteilungen ist ein Syncytium entstanden. **C.** Ungefähr 90 Minuten nach der Befruchtung wandern die Zellkerne an die Peripherie des frühen Embryos. **D.** Die Polzellen entstehen am posterioren Ende des Embryos. **E.** Einziehen der Zellgrenzen. **F.** Zelluläres Blastodermstadium. Der Dotter ist von vielen Zellen umgeben. In allen Abbildungen sind schematische Längsschnitte von Embryonen dargestellt. Anterior ist rechts, posterior links. Dorsal ist oben, ventral unten.

Abb. 6.3

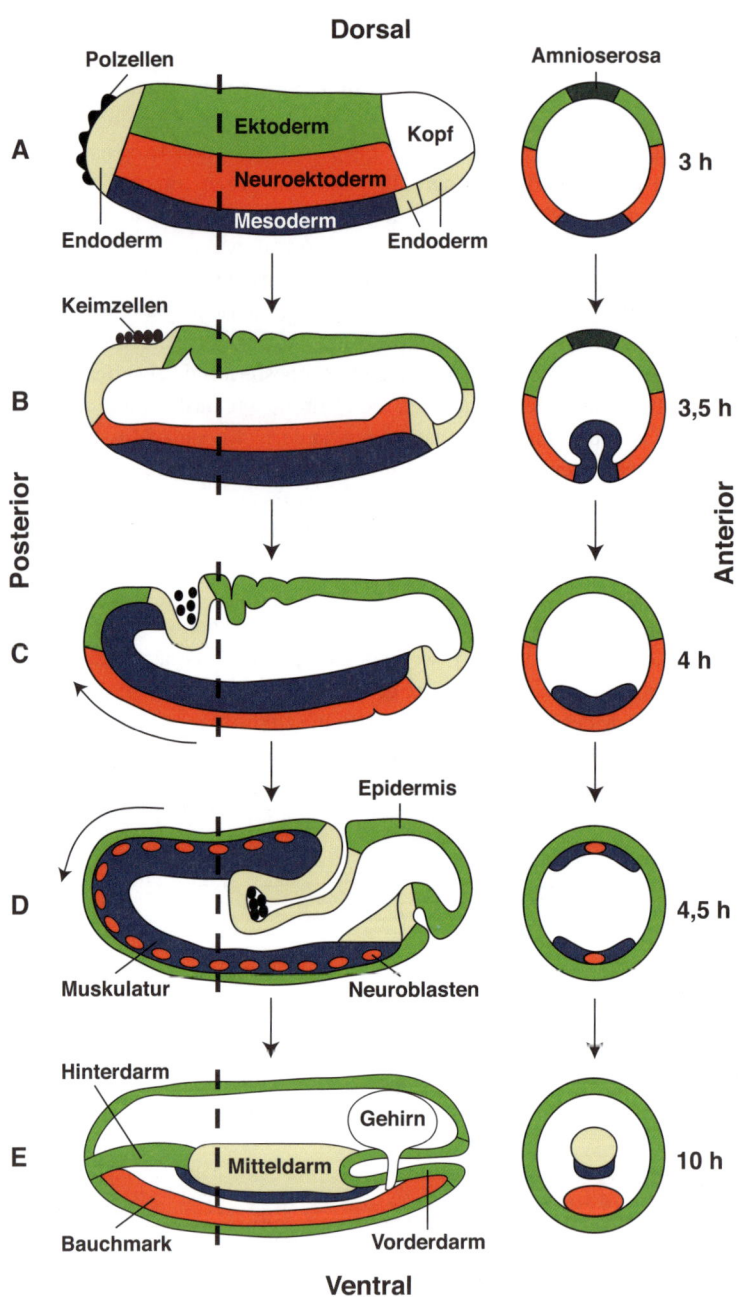

Dorsal

Polzellen

A — Ektoderm — Kopf
Neuroektoderm
Mesoderm
Endoderm — Endoderm

Amnioserosa — 3 h

Keimzellen

B — 3,5 h

C — 4 h

Posterior / Anterior

D — Epidermis — 4,5 h
Muskulatur — Neuroblasten

E — Hinterdarm — Gehirn — 10 h
Mitteldarm
Bauchmark — Vorderdarm

Ventral

Schematische Darstellung der Gastrulation und Keimbandstreckung in *Drosophila*
Links: Schematische Längsschnitte, gestrichelte Linien zeigt die Schnittebene der rechts dargestellten Embryonen an. **Rechts:** Querschnitte von Embryonen in den angegebenen Entwicklungsstadien.
A. Das ektodermale Keimblatt und dessen späteres Derivat, die Epidermis, sind in grün dargestellt. Das Neuroektoderm ist mit rot hervorgehoben. Blau markiert das Mesoderm. Beige markiert das Endoderm und dessen Derivat, den Mitteldarm, im späten Embryo. Der frühe Embryo besitzt auf seiner dorsalen Seite die Amnioserosa (dunkelgrün), eine transiente einzellige Epithelschicht.
B. 3,5 Stunden nach der Befruchtung zieht sich das dorsale Ektoderm zusammen und die Polzellen, die sich zu den Keimzellen umformen, wandern zusammen mit dem ventralen und posterioren Blastoderm auf die dorsale Seite des Embryos. Auf der ventralen Seite beginnt das Mesoderm, in dem Embryo einzuwandern. **C.** Nach 4 Stunden sind die mesodermalen Zellen auf der ventralen Seite in das Innere des Embryos eingewandert und der Keimstreif streckt sich (siehe Pfeil). Sowohl das posteriore, also auch das anteriore Endoderm beginnen, in den Embryo zu invaginieren. Dabei bewegen sich auch die Keimzellen in das Innere des Embryos. **D.** 4,5 Stunden nach Eintritt des Spermiums zieht sich der Keimstreif wieder zurück (Pfeil). Die Neuroblasten (rot) sind entstanden (rot). **E.** 10 Stunden nach der Befruchtung sind im Kopfbereicht das Gehirn (weiß) und auf der ventralen Seiten das Bauchmark aus den Neuroblasten entstanden. Aus dem Endoderm hat sich der Mitteldarm entwickelt (beige). Vorder- und Hinterdarm sind aus Einstülpungen des Ektoderms entstanden. Die Epidermis (grün) bedeckt den gesamten Embryo.

und mesodermalen Zellen in das Innere des Embryos ein. Dieser morphologische Gestaltungsvorgang beginnt bereits drei Stunden nach der Befruchtung. Dadurch entsteht im ventralen Bereich des Embryos ein mehrschichtiger Bereich an Zellen, der auch als Keimstreif oder Keimband bezeichnet wird. Später streckt sich der ventrale Keimstreif, wobei der eigentliche posteriore Pol des Embryos auf dessen dorsale Seite und in der weiteren Entwicklung weiter nach anterior gelangt (Keimstreifstreckung). Eine besondere Bedeutung kommt in diesem Zusammenhang der festen Eihülle des Embryos (Chorion) zu, die eine räumliche Begrenzung für den sich ausdehnenden Embryo bildet und damit das Umklappen um das posteriore Ende erzwingt. Später kommt es dann zu einer Rückziehung des Keimstreifs. Während der Keimstreifstreckung werden bereits von außen die verschiedenen Körpersegmente sichtbar. Diese markieren den Kopfbereich mit drei Segmenten, den Thoraxbereich mit ebenfalls drei Segmenten, an denen später Beine und Flügel zu finden sind, sowie das Abdomen mit acht Segmenten (**Abb. 6.1**). Diese bereits während der Embryogenese sichtbare Segmentierung ist auch in der späteren Larve zu erkennen. Die Larve besitzt eine äußere Cuticulaschicht. Auf dieser ist insbesondere im dritten Larvenstadium die Segmentierung in Form von kleinen Dentikeln im ventralen Bereich deutlich zu erkennen (**Abb. 6.4**). Zusätzlich besitzt die Larve im anterioren Bereich das Akron sowie im posterioren Bereich das Telson.

Während der Larvenstadien werden die sogenannten Imaginalscheiben angelegt (siehe dazu auch Abschnitt 6.9). Jede dieser Scheiben wird

Cuticula:
Äußere Schicht der Larven

Dentikel:
Zahnähnliche Auswüchse der Cuticula

Abb. 6.4

Darstellung der *Drosophila* Larve Dorsal oben, ventral unten, anterior rechts, posterior links. Im ventralen Bereich sind die Dentikel der Cuticula gut zu erkennen. Des Weiteren sind die Skelett-strukturen am Kopf und der posteriore Filzköper zu sehen. Das Foto wurde freundlicherweise von Dr. Tabea Mann, Universität Ulm, zur Verfügung gestellt.

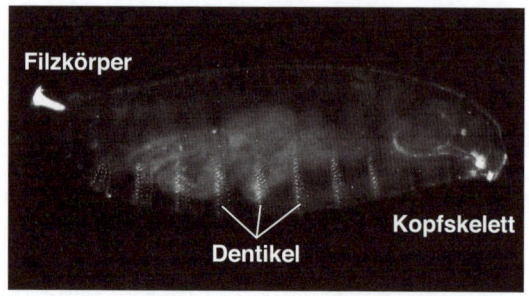

aus etwa 40 Zellen gebildet und stellt je nach Identität die zukünfti-gen Zellen der Antennen, Augen, Beine, Halteren, Flügel und des Geni-talapparates dar. Anterior bilden sich auch die Mundwerkzeuge aus Imaginalscheiben. Die Ausbildung der genannten Körperteile aus den Imaginalscheiben findet während des Puppenstadiums statt, in dem die Fliege eine Metamorphose durchläuft.

6.3 | Die Anlage des *Drosophila* Eies

Die Festlegung der Körperachsen in der Fliege, anterior-posterior sowie dorso-ventral, beginnt bereits mit der Oogenese im Mutterleib, da Pro-teine sowie mRNA-Moleküle in der Oocyte asymmetrisch verteilt wer-den. Eine Betrachtung der Festlegung der Körperachsen in *Drosophila* ist daher ohne eine Beschreibung der Oogenese, der Anlage und Reifung der Oocyte, unvollständig.

Die Anlage der *Drosophila* Eier erfolgt in den Ovariolen. In diesen befinden sich eine Reihe von Eikammern unterschiedlicher Reifungs-stadien, die jeweils aus einer zukünftigen Oocyte, den Nährzellen und diese umgebenden Follikelzellen besteht (**Abb. 6.5**). Die Entwicklung einer Eizelle selber beginnt im Germarium, der Stammzellregion der Ovariolen. Hier befinden sich die Keimbahn-Stammzellen. Durch asym-metrische Zellteilung bilden diese wiederum eine Stammzelle oder eine Oogonie. Aus dieser entstehen durch vier mitotische Teilungen 16 Toch-terzellen. Diese stehen über Cytoplasmaverbindungen, den Fusomen, miteinander in Kontakt. Jedoch nur eine der 16 Tochterzellen wird spä-ter zur Oocyte, während die verbleibenden Zellen als Nährzellen genutzt werden. Diese bilden eine ganze Reihe von Stoffen, die für die weitere Verwendung über die Cytoplasmaverbindungen in die Eizelle trans-portiert werden. Umgeben werden diese 16 Zellen von einer Schicht

Abb. 6.5

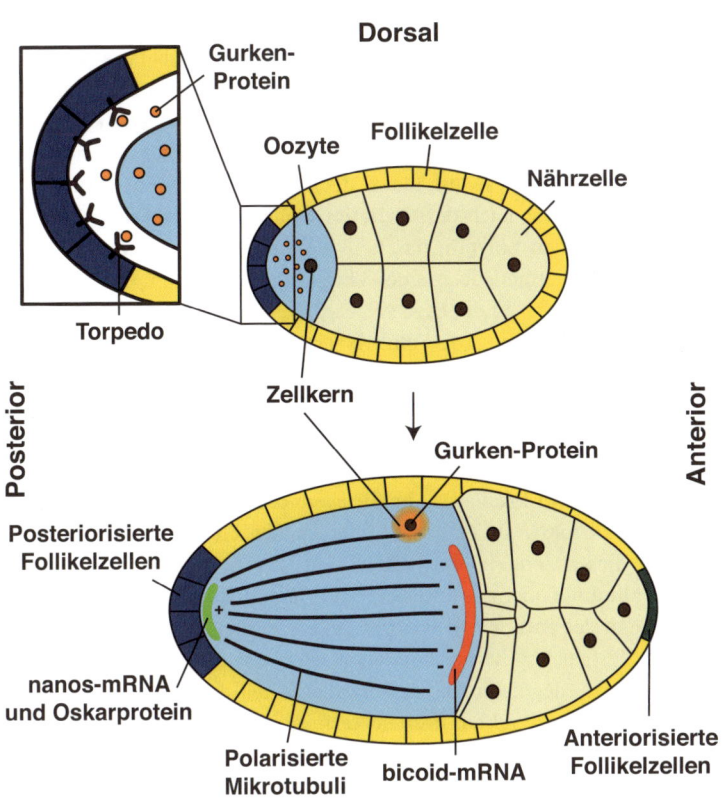

Die Oozyte von *Drosophila*   Bild oben: Aus einer Keimzelle entstehen durch Zellteilung 16 Tochterzellen (acht Zellen sind abgebildet). Diese Zellen stehen über Cytoplasmaverbindungen in Kontakt und haben je einen Zellkern (braun). Die Follikelzellen (gelb) umgeben diese 16 Zellen. Eine der 16 Tochterzellen wird zur Oocyte (blau), die anderen Zellen ergeben die Nährzellen (beige), welche Nährstoffen und mRNA-Moleküle in die Oozyte abgeben. Im posterioren Teil der Oocyte wird das Gurken-Protein (orange) synthetisiert, welches an die Torpedo-Rezeptoren auf den posterioren Follikelzellen (dunkelblau) bindet. **Bild unten:** Die Oozyte vergrößert sich in anteriore Richtung. In der Oozyte entstehen polarisierte Mikrotubuli (schwarz), an welchen auf der dorsalen Seite der Eizelle der Zellkern nach anterior wandert. Der Zellkern ist zudem von Gurken-mRNA umgeben, die sich demzufolge auch in anteriore Richtung bewegt. Auf der posterioren Seite sind nanos-Transkripte (hellgrün), auf der anterioren Seite bicoid-Transkripte (rot) konzentriert. Durch die genannten Faktoren werden die verschiedenen Seiten des Embryos festgelegt. Über die anterioren (dunkelgrün) und posterioren Follikelzellen (dunkelblau) sind viele Eikammern unterschiedlicher Reifungsstadien in einer Reihe miteinander verbunden, siehe auch **Abb. 6.6**.

Germarium:
Stammzellregion des Eischlauches

Ovariole:
Eischlauch

Follikelzellen, die später auch die Oocyte vollständig umfassen und für die Festlegung der Körperachsen entscheidende Signale freisetzen. In den Eischläuchen sind mehrere solcher Eikammern über Follikelzellen miteinander verbunden (**Abb. 6.6**). Je weiter distal zum Germarium sich eine solche Eikammer befindet, desto weiter ist die Oogenese vorangeschritten. Ältere Eikammern prägen bereits die Polarität der jüngeren. Während der Oogenese durchläuft die Oocyte eine meiotische Teilung, die allerdings erst nach der Ovulation vollendet wird. Die Nährzellen hingegen werden polytän; das heißt, sie durchlaufen mehrere DNA-Replikationen, ohne jedoch eine Zellteilung zu erfahren. Dadurch werden die Nährzellen in die Lage versetzt, ausreichend Nährstoffe für die Oocyte zu generieren. Die Follikelzellen bilden schließlich die rauhe Eihülle, das Chorion.

Die anterior-posteriore Achse wird im Wesentlichen durch in der Oocyte lokal konzentrierte mRNA-Moleküle festgelegt, die von den Nährzellen in die Oocyte abgegeben werden. So ist am posterioren Ende der Oocyte die mRNA lokalisiert, die für *nanos* codiert, während am anterioren Ende die mRNA für *bicoid* zu finden ist (**Abb. 6.5**). Kommt es zu einem Verlust dieser Gene, so entwickeln sich Larven, denen das posteriore (*nanos* Mutante) oder das anteriore Ende (*bicoid* Mutante) fehlt (**Abb. 6.7**). Die Enden der anterior-posterioren Achse werden durch das terminale System festgelegt. Hierbei handelt es sich um den Transmembranrezeptor Torso, der nach Aktivierung die Enden des Embryos markiert. Der *torso* Mutante fehlen deshalb terminale Strukturen (**Abb. 6.7**). Die dorso-ventrale Achse wird durch die Follikelzellen an der zukünftigen ventralen Seite festgelegt, die den Transmembranrezeptor Toll aktivie-

---

Abb. 6.6

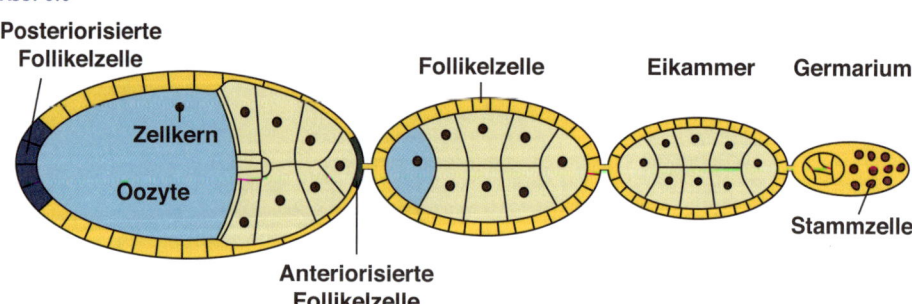

Posteriorisierte Follikelzelle · **Follikelzelle** · **Eikammer** · **Germarium** · **Zellkern** · **Oozyte** · **Stammzelle** · **Anteriorisierte Follikelzelle**

Die *Drosophila* Oogenese im Eischlauch Im Eischlauch sind mehrere Eikammern unterschiedlicher Entwicklungsstufen in einer Reihe angeordnet. Die Entwicklung beginnt im Germarium, der Region, in welcher sich die Stammzellen befinden. Die verschiedenen Eikammern sind miteinander verbunden. Daher haben bereits weiter entwickelte Eikammern einen Einfluss auf die Entwicklung von jüngeren Kammern.

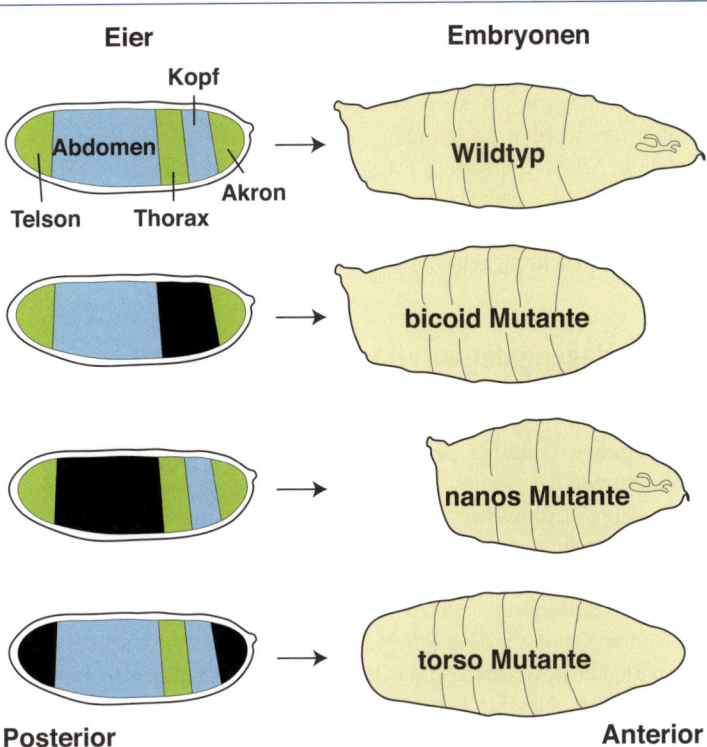

Abb. 6.7

Drosophila **Mutanten (maternal)** Kommt es zum Verlust maternaler Gene, so entstehen *Droso-phila* Mutanten, in denen bestimmte Strukturen nicht ausgebildet werden (schwarz). Das Ei des Wildtyps wird an der anterioren Seite über das Akron definiert, an der posterioren Seite über das Telson. Dazwischen befinden sich die Segmente des Kopfes, Thorax und Abdomens. In der *bicoid* Mutante kommt es zum Verlust der Anlagen für Kopf und Thorax, der Embryo ist an seinem anteri-oren Ende verkürzt. In der *nanos* Mutante fehlt das Abdomen, der Embryo ist posterior verkürzt. In der *torso* Mutante kommt es zum Verlust terminaler Strukturen.

ren. Diese verschiedenen Systeme werden in den folgenden Abschnitten im Detail besprochen. Bei allen genannten Genen handelt es sich um sogenannte maternale Effektorgene, da eine Mutation in diesen nur dann für die nachfolgende Embryogenese Auswirkungen hat, wenn die Mutation bereits im Muttertier zu finden ist. Diese maternal angelegten Proteine regulieren in der Folge die zygotischen, d. h. die embryo-eigenen Gene, um die Ausbildung der Körperachsen zu steuern. Dabei kommt es zur Ausbildung von Konzentrationsgradienten einzelner Wachstums- oder Transkriptionsfaktoren, die in einer dosisabhängigen Weise verschiedene Abschnitte entlang der genannten Achsen festlegen. In diesem Zusammenhang können auch Transkriptionsfaktoren in

Form von Konzentrationsgradienten angelegt und abgelesen werden, da sich der frühe Fliegenembryo ja zunächst als Syncytium entwickelt, in dem keine inneren Zellgrenzen eingezogen sind. Die wichtigsten Gene für die Festlegung der Körperachsen und der Segmentierung des Fliegenkörpers wurden im Rahmen von Mutagenese-Screens identifiziert. Für diese Arbeiten erhielten Eric Wieschhaus und Christiane Nüsslein-Volhard 1995 den Nobelpreis für Medizin. Im gleichen Jahr wurde auch Ed Lewis (1918–2004) ausgezeichnet, der ebenfalls Pionierarbeit in der *Drosophila* Forschung geleistet hat.

6.4 | Die Festlegung der anterior-posterioren Achse

Für die Festlegung der anterior-posterioren Achse in *Drosophila* sind neben maternal gespeicherten mRNA-Molekülen in der Oocyte auch Interaktionen der Oocyte mit den benachbarten Follikelzellen entscheidend. Bereits früh während der Entwicklung wird die *gurken* mRNA am posterioren Ende der Oocyte translatiert (**Abb. 6.5**). Nach Sezernierung bindet das Gurken-Protein an einen Rezeptor namens Torpedo auf den zukünftig posterioren Follikelzellen. Während Gurken der TGFα-Familie (engl. *transforming growth factor alpha*) extrazellulärer Wachstumsfaktoren angehört, ist Torpedo das Homolog zum EGF-Rezeptor (engl. *epidermal growth factor*) in Säugetieren. Hierbei handelt es sich um einen Tyrosinkinase-Rezeptor. Die durch die Interaktion zwischen Gurken und Torpedo aktivierten terminalen Follikelzellen geben anschließend ein Signal zurück an die Oocyte, welches zur Reorganisation des Mikrotubulicytoskeletts in der Oocyte führt. Durch diese Reorganisation wandert der Zellkern der Oocyte zusammen mit dem Gurken-Protein auf der dorsalen Seite der Oocyte in Richtung des zukünftigen anterioren Pols. Während dieser Wanderung induziert das Gurken-Protein die Ausbildung dorsaler Follikelzellen, wohingegen sich auf der ventralen Seite durch die Abwesenheit von Gurken entsprechend ventrale Follikelzellen entwickeln. In den dorsalen Follikelzellen bewirkt der aktivierte Torpedo-Rezeptor die Inhibition der Pipe Expression. Dieses wird später für die Aktivierung des Spätzle-Toll-Signalweges für die Ausbildung der dorso-ventralen Achse benötigt (siehe Kapitel 6.7).

Die beiden für die anterior-posteriore Achse wichtigen Gene *bicoid* und *nanos* werden in den Nährzellen transkribiert und in Form von mRNA über die Cytoplasmabrücken in die Oocyte transferiert. Dort erfolgt ihre polare Lokalisation mithilfe von Mikrotubuli. Für die asymmetrische Verteilung der mRNA sind darüber hinaus die beiden Gene *staufen* und *oskar* notwendig. Zwei weitere maternale mRNAs, *hunchback* und *caudal*, sind über die anterior-posteriore Achse gleichmäßig verteilt. Mit der Befruchtung setzt die Translation der genannten RNA-Moleküle ein. Die dabei gebildeten Proteine, insbesondere Bicoid und Nanos, diffundieren in der Folge frei durch das Syncytium, sodass sich jeweils ein gegenläufiger Proteingradient entlang der anterior-posterioren

Abb. 6.8

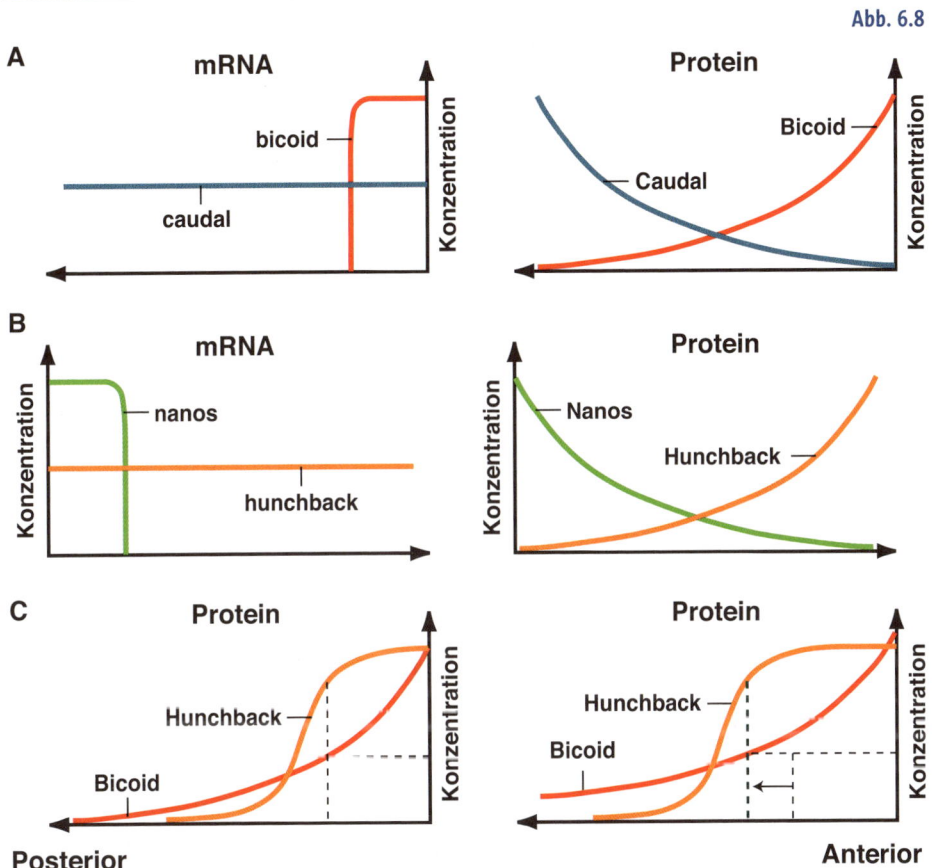

Konzentrationsgradienten maternaler Gene in der *Drosophila* Oozyte   A. Die mRNA von *bicoid* (rot) ist anterior hoch konzentriert, während die von *caudal* (blau) über die gesamte Oozyte gleichmäßig stark verteilt ist. Die Proteine von Bicoid (rot) und Caudal (blau) sind in gegenläufigen Konzentrationsgradienten angeordnet, weil Bicoid die Translation von *caudal* inhibiert. **B.** Die *nanos*-mRNA (grün) ist posterior konzentriert, die *hunchback*-Transkripte (orange) sind über die ganze Länge des Embryos gleichermaßen stark verteilt. Die Proteine Nanos und Hunchback bilden je einen Konzentrationsgradienten in gegenläufiger Weise, weil Nanos die Translation der hunchback-mRNA unterdrückt. **C.** Das linke Diagramm zeigt die Verteilung des maternalen Bicoid- (rot) und des zygotischen Hunchback-Proteins (orange) in einem Wildtyp Embryo. Das rechte Diagramm zeigt die Protein-verteilung in einem Embryo, in welchen man die Bicoid-Menge auf der posterioren Seite experimentell erhöht hat. Dies führt zu einer erhöhten Hunchback-Menge im posterioren Teil des Embryos. Es entwickelt sich ein anteriorisierter Embryo.

Achse bildet. Da die *bicoid* mRNA am anterioren Pol konzentriert ist, bildet sich von anterior nach posterior ein Bicoid Proteinkonzentrationsgradient aus, während für *nanos* das Umgekehrte gilt. Die Bicoid- und Nanos-Proteine beeinflussen folglich die Translation von *hunchback* und *caudal* derart, dass das Hunchback-Protein ebenfalls einen Gradienten von anterior nach posterior ausbildet, während die Caudal-Proteine einen Gradienten von posterior nach anterior entwickeln. Das Nanos-Protein wirkt dabei als ein Repressor der *hunchback* mRNA-Translation. Ähnlich inhibiert das Bicoid-Protein die Translation der *caudal* mRNA. Dabei binden die beiden Proteine an die 3'UTR Bereiche der zu regulierenden RNA-Moleküle. Die **Abbildung 6.8** gibt einen Überblick über die hier beschriebenen Konzentrationsgradienten der verschiedenen Faktoren in der Oocyte.

UTR:
Untranslatierte Region
einer mRNA

Abb. 6.9

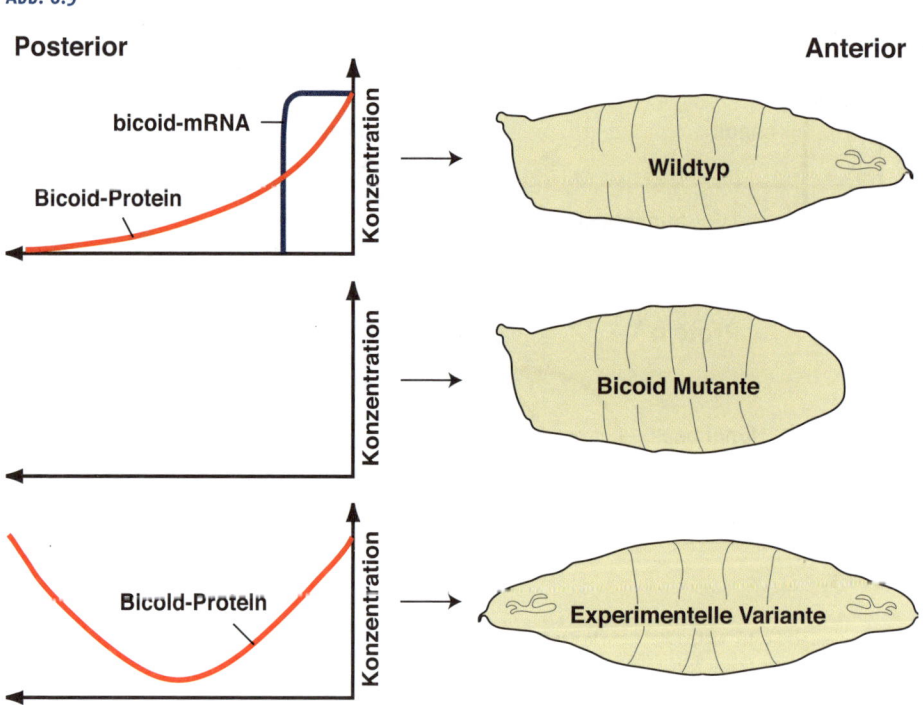

Bicoid Verteilung und Ausbildung anteriorer Strukturen   Im Wildtyp Embryo sind *bicoid*-Transkripte (blaue Kurve) im anterioren Teil in hoher Konzentration vorhanden. Es bildet sich ein Bicoid-Proteingradient (rote Kurve) von anterior nach posterior. In der *bicoid* Mutante fehlen die anterioren Strukturen. In einer experimentellen Variante, in der das Bicoid-Protein sowohl im anterioren als auch im posterioren Teil des Embryos ein Maximum aufweist, zeigt der Embryo beidseitig anteriore Strukturen.

Die Bedeutung des Bicoid-Proteins für die Festlegung des anterioren Endes ergibt sich aus dem Phänotyp der *bicoid* Mutante und aus experimentellen Eingriffen in Embryonen, in welchen man den Bicoid-Proteingradienten künstlich verändert hat (**Abb. 6.9**). Insbesondere letztere erbrachten den Nachweis, dass das Bicoid-Protein ein Morphogen ist.

In Folge der verschiedenen Konzentrationsgradienten wird der *Drosophila* Embryo entlang der anterior-posterioren Achse in Metamere unterteilt. Dazu werden von den maternal gebildeten Proteingradienten nachfolgend Segmentierungsgene aktiviert, die den Embryo in breite, sich überlappende Zonen spezifischer Genexpressionen untergliedern. Diese Zonen werden in der weiteren Entwicklung immer weiter aufgegliedert. Die Segmentierungsgene sind hierarchisch hintereinander geschaltet und führen letztlich zur Aktivierung homeotischer Gene, welche den einzelnen Segmenten ihre Identität zuweisen.

Metamere: Wiederkehrende Segmente

Homeotische Gene: Auch hox-Gene; Mutationen in diesen führen zur Veränderung ganzer Strukturen.

Die Segmentierungsgene: Von Gradienten zu Streifen $\quad$ | 6.5

Die Segmentierungsgene werden zusammen mit den maternalen Effektorgenen in vier Klassen eingeteilt (**Tabelle 6.1**). Diese Einteilung basiert auf den in Mutanten beobachteten Phänotypen, in denen das jeweilige Genprodukt fehlt.

Lückengene $\quad$ | 6.5.1

Der Verlust eines Lückengens (engl. *gap gene*) führt zum Verlust ganzer Segmente in der späteren Larve (**Abb. 6.10**). Unter den beschriebenen Lückengenen befindet sich auch das bereits bekannte *hunchback*-Gen, welches in der initialen Ausbildung von Proteingradienten im Embryo involviert ist (siehe Abschnitt 6.4). Wir sprechen hier im Gegensatz zur schon besprochenen maternalen nunmehr von der zygotischen *hunchback* Komponente, die von der DNA des Embryos abgelesen wird. Das zygotische *hunchback* wird ebenfalls über das Bicoid-Protein reguliert. In diesem Zusammenhang wirkt Bicoid jedoch als Transkriptionsfaktor, nicht wie oben beschrieben als Regulator der Translation. Das Bicoid-Protein besitzt eine DNA-bindende Homeodomäne und dadurch seine Zielgene regulieren. Bicoid ist zur Aktivierung des *hunchback*-Gens nur oberhalb einer bestimmten Proteinkonzentration in der Lage, die etwa im anterioren Drittel des Embryos erreicht wird. Der anterior-posteriore Gradient des Hunchback-Proteins, der zunächst mithilfe der maternal gespeicherten RNA angelegt wurde, wird so durch die Aktivierung des zygotischen Genoms weiterhin aufrechterhalten.

Tab. 6.1   *Ausgewählte Segmentierungsgene in der Fliege. Die meisten der hier genannten Gene sind im Text ausführlich beschrieben.*

Klassifizierung	Gen (Abkürzung)	Genprodukt	Expression
Maternale Gene	*bicoid (bcd)*	Homeodomäne, Transkriptionsfaktor	Gradient, anterior nach posterior
	nanos (nos)	RNA-Bindeprotein	Gradient, posterior nach anterior
	hunchback (hb)	Zinkfinger, Transkriptionsfaktor	RNA: gleichmäßig, Protein: Gradient, anterior nach posterior
	caudal (cad)	Homeodomäne, Transkriptionsfaktor	RNA: gleichmäßig, Protein: Gradient, posterior nach anterior
Lückengene	*hunchback (hb)*	Zinkfinger, Transkriptionsfaktor	Anteriore Region
	caudal (cad)	Homeodomäne, Transkriptionsfaktor	Posteriore Region
	krüppel (kr)	Zinkfinger, Transkriptionsfaktor	Zentrale Region
	knirps (kni)	Steroidhormonfamily Transkriptionsfaktor	Zwei Streifen
	giant	Leucinzipper	Zwei Streifen
Paarregelgene	*even-skipped (eve)*	Homeodomäne, Transkriptionsfaktor	Alternierende Parasegmente, sieben Streifen
	fushi tarazu (ftz)	Homeodomäne, Transkriptionsfaktor	Alternierende Parasegmente, sieben Streifen
Segment-polaritätsgene	*engrailed (en)*	Homeodomäne, Transkriptionsfaktor	Alle Parasegmente, 14 Streifen
	wingless (wg)	Diffusibler Wachstumsfaktor	Alle Parasegmente, 14 Streifen
	hedgehog (hh)	Diffusibler Wachstumsfaktor	Alle Parasegmente, 14 Streifen

Hunchback selbst ist ebenfalls ein Transkriptionsfaktor, der eine Zinkfinger DNA-Bindedomäne aufweist und als Morphogen im frühen syncytialen Blastodermstadium wirkt. Dabei kann das Hunchback-Protein sowohl als Aktivator wie auch als Repressor der Transkription wirken. Das Lückengen *Krüppel* wird (in Kombination mit *bicoid*) durch das Überschreiten eines niedrigen Schwellenwertes an Hunchback-Protein aktiviert, bei Überschreiten eines zweiten, höheren Schwellenwertes jedoch inhibiert. Auf diese Weise entsteht ein Streifen der *Krüppel* Expression im Embryo (**Abb. 6.10**). Auf ähnliche Weise werden die Expressionsdomänen der anderen Lückengene durch eine Kombination von Aktivierung und Repression der Transkription festgesetzt.

Nachdem der Embryo durch die Expression der Lückengene initial in Domänen eingeteilt wurde, stabilisiert sich dieses Expressionsmuster durch gegenseitige Inhibition der vier wichtigsten Lückengene: *hunchback*, *knirps*, *Krüppel* und *giant*. Dabei handelt es sich jeweils um die gegenseitige Repression nicht benachbart exprimierter Gene: *hunchback* und *knirps*, sowie *giant* und *Krüppel*, vermittelt über die zugehörigen Genprodukte, die Proteine.

Paarregelgene

6.5.2

Eine weitere Klasse der Segmentierungsgene begründen die Paarregelgene (engl. *pair rule genes*). Durch die Expression der Paarregelgene wird der Embryo in wiederkehrende Einheiten unterteilt, wobei die Paarregel-

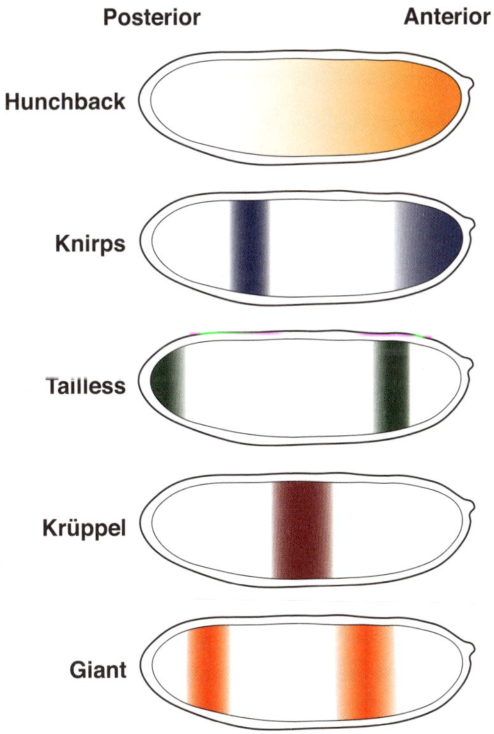

Abb. 6.10

Expression der Lückengene Die Lückengene *hunchback* (orange), *knirps* (blau), *tailless* (grün), *Krüppel* (weinrot) und *giant* (rot) weisen ein spezifisches Expressionsmuster im *Drosophila* Embryo auf. *Hunchback* zeigt sein Expressionsmaximum im anterioren Teil und wird in Richtung posterior schwächer. *Knirps* ist anterior und in einem posterioren Streifen exprimiert. *Krüppel* ist angrenzend an die posteriore *knirps* Expressionsdomäne exprimiert. *Giant* Transkripte sind zwischen der anterioren *knirps* und der *krüppel* Expressionsdomäne lokalisiert. Die zweite, posteriore *giant* Expressionsdomäne grenzt an die posteriore *tailless* Expressionsdomäne. *Tailless* ist zudem in der anterioren Region des Embryos angrenzend an die anteriore *knirps* Expression exprimiert.

Abb. 6.11

A. Expresssion von Even-skipped (eve). Der Embryo befindet sich kurz vor der Gastrulation. Die sieben Streifen sind gut zu erkennen. Das Foto wurde freundlicherweise von Dr. Tabea Mann, Universität Ulm, zur Verfügung gestellt. **B.** Schematische Präsentation des *even-skipped* Gens (grün). Für die Expression von *even-skipped* in den einzelnen Streifen gibt es definierte Enhancer (dunkelgrün). **C.** Regulation der *eve* Expression im zweiten Streifen. Die Hunchback- und Bicoid-Proteine haben eine positive, die von Giant und Krüppel einen negativen Einfluss auf die Expression von eve in Streifen zwei.

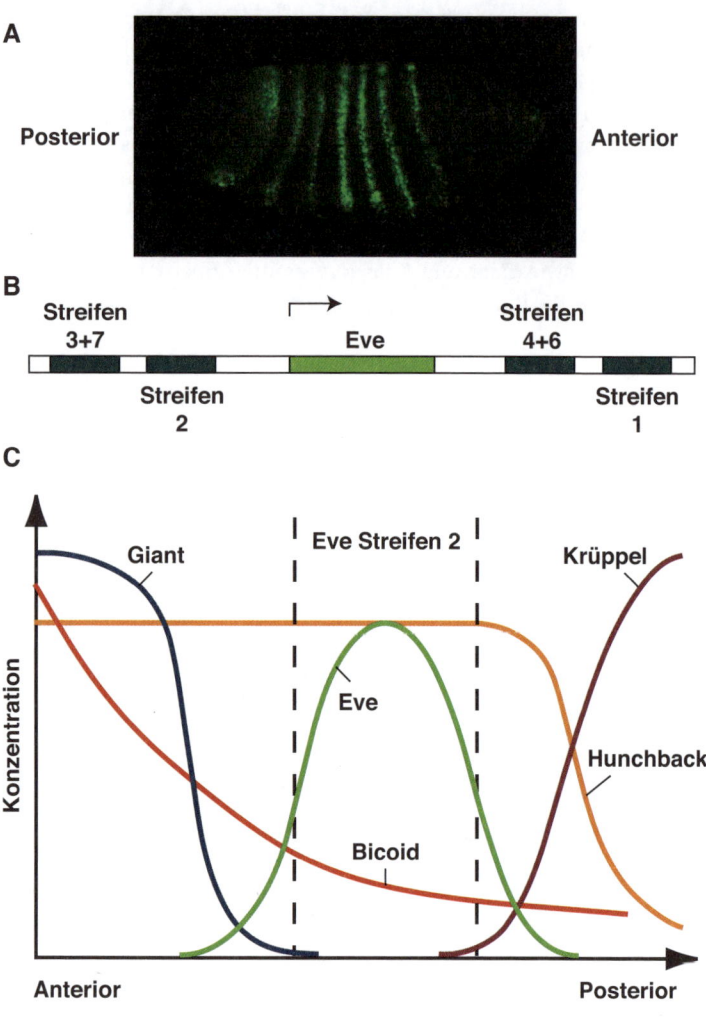

gene zunächst die Parasegmente festlegen. Der Verlust eines Paarregelgens führt zum Verlust alternierender Parasegmente, sodass ein Embryo entsteht, der lediglich die Hälfte der normalen Anzahl an Segmenten besitzt. Von dieser Gruppe sind acht Gene bekannt (Tabelle 6.1). In Zusammenhang mit den Paarregelgenen ist es wichtig, sich noch einmal zu vergegenwärtigen, dass zunächst Parasegmente angelegt werden, die jeweils um ein halbes Segment gegenüber den morphologisch sichtbaren Segmenten verschoben sind. So fehlen alle geradzahlig nummerierten

Parasegmente in der Mutante *fushi-tarazu*, während in der *even-skipped* Mutante alle ungeradzahligen Parasegmente nicht angelegt werden. Die Expression der Streifen wird über verschiedene Enhancer Regionen sehr komplex reguliert. So ist das Gen *even-skipped* (*eve*) insgesamt in sieben Streifen exprimiert, welche die ungeradzahligen Parasegmente repräsentieren (**Abb. 6.11**). In einem Bereich von etwa 12 kB finden sich für jeden Streifen regulatorische Module. Das Modul für den Streifen zwei wird beispielsweise durch die Hunchback- und Bicoid-Proteine aktiviert, aber durch Giant und Krüppel reprimiert. So bedient dieser Enhancer den zweiten *even-skipped* Expressionstreifen, der im Parasegment drei zu finden ist. Wichtig an dieser Stelle ist die Tatsache, dass auch zu diesem Zeitpunkt der Entwicklung immer noch ein syncytiales Blastoderm vorliegt.

Segmentpolaritätsgene | 6.5.3

Die letzte Gruppe der Segmentierungsgene sind die sogenannten Segmentpolaritätsgene (engl. *segment polarity genes*). Mutanten dieser Gene weisen zwar die normale Anzahl von Segmenten auf, jedoch fehlt jeweils ein Teil eines Segmentes und wird durch ein spiegelbildliches Duplikat des anderen Segmentteils ersetzt. So kann beispielsweise die posteriore Hälfte jedes Segmentes fehlen und durch die anteriore Hälfte ersetzt werden, die dann jedoch spiegelbildlich angelegt wird. Eine besondere Rolle bei der Festlegung der Segmentpolarität nehmen der Wachstumsfaktor Wingless (Wg), das Fliegenhomolog zu den Vertebraten Wnts, der Wachstumsfaktor Hedgehog und der Transkriptionsfaktor Engrailed ein. Diese Proteine regulieren sich gegenseitig (**Abb. 6.12**). *Wingless* und *engrailed* definieren dabei jeweils die Halbsegmente: Die *wingless*-mRNA ist in der anterioren Hälfte eines Segmentes exprimiert, was jeweils der posterioren Hälfte eines Parasegmentes entspricht. Umgekehrt ist die *engrailed*-mRNA in der posterioren Hälfte eines Segmentes und der anterioren Hälfte eines Parasegmentes exprimiert.

Initial wird das Expressionsmuster der Segmentpolaritätsgene durch die Lückengene festgelegt. In der weiteren Entwicklung jedoch kommt es zu einer gegenseitigen Regulation der Segmentpolaritätsgene (**Abb. 6.12**). Die Expression von *wingless* führt dabei im benachbarten Halbsegment zur Aktivierung des Wnt/β-Catenin (das β-Catenin Homolog in *Drosophila* ist Armadillo) Signalwegs und zur Expression des Transkriptionsfaktors engrailed. Engrailed wiederum reguliert die Expression von Hedgehog, einem diffusiblen Signalmolekül, welches im benachbarten Halbsegment über eine intrazelluläre Signaltransduktion *wingless* aktiviert. Durch diese gegenseitige Regulation wird eine stabile Expression der beteiligten Gene und stabile Expressionsdomänen für *wingless* und

Abb. 6.12

Der Wingless/Hedgehog-Signalweg legt anteriore und posteriore Strukturen fest

A. Expression von Wingless (blau) und Engrailed (grün). Der Keimstreif ist maximal gestreckt (ca. 5 h nach Befruchtung). Das Foto wurde freundlicherweise von Dr. Tabea Mann, Universität Ulm, zur Verfügung gestellt.
B. Die Zellen von *Drosophila* Embryonen dieses Stadiums sind in Segmenten angeordnet. Die Zellen können innerhalb eines Segments in eine anteriore (blaue Zellen) und eine posteriore Komponente (grüne Zellen) eingeteilt werden. Das Wingless-Protein wird in einer anterioren Zelle synthetisiert und wirkt als sezerniertes Protein auf die benachbarte Zelle, wo Dishevelled (Dsh), Zeste white (Zw3; *Drosophila* Homolog zu GSK3β) und Armadillo (Arm, *Drosophila* Homolog zu β-Catenin) aktiviert werden. Dies bewirkt die Expression von Engrailed und nachfolgend Hedgehog. Hedgehog wird anschließend von dieser Zelle sezerniert und wirkt wiederum auf die benachbarte Zelle, die durch die Aktivierung von Cubitus interruptus Wingless exprimiert und ein anteriores Schicksal erlangt. Jene Zelle, die durch Wingless beeinflusst wird, wird posterior.

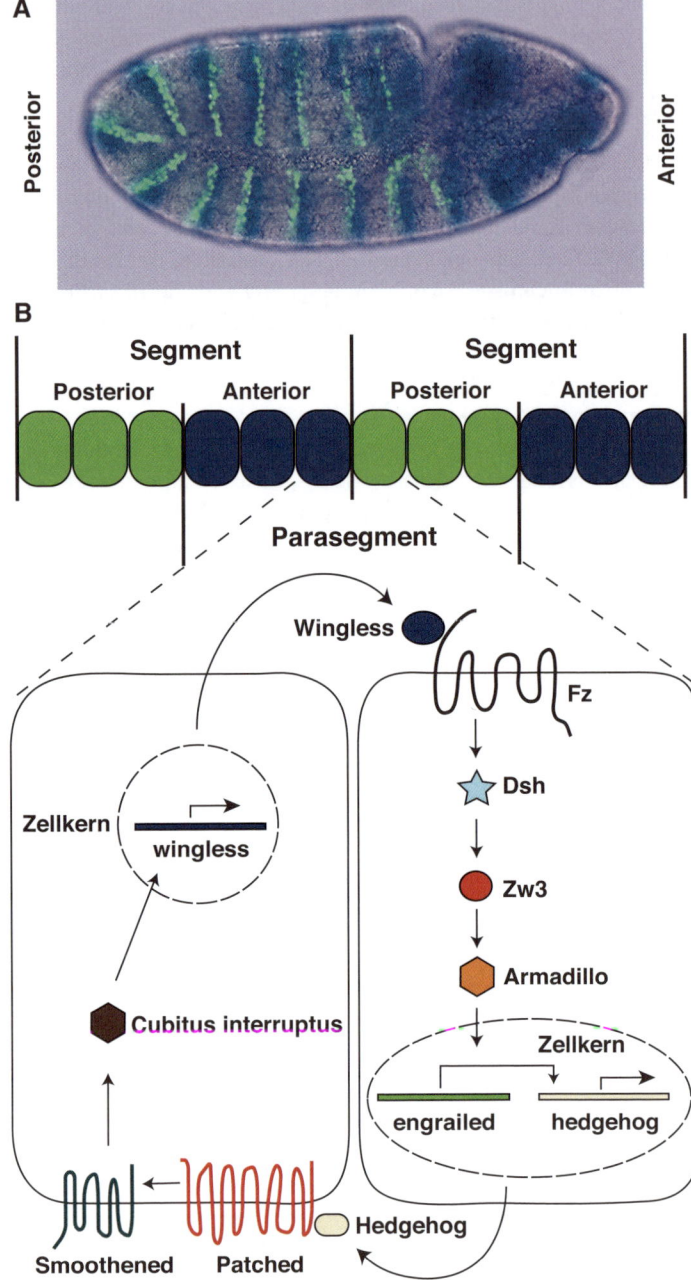

engrailed erreicht. Viele der beschriebenen Segmentpolaritätsgene sind intrazelluläre Signalmediatoren des Wnt/Wg- oder des Hedgehog-Signalwegs (siehe **Tabelle 6.1**).

Der Antennapedia- und der Bithorax-Komplex | 6.6

Nach der Segmentierung des Embryos durch die oben beschriebenen maternalen Genprodukte und zygotischen Segmentierungsgene wird in der Folge die Identität der einzelnen Segmente durch die Expression der sogenannten homeotischen Selektorgene (*Hox*-Gene) festgelegt. Die Expression der homeotischen Selektorgene wird durch die kombinierte Aktivität der Lücken- und Paarregelgene gesteuert.

Homeosis:
Veränderung eines Körpersegments unter Annahme der Eigenschaften eines anderen Segments. 1894 von Bateson definiert.

Die homeotischen Selektorgene codieren für eine Reihe von Transkriptionsfaktoren, die alle durch ein Homeobox-DNA-Bindemotiv charakterisiert sind. Diese DNA-bindende Domäne, die vom Schweizer Zoologen Walter Gehring 1984 erstmals beschrieben wurde, besteht aus etwa 60 Aminosäuren, die ein Helix-Schleife-Helix Motiv ausbilden. Die homeotischen Gene befinden sich auf dem dritten Chromosom der Fliege in zwei Genkomplexen (**Abb. 6.13**). Es handelt sich dabei um den sogenannten Antennapedia- sowie den Bithorax-Komplex, die in ihrer Gesamtheit auch als HOM-Cluster bezeichnet werden. Interessanterweise ist die Anordnung der Gene beider Komplexe von 3' nach 5' auf Ebene der DNA mit der Expression dieser Gene von anterior nach posterior im Fliegenembryo identisch. So wird das Gen *Sex comb reduced* (*Scr*) im Segment T1 sowie allen weiter posterior gelegenen Segmenten exprimiert. *Antennapedia*, auf Ebene der DNA weiter 5' gelegen, wird ab Segment T2 und in allen weiter posterior gelegenen Segmenten gebildet, *Ultrabithorax* entsprechend ab T3 und *Abdominal B* ab A5. Gleichzeitig erfolgt die Expression auch in zeitlicher Reihenfolge entlang dieser beiden Achsen. Wir sprechen in diesem Fall von einer Co-Linearität der zeitlichen und räumlichen Expression. Ed Lewis hat dabei die Hypothese eines *Hox*-Codes aufgestellt, in dem die Identität der einzelnen Segmente durch die Kombination der co-exprimierten Gene festgelegt wird.

Bei genauer Betrachtung der Expressionsdomänen der einzelnen homeotischen Gene stellt man fest, dass die Gene des Antennapedia-Komplexes im Wesentlichen für den Kopf und den vorderen Thoraxbereich verantwortlich sind, während die Gene des Bithorax-Komplexes den Rumpf der Fliege mustern. Mutationen in diesen Genen führen zu spektakulären Phänotypen. Beispielsweise führt das Fehlen des Antennapedia-Proteins zu Fliegen, die anstelle von Antennen ein Beinpaar auf dem Kopf tragen (Name des Proteins!).

Abb. 6.13

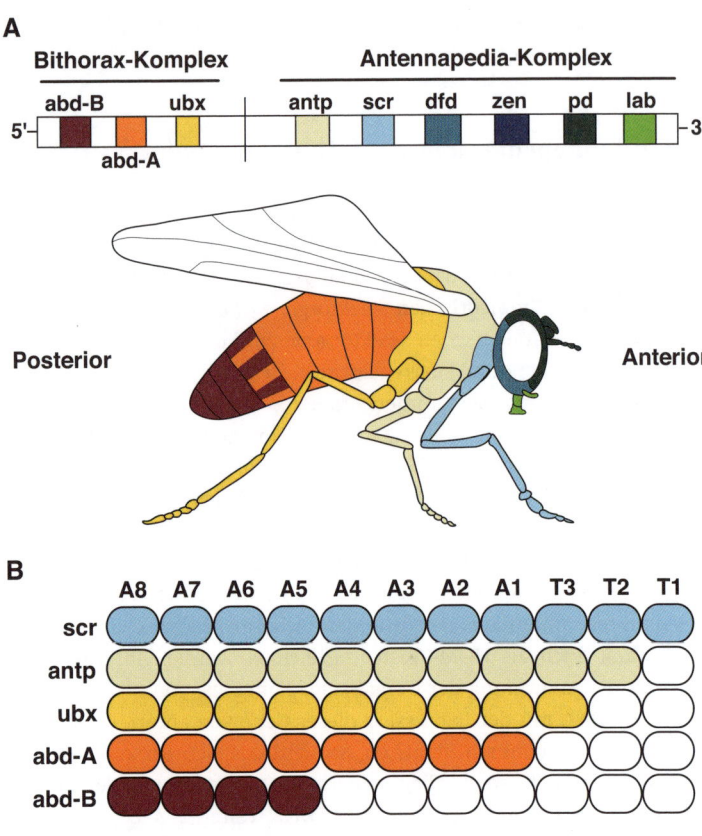

Expression der *Hox*-Gene in *Drosophila*
A. Die *Hox*-Gene *labial* (*lab*, hellgrün), *proboscipedia* (*pd*; dunkelgrün), *Zerknüllt* (*Zen*; dunkelblau), *Deformed* (*Dfd*; blau), *Sex combs reduced* (*Scr*, hellblau), *Antennapedia* (*Antp*; beige), *Ultrabithorax* (*Ubx*; gelb), *abdominal-A* (*abd-A*; orange) und *Abdominal-B* (*Abd-B*; rot) zeigen ein spezifisches Expressionsmuster von anterior nach posterior in *Drosophila*. **B.** Lewis-Modell für die *Hox*-Genexpression in *Drosophila*. Die verschiedenen *Hox*-Gene Scr, Antp, Ubx, abd-A, Abd-B sind von anterior nach posterior sequentiell abgestuft exprimiert. *Scr* (blau) ist ab T1 bis nach A8 exprimiert, antp (beige) ab T2, *Ubx* (gelb) ab T3, *abd-A* (orange) ab A1 und *Abd-B* (rot) ab A5.

Abschließend sei noch erwähnt, dass zwar alle homeotischen Gene eine Homeobox enthalten, aber umgekehrt gehören nicht alle Transkriptionsfaktoren, die eine Homeobox besitzen, zu den homeotischen Genen.

Die Festlegung der dorso-ventralen Achse | 6.7

Auch die Festlegung der dorso-ventralen Achse in der Fliege erfolgt unter Einfluss von Morphogengradienten. Auf der ventralen Seite des Embryos wird der Transmembranrezeptor Toll durch seinen Liganden aktiviert, welcher aus dem Spätzle-Protein durch Proteolyse freigesetzt wird (**Abb. 6.14**). Für die korrekte Aktivierung dieses Signalwegs auf der ventralen Körperseite wird das Protein Pipe benötigt (siehe auch Abschnitt 6.4). Intrazellulär führt die Aktivierung dieses Signalwegs zur Auflösung eines Proteinkomplexes, der aus den beiden Partnern Cactus und Dorsal besteht. Dabei wird Cactus phosphoryliert und nachfolgend abgebaut.

Abb. 6.14

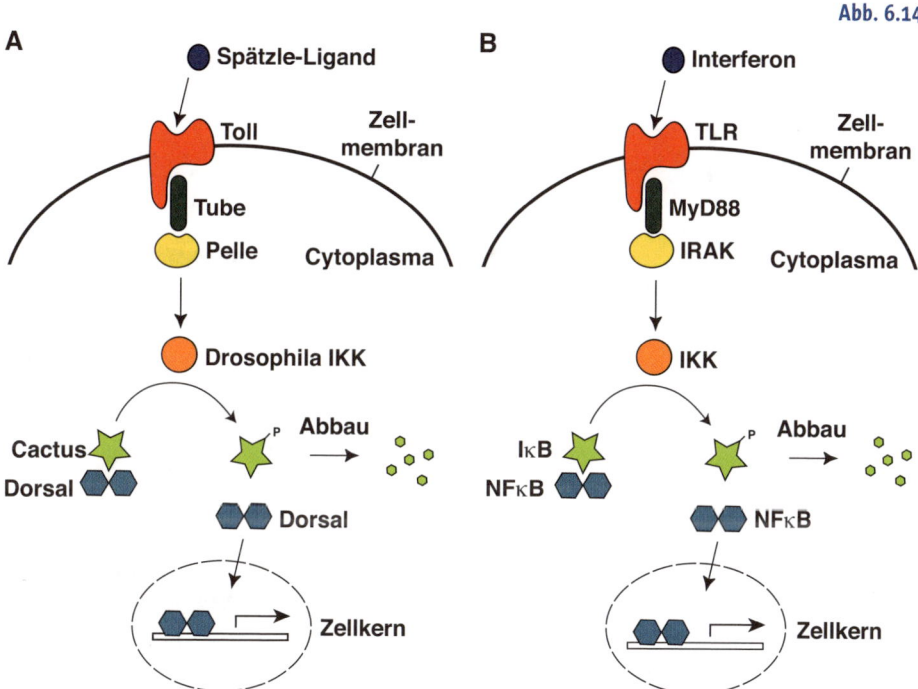

Vergleichende Darstellung des Dorsal- und des NFκB-Signalwegs **A.** Darstellung des Dorsal-Signalwegs in *Drosophila*. Durch die Bindung von Spätzle-Ligand an einen Toll-Rezeptor kommt es zur Anlagerung der Adapterproteine Tube und Pelle an diesen. Weiterhin wird *Drosophila* IKK aktiviert. Diese wiederum phosphoryliert Cactus, welches in der Folge abgebaut wird. Dorsal wandert in den Zellkern, wo es die Expression von Genen moduliert. **B.** Darstellung des NFκB-Signalwegs in Vertebraten. In diesem Signalweg ist Interferon der Ligand, der an TLR (engl. *Toll like receptor*) auf der Zelloberfläche bindet. So kommt es zur Anlagerung von Myd88 (engl. *myeloid differentiation primary response gene 88*) und IRAK (engl. *Il-1 receptor associated kinase*). Dies resultiert in einer Aktivierung von IKK (engl. *Iκ kinase*), die IκB phosphoryliert. Dadurch kann NFκB in den Zellkern wandern und an der Genregulation teilnehmen. Die homologen Proteine beider Signalwege sind in gleicher Farbe dargestellt.

Das dadurch freigesetzte Dorsal kann dann in den Kern eintreten und dort als Transkriptionsfaktor wirken. In Mutanten, in denen das Cactus-Protein defekt ist oder fehlt, wird Dorsal von diesem nicht mehr gebunden. In Folge dessen wandert Dorsal, welches normalerweise in Abwesenheit des Spätzle-Liganden im Cytoplasma verweilt, in den Zellkern. Dadurch entwickeln sich Embryonen mit einem ventralisierten Phänotyp.

Der Aufbau dieses Signalwegs ähnelt dem NFκB-Signalweg der Vertebraten. Dabei ist Cactus das Homolog zu IκB und Dorsal das Homolog zu NFκB. In diesem Sinne ähnelt Toll den Interleukinrezeptoren aus dem NFκB-Signalweg. Dorsal selbst wirkt im Zellkern sowohl als Aktivator als

Abb. 6.15

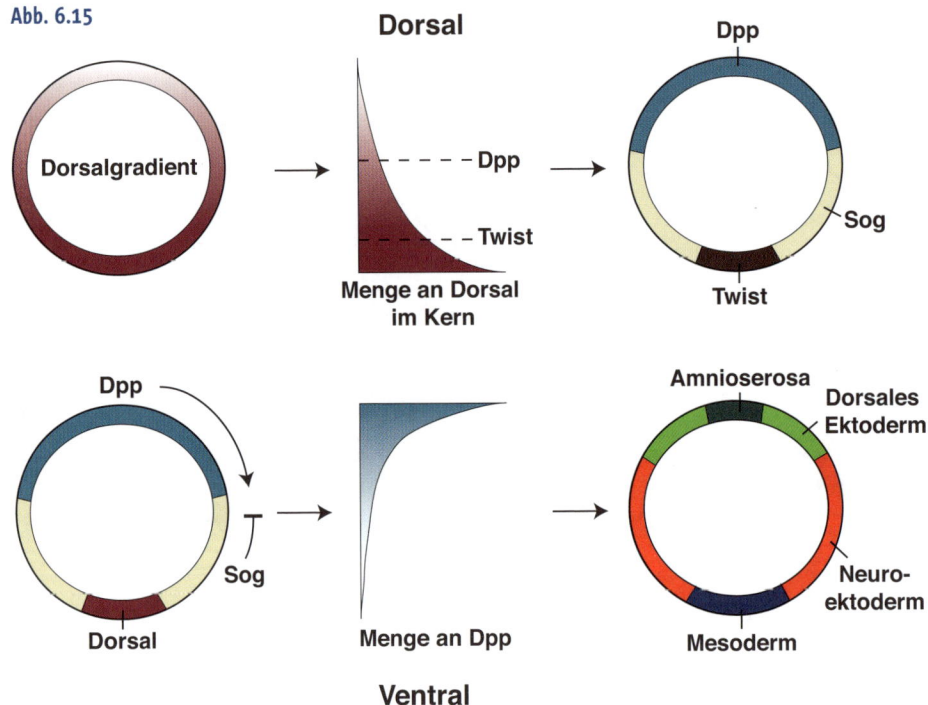

Schematische Darstellung der Gradienten an Dorsal und Dpp   Links und **rechts** sind schematische Querschnitte von *Drosophila* Embryonen dargestellt. **Mitte:** Graphische Darstellungen der Konzentrationsgradienten von Dorsal (weinrot) und Dpp (Decapentaplegic; blau). **Oben:** Die Konzentration an nukleärem Dorsal ist auf der ventralen Seite des Embryos hoch und fällt in dorsale Richtung ab. An spezifischen Schwellenwerten der Dorsalkonzentration wird die Expression von dpp und twist (braun) aktiviert. Im mittleren Konzentrationsbereich kommt es zur Expression von sog (engl. *short gastrulation*; beige). **Unten:** Im Gegensatz zu Dorsal besitzt Dpp sein Konzentrationsmaximum auf der dorsalen Körperhälfte des Embryos. Dessen Funktion wird durch Sog inhibiert, so dass in ventrale Richtung ein Gradient ausgebildet wird. Dieser Gradient ist für die Ausbildung der Amnioserosa (dunkelgrün), des dorsalen Ektoderms (hellgrün), des Neuroektoderms (rot) und des Mesoderms (dunkelblau) essentiell.

auch Repressor der Transkription. So reprimiert es die Expression dorsaler und induziert die Expression ventraler Gene. Dorsal hat also eine ventralisierende Funktion im Embryo und ein Verlust von Dorsal führt zu einem dorsalisierten Phänotyp (Namensgebung!). Schaut man sich die Verteilung des Dorsal-Proteins im Blastodermstadium an, so findet man eine uniforme Verteilung der Gesamtmenge an Protein pro Zelle entlang der dorso-ventralen Achse (**Abb. 6.15**). Betrachtet man jedoch die Lokalisation von Dorsal innerhalb der Zelle, so findet man auf der ventralen Seite eine vermehrt nukleäre Lokalisation, wohingegen auf der dorsalen Seite des Embryos Dorsal vermehrt im cytoplasmatischen Teil der Zelle vorliegt. Da Dorsal als Transkriptionsfaktor im Kern aktiv ist, entsteht so ein Dorsal-Aktivitätsgradient. Dieser Gradient führt entlang der dorso-ventralen Achse zur differentiellen Aktivierung zygotischer Gene.

Auf der dorsalen Seite, wo die Konzentration von Dorsal im Kern am niedrigsten ist, wird das Gen *decapentaplegic* (*Dpp*) transkribiert, das *Drosophila* Homolog zu den BMP-Faktoren in Vertebraten (**Abb. 6.15**). Auf der ventralen Seite, wo die Menge nukleären Dorsals am höchsten ist, wird der Zinkfinger Transkriptionsfaktor *twist* abgelesen. Eine intermediäre Konzentration von Dorsal reicht nicht aus, *twist* zu aktivieren. Stattdessen wird bei einer mittleren Konzentration an Dorsal-Protein die Expression des Gens *short gastrulation* (*sog*) gefördert. *Short gastrulation* ist das *Drosophila* Homolog zum Vertebraten *chordin*-Gen. Dpp und Sog sind damit wie BMP und Chordin bei Vertebraten Antagonisten zueinander. Wie auch bei *Drosophila* wird mithilfe von Dpp und Short gastrulation ein Konzentrationsgradient extrazellulärer Dpp-Aktivität etabliert (zum Vergleich bei Vertebraten siehe Kapitel 3). *Dpp*, *short gastrulation* und *twist* legen damit die dorso-ventrale Achse fest und mustern somit den Embryo: Im Bereich der *twist* Expression wird das Mesoderm angelegt, in der Region der niedrigen Dpp-Aktivität, in der jedoch Sog aktiv ist, wird das Neuroektoderm gebildet, während sich im Bereich einer hohen Dpp Konzentration die dorsale Epidermis entwickelt. Das Protein Twist ist auch für die nachfolgende Gastrulation und das Einwandern des Mesoderms notwendig.

Das Terminalsystem | 6.8

Die beiden Enden des *Drosophila* Embryos, das anteriore Akron sowie das posterior gelegene Telson, werden durch den Transmembranrezeptor Torso bestimmt. Das Akron bildet wesentliche Anteile des Kopfskeletts, während das Telson den posterioren Filzkörper und die Spirakel umfasst, die Enden der Tracheen (**Abb. 6.4**).

Tracheen:
Atmungsorgan der Fliege. Luftgefüllte, röhrenförmige Struktur.

Torso wird in der Eizelle in der gesamten Zellmembran exprimiert. Aktiviert allerdings wird dieser Rezeptor durch die lokale Bildung eines Liganden nur an den beiden Enden des Embryos. Dazu wurde während der Oogenese spezifisch an beiden Enden des Embryos im Perivitellinraum das Protein Torso-like gespeichert. Dieses bildet zusammen mit anderen Proteinen den sogenannten Reifungskomplex, der den Liganden Trunk proteolytisch prozessiert. Da von dem aktiven Liganden nur geringe Mengen freigesetzt werden, kann der ubiquitär lokalisierte Rezeptor lediglich an den Enden des Embryos aktiviert werden. Torso wiederum ist ein Tyrosinkinase-Rezeptor, der das empfangene Signal in die Zelle weiterleitet und dabei einen Signalweg verwendet, der dem des FGF-Signalwegs ähnelt. Dadurch werden an beiden Enden des Embryos Gene aktiviert, die für die Differenzierung von Akron und Telson notwendig sind. In erster Linie handelt es sich zunächst um die terminalen Lückengene *tailless* und *huckebein*.

Perivitellinraum:
Raum zwischen Vitellinhülle und Oocyte

6.9 | Die Imaginalscheiben

Das äußere Erscheinungsbild einer adulten Fliege unterscheidet sich deutlich von dem der Embryonen und Larven. Die morphologische Umwandlung, die Metamorphose, findet im Puppenstadium statt. So bilden sich beispielsweise die äußeren Anteile der Fliege wie Flügel, Beine oder Antennen. Diese äußeren Strukturen der adulten Fliege bilden sich aus den Imaginalscheiben, die bereits früh während der Embryogenese und den Larvenstadien angelegt werden. Dabei handelt es sich um eine Ansammlung ektodermaler, undifferenzierter Zellen, welche während

Abb. 6.16

Imaginalscheiben und deren Derivate in *Drosophila* In der Larve sind die Imaginalscheiben der verschiedenen Organe beidseitig angelegt. Die unterschiedlichen Imaginalscheiben sind in der Abbildung farblich codiert und bezeichnet.

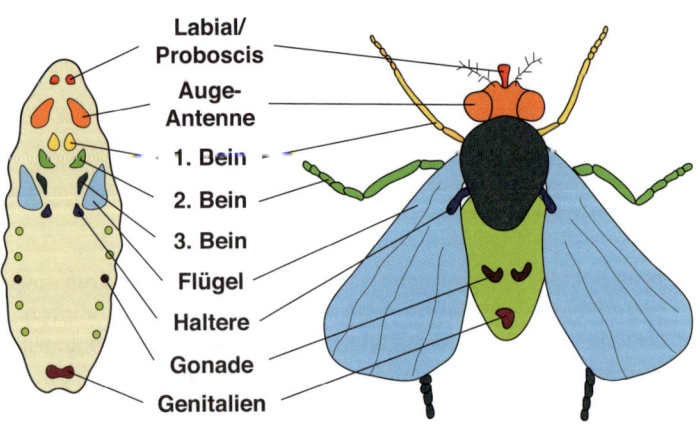

Labial/
Proboscis

Auge-
Antenne

1. Bein

2. Bein

3. Bein

Flügel

Haltere

Gonade

Genitalien

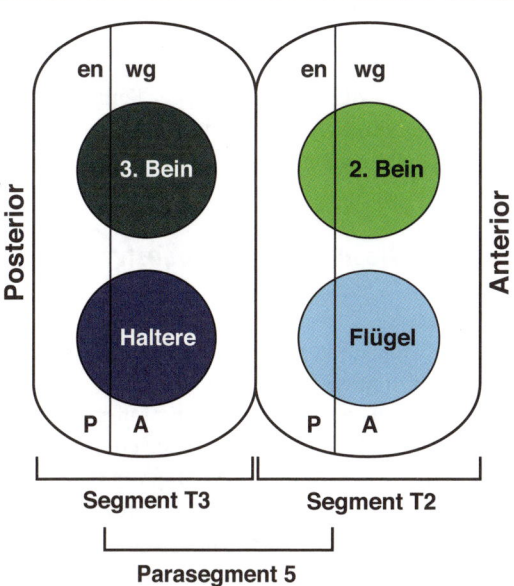

Abb. 6.17

Anterior-posteriore Musterung der Imaginalscheiben Innerhalb der Segmente T2 und T3 (Thoraxsegmente) sind die Imaginalscheiben für Beine, Flügel und Halteren angelegt. Diese Imaginalscheiben werden in der anterior-posterioren Achse durch den Einfluss von wingless (wg) und engrailed (en) gemustert.

der Embryonalentwicklung in Form von kleinen Einstülpungen des Ektoderms zu erkennen sind. In der Larve können mehrere solcher Imaginalscheiben identifiziert werden, insbesondere die Labial-, Augen-, Bein-, Flügel- und Halteren-Imaginalscheiben (**Abb. 6.16**). Insbesondere während des dritten Larvenstadiums findet in diesen Imaginalscheiben eine vermehrte Proliferation statt. Während der eigentlichen Metamorphose, die durch das Hormon Ecdysteron gesteuert wird, vergrößern sich die Imaginalscheiben und bilden fast die gesamte äußere Schicht der adulten Fliege (**Abb. 6.16**).

Die Musterbildung der Imaginalscheiben wird bereits früh durch die Anlage der anterior-posterioren Achse des Embryos bestimmt. So sind die Imaginalscheiben für die Anlage der Flügel in den Segmenten T2 und T3 beidseitig angelegt. Die Segmentpolaritätsgene wie *engrailed*, *wingless* und *hedgehog*, die für die Unterteilung der Segmente in die anterioren und posterioren Anteile verantwortlich sind, sind auch an der Ausbildung der anterioren und posterioren Regionen in den Imaginalscheiben beteiligt. Wie in den Segmenten legt beispielsweise *engrailed* auch das posteriore Kompartiment der Imaginalscheibe und damit auch den posterioren Anteil des Flügels fest (**Abb. 6.17**).

Zudem ist Engrailed Ausgangspunkt für die eigentliche Musterung des Flügels entlang der anterior-posterioren Achse. Im posterioren Teil aktiviert das Engrailed-Protein das *hedgehog*-Gen. Das sezernierte

Hedgehog-Protein diffundiert in anteriore Richtung und aktiviert in einem schmalen Streifen von Zellen die Expression von *dpp*. Dieses diffundiert dann in anteriore und posteriore Richtungen und bildet einen Konzentrationsgradienten aus. In Abhängigkeit von der Konzentration (Schwellenwerte!) werden dann die Zielgene *spalt* und *optomotor-blind* in definierten Regionen des Flügels angeschaltet.

6.10 | Funktionelle Studien in *Drosophila melanogaster*

6.10.1 | Mutagenese-Screens

Ähnlich wie beim Fisch (siehe dazu Kap. 4.1.2) kann man durch das Einwirken von Mutagenen auf männliche Fliegen Genveränderungen in Spermien hervorrufen. Durch gezielte Kreuzungsstrategien ist es anschließend möglich, die eingeführten Mutationen zu vereinzeln und somit zu untersuchen. Ziel hierbei ist die Identifizierung von Genen, die für die Entwicklung der Fliege relevant sind. Die genauen Kreuzungsschemata für die Etablierung einzelner Fliegenlinien im Rahmen eines solchen Mutagenese-Screens sind sehr komplex und sollen hier nicht weiter besprochen werden.

Anders als beim Zebrafisch kann man in der Fliege auf bereits existierende *Drosophila* Stämme zurückgreifen, die es erlauben, während der Mutagenese den Ort des Defektes auf einzelne Chromosomen einzuengen. Dabei kommen temperatur-sensitive Stämme und sogenannte Balancer-Chromosomen zum Einsatz. Letztere erlauben es, rezessivlethale Mutationen als Stamm einfach zu halten und Rekombinationen während der Meiose zu verhindern (siehe dazu den nachfolgenden Abschnitt 6.10.2). Die Lokalisation eines mutagenisierten Allels ist insbesondere dann von Bedeutung, wenn man interessante Gene gefunden hat und nachfolgend die Identität des betroffenen Gens feststellen muss.

In diesem Zusammenhang ist auch die Unterscheidung zwischen maternalen und zygotischen Mutanten wichtig. Bei einer maternalen Mutation führt nur der Genotyp der Mutter zu einem Phänotyp im Embryo. Beispielsweise muss das bicoid-Gen in der Mutter mutiert sein, um Fehler bei der Etablierung der anterior-posterioren Achse im Embryo zu verursachen. Bei zygotischen Mutationen hingegen muss der Genotyp der Zygote, des Embryos, verändert sein, damit ein Phänotyp sichtbar wird.

6.10.2 | Die Balancer-Chromosomen

Balancer-Chromosomen sind für die genetische Arbeit mit *Drosophila* ein unabkömmliches Werkzeug. So erlauben sie die problemlose Kultivie-

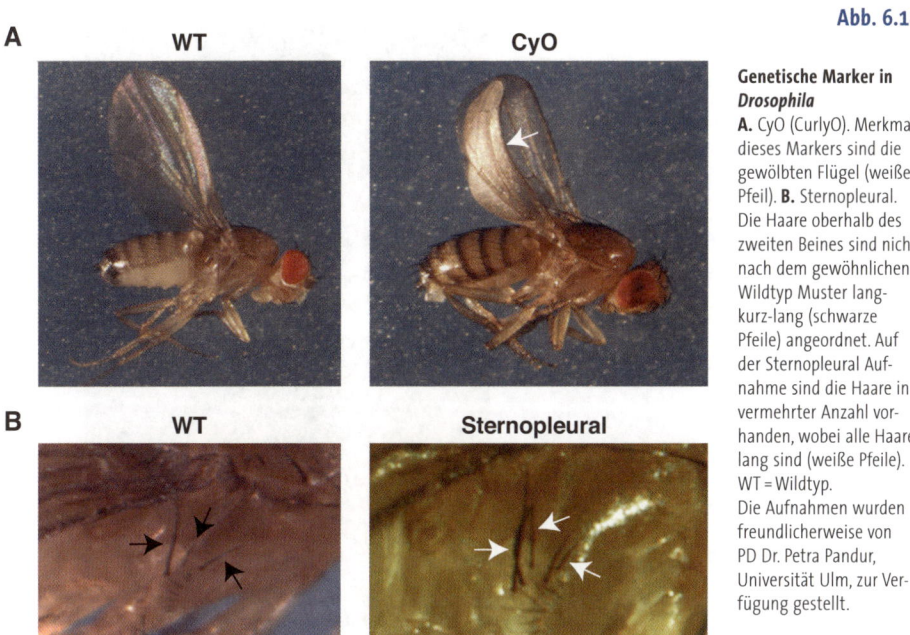

Abb. 6.18

Genetische Marker in *Drosophila*
A. CyO (CurlyO). Merkmal dieses Markers sind die gewölbten Flügel (weißer Pfeil). **B.** Sternopleural. Die Haare oberhalb des zweiten Beines sind nicht nach dem gewöhnlichen Wildtyp Muster lang-kurz-lang (schwarze Pfeile) angeordnet. Auf der Sternopleural Aufnahme sind die Haare in vermehrter Anzahl vorhanden, wobei alle Haare lang sind (weiße Pfeile). WT = Wildtyp.
Die Aufnahmen wurden freundlicherweise von PD Dr. Petra Pandur, Universität Ulm, zur Verfügung gestellt.

rung rezessiv-lethaler Mutationen. Dabei handelt es sich um Chromosomen, die eine Reihe von Inversionen tragen und damit die homologe Rekombination während der Meiose (siehe Kap. 2, **Infobox 3**) effektiv verhindern. Darüber hinaus tragen die Balancer-Chromosomen dominante genetische Marker, die äußerlich in adulten Fliegen erkennbar sind und damit die Anwesenheit des Balancer-Chromosoms angezeigt wird (**Abb. 6.18 und 6.19**). *Drosophila melanogaster* hat insgesamt vier Chromosomen. Balancer-Chromosomen gibt es für die Chromosomen X (=1), 2 und 3 der Fliege. Typische genetische Marker für Balancer-Chromosomen sind beispielsweise Curly of Oster (kurz: CyO) mit geschwungenen Flügeln für ein Balancer-Chromosom für das zweite Chromosom. Für Balancer-Chromosomen, die das dritte Chromosom repräsentieren, sind genetische Marker Stubble (kurze kräftige Haare) oder Serrate (ausgeschnittene Flügel). Im homozygoten Zustand sind Fliegen mit Balancer-Chromosomen aufgrund integrierter Lethalmutationen in den meisten Fällen nicht lebensfähig.

Der Nutzen des Balancer-Chromosoms sei an einem Gen X beschrieben, welches rezessiv-lethal ist und auf dem zweiten Chromosom liegt. Der heterozygote Genotyp für einen Fliegenstamm, der über einem

Abb. 6.19

Genetische Augenmarker in *Drosophila* **Oben:** White[1118] ist eine Allel des *white*-Gens, bei welchem weder braune noch rote Pigmente hergestellt werden. Demzufolge erscheint das Auge der Fliege weiß.
Mitte: Wildtyp Auge. **Unten:** Fliegen, die heterozygot für Drop sind, sind durch die stark reduzierte Anzahl an Omatidien charakterisiert. Die Aufnahmen wurden freundlicherweise von PD Dr. Petra Pandur, Universität Ulm, zur Verfügung gestellt.

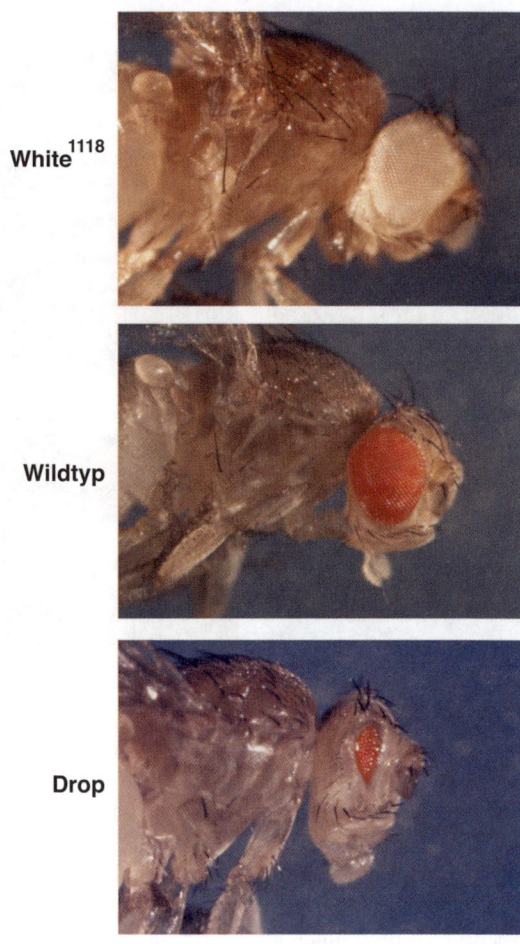

White[1118]

Wildtyp

Drop

Balancer-Chromosom gehalten wird, ist dann X/CyO. Äußerlich ist diese Fliege aufgrund von CyO an einem geschwungenen Flügel gut von anderen Fliegen zu unterscheiden (**Abb. 6.18**). Kreuzt man diesen Fliegenstamm unter sich, so erhält man nach den Mendel'schen Gesetzen in der nächsten Generation die Genotypen X/X (lethal), X/CyO (vital) und CyO/CyO (ebenfalls lethal). Dies bedeutet, dass nur der Genotyp X/CyO überlebt und darüber hinaus leicht durch den dominanten Marker CyO zu identifizieren ist. Demnach ist der Fliegenstamm leicht zu halten und der heterozygote Genotyp gut zu verfolgen. Man spricht hierbei davon, dass die Mutation ausbalanciert sei. Was würde passieren, wenn man versuchen würde, diesen Stamm ohne Verwendung eines Balancer-Chromosoms zu halten? Bereits in der ersten Generation hätte man das Problem, verschiedene Genotypen zu erhalten, die äußerlich nicht mehr zu unterscheiden sind. In unserem Beispiel wäre der Genotyp X/+, wobei + hier das normale zweite Wildtyp-Allel beschreibt. Die Kreuzung führt zu den Phänotypen X/X (lethal), X/+ (kein Phänotyp) und +/+ (kein Phänotyp). An dieser würde ein Problem auftreten, da X/+ und +/+ Fliegen äußerlich nicht mehr zu unterscheiden sind. Selbst wenn dies gegeben wäre, hätte die Gegenwart des Balancer-Chromosoms einen weiteren Vorteil: Da es nicht mehr an der homologen Rekombination teilnimmt, kann die Mutation X nicht mehr aus dem Genom eliminiert werden. Wäre dies nicht der Fall, würde sich der Genotyp einzelner Individuen einer Population über einige Generationen verändern und sich eine Mischpopulation von Fliegen mit unterschiedlichen Genotypen entwickeln.

Das P-Element

6.10.3

Neben den oben beschriebenen Mutagenese-Screens, welche die zufällige Generierung von Mutanten erlauben, können in der Fliege genetische Veränderungen auch gezielt vorgenommen werden. Zur Herstellung transgener Fliegen verwendet man sogenannte P-Elemente, natürlich vorkommende Transposons. Ein Transposon kann ein oder auch mehrere Gene enthalten und ist in der Lage, seinen Ort im Genom zu verändern (Transposition). Dabei kann es entweder aus seinem ursprünglichen Ort herausgeschnitten und an einen anderen Ort des Genoms eingesetzt werden (konservative Transposition) oder es wird eine Kopie von diesem erstellt, welche an einer weiteren Stelle des Genoms eingebracht wird (replikative Transposition). In der Entwicklungsbiologie macht man sich diese natürlich vorkommende Technik zunutze, um gewünschte DNA-Abschnitte in das Genom von *Drosophila* einzubringen. Für die Integration in die DNA benötigt ein P-Element einerseits flankierende, spezielle sich in ihrer Sequenz wiederholende DNA-Abschnitte (engl. *repeats*), andererseits ein Enzym, die Transposase, welches die eigentliche Integration vornimmt.

Um in *Drosophila* mithilfe des P-Elements DNA-Abschnitte in das Genom zu integrieren, injiziert man in das frühe *Drosophila* Ei zwei verschiedene Plasmide. Auf dem einen Plasmid ist das einzuführende Gen beidseits von einem P-Element flankiert, bei dem allerdings die Information für die Transposase fehlt. Weiterhin ist ein Reporter vorhanden, über den später die Integration in das Genom nachgewiesen werden soll. Auf einem zweiten Plasmid befindet sich das Gen, welches für das Enzym Transposase codiert. Werden diese beiden Plasmide in ein frisch abgelegtes Ei in der Region des posterioren Endes eingebracht,

Transposon:
DNA-Abschnitte, die mithilfe des Enzyms Transposase ihre Lokalisation im Genom ändern können. Auch springende Gene genannt.

wird zunächst die Transposase exprimiert, welches die Integration der gewünschten DNA-Abschnitte an zufällige Orte des Genoms katalysiert. Dies geschieht bevorzugt in den posterior lokalisierten Polzellen (Injektionsort!), den späteren Keimzellen. Während der ersten Generation sind die genetischen Veränderungen zunächst auf die Keimzellen beschränkt. Durch geschicktes Kreuzen können schließlich genetisch veränderte Fliegenstämme generiert werden. Mit dieser Methode können transgene Fliegen hergestellt werden, die ein Gen der Wahl z.B. überexprimieren oder dessen Funktion inhibieren. Mit einer gewissen Wahrscheinlichkeit wird durch die Integration des Gens jedoch auch ein Wirtsgen ausgeschaltet, sodass bei der Interpretation von Phänotypen Vorsicht an den Tag zu legen ist. Dieser Nebeneffekt, das Ausschalten eines Gens durch die Integration eines P-Elements, erlaubt es aber auch, mit diesen Fliegen Mutagenese-Screens durchzuführen.

Abb. 6.20

Das Gal4/UAS-System
Dieses System dient zur Überexpression eines Gens in einem bestimmten Gewebe von *Drosophila*. Hierzu benötigt man zwei Fliegenstämme. Einen ersten, welcher Gal4 (grün) unter der Kontrolle eines gewebespezifischen Promotors (weinrot) trägt (links oben). Der zweite trägt das zu untersuchende Gen (blau) mit einer stromaufwärts liegenden UAS-Bindestelle (engl. *upstream activating sequence*) (braun; rechts oben). Kreuzt man diese beiden Stämme, entwickeln sich Fliegen, in welchen das Gal4-Protein im gewünschten Gewebe exprimiert wird (unten). Gal4 bindet an die UAS-Bindestelle, was die Expression des Gens von Interesse zur Folge hat.

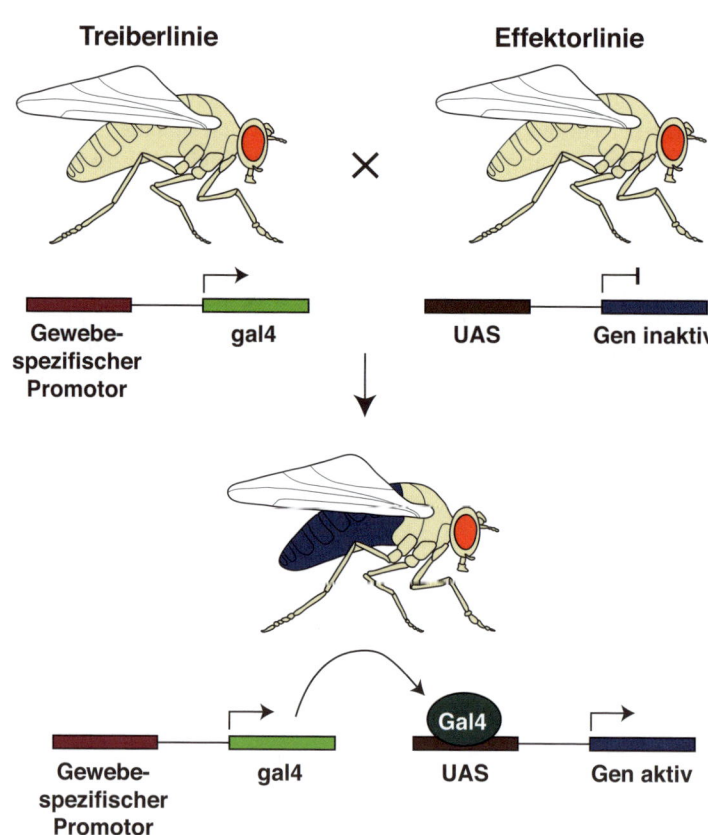

Das Gal4/UAS-System und die Enhancer-Trap Methode

6.10.4

Wie im letzten Abschnitt beschrieben, dienen P-Elemente dazu, transgene Fliegen zu erzeugen. Durch geschickte Anwendung dieser Technik lässt sich ein Gen der Wahl auch gewebespezifisch mithilfe der Gal4/UAS-Methode überexprimieren (**Abb. 6.20**). Gal4 ist ein Transkriptionsfaktor aus der Hefe, der an spezifische UAS-Stellen (engl. *upstream activating sequences*) bindet und damit die Expression von stromabwärts gelegenen Genen aktiviert. Wichtig für die hier angesprochene Methode ist, dass weder Gal4 noch UAS-Bindestellen in der Fliege vorkommen. Zur gewebespezifischen Überexpression wird ein Gen der Wahl unter die Kontrolle von UAS gestellt, dieses Konstrukt mithilfe eines P-Elements in die Fliege eingebracht und so eine neue Fliegenlinie etabliert (Effektorlinie). In einer anderen Fliegenlinie wird der Transkriptionsfaktor Gal4 unter der Kontrolle eines gewebespezifischen Promotors exprimiert (Treiberlinie). Auch dieses Konstrukt wird mithilfe eines P-Elements in Fliegen eingebracht. Kreuzt man nunmehr Fliegen beider Linien, so werden Nachkommen generiert, in denen gewebespezifisch Gal4 exprimiert wird und damit gewebespezifisch das Gen der Wahl aktiviert werden kann. Auf diese Weise können einerseits Proteine gewebespezifisch überexprimiert werden. Andererseits kann man versuchen, den Phänotyp einer Gen-defizienten Fliege durch gewebespezifisches Einbringen dieses Gens zu retten. Dies erlaubt Rückschlüsse darüber, in welchem Gewebe ein Gen für eine bestimmte Funktion benötigt wird.

Abschließend soll an dieser Stelle die Enhancer-Trap Methode besprochen werden. Bei dieser wird ein Reporter mit einem schwachen Promotor über ein P-Element rein zufällig in das Genom integriert. Dadurch kann es passieren, dass dieser unter die Kontrolle eines endogen vorhandenen Promotors oder Enhancers gerät, nämlich dann, wenn es zwischen einem Enhancer und einem Gen in das Genom integriert. Somit reguliert dann der endogene Enhancer die Expression des Reporters. Denkbare Reporter sind das grün fluoreszierende Protein (GFP) oder die bakterielle β-Galaktosidase (lacZ). Letztere kann über eine Enzymreaktion nachgewiesen werden. Alternativ kann Gal4 zusammen mit einem schwachen Promotor verwendet und die Insertion in einem Fliegenstamm vorgenommen werden, in welchem die UAS-Bindungsstellen vor einem der genannten Reporter lokalisiert sind. In jedem Fall ähnelt die Expression des Reporters dann der Expression des durch die Insertion betroffenen Gens. Auf diese Weise wurden eine ganze Reihe verschiedener entwicklungsbiologisch relevanter Gene in der Fliege identifiziert. Bei diesen Fliegenstämmen spricht man auch von Enhancer-Trap Linien.

Reporter:
Gen, dessen Protein im Embryo visualisiert werden kann.

Zusammenfassung

Die Körperachsen in *Drosophila melanogaster* werden initial durch die Wirkung von Morphogengradienten im syncytialen Blastodermstadium festgelegt. Die Transkripte für *bicoid* sind entscheidende Komponenten für den anterioren, die für *nanos* für den posterioren Anteil des Organismus. Zusammen mit den beiden anderen maternalen Komponenten *hunchback* und *caudal* regulieren sie in einer festgelegten, hierarchischen Weise die Expression der Lückengene, welche den Embryo in kleinere Domänen einteilen, bevor die Paarregelgene und die Segmentpolaritätsgene den Embryo entlang der anterior-posterioren Achse in Segmente mit definierter Polarität gliedern. Für die Segmentpolarität sind der Wnt/Wg- und der Hedgehog-Signalweg entscheidend. Die homeotischen Gene (*Hox*-Gene) des Antennapedia- und des Bithorax-Komplexes verleihen den festgelegten Segmenten letztlich ihre Identität. Die Segmentierung des Embryos spiegelt sich auch in der Musterung der Imaginalscheiben wieder, die unter anderem für die Ausbildung der äußeren Strukturen der adulten Fliege verantwortlich sind. Die dorso-ventrale Achse des Embryos wird durch einen Gradienten an nukleären Dorsal Proteins initial festgelegt. An der weiteren Musterung dieser Achse sind *dpp*, das Homolog zum Vertebraten BMP, und *sog*, das Homolog zum Vertebraten *chordin* beteiligt. Für die Verwendung von *Drosophila* sind verschiedene genetische Werkzeug etabliert, die *Drosophila* zu einem einzigartigen, genetischen Modellorganismus für die Entwicklungsbiologie machen.

Fragen

▼

1 Wie werden in *Drosophila* Eier angelegt und gebildet?

2 Wie wird die anterior-posteriore Achse in *Drosophila* etabliert?

3 Wie wird in *Drosophila* die dorso-ventrale Achse bestimmt?

4 Was ist das terminale System?

5 Welche Bedeutung haben maternale Faktoren für die Musterung des *Drosophila* Embryos?

6 Was ist ein Syncytium?

7 Was sind homeotische Gene?

8 Was versteht man unter einem P-Element?

9 Wie können einzelne Proteine in *Drosophila* Embryonen gewebespezifisch überexprimiert werden?

10 Wie kann man bei Mutagenese-Screens herausfinden, ob ein betroffenes Gen bereits maternal einen Effekt besitzt oder erst zygotisch?

DECOTTO, E., A.C. SPRADLING (2005) The *Drosophila* ovarian and testis stem cell niches: Similar somatic stem cells and signals. Dev. Cell 9, 501-510

DRIEVER, W., C. NÜSSLEIN-VOLHARD (1988) The bicoid protein determines position in the Drosophila embryo in a concentration-dependent manner. Cell 54, 95-104

GEHRING, W.J. (1998) Master control genes in development and evolution: The homeobox Story. Yale University Press, New Haven

LAWRENCE, P.A. (1992) The making of a fly. Blackwell Scientific Publications, Oxford

NÜSSLEIN-VOLHARD, C., E. WIESCHHAUS (1980) Mutations affecting segment number and polarity in Drosophila. Nature 287, 795-801

ST. JOHNSTON, D., C. NÜSSLEIN-VOLHARD (1992) The origin of pattern and polarity in the Drosophila embryo. Cell 68, 201-219

STRUHL, G. (1989) Differing strategies for organizing anterior and posterior body pattern in Drosophila embryos. Nature 338, 741-744

7 | Die frühe Entwicklung von *Caenorhabditis elegans*: Asymmetrische Zellteilung und Zell-Zell-Interaktionen

Inhalt

Die Entwicklung des Fadenwurms *Caenorhabditis elegans* ist durch asymmetrische Zellteilungen und direkte Zell-Zell-Interaktionen charakterisiert. Morphogengradienten spielen in der frühen Entwicklung dieses Organismus keine Rolle. Durch Studien in *C. elegans* wurde erstmals die Bedeutung der Apoptose, des kontrollierten Zelltods, für die frühe Entwicklung beschrieben und es ergaben sich erste Hinweise für kleine regulatorische RNA-Moleküle, die microRNAs (miRNAs).

7.1 | Der Fadenwurm *Caenorhabditis elegans*

Caenorhabditis elegans (*C. elegans*) gehört zu den Nematoden, den Fadenwürmern, und wird als ein Modellorganismus zur Untersuchung der Entwicklung von Invertebraten verwendet. Die Tiere selbst können auf einfachen Agarplatten gehalten werden, wobei Bakterien als Nahrungsquelle dienen. *C. elegans* ist ein Hermaphrodit, das heißt, er bildet Keimzellen beiderlei Geschlechts aus und kann durch Selbstbefruchtung Nachkommen zeugen. In seltenen Fällen treten auch Männchen auf, die sich mit Zwittern paaren, welche dabei als Weibchen dienen. Der Organismus ist diploid und erlaubt genetische Analysen verschiedenster Entwicklungsvorgänge (siehe Kapitel 7.4). Das Genom von *C. elegans* ist vollständig sequenziert und weist ca. 20.000 Gene auf.

Somatische Zellen: Nahezu alle Körperzellen (mit Ausnahme der Keimzellen) von höheren Organismen. Das Erbgut dieser Zellen wird im Gegensatz zu dem von Keimzellen nicht an nachfolgende Generationen weitergegeben.

Die Eizelle ist mit einer Größe von gut 50 μm relativ klein. Die Embryonalphase umfasst bei 25 °C etwa 15 Stunden (**Abb. 7.1**). Anschließend verläuft die Entwicklung über drei Larvenstadien bis nach etwa zwei Tagen der adulte Wurm von ca. 1 mm Länge entsteht (**Abb. 7.2**). Damit zeichnet sich *C. elegans* durch eine sehr kurze Generationszeit aus. Zu den Vorteilen dieses Modellorganismus gehört somit neben dem geringen Platzbedarf auch seine schnelle Entwicklung. Weiterhin weist dieser Organismus eine genau definierte Anzahl von Zellen und Zelltypen auf, wobei aufgrund eines festgelegten, unabänderlichen Musters von

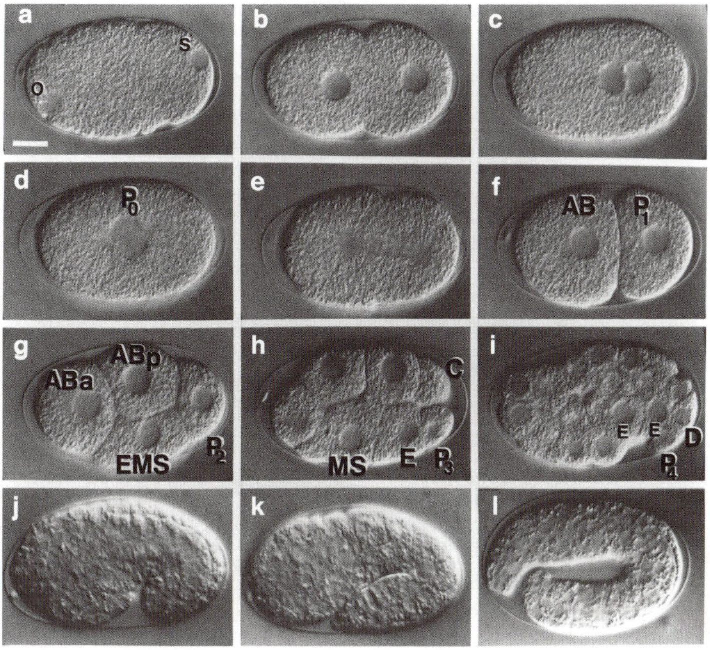

Abb. 7.1

Embryonalentwicklung von *C. elegans*
Anterior ist links, posterior rechts. **a.** Befruchtete Eizelle. Die Vorkerne der Oozyte (O) als auch des Spermiums (S) sind gut zu erkennen. **b und c.** Die Vorkerne bewegen sich aufeinander zu. **d.** Die beiden Vorkerne verschmelzen – die Urkeimzelle PO ist entstanden. **e und f.** Die erste Zellteilung – die Zellen AB und P1 entwickeln sich. **g und h.** Weitere Zellteilungen. **i.** Beginnende Gastrulation. **j,k und l.** Morphogenesestadien. Die Aufnahmen wurden freundlicherweise von Prof. Dr. Einhard Schierenberg, Universität Köln, zur Verfügung gestellt.

Zellteilungen ein Zellstammbaum generiert wurde (**Abb. 7.3**). Der adulte, zwittrige Wurm besteht aus exakt 959 Zellen, zu denen eine variable Anzahl von ca. 2000 Keimzellen hinzukommt. 131 Zellen, die während der Entwicklung angelegt wurden, gehen während der frühen Entwicklung durch den programmierten Zelltod, die Apoptose (siehe Abschnitt 7.3), zugrunde. Handelt es sich um ein Männchen, besitzt dieser 1031 somatische Zellen sowie ca. 1000 Keimzellen.

Abb. 7.2

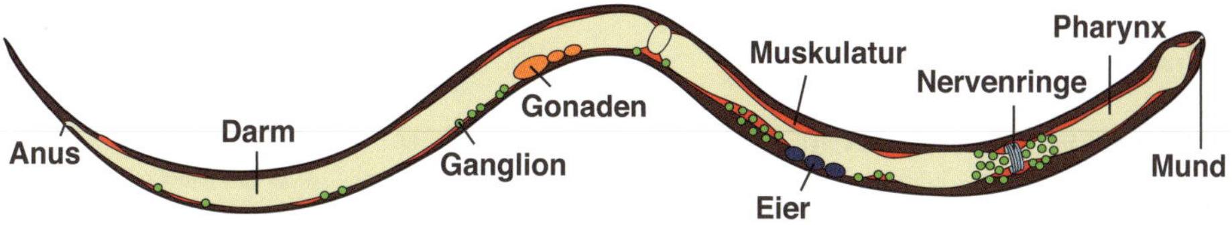

Schema eines adulten *C. elegans* Organismus   Anterior ist rechts, posterior links. Der adulte Wurm weist eine Länge von ca. 1 mm auf. *C. elegans* ist ein Hermaphrodit und besitzt somit Gonaden für die Herstellung von Eizellen als auch Spermien.

Organismen früher Entwicklungsstadien können eingefroren und zu einem späteren Zeitpunkt wieder aufgetaut werden, woraufhin die Entwicklung fortgesetzt wird.

7.2 | Die Festlegung der Körperachsen

Die ersten Zellteilungen führen zu den sogenannten fünf Gründerzellen des Embryos, AB, MS, E, C und D, sowie den Zellen der Keimbahn P0-P4 (**Abb. 7.3**).

Die anterior-posteriore als auch die dorso-ventrale Achse werden während dieser ersten Teilungen deutlich sichtbar (**Abb. 7.3**). Im Gegensatz zu den bisher besprochenen Modellorganismen spielen Morphogengradienten in der frühen *C. elegans* Entwicklung eine untergeordnete

Abb. 7.3

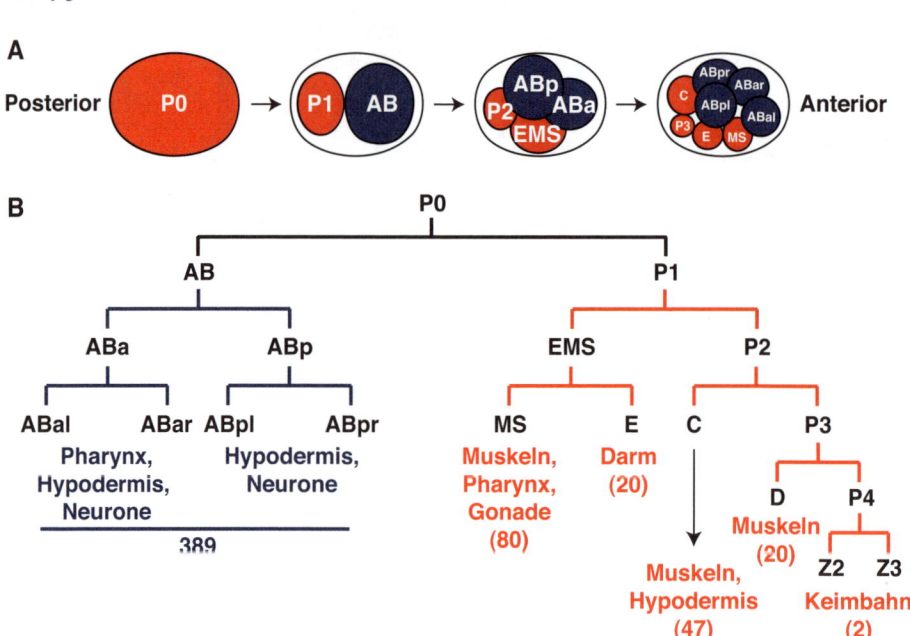

Schematische Darstellung der frühen Zellteilungen in *C. elegans* **A.** Frühe mitotische Teilungen. Aus P0 entsteht anterior AB (blau) und posterior P1 (rot). AB entwickelt sich weiter zu ABa (anterior) und ABp (posterior); P1 zu EMS (anterior) und P2 (posterior). In der folgenden Teilungsphase entstehen aus ABa ABal und ABar, aus ABp ABpl und ABpr, aus EMS MS und E und aus P2 C und P3. **B.** Zellstammbaum von *C. elegans*. Die Anzahl und das Schicksal der Zellen sind genau festgelegt. Die angegebenen Zahlen beziehen sich auf den Zeitpunkt des Schlüpfens der Larve. Aus den verschiedenen Zellen entwickeln sich unterschiedliche Gewebetypen wie in der Abbildung beschrieben.

Rolle. Vielmehr sind asymmetrische Zellteilungen und direkte Zell-Zell-Interaktionen von herausragender Bedeutung.

Die anterior-posteriore Achse des Embryos wird schon während der Oogenese und den meiotischen Teilungen festgelegt. So befindet sich der Zellkern der Oocyte im späteren vorderen Teil des Embryos und markiert so den anterioren Pol. Der haploide Kern der Eizelle wird durch den haploiden männlichen Vorkern ergänzt. Das Spermium dringt am zukünftigen posterioren Pol des Embryos ein und bringt dabei zwei Centriolen mit.

Die erste Mitose des Embryos wird von einer Reihe an Ereignissen begleitet. Die P-Granula, die später die Keimzellen markieren und zunächst gleichmäßig im Embryo verteilt sind, bewegen sich in die posteriore Hälfte. Ausgehend von beiden Centriolen bilden sich Centrosomen und Mikrotubuli aus, die sich in die Mitte der Zelle verschieben und dort eine Rotationsbewegung durchlaufen. Nach dieser Rotationsbewegung sind die Centrosomen und Mikrotubuli an der Längsachse orientiert und können später die DNA auf die Tochterzellen verteilen (siehe Kapitel 2). Die Vorkerne haben sich währenddessen ebenfalls in der Mitte der Zelle eingefunden. Die erste Zellteilung führt zu zwei ungleich großen Zellen. AB ist deutlich größer als P1 (**Abb. 7.1**). AB markiert den anterioren Pol des Embryos, P1 den posterioren. Zugleich ist die Zellteilung asymmetrisch: Die P-Granula werden ausschließlich an die P1-Zelle weiter gereicht. Wichtig ist es, an dieser Stelle zu betonen, dass die P-Granula nur ein Anzeichen für die asymmetrische Zellteilung sind, nicht jedoch deren Ursache. Im folgenden Verlauf der Entwicklung bleiben die P-Granula im Rahmen weiterer, asymmetrischer Teilungen mit den Vorläuferzellen der Keimzellen assoziiert (P1-P4).

> **P-Granula:**
> Partikel, die RNA-Moleküle und Proteine enthalten.

Die dorso-ventrale Körperachse wird durch einen direkten Zellkontakt festgelegt. So teilt sich in einem Wildtyp Embryo AB in eine anterior gelegene ABa-Tochterzelle sowie eine weiter posterior gelegene ABp-Zelle. Verändert man diese Polarität künstlich, bringt also die normalerweise weiter anterior gelegene Zelle in eine posteriore Position, beeinflusst dies die asymmetrische Zellteilung von P1 in P2 und EMS (**Abb. 7.4**). Der Embryo entwickelt sich dennoch normal zu einem Wurm weiter, jedoch auf dem Kopf. Dieser experimentelle Eingriff zeigt, dass eine Interaktion der P1-Zelle mit AB bzw. deren Tochterzellen für den korrekten Ablauf der asymmetrischen Zellteilung essentiell ist.

Im Vier-Zell-Stadium werden zwei Signalwege aktiv, die Einfluss auf die weitere Differenzierung der Zellen nehmen. Die beiden AB-Tochterzellen, ABa und ABp, exprimieren auf ihrer Zelloberfläche ein Transmembranprotein, GLP1, das einen Rezeptor der Notch-Familie darstellt (zum Notch-Signalweg siehe Kapitel 8.2). Der Ligand für diesen Rezeptor,

> **GLP:** *abnormal germ line proliferation*

Abb. 7.4

Experiment zur Festlegung der dorso-ventralen Achse   A. Normale Entwicklung von *C. elegans*. **B.** Verändert man die Lokalisation der beiden Zellen ABa und ABp kurz vor der Teilung der P1 Zelle, so entwickeln sich EMS und P2 nach einem umgedrehten Muster. Im adulten Wurm spiegelt sich dieser Eingriff in einem Wurm wider, in dessen alle Organe auf dem Kopf stehen.

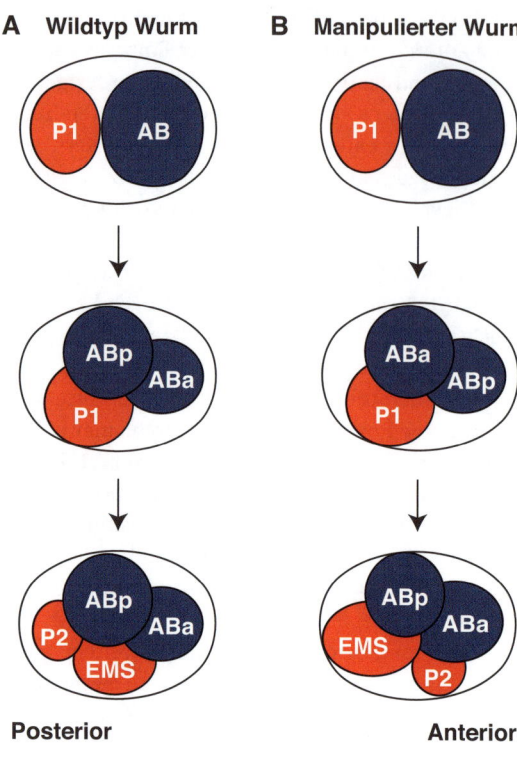

A   Wildtyp Wurm

B   Manipulierter Wurm

Posterior

Anterior

APX: *anterior pharynx in excess*

APX1, ein Delta-ähnliches Molekül, wird in der P2-Zelle gebildet. Auch APX1 ist ein Transmembranprotein und auf der Zelloberfläche lokalisiert. Da allerdings nur ABp Kontakt zu P2 hat, wird der Notch-Signalweg auch nur in dieser Zelle aktiv, in der anderen ist er demnach inaktiv. Aufgrund dieser direkten Zell-Zell Interaktion unterscheiden sich also nunmehr ABa und ABp und sie bilden unterschiedliche Nachkommen.

Als zweiter wichtiger Signalweg ist der Wnt-Signalweg zu nennen, der in diesem Zusammenhang Einfluss auf die asymmetrische Zellteilung von EMS nimmt. EMS teilt sich in eine weiter anterior gelegene MS- und eine weiter posterior gelegene E-Tochterzelle. Die E-Zelle bildet später endodermale Derivate wie den Darm, während MS Muskelzellen (mesodermales Derivat!) entwickelt. Der Wnt-Signalweg ist für die Spezifizierung der E-Zelle notwendig, was man an mutanten *C. elegans* Embryonen zeigen konnte. Der Wnt-Ligand für diesen Vorgang wird wiederum

MOM:
more mesoderm

in P2 gebildet und heißt MOM2. Der zugehörige Frizzled-Rezeptor ist MOM5 und wird auf der Oberfläche von EMS präsentiert. In Tieren, denen entweder MOM2 oder MOM5 fehlt, werden beide Tochterzellen von EMS zu Muskelvorläufern vom MS-Typ. Dies zeigt, dass die Interaktion von MOM2 und MOM5 in EMS eine asymmetrische Zellteilung bewirkt.

Diese Beispiele zeigen, dass im *C. elegans* Embryo direkte Zell-Zell-Kontakte und asymmetrische Zellteilungen bei der Festlegung der Körperachsen und der zellulären Differenzierung von großer Bedeutung sind.

Der programmierte Zelltod: Die Apoptose | 7.3

Apoptose versus Nekrose | 7.3.1

Mithilfe des programmierten Zelltods kann ein Organismus gezielt unerwünschte Zellen während der Embryogenese eliminieren. In diesem von John F.R. Kerr 1972 geprägten Begriff stecken die griechischen Wortstämme *apo*, weg, und *ptosis*, der Fall, die zusammen das Fallen der Blätter im Herbst beschreiben sollen.

Erste Erkenntnisse über diesen Prozess wurden in *C. elegans* gewonnen. Der programmierte Zelltod spielt dort sowohl während der Entwicklung, als auch im adulten Organismus eine wichtige Rolle. Während der frühen Embryonalentwicklung kommt es zur Eliminierung von genau 131 der 1090 somatischen Zellen. In den adulten Hermaphroditen sterben ungefähr 50 % der gebildeten weiblichen Keimzellen ab. Durch genetische Untersuchungen konnten drei für die Apoptose essentielle Gene identifiziert werden: Ced3, 4 und 9 (engl. *cell death abnormal*). Ced3 und 4 codieren für Aktivatoren des Zelltods, während *ced9* ein Apoptoseinhibitor darstellt. Die Funktion dieser Gene ist innerhalb verschiedener Organismen hoch konserviert. Das menschliche Homolog von *ced9* stellt *Bcl2* (engl. *B-cell lymphoma 2*) dar, ein wichtiger Regulator des Apoptosevorgangs. Ced3 codiert für eine Cysteinprotease und ist der Prototyp für die Zelltodproteasen, die Caspasen. Das dritte Protein, Ced4, ist ein Aktivator der Caspasen und zum menschlichen Apaf1 (apoptotischer Protease-Aktivierungsfaktor 1) homolog.

Die Apoptose ist ein kontrollierter, von der Zelle gesteuerter Prozess, in dessen Verlauf es zum Abbau der Zelle kommt. Ein weiteres, wichtiges Merkmal der Apoptose ist, dass dabei das Nachbargewebe nicht geschädigt wird. Die Apoptose unterscheidet sich von der Nekrose dadurch, dass bei der Nekrose die Zelle anschwillt, platzt und der Zellinhalt unkontrolliert in das Nachbargewebe freigegeben wird. Im Gegensatz zur Apoptose löst dies eine Entzündungsreaktion aus. Während der Apoptose spalten sogenannte Endonukleasen im Zellkern die DNA.

Nekrose:
Das pathologische Absterben von einzelnen oder mehreren Zellen im lebenden Organismus.

Die dabei entstehenden Enden der DNA-Fragmente können mithilfe der TUNEL-Methode (engl. *TdT-mediated dUTP-biotin nick end labeling*) nachgewiesen werden. Der TUNEL-Assay ist somit ein spezifischer Nachweis für apoptotische Zellen.

Während der embryonalen Entwicklung kommt es bei einer Vielzahl von Prozessen zur Apoptose von Zellen. An dieser Stelle sollen einige Beispiele für diese Prozesse kurz angesprochen werden. Bereits beschrieben wurde das apoptotische Absterben somatischer Zellen und Zellen der weiblichen Keimbahn in *C. elegans*. Bei der Entwicklung des Frosches führt der programmierte Zelltod während der Metamorphose zum Verlust des Schwanzes der Kaulquappe. Während der Extremitätenentwicklung spielt die Apoptose bei der Bildung der einzelnen Finger eine wichtige Rolle. Dabei kommt es zum Absterben der Zellen, die sich zwischen den Fingern befinden (siehe hierzu Kapitel 9.3). Bei der Entwicklung des Linsenauges (siehe Kapitel 8.9.3) unterliegen Zellen des Glaskörpers und der Linse der Apoptose, um die Lichtdurchlässigkeit der Linse zu gewährleisten. Während der Bildung des Nervennetzwerkes durchlaufen viele der zuvor gebildeten, aber nicht verschalteten Nervenzellen die Apoptose (siehe Kapitel 8.6).

7.3.2 | Die Signalwege der Apoptose

Apoptose wird durch zwei unterschiedliche Signalwege ausgelöst, den extrinsischen und den intrinsischen Weg.

Der extrinische Signalweg wird durch äußere Faktoren ausgelöst, die membranständige Rezeptoren aktivieren (**Abb. 7.5**). Hierbei findet eine Ligandenbindung an Rezeptoren der TNF-Familie (Tumornekrosefaktor) statt. Diese Rezeptoren weisen intrazellulär eine DD-Domäne (engl. *death domain*) auf. Liganden können beispielsweise FasL, TNF (engl. *tumor necrosis factor*) oder andere Cytokine darstellen. Bindet ein Ligand an einen Rezeptor, kommt es zur Trimerisierung des Rezeptors an der Zellmembran. Dieser Vorgang führt zur intrazellulären Bindung von verschiedenen Adapterproteinen wie FADD (engl. *fas associated protein with death domain*) an die DD-Domäne des Rezeptors. FADD weist zwei Domänen auf: Eine DD- und eine DED-Domäne (engl. *death effector domain*). Über DED bindet dieses Protein Procaspase 8 und unterstützt dessen Spaltung. Die somit aktivierte Caspase 8 löst die sogenannte Caspase-Kaskade aus, die schlussendlich in der Apoptose der Zelle mündet.

Ein Auslöser für den intrinsischen Signalweg (**Abb. 7.5**) ist beispielsweise die Schädigung der Erbinformation. Eine Schädigung der DNA führt zur Aktivierung von p53, einem Tumorsuppressorprotein. Dieser Transkriptionsfaktor aktiviert seinerseits die Expression verschiedener Proteine der Bcl2 Familie wie Bax (engl. *Bcl2 associated X protein*), Bad

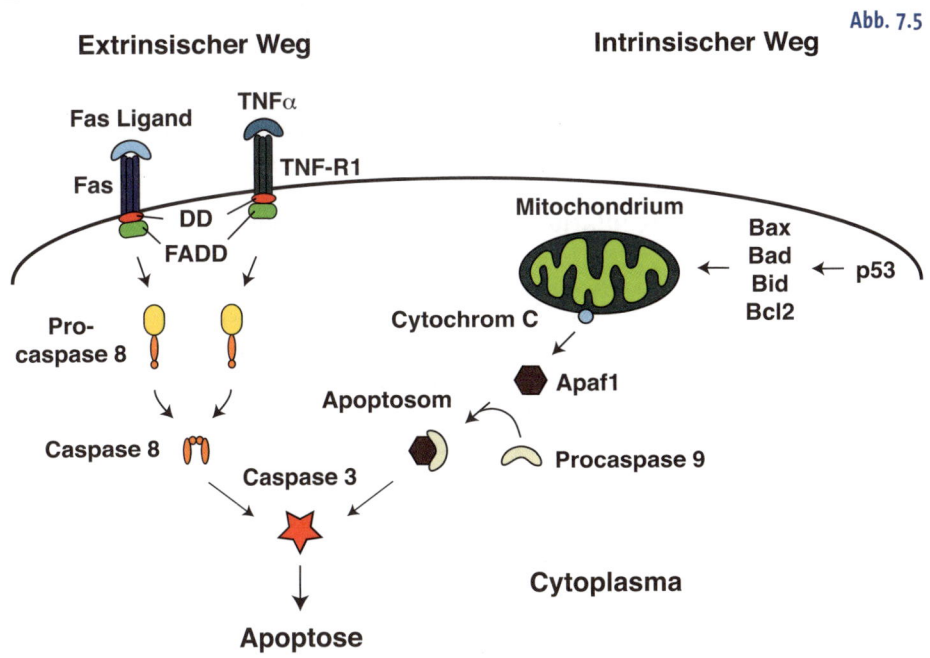

Abb. 7.5

Signalwege der Apoptose   Links ist der extrinsische, **rechts** der intrinsische Signalweg dargestellt. Im extrinsischen Signalweg kommt es zur Bindung eines Liganden (FasL oder TNFα) an einen membranständigen Rezeptor (Fas oder TNF-R1). Dieser weist intrazellulär eine DD-Domäne auf, an welche FADD binden kann. FADD ist so in der Lage, über seine DED-Domäne die Procaspase 8 zu binden und zu spalten, wodurch Caspase 8 entsteht, welche über Caspase 3 die Apoptose einleitet. Der intrinsische Signalweg ist Folge intrazellulärer Veränderungen der Zelle wie z.B. Mutationen in der DNA. Dies führt zur Aktivierung der Transkriptionsfaktors p53, der die Expression verschiedener Faktoren wie Bax, Bad, Bid und Bcl2 fördert. Wird die Expression eines Apoptosefördernden Faktors ausgelöst, so kommt es zur Freisetzung von Cytochrom C (hellblau) aus den Mitochondrien. Dieses bindet an Apaf1, an welches nun Procaspase 9 andocken kann. Das gebildete Apoptosom setzt schlussendlich die Caspase-Kaskade in Gang und die Zelle unterliegt der Apoptose. Abkürzungen siehe Haupttext.

(engl. Bcl2 antagonist of cell death) und Bid (engl. Bcl2 interacting protein). Bax und Bid sind pro-apoptotisch und beschleunigen die Apoptose. Auch Bad fördert die Apoptose, in dem es ein Apoptose-hemmendes Protein bindet und inaktiviert. Bcl2 selbst hingegen verhindert die Apoptose. Apoptose-fördernde Faktoren bewirken die Freisetzung von Cytochrom C aus dem Intermembranraum des Mitochondriums. Cytochrom C bindet zusammen mit dATP an Apaf1, welches dadurch seine Konformation verändert. In Folge dessen wird die CARD (Caspase-Rekrutierungsdomäne) in Apaf1 frei und Procaspase 9 kann daran binden. Das gebildete Heterodimer wird als Apoptosom bezeichnet und stellt die aktive Form von Caspase 9 dar. Caspase 9 löst wie Caspase 8 die Caspase-Kaskade aus und es kommt zum Untergang der betroffenen Zelle.

Die Aktivierung beider Apoptosesignalwege ist mit der Aktivierung der sogenannten Effektorcaspasen Caspase 3, 6 und 7, die den eigentlichen Zelltod auslösen, begleitet. Hierbei wird die Zelle über die Abschnürung kleiner Vesikel fragmentiert, die über Phagocytose von Fresszellen aufgenommen und schlussendlich verdaut werden.

7.4 | Genregulation durch RNA-Interferenz

C. elegans hat auch bei der Entdeckung kleiner regulatorischer RNA-Moleküle, den microRNAs (miRNAs), eine herausragende Rolle gespielt. Diese sind in der Lage, die Stabilität oder die Translation ausgewählter mRNA-Moleküle zu regulieren (**Abb. 7.6**).

miRNA-Moleküle werden von eigenen miRNA-Genen in Form eines Vorläufermoleküls abgelesen und nehmen eine charakteristische, teilweise doppelsträngige Struktur an. Die gebildeten Vorläufer miRNAs werden aus dem Zellkern transportiert und in zwei Schritten durch spe-

Abb. 7.6

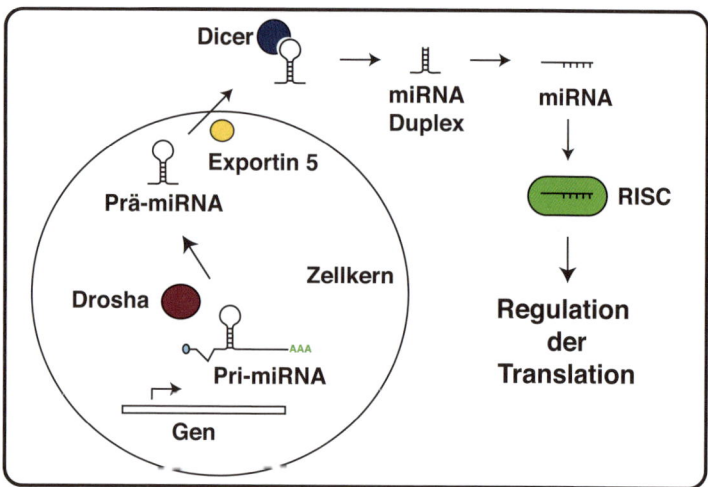

Die Bildung von microRNA Molekülen Im Zellkern entsteht die Pri-miRNA mit einer 5'Cap-Struktur (hellblau) und einem Poly-A-Schwanz (hellgrün) als primäres Transkript der miRNA-Gene. Mit Hilfe des Enzyms Drosha werden die beiden Enden der Pri-miRNA abgeschnitten, wodurch die Prä-miRNA gebildet wird. Über Exportin 5 gelangt die Prä-miRNA aus dem Zellkern ins Cytoplasma. Dort wird diese durch das Enzym Dicer so verändert, dass ein miRNA-Duplex aus zwei antiparallelen Strängen entsteht. Hiervon bildet ein Strang die miRNA, welche in den so genannten RISC-Komplex eingeht, der schlussendlich Einfluss auf die Translation bestimmter Ziel-mRNA Moleküle ausübt. Dies geschieht entweder indirekt über die Degradation der betroffenen mRNA oder direkt durch einen inhibitorischen Einfluss auf die Ribosomen.

zielle RNAsen, Drosha und Dicer, prozessiert. Letztlich bleiben kurze, doppelsträngige RNA-Moleküle mit einer Länge von ungefähr 21 Nukleotiden übrig. Dieser Doppelstrang wird entwunden und lediglich eines der beiden gebildeten RNA-Moleküle greift anschließend in die Regulation einer Ziel-mRNA ein. Dieses bindet an RISC (engl. RNA induced silencing complex), der wiederum die miRNA nutzt, um aufgrund von *antisense* Basenpaarung zwischen der miRNA und mRNA mit einer Ziel-mRNA zu interagieren. RISC enthält darüber hinaus eine RNase, welche die endogene RNA abbauen kann. Alternativ interagiert der mRNA gebundene RISC mit der Translationsmaschinerie und inhibiert diese.

Diese natürlich vorkommende Form der Genregulation dient als Vorbild für experimentelle Eingriffe. So kann durch das Einbringen eines RNA-Doppelstrangs bzw. kurzer doppelsträngiger RNA-Moleküle eine endogen vorhandene mRNA abgebaut und somit ein *Knock-down* herbeigeführt werden. Diese Methode wird in *C. elegans* sehr einfach angewendet. Hierzu werden an *C. elegans* Bakterien verfüttert, welche die doppelsträngige RNA in Form einer *small hairpin* RNA (shRNA) exprimieren. Die Doppelstrang-RNA wird von den *C. elegans* Zellen aufgenommen und in Folge dessen, wie oben beschrieben, weiter prozessiert. Dieses Verfahren der Genregulation kann auch in Zellkultur oder anderen Modellorganismen angewendet werden. Für die Entdeckung dieser Zusammenhänge und Entwicklung des experimentellen Verfahrens der RNA-Interferenz erhielten die amerikanischen Biologen Andrew Fire und Craig Mello 2006 den Nobelpreis für Medizin.

Mittlerweile kennt man eine sehr große Anzahl von miRNA-Molekülen und viele Studien konnten zeigen, dass diese in entscheidende, entwicklungsbiologisch relevante Abläufe involviert sind. Während der *C. elegans* Entwicklung beispielsweise spielen miRNAs eine wichtige Rolle in einer Vielzahl von Prozessen. Mutationen in der miRNA lin4 führen zu Störungen in der larvalen Entwicklung. Die miRNA Let7 hingegen ist zu einem späteren Zeitpunkt exprimiert und am Übergang von der Larve zum adulten Organismus beteiligt. Beide miRNAs sind für den korrekten zeitlichen Verlauf der frühen *C. elegans* Entwicklung entscheidend.

Zusammenfassung

C. elegans ist ein Modellorganismus zur Untersuchung der Entwicklung von Invertebraten. *C. elegans* ist durch ein inhärentes Muster an Zellteilungen charakterisiert, was die Aufstellung eines Zellstammbaums aller Zellen des adulten Wurms erlaubt. Die anterior-posteriore Körperachse wird durch asymmetrische Zellteilungen bestimmt, während die Festlegung der dorso-ventralen Körperachse durch direkte Zell-Zell-Interaktionen begründet wird. Auch die ersten Differenzierungsentscheidungen beruhen auf Zell-Zell-Interaktionen, die durch Notch/Delta-ähnliche Signale oder den Wnt-Signalweg reguliert werden. Die Apoptose von Zellen ist während der *C. elegans* Entwicklung unabdingbar. Eine beliebte Methode zum Ausschalten von Genen in *C. elegans* ist die Verwendung von shRNA, die über Bakterienkulturen in den Wurm eingebracht werden können. Diese Methode verwendet zelluläre Prozesse, die wir auch bei der Regulation der Genexpression durch miRNA-Moleküle finden.

Fragen ▼

1 Skizzieren Sie die Vor- und Nachteile von *C. elegans* als Modellorganismus der Entwicklungsbiologie.

2 Was verstehen wir unter einer asymmetrischen Zellteilung?

3 Beschreiben Sie den Zellstammbaum von *C. elegans*.

4 Welche Bedeutung haben Notch/Delta- und Wnt-Signale für die frühe Entwicklung von *C. elegans*?

5 Was ist Apoptose, was die Nekrose?

6 Beschreiben Sie die Signalwege, die in der Auslösung der Apoptose beteiligt sind.

7 Skizzieren Sie die Genregulation durch miRNA.

Literatur ▼

Kamath R.S. und 12 weitere Autoren (2003) Systematic functional analysis of the *Caenorhabditis elegans* genome using RNAi. Nature 421, 231-237

Lim, L.P. und weitere 7 Autoren (2003) The microRNAs of *Caenorhabditis elegans*. Genes Dev. 17, 991-1008

Sulston, J. E., E. Schierenberg, J. G. White, J. N. Thompson (1983) The embryonic cell lineage of the nematode *Caenorhabditis elegans*. Dev. Biol. 100, 64-119

Wallenfang, M. R., G. Seydoux (2000) Polarization of the anterior-posterior axis of *C. elegans* is a microtubule-directed process. Nature 408, 89-92

Neurale Musterung | 8

In diesem Kapitel betrachten wir die Entwicklung des Neuralgewebes bis hin zum komplexen Nervensystem. Dabei stehen zunächst die molekularen Grundlagen zur Musterung der Neuralplatte in ihrer anterior-posterioren als auch dorso-ventralen Achse im Vordergrund. Hierbei übernehmen Morphogengradienten eine wichtige Aufgabe. Nicht alle Zellen der Neuralplatte entwickeln sich zu Nervenzellen, den Neuronen. Ein Teil der Zellen differenziert zu Gliazellen, die für die elektrische Isolation der Neurone, den Stofftransport zu den Neuronen und die Aufrechterhaltung des Milieus im Gehirn eine wichtige Funktion einnehmen. Die Unterscheidung zwischen beiden Zelltypen erfolgt durch den Notch/Delta-Signalweg. In der weiteren Entwicklung formen die Neurone ein zelluläres Interaktionsnetzwerk, wobei sie Axone ausbilden, mit welchen sie zu anderen Zellen Kontakt aufnehmen. Dabei spielt der Vorgang der axonalen Wegfindung eine besondere Rolle. Im letzten Abschnitt beschreiben wir die Bildung des Auges sowohl in Vertebraten als auch der Fliege.

Die Entwicklung des Nervensystems kann prinzipiell in verschiedene, sich teilweise zeitlich überlappende Phasen bzw. Stufen eingeteilt werden:

▶ Induktion und Musterung der neuralen Region
▶ Unterscheidung zwischen Neuron und Gliazelle sowie deren Migration
▶ Spezifizierung des Zellschicksals, z.B. spezifische Neuronentypen
▶ Ausbildung eines Axons und Leitung eines Wachstumskegels in Richtung spezifischer Zielorte
▶ Ausbildung von Synapsen am Zielort
▶ Neuronenauslese durch neurotrophe Faktoren
▶ Umorganisation von funktionellen Synapsen
▶ Andauernde synaptische Plastizität während der gesamten Lebensphase

Während wir auf die initialen Vorgänge der Neuralinduktion und der Neurulation bereits in den Kapiteln 3 und 5 eingegangen sind, konzentrieren wir uns hier auf die späteren Aspekte.

8.1 | Die Musterung der anterior-posterioren Achse

8.1.1 | Die anterior-posteriore Gliederung des Neuralrohrs

Im Laufe der Entwicklung gliedert sich das Neuralrohr in das anterior gelegene Gehirn sowie das posterior gelegene Rückenmark. Noch bevor das Neuralrohr im posterioren Bereich geschlossen ist (Neurulation), bilden sich im anterioren Neuralrohr bereits die Anlagen der drei primären Gehirnbläschen aus: Das Vorderhirn (Prosencephalon), das Mittelhirn (Mesencephalon) und das Hinterhirn (Rhombencephalon). In der weiteren Entwicklung entstehen daraus die sekundären Gehirnbläschen, wobei das Prosencephalon in das anteriore Telencephalon und das caudale Diencephalon, sowie das Rhombencephalon in das anteriore Metencephalon und das posteriore Myelencephalon unterteilt werden (**Abb. 8.1**). Die verschiedenen Gehirnabschnitte erfüllen später unterschiedlich definierte Funktionen.

Beim Menschen erfolgt im Großhirn (Telencephalon) die Informationsverarbeitung aus den wichtigen Sinnesorganen wie Auge, Ohr, Nase

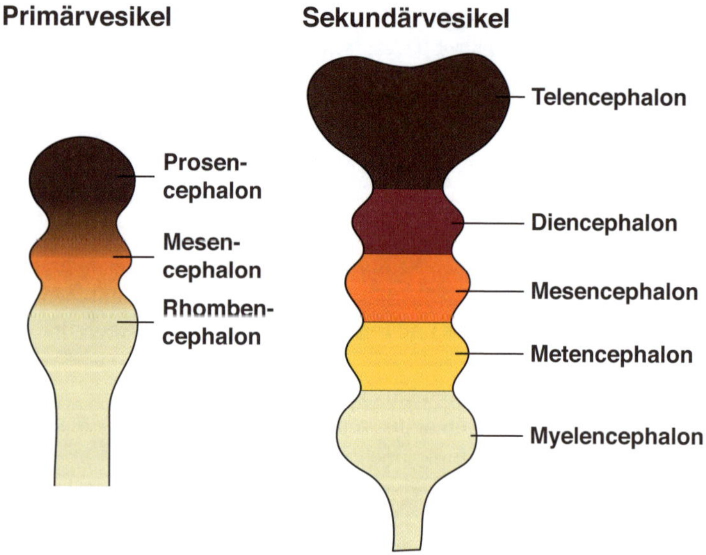

Abb. 8.1

Einteilung des anterioren Neuralgewebes in unterschiedliche Gehirnbereiche Früh in der Entwicklung erfolgt eine Einteilung in die Primärvesikel Vorderhirn (Prosencephalon), Mittelhirn (Mesencephalon) und Hinterhirn (Rhombencephalon). Später in der Entwicklung teilen sich das Prosencephalon in das Telen- und Diencephalon und das Rhombencephalon in das Meten- und Myelencephalon. Die einzelnen Gehirnabschnitte sind farblich markiert.

Primärvesikel

- Prosencephalon
- Mesencephalon
- Rhombencephalon

Sekundärvesikel

- Telencephalon
- Diencephalon
- Mesencephalon
- Metencephalon
- Myelencephalon

und Zunge. Zudem werden hier die Informationen des Langzeitgedächtnisses gespeichert. Im Diencephalon befinden sich der Thalamus und der Hypothalamus. Der Thalamus stellt eine Umschaltstation dar, in welcher die Informationen aus dem Körper zur Großhirnrinde weitergeleitet werden. Der Hypothalamus ist das wichtigste Steuerzentrum des vegetativen Nervensystems und besitzt u.a. die Aufgabe, die Körpertemperatur, den Blutzuckergehalt und den Titer wichtiger untergeordneter Hormone zu regeln. Dazu werden im Hypothalamus einerseits Releasing-Hormone gebildet, die auf die Adenohypophyse (Hypophysenvorderlappen) einwirken, andererseits Hormone, die über einen axoplasmatischen Transport in die Neurohypophyse (Hypophysenhinterlappen) transportiert und dort freigesetzt werden. Des Weiteren bildet sich aus dem Diencephalon die Retina (Kapitel 8.9.3). Im Mesencephalon, welches nicht weiter aufgeteilt wird, werden die optischen Informationen an die beiden Sehzentren in der Großhirnrinde (Neocortex) weitergeleitet. Aus dem Metencephalon bildet sich während der weiteren Entwicklung das Kleinhirn (Cerebellum), welches für die Steuerung der Motorik wichtig ist. Im Myelencephalon (*Medulla oblongata*) befinden sich die Zentren für die Kontrolle des Blutkreislaufs und der Atmung.

Molekularen Grundlagen der anterior-posterioren Musterung | 8.1.2

Die ersten Erkenntnisse über die Musterung des Neuralrohrs in anterior-posteriorer Richtung wurden bereits in den 1930er Jahren anhand von Amphibien gewonnen und später an verschiedensten weiteren Modellorganismen bestätigt. Hierbei konnte gezeigt werde, dass der Spemann-Organisator nicht nur die Bildung von Neuralgewebe induziert (siehe Kapitel 3), sondern auch die verschiedenen Abschnitte entlang der anterior-posterioren Achse innerhalb des Neuralrohrs spezifiziert. An dieser Stelle sollen zwei klassische Experimente, die diese Aussage unterstützen, kurz vorgestellt werden.

Bereits 1933 publizierte Otto Mangold entscheidende Ergebnisse zur anterior-posterioren Musterung des Neuralrohrs anhand von Transplantationsexperimenten an Molchen (siehe **Abb. 8.2**). Hierzu isolierte er während der Gastrulation vier spezifische Geweberegionen aus dem Urdarmdach (das einwandernde Mesoderm und eine endodermale Zellschicht!) und führte diese in das Blastocoel eines frühen Gastrula-Embryos (Empfänger) ein. Diese transplantierten Gewebestücke induzierten im Empfängerembryo die Ausbildung sekundärer Strukturen (siehe dazu Kapitel 3). Wichtig bei der Deutung dieses Experimentes ist jedoch die Art des induzierten Gewebes. Die Transplantation anteriorer Urdarmdächer hatte die Ausbildung anterior gelegener Strukturen (z.B.

ein zweiter Kopf) zur Folge, wohingegen die Transplantation posteriorer Urdarmtransplantate die Ausbildung sekundärer posteriorer Strukturen (Schwanz) bewirkte. Dieses Experiment zeigt, dass das Organisator-Gewebe, welches während der Gastrulation früher in den Embryo einwandert, also das anteriore Urdarmdach, anteriore Strukturen induzieren kann, während später eingewandertes Gewebe, also das posteriore Urdarmdach, posteriore Strukturen ausbildet.

Abb. 8.2

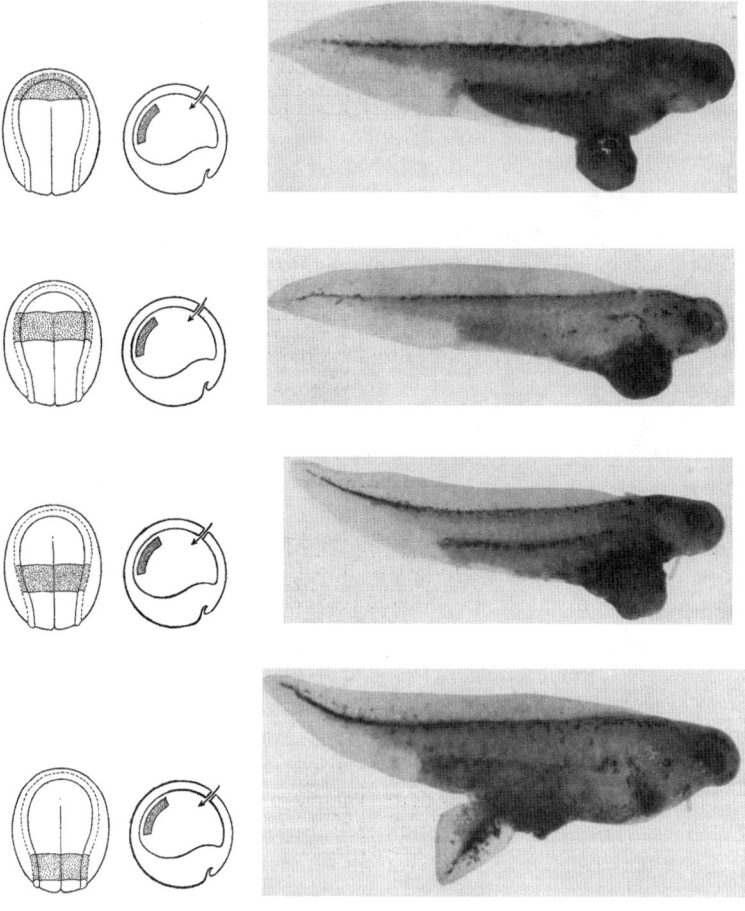

Transplantationsexperimente von Otto Mangold   Die Transplantation von unterschiedlichen Bereichen des Urdarmdachs führt zur Bildung verschiedener zusätzlicher neuraler Strukturen. Aus O. Mangold, Die Naturwissenschaften, 1933, 43, 761-766, mit Erlaubnis.

In einer weiteren, von den finnischen Entwicklungsbiologen Saxonen und Toivonen durchgeführten Studie wurden Transplantationsexperimente an Salamander-Embryonen, die sich in der Gastrulation befanden, vorgenommen. Dabei wurde die Blastoporuslippe einer Gastrula (Spenderembryo) entfernt, in einen Empfängerembryo eingesetzt und anschließend die Entwicklung des Empfängerembryos verfolgt. Wurde die Blastoporuslippe zu Beginn der Gastrulation transplantiert, führte dies zur Bildung sekundärer anteriorer Strukturen, d.h. zu einer weiteren Körperachse mit einem zusätzlichen Kopf. Entnahm man die Blastoporuslippe jedoch zu einem späteren Zeitpunkt der Gastrulation, wurden zusätzliche posteriore Strukturen im Empfängerembryo ausgebildet. Die Aussage dieser Untersuchung ist demnach äquivalent zum vorherigen Experiment: Zellen, die während der Gastrulation als erstes in den Embryo einwandern, sind an der Ausbildung anteriorer Neuralstrukturen beteiligt und Zellen, welche später einwandern, an der Bildung posteriorer Strukturen.

In der Folge hat man versucht, die molekularen Ursachen dieser Effekte aufzuklären. Dabei konnten im Wesentlichen zwei wichtige Gruppen von Signalmolekülen als ursächlich für die anterior-posteriore Neuralmusterung identifiziert werden: Retinsäure (siehe **Infobox 13**) und Wnt-Proteine, die den kanonischen Wnt-Signalweg aktivieren (siehe dazu Kap. 3.4.2). Die derzeit akzeptierte Arbeitshypothese geht davon aus, dass sich entlang der anterior-posterioren Achse ein Konzentrationsgradient aus Wnt-Proteinen und Retinsäure ausbildet, dessen Maximum sich am posterioren und dessen Minimum sich am anterioren Ende des Embryos befindet. Kopfstrukturen bilden sich also im Bereich einer niedrigen Wnt-Aktivität aus. Tatsächlich findet man im anterioren Bereich von *Xenopus* Embryonen Faktoren, die den kanonischen Wnt-Signalweg inhibieren: Cerberus, Frizbee (Frzb) und Dickkopf (Dkk).

<hr>

Infobox 13

▼

Retinsäure

Retinsäure ist ein Derivat des Vitamin A, des Retinols. Retinol kann durch die Wirkung der Retinol-Dehydrogenase (RoDH) und der Retinal-Dehydrogenase (RALDH) in Retinsäure überführt werden (siehe **Abb. 8.3**). Da alle Retinolabkömmlinge lipophil und damit schlecht wasserlöslich sind, gibt es intrazelluläre Bindeproteine für Retinol (CRBP, engl. *cytoplasmic retinol binding protein*) und Retinsäure (CRABP, engl. *cytoplasmic retinoic acid binding protein*). Retinsäure kommt in zwei Formen vor, die all-trans Retinsäure und die 9-cis Retinsäure, die zur Vermittlung ihrer biologischen Aktivität an nukleäre Rezeptoren, RAR und RXR, binden können. Dabei wird RAR über all-trans und 9-cis Retinsäure aktiviert, RXR ausschließlich über 9-cis Retinsäure. Die Retinsäurerezeptoren besitzen neben

Abb. 8.3

Der Retinsäure-Signalweg Alle Derivate des Vitamin A sind in dunkelblau dargestellt. Von Retinol, Retinal und Retinsäure sind die Strukturformeln angegeben. Vitamin A (Retinol) dringt in die Zelle ein und wird, da es in Wasser unlöslich ist, von CRBP (engl. _cytoplasmic retinol binding protein_) gebunden. Mit Hilfe des Enzyms RoDH (engl. _retinol dehydrogenase_) wird Retinol zu Retinal oxidiert. Retinal wird unter Einfluss von RALDH (engl. _retinal dehydrogenase_) zu Retinsäure oxidiert, welche von CRABP (engl. _cytoplasmic retinoic acid binding protein_) gebunden wird. Retinsäure reguliert über die nukleären Rezeptoren RXR (engl. _retinoic X receptor_) und RAR (engl. _retinoic acid receptor_) durch Bindung an RARE (engl. _retinoic acid response element_) die Expression von Genen.

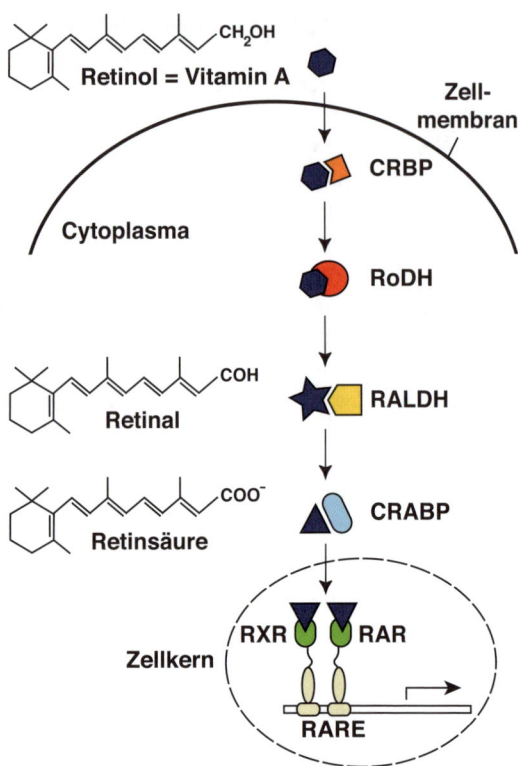

der Liganden- auch eine DNA-Bindedomäne, die aus zwei so genannten Zinkfingern gebildet wird. Über diese können die Rezeptoren Kontakt zu DNA aufnehmen, an _retinoic acid response elements_, RARE, binden und somit die Genexpression regulieren. Diese Transkriptionsfaktoren binden dabei als RXR Homodimer oder als RXR/RAR Heterodimer an ihre DNA-Zielsequenzen.

Cerberus unterstützt in _Xenopus_ Embryonen die Entwicklung anteriorer Strukturen wie der Zementdrüse, der Augen und der olfaktorischen Plakoden. Es ist ein sezerniertes Protein und wird in den endomesodermalen Zellen im Bereich des Kopfes exprimiert, welche der dorsalen Urmundlippe entstammen. Die einseitige Injektion von cerberus-mRNA in eine ventral-vegetale Blastomere des frühen _Xenopus_ Embryos führt zur Ausbildung eines ektopischen, zweiten Kopfes. Es werden also anteriore, neurale Strukturen gebildet. Cerberus kann Wnt-Proteine in Lösung binden, die dadurch die Bindungseigenschaften zu Frizzled-

Rezeptoren verlieren - es kommt zur Inhibition des kanonischen Wnt-Signalwegs. Weitere Interaktionspartner von Cerberus sind BMPs und Nodal-verwandte Proteine. Frzb (sprich: Frizbee) ähnelt in Struktur und Aufbau dem extrazellulären N-terminalen Bereich des Frizzled-Rezeptors und bildet so die Wnt-Bindungsdomäne des Frizzled-Rezeptors nach. Im Gegensatz zu den membranständigen Rezeptoren ist FrzB löslich und kann frei diffundieren. Es blockiert also den Wnt-Signalweg, indem es Wnt-Faktoren bindet und diese daran hindert, mit den Frizzled-Rezeptoren zu interagieren. FrzB wird in den endodermalen Zellen im Kopfbereich synthetisiert. Neben Frzb gibt es eine ganze Reihe ähnlich strukturierter Wnt-Inhibitoren, die sogenannten sFrp (engl. *secreted Frizzled related proteins*).

Der Wirkmechanismus des Wnt-Inhibitors Dickkopf unterscheidet sich von dem der Cerberus- und FrzB-Proteine. Dickkopf interagiert mit dem Wnt-Corezeptor LRP6, wodurch die Ausbildung eines trimeren Komplexes aus Wnt, Frizzled und LRP6 verhindert wird. Da dieser für die Aktivierung der kanonischen Wnt-Signalkaskade essentiell ist, wird diese in Gegenwart von Dickkopf unterdrückt. Den Namen erhielt dieses Protein aufgrund des bei Überexpression beobachteten Phänotyps – ein vergrößerter Kopf.

Der Einfluss des Wnt/β-Catenin-Signalwegs auf die anterior-posteriore Musterung des Neuralgewebes lässt sich sehr gut durch Überexpressionsstudien in *Xenopus* zeigen. Erhöht man die Menge geeigneter Wnt-Proteine, werden vermehrt posteriore Strukturen auf Kosten der anterioren ausgebildet. Erhöht man hingegen die Menge an Wnt-Inhibitoren, kommt es zu einer Anteriorisierung der Embryonen, wobei posteriore Strukturen vermindert entwickelt werden.

Zementdrüse: Auch Haftdrüse genannt. Anterior-ventrales Organ des epithelialen Ektoderms, welches ein klebriges Sekret sezerniert, mit dem die Kaulquappe sich an der Blattunterseite von Wasserpflanzen zum Schutz vor Fressfeinden festhalten kann (siehe Abb. 3.1).

Abb. 8.4

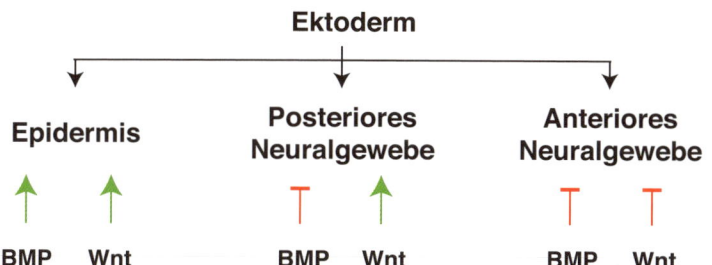

Derivate des ektodermalen Keimblatts Zur Entwicklung der Epidermis werden sowohl der BMP- als auch der kanonische Wnt-Signalweg benötigt (links). Die Differenzierung des posterioren Neuralgewebes tritt ein, wenn der kanonische Wnt-Signalweg aktiv und der BMP-Signalweg inhibiert ist (Mitte). Die Inhibition von BMP und Wnt führt zur Bildung von anteriorem Neuralgewebe (rechts).

Hox-Gencluster in Verte-braten **A.** *Hox*-Gene in *Drosophila* (HOM-Cluster). **B.** In Vertebraten gibt es vier *Hox*-Cluster, die auf verschiedenen Chromosomen angeordnet sind. Innerhalb der Cluster sind die *Hox*-Gene von 1 bis 13 durchnummeriert. Die *Hox*-Gene mit niedrigen Nummern sind anterior, die mit hohen posterior im Organismus expri-miert. Die Ähnlichkeit zum HOM-Cluster bei *Drosophila* (siehe A) wird durch die farbliche Codie-rung verdeutlicht.

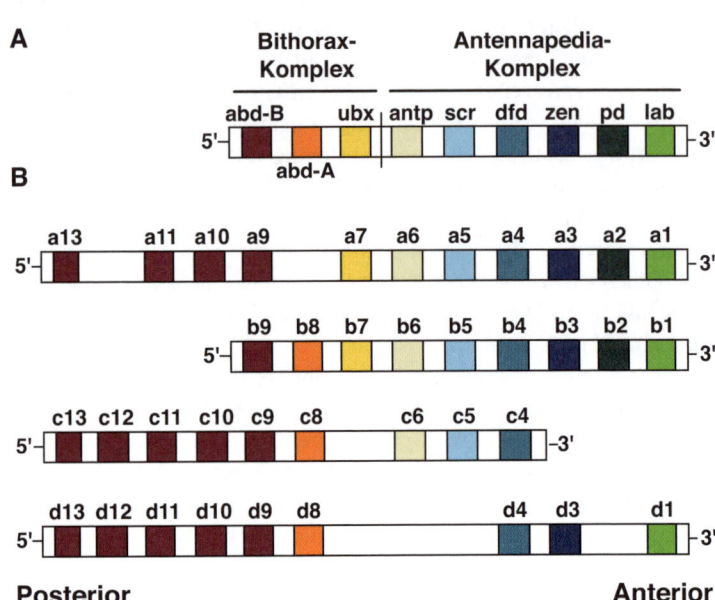

Heute wissen wir, dass diese sezernierten Wnt-Inhibitoren in den Transplantationsexperimenten von Mangold sowie Saxonen und Toi-vonen für die Ausbildung anteriorer Strukturen verantwortlich waren. Daraus ergibt sich auch ein Gesamtmodell für die Entwicklung und Mus-terung des Ektoderms: In Gegenwart von BMP- und Wnt-Faktoren bildet sich aus dem Ektoderm die Epidermis. In Abwesenheit von BMP-Fakto-ren, aber gleichzeitiger Gegenwart von Wnt-Proteinen bilden sich das Rhombencephalon und das Rückenmark als posteriores Neuralgewebe aus. In Abwesenheit von BMP- und Wnt-Faktoren hingegen entsteht anteriores Neuralgewebe, und somit Gehirnstrukturen (siehe **Abb. 8.4**).

8.1.3 | Die *Hox*-Gene während der Neuralentwicklung

Die *Hox*-Gene, die wir bereits bei der Segmentierung des *Drosophila* Embryos angesprochen haben (siehe Kapitel 6), spielen auch bei der ante-rior-posterioren Musterung des Neuralrohrs von Vertebraten eine ent-scheidende Rolle. Während die *Hox*-Gene in der Fliege im HOM-Cluster organisiert sind (bestehend aus dem Antennapedia- und dem Bithorax-Komplex), sind bei den Vertebraten durch mehrfache Verdopplung insgesamt vier *Hox*-Cluster entstanden (siehe **Abb. 8.5**). Die einzelnen *Hox*-Gene innerhalb der Cluster werden von 1 bis 13 durchnummeriert, während die *Hox*-Cluster auf den unterschiedlichen Chromosomen mit

A bis D bezeichnet werden. Durch den Verlust einzelner *Hox*-Gene sind in den unterschiedlichen Clustern jeweils nicht alle *Hox*-Gene enthalten. Jene Gene, die durch Gen-Duplikation entstanden sind, werden auch als Paraloge bezeichnet, die wiederum in verschiedenen, paralogen Untergruppen organisiert sind. Wie auch bei der Fliege werden die Gene in der *Hox*-Cluster in räumlich koordinierter Weise exprimiert, wobei die auf dem Chromosom weiter 3' gelegenen Gene eher anterior und die weiter 5' gelegenen Gene eher posterior im Embryo vorzufinden sind. Ebenso wie in der Fliege spielen die *Hox*-Gene in den Wirbeltieren bei der Musterung der anterior-posterioren Körperachse, z.B. der Somiten-musterung (siehe Kap. 9.1.2) sowie der Unterteilung des Neuralrohrs in einzelne Abschnitte, beispielsweise den acht Rhombomerabschnitten des Hinterhirns, eine essentielle Rolle. Jedes Rhombomer weist ein spezifisches Expressionsmuster an *Hox*-Genen auf. Somit verleiht das Expressionsmuster der *Hox*-Gene den einzelnen Rhombomeren ihre Identität. Unter Einfluss von Retinsäure kann dieses definierte Expressionsmuster verändert werden. So führt die Zugabe von Retinsäure dazu, dass normalerweise posterior exprimierte *Hox*-Gene mehr anterior exprimiert werden, was mit einer Veränderung der Identität betroffener Rhombomere begleitet wird.

Rhombomer:
Segment des Hinterhirns

Neuron versus Glia: Das Notch/Delta-Signalsystem | 8.2

Innerhalb der Neuralplatte entwickeln sich die Zellen entweder zu Neuronen oder Gliazellen. Dies ist besonders schön anhand einer *Xenopus* Neurula zu beobachten, in welcher neuronale Zellen mithilfe einer *antisense* Sonde gegen N-Tubulintranskripte angefärbt wurden (**Abb. 8.6**). Die zwischen den Neuronen liegenden Zellen entwickeln sich zu Gliazellen. Diese tragen zur Versorgung der Neuronen bei und sind für die elektrische Isolation der Neurone wichtig. Zu ihnen gehören die Schwann-Zellen, Astrozyten, Oligodendrozyten und andere Zelltypen.

Wichtig für die Schicksalsentscheidung einer Zelle in der Neuralplatte ist die laterale Inhibition, die durch das Notch/Delta-Signalsystem vermittelt wird. Notch und Delta sind Transmembranproteine, wobei Delta den Liganden des Notch-Rezeptors darstellt. Neben den Delta-Proteinen können auch die Proteine Jagged und Serrate die Notch-Rezeptoren aktivieren.

Im Notch/Delta-Signalweg interagieren die extrazellulären Domänen von Delta auf der Signal-sendenden Zelle mit den extrazellulären Anteilen von Notch auf der Empfängerzelle, ohne dass sich die Proteine von den Zellmembranen ablösen (**Abb. 8.7**). Man spricht hierbei auch

Abb. 8.6

Expression von N-Tubulin in *Xenopus laevis*
Anterior ist oben, posterior unten. Der
Xenopus Embryo befindet sich in Stadium 15
(Neurulation). Über die Methode der WMISH
(siehe Kapitel 1, Infobox 2) wurde die
Expression von N-Tubulin sichtbar gemacht.
N-Tubulin ist in allen neuronalen Zellen
exprimiert, die ungefärbten Zellen dazwischen stellen die Gliazellen dar. Die Neurone
sind beidseitig in drei Streifen angeordnet:
Die äußeren zwei Streifen entwickeln sich zu
sensorischen Neuronen und Interneuronen,
der mittlere Streifen zu Motoneuronen.

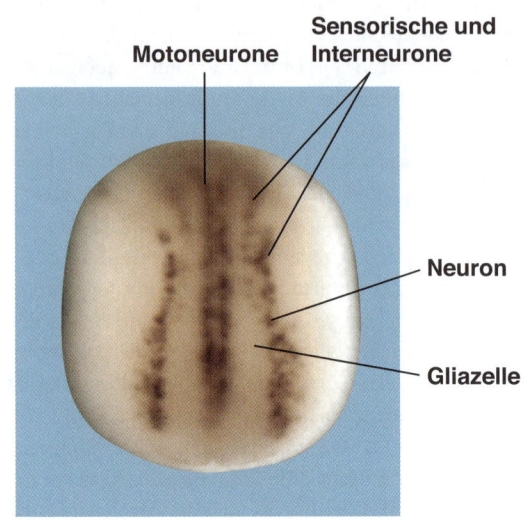

Motoneurone

Sensorische und
Interneurone

Neuron

Gliazelle

Abb. 8.7

Der Notch/Delta-Signalweg   Die Proteine
Notch und Delta sind membranständige
Proteine. Delta ist der Ligand, Notch der
Rezeptor. Bindet Delta an Notch, führt dies
zur Abspaltung der intrazellulären NICD
(engl. *Notch-intracellular domain*) von Notch
durch Presenilin1. NICD fungiert im Zellkern zusammen mit CSL als Regulator der
Genexpression.

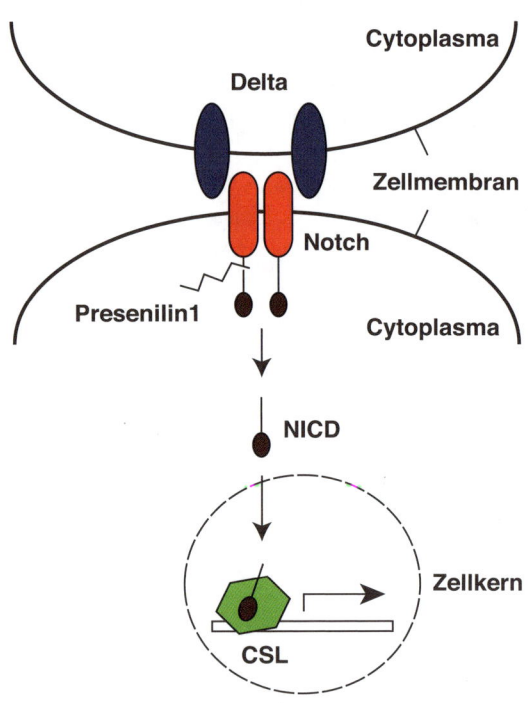

Cytoplasma

Delta

Zellmembran

Notch

Presenilin1

Cytoplasma

NICD

Zellkern

CSL

von einer juxtakrinen Signalübertragung (siehe Kapitel 1.4). Durch diese Interaktion kommt es zur Konformationsänderung von Notch, das daraufhin von der Protease Presenilin1 erkannt und gespalten wird. Die abgespaltene cytoplasmatische Domäne (Notch-ICD, engl. *Notch-intracellular domain*) wandert in den Zellkern ein und kann dort die Expression spezifischer Gene modulieren. Dazu interagiert Notch-ICD mit Transkriptionsfaktoren der CSL-Familie, wobei CSL für folgende, drei gut beschriebene Mitglieder dieser Familie steht: CBF/RBP-Jκ in Vertebraten, suppressor of hairless in *Drosophila melanogaster* und LAG1 in *C. elegans*. Durch die Interaktion mit CSL verdrängt Notch-ICD transkriptionelle Repressoren und rekrutiert stattdessen transkriptionelle Aktivatoren.

Während der frühen Entwicklung führt die Interaktion von Delta und Notch zur differentiellen Regulation der Neurogeninexpression, welche für eine neuronale Differenzierung entscheidend ist. Zu Beginn der Entwicklung exprimieren alle Zellen der Neuralplatte Delta, Notch

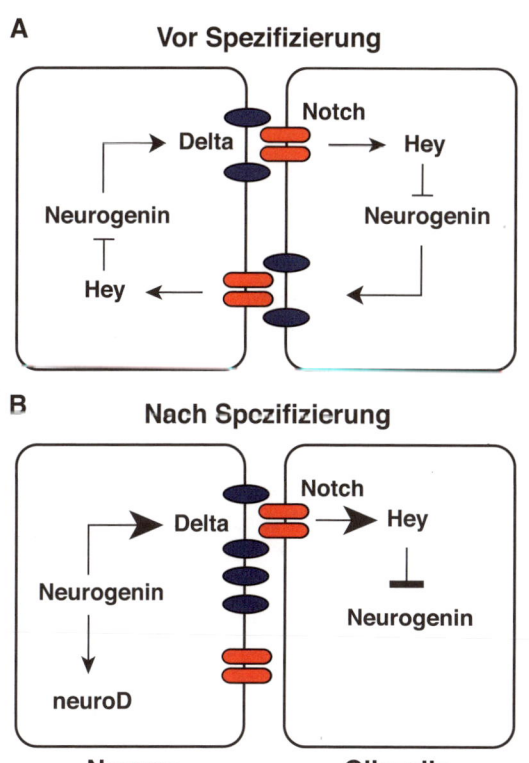

Abb. 8.8

Die laterale Inhibition am Beispiel des Notch/Delta-Signalwegs A. Vor der Spezifizierung der Zellen. Es besteht ein Gleichgewicht zwischen den Komponenten des Signalwegs in zwei benachbarten Zellen. Der transkriptionelle Repressor Hey sorgt für eine niedrige Neurogeninexpression in beiden Zellen. **B.** Nach der Spezifizierung der Zelle. In der Entwicklung kommt es in einer Zelle zufällig zur vermehrten Expression von Delta (Zelle links). In der Nachbarzelle (Zelle rechts) wird Notch vermehrt aktiviert, was sich in einer verstärkten Expression von dessen Zielgen *hey* widerspiegelt. Dadurch wird Neurogenin komplett reprimiert. Die Zelle erfährt ein nicht-neuronales Schicksal (Gliazelle) und stoppt die Expression von Delta. Dies führt in der Nachbarzelle (Neuron) zur verminderten Notch-Aktivierung, Neurogenin und NeuroD werden verstärkt exprimiert, die Zelle schlägt den Weg in Richtung neuronales Schicksal ein.

A **Vor Spezifizierung**

Notch
Delta → Hey
Neurogenin — Neurogenin
Hey ←

B **Nach Spezifizierung**

Notch
Delta → Hey
Neurogenin — Neurogenin
neuroD

Neuron   Gliazelle

und Neurogenin, die sich in einem Gleichgewicht gegenseitiger Regulation befinden (**Abb. 8.8**). Dies beinhaltet auch den transkriptionellen Repressor Hey, ein Zielgen des Notch-Signalwegs. Im Laufe der Entwicklung beginnt eine Zelle rein zufällig eine erhöhte Menge an Delta zu exprimieren. In der Nachbarzelle kommt es zur verstärkten Aktivierung des Notch-Rezeptors, der in der Folge Hey aktiviert. Dies führt zu einer vermehrten Repression von Neurogenin. Die Zelle verliert ihr neuronales Entwicklungspotential und wird somit zur Gliazelle. Gleichzeitig nimmt die Menge an Delta in dieser Zelle ab, wodurch in der Nachbarzelle der Notch-Signalweg inhibiert wird. Somit wird die Expression von Hey reprimiert und die von Neurogenin gefördert. Dies führt zur vermehrten Bildung des Transkriptionsfaktors NeuroD, der für die weitere neuronale Differenzierung essentiell ist.

Dieses Zusammenspiel konnte auch experimentell untermauert werden: Die Überexpression von Delta führt zur verminderten, die Hemmung zu einer verstärkten Bildung an Neuronen. Die Überexpression von aktiviertem Notch hingegen geht mit einer Senkung der Neuronenanzahl einher.

8.3 | Die dorso-ventrale Musterung des Neuralrohrs

Während der Entwicklung wird das Neuralrohr nicht nur in die anterior-posteriore Richtung gemustert, sondern auch in seiner dorso-ventralen Achse. In *Xenopus* entstehen die Neurone nicht aus der gesamten Neuralplatte, sondern lediglich aus drei definierten Längsstreifen auf jeder Seite, die vor der Schließung des Neuralrohrs durch die Expression von N-Tubulin charakterisiert sind (**Abb. 8.6**). Dabei bilden sich aus diesen Streifen ganz unterschiedliche Neuronentypen aus. Der innerste Neuronenstreifen bildet die Motoneurone, während aus dem mittleren und äußersten Streifen die Interneurone und die sensorischen Neurone hervorgehen. Während der Neuralrohrschließung gelangen die äußeren Neuronenstreifen auf die dorsale Seite und empfangen dort sensorische Signalimpulse. Die Neurone im mittleren Bereich des Neuralrohrs (Interneurone) dienen als Schaltstelle zwischen den sensorischen Neuronen und den Motoneuronen.

Somit stellt sich die Frage, wie diese Neuronenpopulationen entlang der dorso-ventralen Achse auf ihre Entwicklungsschicksale festgelegt werden. Es hat sich gezeigt, dass die Musterung entlang der dorso-ventralen Achse über zwei sich gegenüberliegende Signalzentren gesteuert wird. Das ist zum einen die Epidermis, die dorsal des Neuralrohrs liegt, andererseits das Notochord, welches ventral zum Neuralrohr lokalisiert

Abb. 8.9

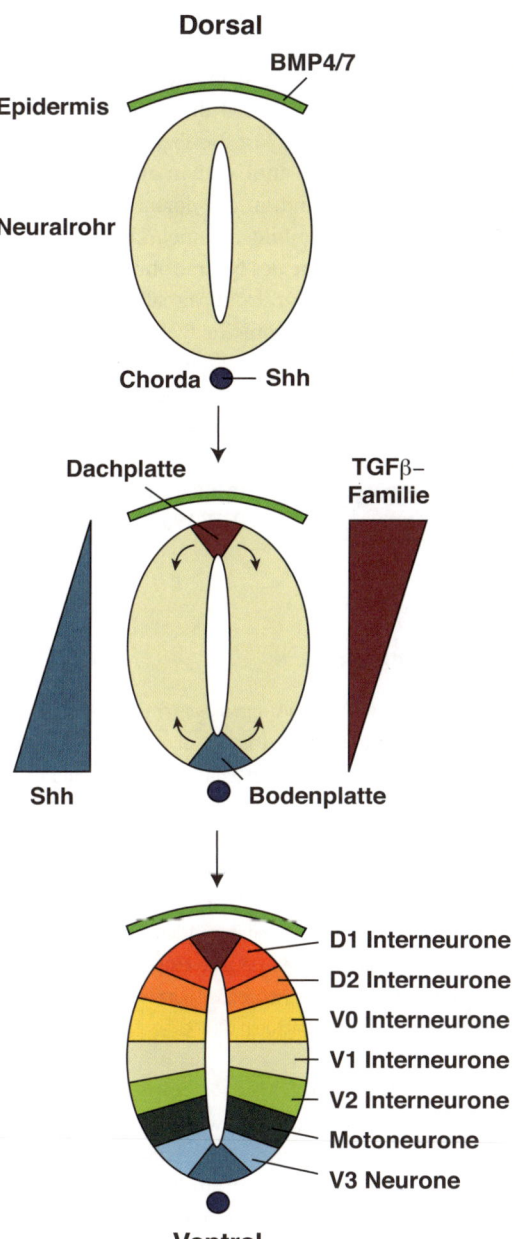

Dorso-ventrale Musterung des Neuralrohrs Die dorso-ventrale Musterung des Neuralrohrs wird durch Faktoren aus den benachbarten Geweben gesteuert: Den BMP-Faktoren aus der Epidermis und dem Shh-Protein aus dem Notochord. Die BMP-Faktoren induzieren im dorsalen Neuralrohr die Bildung der Dachplatte, in welcher die Zellen weitere Mitglieder der TGFβ-Familie produzieren. Es entsteht ein Konzentrationsgradient in ventrale Richtung. Shh-Proteine aus dem Notochord induzieren im ventralen Neuralrohr die Bildung der Bodenplatte, deren Zellen ebenfalls Shh synthetisieren. Shh bildet einen Konzentrationsgradienten innerhalb des Neuralrohrs in dorsale Richtung aus und agiert so als Gegenspieler der von dorsal kommenden Proteine der TGFβ-Familie. Es kommt zur Differenzierung der verschiedenen neuronalen Zelltypen entlang der dorso-ventralen Achse des Neuralrohrs.

ist. Die Epidermis induziert über die Expression und Sekretion verschiedener Wachstumsfaktoren der TGFβ-Familie wie BMP4 und 7 die Bildung der Dachplatte (engl. *roof plate*) im Neuralrohr (siehe **Abb. 8.9**). Daraufhin kommt es zur Expression von BMP4 in der Dachplatte, welche dadurch ein sekundäres Signalzentrum ausbildet. BMP4 diffundiert innerhalb des Neuralrohrs in ventrale Richtung und löst die Expression weiterer Wachstumsfaktoren wie BMP5, Dorsalin und Aktivin aus, die alle der TGFβ-Familie angehören. Auch Wnts sind an der dorsalen Musterung des Neuralrohrs beteiligt. Diese Faktoren bilden gemeinsam einen Konzentrationsgradienten zur ventralen Seite des Neuralrohrs aus.

Auf der ventralen Seite erhält das Neuralrohr Signale aus dem darunter liegenden Notochord. Dazu gehört Sonic hedgehog (shh), das im Notochord gebildet und sezerniert wird. Shh induziert über die Aktivierung eines intrazellulären Signaltransduktionswegs (siehe **Infobox 14**) im Neuralrohr die Bodenplatte (engl. *floor plate*). Dort kommt es ebenso zur Expression von shh, welches zur dorsalen Seite des Neuralrohrs diffundiert und so einen Konzentationsgradienten in Richung dorsal ausbildet. Shh fungiert somit als Gegenspieler der TGFβ-Wachstumsfaktoren der dorsalen Seite.

Infobox 14
▼

Der Sonic hedgehog-Signalweg

Für die Aktiverung des Shh-Signalwegs in *Drosophila melanogaster* ist das Zusammenspiel zweier Transmembranproteine entscheidend: Patched und Smoothened (**Abb. 8.10**). Während Smoothened ein Sieben-Transmembranrezeptor ist, durchspannt Patched die Membran zwölf Mal. Intrazellulär ist das Protein Ci (*Cubitus Interruptus*) das Ziel des Signalwegs. In Abwesenheit des Liganden inhibiert Patched die Signalaktivität von Smoothened und Ci wird phosphoryliert. In diesem Zustand wirkt Ci als transkriptioneller Repressor. Bindet Shh an Patched wird die inhibitorische Wirkung von Patched auf Smoothened aufgehoben und Ci letztlich nicht mehr phosphoryliert. Dadurch wird Ci in einen transkriptionellen Aktivator überführt und Shh-Zielgene können aktiviert werden. In sehr ähnlicher Art und Weise funktioniert der Hedgehog-Signalweg in Vertebraten. Dort sind die Homologen zu Ci die Transkriptionsfaktoren Gli1-3.

▲

Im Neuralrohr liegen somit Signalmoleküle in zwei gegenläufigen Konzentrationsgradienten vor. Die Konzentration der genannten Faktoren und deren Kombinationen innerhalb des Neuralrohrs bestimmen die Identität der verschiedenen Neurone entlang der dorso-ventralen Achse, was in mehreren Experimenten gezeigt werden konnte. Für die Induktion der Motoneurone ist eine geringere Shh-Konzentration notwendig

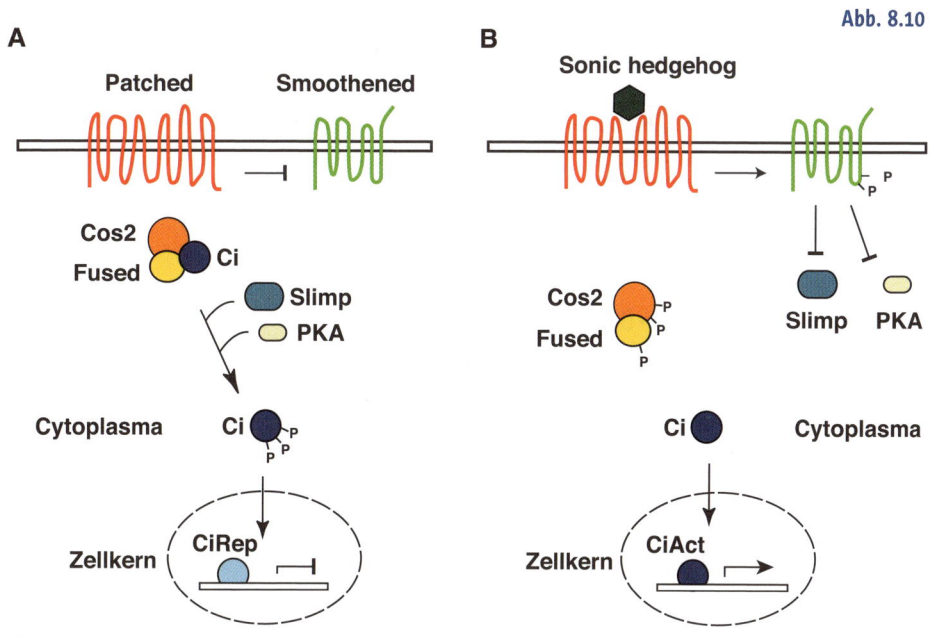

Abb. 8.10

Der Sonic hedgehog-Signalweg Beschreibung siehe **Infobox 14**.

als für die Ausbildung der Bodenplatte. Setzt man das dorsale Neuralrohr einem zweiten Notochord aus, induziert dies die Bildung einer zweiten Bodenplatte und in einigem Abstand entsteht ein sekundäres Set an Motoneuronen. Das gleiche geschieht, wenn man Shh-sezernierende Zellen neben den dorsalen Teil des Neuralrohrs setzt, da das ektopische Shh beispielsweise die Inhibition von Dorsalin bewirkt.

Die weitere Differenzierung der Neurone entlang der dorso-ventralen Achse wird von der Aktivierung spezifischer Transkriptionsfaktoren begleitet. Diese Faktoren verleihen den einzelnen Neuronenpopulationen ihre Identität. Dies sei kurz am Beispiel der Motoneurone erklärt, für deren Differenzierung die Homeobox-Transkriptionsfaktoren der LIM-Familie entscheidend sind. Diese Transkriptionsfaktoren enthalten neben einer Homeoboxdomäne, welche die DNA-Bindung bewirkt, auch eine oder mehrere LIM-Domänen, die für Protein-Protein Interaktionen wichtig sind. In Huhn und Zebrafisch konnte gezeigt werden, dass jeder Motoneuronsubtyp eine definierte Kombination dieser Genfamilie exprimiert, wodurch ihre Position entlang der dorso-ventralen Achse als auch die spätere Wegfindung der Axone festgelegt wird. Motoneurone nahe der Mittellinie innervieren axiale Rumpfmuskeln, wohingegen die weiter lateral liegenden die Extremitätenmuskeln versorgen. Zu Beginn der Bildung motorischer Neurone exprimieren alle Isl1 und 2. Mit dem Auswuchs der Axone ändert sich das Expressionsmuster: Diejenigen Zellen, die in die axialen Rumpfmuskel einwandern, exprimieren Isl1, Isl2 und LIM3. Die Motoneurone, welche den dorsalen Extremitätenmuskel versorgen, weisen eine Kombination aus Isl2 und LIM1 auf und jene, die den ventralen Extremitätenmuskel innervieren, exprimieren weiterhin Isl1 und 2.

8.4 | Neurogenese: Entwicklung der Neurone

Alle Neurone zusammen bilden ein komplexes Nervensystem, das sämtliche Körperfunktionen beeinflusst. In der weiteren Entwicklung müssen diese Neurone nun ein neuronales Netzwerk etablieren, um die schnelle Signalweiterleitung von Nervenimpulsen zu gewährleisten und um komplexe Verhalten zu steuern.

Die Nervenimpulse werden über die Dendriten der Nervenzelle aufgenommen und über den Zellkörper und das Axon weitergeleitet (**Abb. 8.11**). Die Nervenzellen sind über zahlreiche Synapsen zwischen

Abb. 8.11

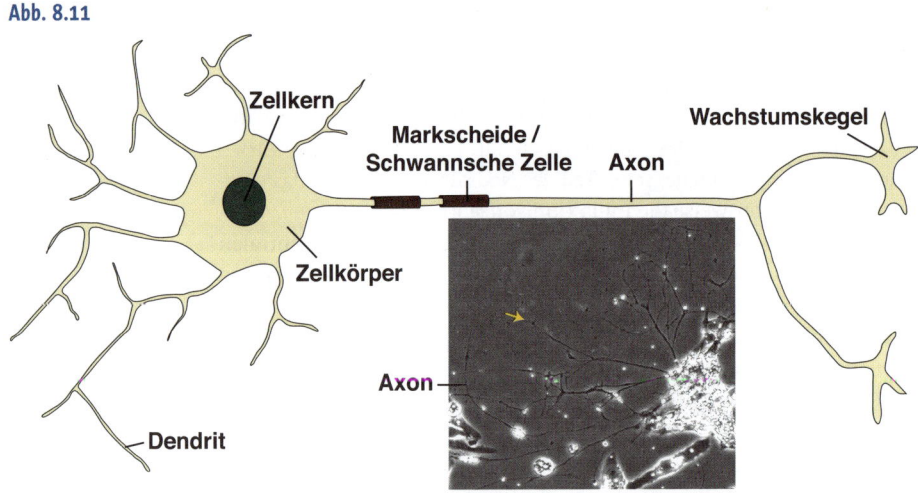

Die Nervenzelle (Neuron) **Oben:** Schematische Darstellung eines Neurons. Das Neuron besteht aus einem Zellkörper, welcher mit seinen Dendriten Kontakt zu anderen Zellen hat. Der Zellkörper bildet weiterhin ein Axon aus, welches mit Membranen der Schwannschen Zellen (Markscheide) ummantelt ist. Am Ende des Axons entsteht ein Wachstumskegel, mit welchem das Axon während der Wegfindung seine Umgebung abtastet. **Unten:** Aufnahme von isolierten Neuronen aus dem Neuralrohr eines *Xenopus* Embryos. Ein Axon ist markiert, ein Wachstumskegel ist durch einen gelben Pfeil hervorgehoben.

den Axonen der Signal übermittelnden Zelle und den Dendriten der Signal empfangenden Zelle miteinander verbunden. An den Enden der Dendriten empfängt die Nervenzelle ein meist chemisches Signal, wandelt dieses in ein elektrisches (Aktionspotential=AP) um und leitet es über sein Axon an die nächste Zelle weiter. Im Zellkörper befinden sich der Zellkern und zahlreiche Lysosomen. In diesem Teil der Zelle erfolgen die Synthese und der Abbau nahezu aller Proteine und Membranen des Neurons. Typische Vertebratenneurone sind die bereits angesprochenen sensorische Neurone, welche die Information einer Sinneszelle oder eines Sinnesorgans ins Zentrale Nervensystem (ZNS) leiten, Interneurone, die über ein stark verzweigtes Dendritennetzwerk mit einigen hundert weiteren Neuronen Synapsen ausbilden können und Motoneurone, die Muskelfaserzellen innervieren.

Die axonale Wegfindung | 8.5

Die Wegfindung eines Axons zu seinem Zielort ist für die Etablierung eines neuronalen Netzwerks von entscheidender Bedeutung. Zur Aufklärung dieses Prozesses wurden zahlreiche Studien durchgeführt. Diese erfolgten hauptsächlich an Motoneuronen, die das Rückenmark in Richtung ihrer Zielmuskelzellen verlassen, sowie sensorischen retinalen Axonen, welche die Information aus dem optischen System ins Gehirn weiterleiten. An der Spitze des Axons bildet sich eine bewegliche Struktur, der Wachstumskegel (**Abb. 8.11**). Der Wachstumskegel ist durch zwei Arten von Fortsätzen charakterisiert: Den Filopodien und den Lamellopodien. Die Filopodien sind schmale Ausstülpungen der Zellmembran, die bis zu 50 µm Länge erreichen können und dem Axon helfen, sich nach vorne zu bewegen. Zwischen den Filopodien befinden sich die breiteren Lamellopodien. Mithilfe dieser Fortsätze tastet der axonale Wachstumskegel seine Umgebung ab, um den richtigen Weg zum Bestimmungsort zu finden. Der korrekte Weg eines Axons wird sowohl durch die Identität des Neurons als auch durch verschiedene Leitsignale definiert. Diese Signale können entweder anziehend oder abstoßend auf das Axon bzw. den Wachstumskegel wirken. Wenn ein Axon sein Ziel erreicht hat, schaffen das Neuron und seine Zielzelle eine Verbindung, die Synapse, damit die Information weitergegeben werden kann.

Wegfindung durch Kontaktaufnahme | 8.5.1

Während des Auswachsens bewegt sich der Wachstumskegel an der Front eines Axons in alle Richtungen und erkundet somit seine Umgebung. Die kriechenden Bewegungen erfolgen auf der extrazellulären

Abb. 8.12

Streifen-Assay A. Axone (rot) aus einem Retina-Explantatstreifen (gelber Streifen je unten im Foto) wachsen auf einem Substrat aus alternierenden Streifen (engl. *stripe assay*) bevorzugt auf dem axonalen Zelladhäsionsmolekül DM-GRASP. **B.** Bei Inhibition des Zelladhäsionsmoleküls (Zugabe von blockierenden Antikörperfragmenten gegen DM-GRASP) wird diese axonale Präferenz aufgehoben. Schwarze Streifen: Laminin; grüne Streifen: DM-GRASP + Laminin. Dieser Streifenassay spiegelt die Situation der Axone der Retinaganglionzellen (RGC) in der embryonalen Retina wieder, die dort die Wahl zwischen DM-GRASP-präsentierenden RGC-Axonen (in der optischen Faserschicht) und Laminin (ubiquitär in der ECM) haben. DM-GRASP spielt auch *in vivo* für die Wegfindung der RGC-Axone in der Retina am optischen Nervkopf eine funktionale Rolle. Bei Antikörper-Inhibition wachsen die RGC-Axone nicht in den optischen Nerv hinein. Die Aufnahmen wurden freundlicherweise von Prof. Dr. Elisabeth Pollerberg, Universität Heidelberg, zur Verfügung gestellt.

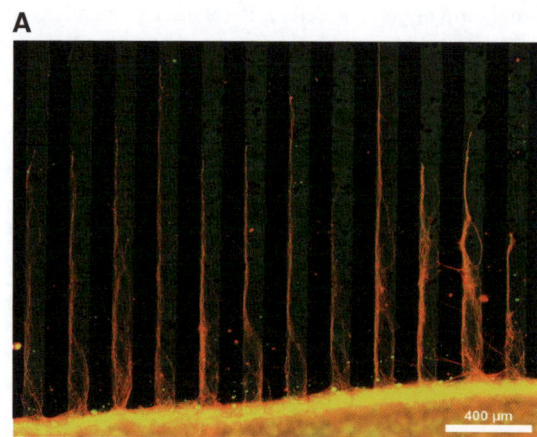

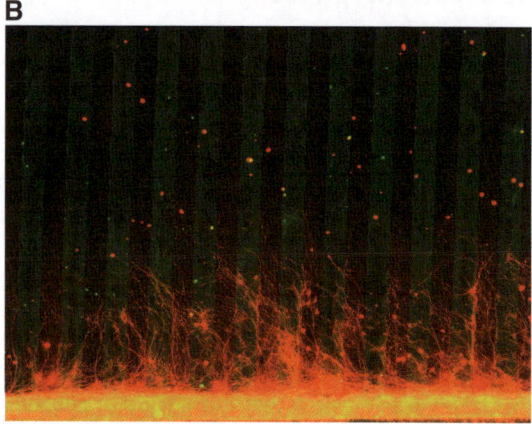

Matrix (ECM), die als Untergrund für die Wanderung dient. Die Matrix kann auf den Wachstumskegel zwei Wirkungen ausüben: Entweder erfolgt eine Kontaktaufnahme zwischen Axon und Matrix, wodurch die Migration des Axons gefördert wird; oder aber das Substrat zeigt eine abstoßende Wirkung, was das Zurückziehen des Wachstumskegels und dessen Axons zur Folge hat. Manche Substrate können eine sehr spezifische Signalwirkung haben und sprechen somit nur bestimmte Neuronentypen an. Andere Substrate wiederum können auf eine Vielzahl von Neuronentypen wirken. Innerhalb der ECM findet man Pfade, die mit dem Glykoprotein Laminin ausgekleidet sind und auf welchen die Axone entlang wandern können. An der axonalen Lenkung durch

Kontaktaufnahme spielen auch die Zelladhäsionsmoleküle eine wichtige Rolle. Hierbei handelt es sich um Cadherine und Mitglieder der Immunglobulinsuperfamilie (siehe Kapitel 5), die auf den Zelloberflächen präsentiert werden. Auch Ephrine und die Ephrin-Rezeptoren der Rezeptor-Tyrosinkinase-Familie sind an der Navigation des Axons beteiligt.

Die Wirkung der ECM oder von Zelladhäsionsmolekülen auf das Auswandern eines Axons lässt sich sehr schön im sogenannten Streifen-Assay verdeutlichen. Hierbei bereitet man eine Matrix vor, die in Streifen alternierend verschiedene Substrate anbietet. Anschließend lässt man Axone über diesen Untergrund auswandern und beobachtet, welche Moleküle bevorzugt als Substrat akzeptiert und welche Substrate vermieden werden (**Abb. 8.12**).

Wegfindung durch lösliche Moleküle

8.5.2

Die Wegfindung der Axone kann auch durch lösliche Moleküle geschehen, die von Zellen oder Organen sezerniert werden und somit einen Konzentrationsgradienten, ausgehend vom Ort der Synthese, aufbauen. Auch diese Moleküle können eine anziehende als auch eine abstoßende Wirkung auf den Wachstumskegel haben. Moleküle mit gleichzeitig anziehender und abstoßender Wirkung sind die Netrine. Sie können über verschiedene Rezeptoren des Wachstumskegels unterschiedlich interpretiert werden: Die anziehenden Signale werden über die UNC40 (engl. *uncoordinated*)- oder DCC (engl. *deleted in colorectal carcinoma*)-Rezeptoren erkannt, die abstoßenden über den UNC5-Rezeptor. Ein weiteres lösliches Signalmolekül ist das Protein Slit, welches eine abstoßende Eigenschaft auf wachsende Axone ausübt. Slit kann von den Wachstumskegeln mithilfe des Rezeptors Robo (*Roundabout*) erkannt werden.

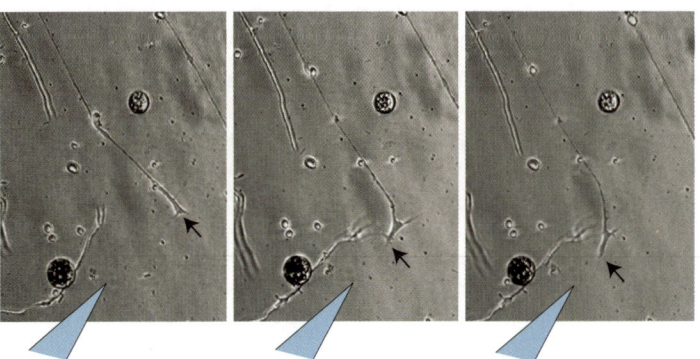

Abb. 8.13

Axon growth-cone turning assay Durch die Ausbildung eines Konzentrationsgradienten eines anziehenden Substrats wächst der Wachstumskegel eines Axons in Richtung Substratquelle (blaue Kanüle).

Abb. 8.14

Axonale Wegfindung der kommissuralen Neuronen Die Wegfindung der Axone kommissuraler Neurone (orange) erfolgt zunächst in Richtung ventraler Mittellinie entlang eines Netringradienten, der ventral sein Maximum besitzt. Nach Kreuzen der Mittellinie orientieren sich die Axone an einem Wnt4-Gradienten (Maximum anterior) in anteriore Richtung.

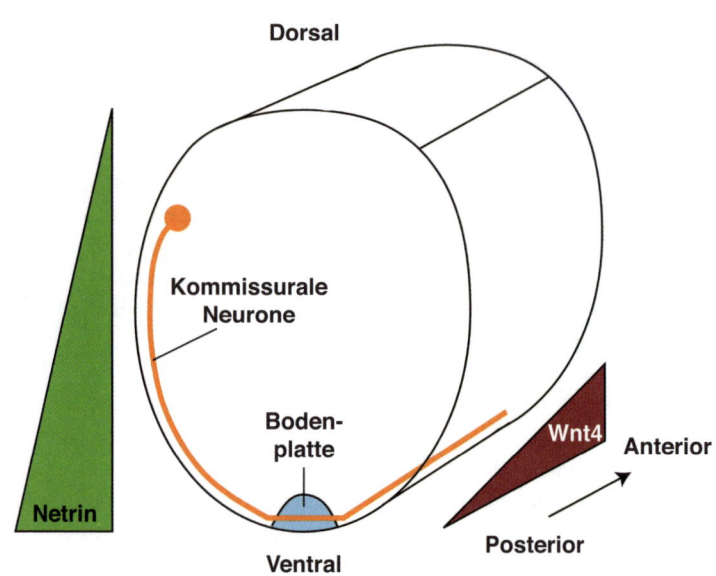

Die Wirkung einer löslichen Substanz auf die axonale Wegfindung lässt sich mit dem *growth cone turning assay* untersuchen. Dabei nimmt man Neurone in Kultur und lässt diese auf einer geeigneten Matrix Axone aussenden. Anschließend bringt man die zu untersuchende Substanz mit einer dünnen Pipette in die Nähe des Wachstumskegels. Dabei bildet sich ein Gradient dieser Substanz im Medium aus. Der Wachstumskegel kann mit Rezeptoren, die auf seiner Zelloberfläche lokalisiert sind, diese Unterschiede messen und seine Wachstumsrichtung entlang dieses Gradienten ausrichten (**Abb. 8.13**).

Ein anschauliches Beispiel für die Wirkung von löslichen Signalmolekülen als anziehende Substanz für die axonale Wegfindung ist das Kreuzen kommissuraler Neurone über der ventralen Bodenplatte (**Abb. 8.14**). Dabei senden Neurone ihre Axone in Richtung eines Signalgradienten aus, der durch Netrin aus der Bodenplatte gebildet wird. Die Axone kreuzen die Bodenplatte und richten danach ihre Axone entlang eines Wnt4-Signalgradienten aus.

8.6 | Neuronenauslese

Nicht alle Neurone, die anfangs gebildet werden, werden Teil des neuronalen Netzwerks; im Falle der Motoneurone stirbt nahezu die Hälfte über Apoptose ab (siehe Kapitel 7.3). Das Überleben von Neuronen wird durch Neurotrophine gesteuert. Mitglieder dieser Familie sind beispielsweise der Nervenwachstumsfaktor NGF (engl. nerve growth factor), BDNF (engl. brain-derived neurotrophic factor), NT3 (engl. neurotrophin 3) und NT4/5 (engl. neurotrophin 4/5).

Rezeptoren der Neurotrophine sind die Trk-Proteine, die zur Familie der Rezeptor-Tyrosinkinasen gehören. Der Funktionsverlust des NGF-Rezeptors Trk A beispielsweise führt in der Maus zu einer Reduktion sympathischer als auch sensorischer Neurone.

Synapsenbildung am Beispiel einer neuromuskulären Synapse | 8.7

Um eine Verbindung zwischen zwei Axonen oder einem Axon und einer Muskelfaser zu bilden, werden spezifische Strukturen, die Synapsen, gebildet (**Abb. 8.15**). Diese dienen dazu, elektrische Signale aus dem Axon auf eine andere Zelle zu übertragen. Da zwischen beiden Zellen immer ein Spalt besteht (siehe unten) und in biologischen Systemen ein elektrisches Signal nicht in der Lage ist, einen Spalt zu überspringen, wird an der präsynaptischen Endung das elektrische in ein chemisches Signal umgewandelt. Dieses kann den synaptischen Spalt überwinden und an der Zielzelle (Postsynapse) eine biochemische Antwort auslösen.

Die Bildung einer Synapse sei hier am Beispiel des Kontaktes zwischen einem Motoneuron und einer Muskelfaser erläutert (**Abb. 8.15**). Der Vorgang beginnt damit, dass sich ein Wachstumskegel bei Annäherung an eine Muskelfaser verzweigt und jeder Ast ein verdicktes Ende formt. Diese Enden stellen die Verbindung zur Muskelfaser dar. Zwischen dem verdickten Ende des Axons und der Muskelfaser bleibt ein Zwischenraum bestehen, der synaptische Spalt. In diesem Zwischenraum bildet sich eine Basallamina aus, die teilweise von der Nervenzelle, teilweise von der Muskelfaser sezerniert wird. Die gesamte Struktur, bestehend aus verdicktem Axonende, dem Zwischenraum und der Muskelfasermembran wird als Synapse bezeichnet. Die Membran des Axonendes ist die präsynaptische, die der Muskelfaser die postsynaptische Membran. Das chemische Signal einer neuromuskulären Synapse ist der Neurotransmitter Acetylcholin (ACh). Dieses kleine Molekül wird in der Axonendigung synthetisiert, an der präsynaptischen Membran in Vesikel verpackt und nach Eintreffen eines elektrischen Signals vom Axon in den Zwischenraum abgegeben. ACh diffundiert durch den synaptischen Spalt und wird von ACh-Rezeptoren auf der postsynaptischen Membran erkannt. Dort kommt es zur Ansammlung weiterer ACh-Rezeptoren

Abb. 8.15

Aufbau einer neuro-muskulären Synapse
Rechts: Motoneuron. Die präsynaptische Nervenendung enthält Vesikel mit dem Neurotransmitter Acetylcholin (ACh). Außerdem werden Agrin und Neuregulin aus der Präsynapse abgegeben. Ob diese ebenfalls in Vesikeln gespeichert sind, ist noch unklar. **Links:** Muskelzelle. An der Postsynapse der Muskelfaser induzieren Agrin und Neuregulin die lokale Expression der Acetylcholinrezeptoren.

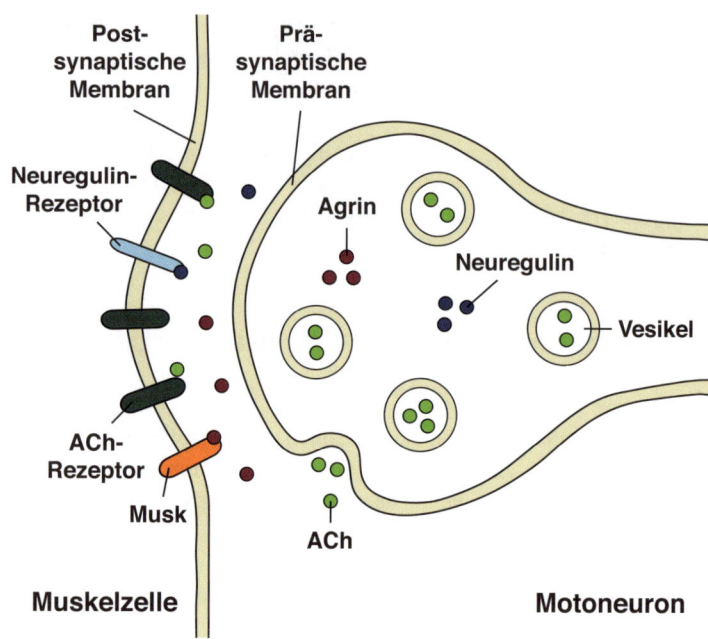

direkt gegenüber der Axonendigung. Für diesen Prozess sind noch weitere Signalmoleküle von Bedeutung. Zusätzlich zu ACh werden Agrin und Neuregulin an der präsynaptischen Membran ausgeschüttet. Agrin wird von der Rezeptor-Tyrosinkinase Musk auf der postsynaptischen Membran erkannt, wodurch die Ansammlung von ACh-Rezeptoren nochmals verstärkt wird. Zur Erkennung des Proteins Neuregulin befinden sich ebenfalls Rezeptoren in der postsynaptischen Membran. Die Aktivierung dieser Rezeptoren hat eine gesteigerte Transkription des ACh-Rezeptor-Gens in den der Synapse nahe gelegenen Zellkernen zur Folge. Gleichzeitig geht die Produktion der ACh-Rezeptoren in weiter entfernt gelegenen Zellkernen aufgrund der vermehrten elektrischen Aktivität in der Muskelmembran zurück. Zu Beginn stellen mehrere Axone Verbindungen zu einer Muskelfaser her. Im Laufe der Zeit jedoch werden alle bis auf eine aufgelöst. Dabei kommt es zur Konkurrenz zwischen den verschiedenen Axonen. Durch neuronale Aktivität wie dem Ausschütten von Neurotrophinen bleibt nur eine Synapse erhalten, sodass schlussendlich jede Muskelfaser mit nur einem Axon eine Verbindung eingeht. Im Nervensystem hingegen ist die Situation weitaus komplexer, sodass ein verzweigtes Interaktionsnetzwerk aus Neuronen entsteht.

Die Neuralleistenzellen | 8.8

Die Induktion der Neuralleistenzellen | 8.8.1

Die Neuralleistenzellen sind unter anderem ein wichtiger Teil des Nervensystems. Schon früh in der Entwicklung entstehen sie an der Grenze zwischen Neuralplatte und Epidermis, der Neuralleiste (**Abb. 8.16**). Die Induktion der Neuralplattengrenze erfolgt durch den Einfluss von BMPs, Wnts und FGFs. Die BMP-Faktoren bilden einen medio-lateralen und einen anterior-posterioren Gradienten entlang der Neuralplatte caudal des Mittelhirns. Die Wnt-Faktoren hingegen werden im lateral gelege-

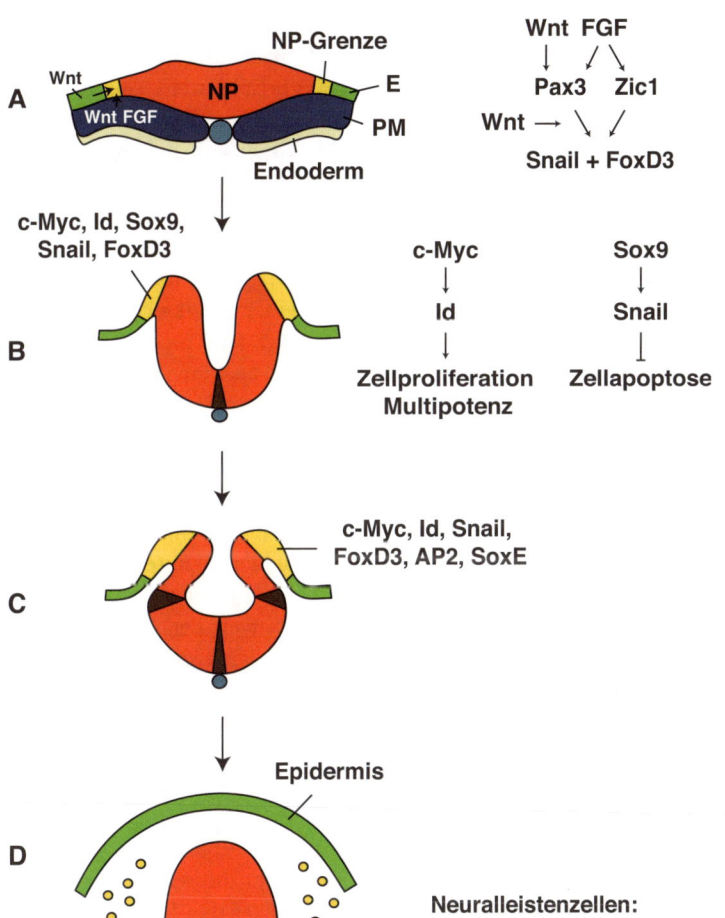

Abb. 8.16

Entwicklung der Neuralleistenzellen
Die Entwicklung der Neuralleistenzellen erfolgt in Schritten. **A.** Induktion der Neuralplattengrenzen (NP-Grenze). E = nicht-neuronales Ektoderm; NP = Neuralplatte; PM = paraxiales Mesoderm. Wnt- und FGF-Faktoren aus der Epidermis und dem paraxialen Mesoderm induzieren die NP-Grenze. **B.** Spezifizierung der Neuralplattengrenze. **C.** Kontrolle des Zellzyklus, Aufrechterhaltung der Multipotenz und Ablösung vom Neuralrohr. **D.** Epithelialer-mesenchymaler Übergang (EMT), Loslösen und Wandern der Neuralleistenzellen zur ventralen Körperseite. Beispiele beteiligter Wachstumsfaktoren der Wnt- und FGF-Familien sowie involvierte Transkriptionsfaktoren und Zelladhäsionsmoleküle sind aufgeführt.

Abb. 8.17

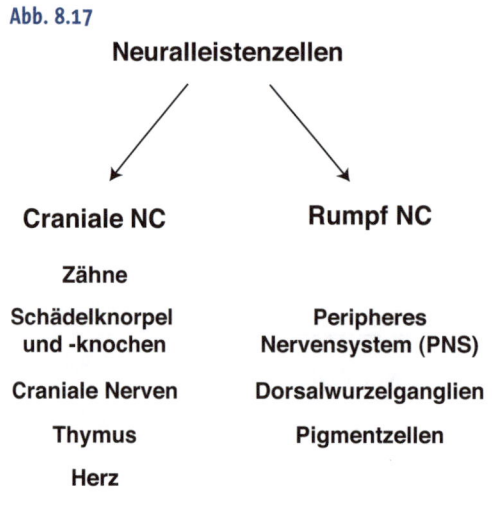

Craniale NC

Zähne

Schädelknorpel
und -knochen

Craniale Nerven

Thymus

Herz

Rumpf NC

Peripheres
Nervensystem (PNS)

Dorsalwurzelganglien

Pigmentzellen

Derivate der Neuralleistenzellen

nen, epidermalen Gewebe als auch im darunterliegenden, paraxialen Mesoderm synthetisiert. Die FGFs entstammen ausschließlich dem Mesoderm. Durch das Zusammenspiel all dieser Faktoren kommt es zur Induktion von Transkriptionsfaktoren wie Distalless 5, Zic1 und Pax3, die an der Entscheidung einer Zelle zwischen Epidermal- oder Neuralplattenschicksal mitwirken. Diese Faktoren induzieren weitere Transkriptionsfaktoren wie c-Myc, Snail, Slug und FoxD3, die für die Induktion der Neuralleiste entscheidend sind. Beim Verlust von FoxD3 beispielsweise kommt es zur Störung der Neuralleistenzellentwicklung. Im Gegensatz hierzu führt die ektopische Expression von FoxD3 zur Rekrutierung zusätzlicher Zellen aus der Neuralplatte zur Neuralleiste.

Nach Induktion der Neuralplattengrenze durchlaufen die Neuralleistenzellen eine Umwandlung von einem epithelialen in einen mesenchymalen Charakter (siehe Kapitel 5, **Abb. 5.13**), lösen sich von den benachbarten Zellen der Neuralplatte ab und beginnen mit der Wanderung von der dorsalen zur ventralen Körperseite. Dabei wird das Cytoskelett in den Neuralleistenzellen neu organisiert. Die Zellen werden bi- oder auch multipolar und bilden für die gezielte Wanderung Filopodien sowie Lamellipodien aus.

Die Neuralleiste kann entlang der anterior-posterioren Körperachse in mehrere, teilweise überlappende Populationen unterteilt werden. Die Neuralleistenzellen des Kopfes tragen u.a. zur Ausbildung des Schädelknorpels und -knochens, den cranialen Nerven, den Gliazellen, dem Thymus und den Zähnen bei. Craniale Neuralleistenzellen tragen auch zur Bildung des Herzens und der Aortenbögen bei (kardiale NC Zellen). Derivate der Neuralleistenzellen des Rumpfes sind die Dorsalwurzelganglien, die sympathischen Ganglien, die Pigmentzellen (Melanocyten) und das Nervengewebe, welches die Aorta umgibt. Weiterhin befinden sich im anterioren Bereich der Neuralleistenzellen des Rumpfes die vagalen, im posterioren Bereich die sakralen Neuralleistenzellen. Diese beteiligen sich an der Entwicklung der parasympathischen Ganglien des Darms. **Abbildung 8.17** gibt einen Überblick über die Hauptderivate der Neuralleistenzellen.

Die Migration der Neuralleistenzellen

8.8.2

Die Wanderung der Neuralleistenzellen durch den Körper erfolgt gezielt und in segmental angeordneten Bögen. Die Neuralleistenzellen des Kopfes migrieren in vier definierten Bögen: Dem mandibularen Bogen, dem hyoidalen Bogen und zwei branchialen Bögen (**Abb. 8.18**). Der Mandibularbogen teilt sich ventral in zwei weitere Streifen auf, die das Auge umziehen. Die Neuralleistenzellen des Rumpfes wandern über zwei verschiedene Wege durch den Körper. Ein Teil dieser Neuralleistenzellen (frühe Wanderung), der sich an der Ausbildung der dorsalen Wurzel- und sympathischen Ganglien beteiligt, wandert durch den anterioren Anteil der lateral gelegenen Somiten hindurch, während der andere Teil der Neuralleistenzellen (späte Wanderung) dorsal über den Somiten unterhalb der Epidemis migriert und schlussendlich zur Bildung der Pigmentzellen beiträgt. Während der Wanderung nehmen Neuralleistenzellen ständig Kontakt zu ihren Nachbarzellen auf, den sie jedoch permanent wieder lösen. Dieser Kontakt zu den Nachbarzellen als auch zur Umgebung stellt die Bedingung einer zielgerichteten und korrekten Wanderung durch den Organismus dar.

Die Neuralleistenzellen wandern auf der ECM, die sich in diesem Fall insbesondere aus Fibronektin, Laminin, Aggrecan und Versican zusammensetzt, durch den Organismus. Dabei nehmen die Neuralleistenzellen ständig Kontakt zur Matrix auf, lösen diesen nach kurzer Dauer jedoch wieder, um dann, im Sinne der Fortbewegung, erneut an anderer Stelle mit der Matrix zu interagieren. Die Interaktion zwischen Neuralleistenzelle und der ECM wird über heterodimere Integrine-Komplexe vermittelt (siehe Kapitel 5). In *Xenopus* Embryonen konnte gezeigt werden, dass

Abb. 8.18

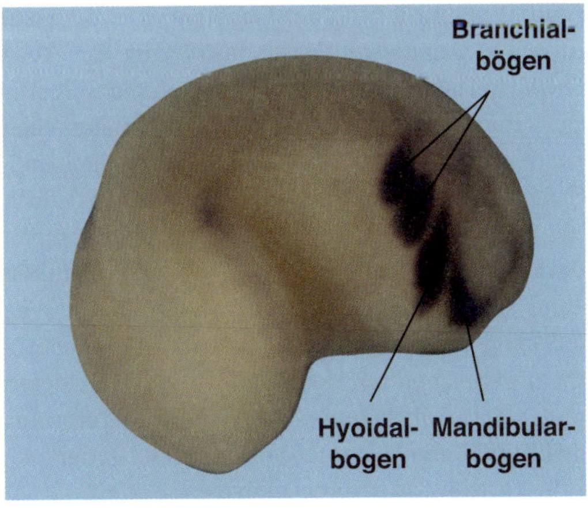

Wanderung der cranialen Neuralleistenzellen in *Xenopus laevis* Die Wanderung der cranialen Neuralleistenzellen ist durch die Expression von *twist* markiert. Die Wanderung erfolgt in drei definierten Bögen: Dem Mandibularbogen, der sich beidseitig um das Auge zieht, dem Hyoidalbogen und dem Branchialbogen, der sich in einen anterioren und einen posterioren Teil verzweigt.

die Migration der cranialen Neuralleistenzellen auf Fibronektin über α5β1-Integrin vermittelt wird.

Als Schlüsselregulatoren der Zell-Matrix und Zell-Zell Interaktionen wirken insbesondere Mitglieder einer Transmembranproteinfamilie, die ADAMs (engl. _a_ _disintegrin_ _and_ _metalloprotease_). Die ADAM-Proteine übernehmen in der Kontaktaufnahme zwischen Zellen und der ECM zwei Funktionen: Einerseits binden sie Integrine oder Moleküle der ECM, andererseits sind sie in der Lage, diese Moleküle zu schneiden, sodass sich die Zelle von der ECM lösen kann. Darüber hinaus kann ADAM10 beispielsweise die extrazelluläre Domäne von N-Cadherin abspalten; in Folge dessen fungiert die intrazelluläre Domäne von N-Cadherin als Transkriptionsfaktor, um die Delamination der Zelle voranzutreiben.

Um eine gezielte Wanderung der Neuralleistenzellen zu erreichen, werden Signalmoleküle benötigt. Ein Signal geht von den Ephrinen und deren Rezeptoren aus. Die Ephrin-Rezeptoren gehören der Familie der Rezeptor-Tyrosinkinasen an und sind zusammen mit den Ephrinen in viele Prozesse der Entwicklung wie der Segmentierung des Körpers, der Entwicklung der Extremitäten, der axonalen Wegfindung und der Migration von Zellen involviert. Neuralleistenzellen, die in den dritten und vierten Bogen (Branchialbögen) einwandern, exprimieren die EphA4 und EphB1 Rezeptoren, während die Zellen des zweiten Bogens (Hyoidalbogen) den EphrinB2-Liganden aufweisen. Diese spezifische Expression verschiedener Ephrin-Signalmoleküle ist ein Hinweis darauf, dass diese Moleküle an der zielgerichteten Wegweisung unterschiedlicher Neuralleistenzellen beteiligt sind. In den Somiten sind die Liganden EphrinB1 und B2 ausschließlich im posterioren Teil zu finden. Sie binden an passende Rezeptoren auf den Neuralleistenzellen und inhibieren deren Wanderung über den posterioren Somitenanteil. Der EphrinB2-Ligand scheint dabei zur Destabilisierung der Lamellopodien der Neuralleistenzellen beizutragen. An dieser Umstrukturierung der Zelle sind Mitglieder der Ena/Vasp-Familie involviert, welche die Architektur des Cytoskeletts umgestalten. Dadurch ziehen sich die Lamellopodien zurück und die Neuralleistenzellen ändern ihre Richtung. EphrinB-Liganden agieren bei der Wanderung von Neuralleistenzellen jedoch auch als bifunktionelle Wegweiser: Sie hindern die früh migrierenden Neuralleistenzellen daran, den dorsolateralen Weg über den Somiten einzuschlagen, während sie den später einwandernden diesen Weg eröffnen. An der Wanderung der Rumpf-Neuralleistenzellen sind darüber hinaus die Transmembranrezeptoren Neurophilin1 und 2 und deren Semaphorin-Liganden der Klasse III beteiligt. Als weitere Faktoren für die Wegweisung sind Slit und Robo bekannt, die wir schon bei der axonalen Wegfindung (siehe Kapitel 8.5) angesprochen haben.

Die Augenentwicklung

In diesem Kapitel sollen die Entwicklung sowohl des Facettenauges der Insekten als auch die des Linsenauges von Vertebraten beschrieben und verglichen werden.

Das Facettenauge

Das Facetten- oder auch Komplexauge kommt hauptsächlich bei den Arthropoden vor. Es ist aus vielen Einzelaugen (Omatidien) zusammengesetzt und hat in seiner Gesamtheit ein bienenwabenähnliches Aussehen. Das Facettenauge ist halbkugelförmig und jedes Omatidium deckt einen kleinen Bereich des Sehfeldes ab. Auf jeder Kopfseite der Fliege ist je ein Facettenauge zu finden, das fest mit dem Kopf verbunden ist und somit nicht bewegt werden kann. Jedes Omatidium ist aus acht Photorezeptorneuronen (R1 bis R8), vier darüber liegenden Kegelzellen und zusätzlichen Pigmentzellen aufgebaut (**Abb. 8.19**).

Arthropoden:
Gliederfüßler

Die Entwicklung des Facettenauges

Das Facettenauge von *Drosophila* entstammt einem einschichtigen Epithelium, der Augenimaginalscheibe (siehe Kapitel 6.9 und **Abb. 6.16**). Die Differenzierung der Omatidien beginnt im dritten Larvenstadium am posterioren Ende der Augenimaginalscheibe und schreitet innerhalb eines Zeitraums von zwei Entwicklungstagen in Richtung anteriores Ende fort. Diesen Differenzierungsvorgang kann man anhand einer wellenförmigen Bewegung, der morphogenetischen Furche, beobachten (**Abb. 8.20**). Während der Initiation und des Voranschreitens dieser Furche nehmen die Signalmoleküle Hedgehog und Decapentaplegic (Dpp) eine wichtige Rolle ein. Hedgehog wird in den Zellen hinter der

Abb. 8.19

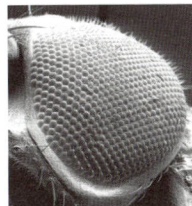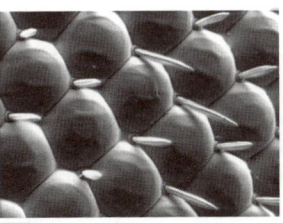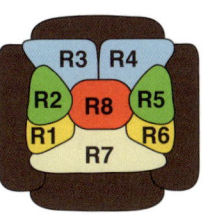

Das Facettenauge in *Drosophila* Links: Elektronenmikroskopische Aufnahme eines *Drosophila* Facettenauges. **Mitte:** Vergrößerung der Aufnahme links. Das Facettenauge zeigt ein wabenähnliches Muster aus vielen Omatidien. Beide Fotos wurden freundlicherweise von Barbara Kracher, Universität Ulm, zur Verfügung gestellt. **Rechts:** Schematische Darstellung eines Omatidiums. Ein Omatidium besteht aus acht Photorezeptorzellen R1-R8, vier Kegelzellen (braun) sowie Pigment- und Linsenzellen (nicht dargestellt).

Abb. 8.20

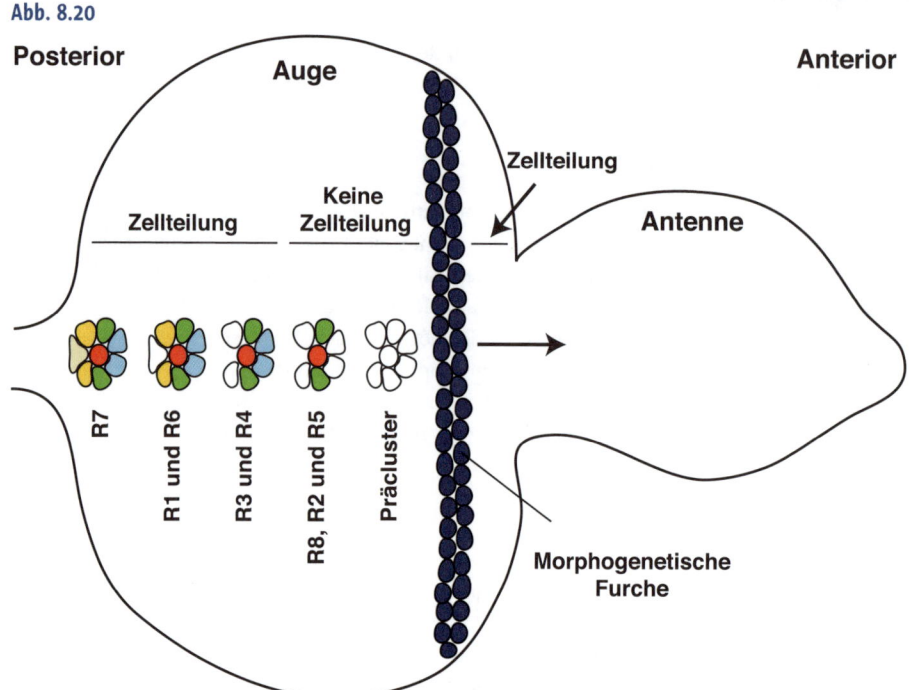

Entwicklung des Facettenauges Ein Facettenauge bildet sich aus der Augenimaginalscheibe. Die Differenzierung der Photorezeptorzellen beginnt am posterioren Ende der Augenimaginalscheibe und ist durch die nach anterior wandernde Morphogenetische Furche gekennzeichnet. Vor der Morphogenetischen Furche findet Zellteilung statt, dahinter nicht, während die Zellen am posterioren Ende wieder proliferieren. Hinter der Morphogenetischen Furche bildet sich erst ein Präcluster, aus welchem später ein Omatidium entsteht. Dann kommt es zur Differenzierung von R8, R2 und R5. Daran anschließend werden R3 und R4 differenziert. Weiter posterior differenzieren R1 und R6 und schlussendlich R7.

Furche (posteriore Zellen) exprimiert und fördert die Expression von Dpp in den Zellen der Furche (anteriore Zellen). Mit Voranschreiten der Furche verlieren die Zellen der Furche die Fähigkeit, Dpp zu synthesieren und beginnen stattdessen, Hedgehog zu exprimieren, das wiederum die Expression von Dpp in den anterioren Zellen fördert; durch dieses Wechselspiel schreitet die Furche immer weiter voran. Eine Störung dieser Signalkaskade führt dazu, dass die morphogenetische Furche zum Stillstand kommt, die Differenzierung der Omatidien unterbunden wird und die Augen somit kleiner werden. Das wingless-Gen ist an den Rändern der Augenimaginalscheibe exprimiert und für die äußere Begrenzung der morphogenetischen Furche zuständig.

Hinter der morphogenetischen Furche entwickeln sich die Omatidien in einzelnen Reihen, sodass die charakteristische Wabenstruktur entsteht. Zuerst entstehen die R8 Photorezeptorzellen. Die R8 Zellen sind gleichmäßig über die einzelnen Reihen verteilt, wobei ein Abstand von etwa acht Zellen zwischen den jeweiligen R8 Zellen eingehalten wird. Diese regelmäßige Anordnung wird durch die Lateralinhibition verursacht: Nach Überquerung der morphogenetischen Furche kommt es zur zufälligen Differenzierung einzelner Zellen zu R8. Diese wiederum inhibieren sogleich die Differenzierung der ihnen benachbarten Zellen durch die Sekretion des Faktors Scabrous. Ein Funktionsverlust von Scabrous führt dazu, dass der Abstand zwischen den R8 Zellen kleiner wird.

Im Anschluss differenzieren die Photorezeptorzellen R2 und R5, gefolgt von R3 und R4, R1 und R6 und letztlich R7. Während dieses Vorgangs wächst die Augenimaginalscheibe um das Achtfache ihrer Größe an. Die Differenzierung der einzelnen Photorezeptorzellen ist voneinander abhängig, wodurch ihre zeitlich gestaffelte Bildung zustande kommt. Die Photorezeptorzelle R7 beispielsweise kann sich nur differenzieren, wenn R8 ausgebildet ist. Hierbei spielen die Proteine Sevenless und Bride-of-sevenless eine entscheidende Rolle. Wenn nur eines dieser beiden Proteine ausfällt, ist die Differenzierung von R7 nicht möglich. Beide Faktoren sind membranständige Proteine, wobei Bride-of-Sevenless auf der apikalen Seite der R8 Zelle und Sevenless, eine Rezeptor-Tyrosinkinase, auf der Membran von R7 zu finden ist. Die beiden Proteine nehmen Kontakt zueinander auf, wobei Bride-of-Sevenless als Ligand den Rezeptor Sevenless in der R7 Zelle aktiviert und dort eine Signalkaskade auslöst, welche die Differenzierung der R7 Zelle bewirkt.

Weitere wichtige Transkriptionsfaktoren und Signalmoleküle während der Augenentwicklung in *Drosophila* sind Twin-of-eyeless, Eyeless (Toy und Ey, zwei Homologe von Pax6 in Vertebraten), Teashirt (Tsh), Sine oculis (So, das Homolog in Vertebraten ist Six3), Eyes absent (Eya), Dachshund (Dac), Optix (das Homolog in Vertebraten ist Six6) und Eye gone (Eyg). Diese Gene weisen ein komplex verflochtenes Regulationsnetzwerk auf und interagieren untereinander entweder auf Ebene der Transkriptionsregulation oder biochemischer Komplexbildung.

Entwicklung des Linsenauges von Vertebraten | 8.9.3

Die Vertebraten weisen im Gegensatz zu *Drosophila* ein Linsenauge auf. Das Linsenauge entwickelt sich einerseits aus dem Neuralrohr und andererseits aus dem Ektoderm. Die Bildung des Auges ist durch eine ganze Reihe von Gewebe-Interaktionen geprägt; sie beginnen mit der primären Induktion der Neuralplatte durch das darunter liegende Mesoderm; sie fahren fort mit der Induktion der Linse aus dem Ektoderm durch den Augenbecher; und schließlich wird das Hornhautepithel durch die wei-

Abb. 8.21

Schematische Darstellung der Entwicklung eines Linsenauges **A.** Aus dem Diencephalon (neurales Ektoderm, rot) stülpt sich das Augenvesikel aus, welches im Oberflächenektoderm die Linsenplakode (hellblau) induziert. **B.** Aus dem Augenvesikel formt sich der Augenbecher. **C.** Es kommt zur Einstülpung der Linsenplakode und des Augenbechers, der nun zwei retinale Schichten ausbildet (innere und äußere Schicht). Der Augenbecher ist über den optischen Stiel mit dem Gehirn in Kontakt. **D.** Das reife Linsenauge besteht aus einer Linse, einem Glaskörper, einer Retina (neurale und pigmentale Schicht) und einem optischen Nerv, der die Verbindung zum Gehirn darstellt. Das Auge ist nach außen durch die Hornhaut geschützt.

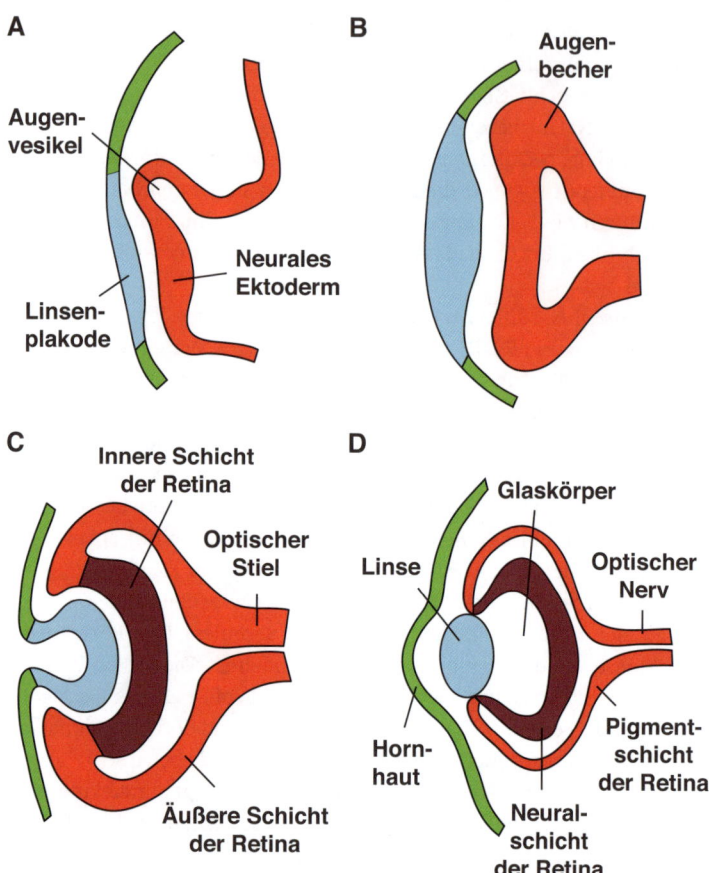

teren Interaktionen zwischen Ektoderm und Linsensäckchen gebildet. Im folgenden Abschnitt sollen die einzelnen Entwicklungsschritte des Auges näher erläutert werden.

Die sichtbare Morphogenese des Auges beginnt unmittelbar nach der Differenzierung der Gehirnbläschen am Vorderende des Neuralrohrs (**Abb. 8.21**). Durch die beidseitige Ausstülpung (Evagination) des Diencephalons bilden sich die Augenbläschen (auch Augenvesikel genannt), die mit dem Gehirn nur durch einen immer dünner werdenden Stiel, dem Augenstiel, in Verbindung bleiben. Die Augenbläschen erweitern sich und legen sich an die Innenfläches des darüber liegenden Ektoderms. Durch diesen Kontakt wird im Ektoderm die Bildung der Linse induziert, die sich im weiteren Verlauf der Entwicklung von Säugern und beim Huhn als primäres Linsenbläschen abschnürt. In *Xenopus* und im Fisch erfolgt dies durch eine Delamination. Die Vorderwand des Augenbläschens stülpt sich ein und formt den doppelwandigen Augenbecher, der das Linsenbläschen aufnimmt. Die zunächst einheitliche Wandung der Augenblase gliedert sich nun in die dickere Retina, bestehend aus Photorezeptoren, Ganglionzellen, Interneuronen und Gliazellen, und das dünnere, retinale Pigmentepithel (RPE) **(Abb. 8.20)**. Das Linsenbläschen hingegen besteht aus einem äußeren dünnen Oberflächenepithel und einer Schicht säulenartiger Zellen, die zu Linsenfaserzellen differenzieren. Die reife Linse erhält ihre Transparenz durch die Einlagerung des Proteins β-Crystallin.

In *Xenopus laevis* entwickeln sich die Augen aus der Augenanlage, welche sich im anterioren Neuralgewebe befindet **(Abb. 8.23)**. Im Rahmen der Neuralinduktion und der anterior-posterioren Musterung des Neuralrohrs werden das HMG-Box (engl. *high-mobility group*) Protein Sox3 als panneuraler Marker und das Homeobox-Protein Otx2 im anterioren Neuralgewebe aktiviert. Die Augenanlage in Form eines Augenfeldes lässt sich in *Xenopus* bereits im frühen Neurulastadium (Stadium 12,5) nachweisen und beobachten. Induktion und Spezifikation des Augenfel-

Stadium 23   Stadium 42

Abb. 8.22

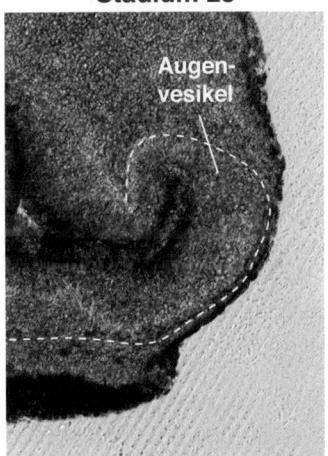
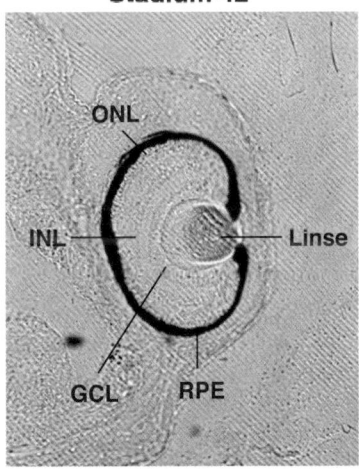

Augenentwicklung in *Xenopus laevis* Beide Aufnahmen stellen Querschnitte durch *Xenopus* Embryonen angegebener Stadien dar. In Stadium 23 (Organogenese) stülpt sich das ventrale Diencephalon zum Augenvesikel aus. Das Foto wurde freundlicherweise von Verena Bugner, Universität Ulm, zur Verfügung gestellt. In Stadium 42 (Kaulquappenstadium) kann man die Linse und die verschiedenen retinalen Schichten gut erkennen. Abkürzungen: GCL: engl. *ganglion cell layer*, INL: engl. *inner nuclear layer*, RPE: retinales Pigmentepithelium, ONL: engl. *outer nuclear layer*.

Abb. 8.23

Die Expression molekularer Augenmarker in *Xenopus laevis* Kurz nach der Gastrulation (Stadium 13) ist das uniforme Augenfeld durch die Expression von Rx1 und Pax6 charakterisiert. Sox3 ist ein panneuraler Marker, d.h. er ist in allen neuralen Zellen exprimiert. Während der Neurulation (Stadium 17) trennt sich das Augenfeld in zwei laterale Domänen, welche durch die Expression von Rx1 und Pax6 veranschaulicht werden. Shh ist in der Mittellinie exprimiert und für die Trennung des Augenfeldes verantwortlich.

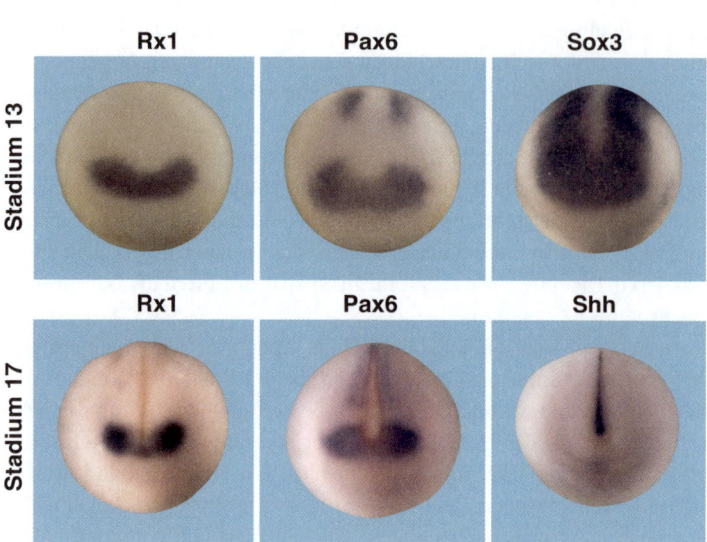

des wird durch die Expression von spezifischen Markergenen wie Pax6, Rx1 und Six3 im anterioren Teil des Diencephalons sichtbar. Diese Transkriptionsfaktoren sind evolutionär hoch konserviert und eine Funktionsstörung jedes einzelnen führt jeweils zu schweren Defekten in der Augenentwicklung. Der Funktionsverlust dieser drei Gene hat in den verschiedensten Organismen den Verlust funktionsfähiger Augen zur Folge. Die ektopische Überexpression von Pax6, Rx1 oder Six3 führt zur Ausbildung ektopischer Augen. Dies zeigt, dass diese hoch konservierten Transkriptionsfaktoren nicht nur notwendig, sondern sogar hinreichend für die Augenentwicklung sind. Durch die Expression dieser frühen Augenmarkergene werden weitere, für die Augenentwicklung wichtige Gene wie *Lhx2, Six6* und *Tailless* aktiviert. Dabei bilden *Pax6, Rx1, Six3, Six6, Lhx2* und *Tailless* ein sich selbst stabilisierendes, genetisches Netzwerk aus, welches für eine normal verlaufende Augenentwicklung sorgt.

Im Verlauf der Neurulation kommt es zur Aufspaltung des Augenfeldes in zwei laterale Augendomänen. Jede dieser beiden Augendomänen stellt eine separate Retinaanlage dar. Als molekulares Signal für diese Aufspaltung konnte der sezernierte Faktor Shh identifiziert werden (**Abb. 8.23**). Dieser Faktor sorgt für die Repression der Augenmarkergene im medianen, und später ventralen, Diencephalon. Während der weiteren Augenentwicklung induziert Shh die Expression von *Vax1* und *Pax2* im Augenbecherstiel. Vax1 und Pax2 wiederum reprimieren die Expression von retinaspezifischen Markergenen wie Pax6 und Rx1 im Augenbecherstiel, wodurch deren Aktivität auf den Augenbecher begrenzt wird.

Facetten- versus Linsenauge
8.9.4

Das räumliche Auflösungsvermögen des Facettenauges ist von der Anzahl der vorhandenen Omatidien abhängig und wesentlich geringer als beim Linsenauge, da im Facettenauge das Bild aus den einzelnen Lichtpunkten zusammengesetzt wird, die jeweils von den Omatidien wahrgenommen werden (musivisches Sehen). Das zeitliche Auflösungsvermögen allerdings ist wesentlich höher als beim Linsenauge. Es kann bei fliegenden Insekten bis zu 250 Bilder pro Sekunde erreichen. Der Mensch z.B. kann nur ca. 24 Bilder pro Sekunde erkennen.

Zusammenfassung

Aus den Zellen der Neuralplatte bilden sich im Laufe der Entwicklung Neuronen und Gliazellen. Eine Entscheidung zwischen diesen beiden Schicksalen erfolgt durch den Vorgang der lateralen Inhibition, die durch das Notch/Delta-System ermöglicht wird. In die anterior-posteriore Musterung des Neuralsystems sind Signalgradienten des Wnt/β-Catenin-Signalweges und der Retinsäure involviert. Eine dorso-ventrale Musterung erfolgt durch zwei gegenläufige Signalgradienten: Von dorsal kommend ein TGFβ-, von ventral kommend ein Sonic hedgehog (shh) Gradient. Zur interzellulären Kommunikation senden Neurone Axone aus, die mit Zielzellen einen synaptischen Kontakt ausbilden. In die axonale Wegfindung sind anziehend und abstoßend wirkende Moleküle involviert, die entweder in Form von Konzentrationsgradienten oder als Zelloberflächenmoleküle Axonen den Weg weisen. Das Auge ist eine hochkomplexe Struktur, die bei Vertebraten als Linsenauge aus dem Vorderhirn und dem darüber liegenden Ektoderms gebildet wird. Das Facettenauge der Fliege wird aus der Augenimaginalscheibe gebildet.

Fragen

▼

1 Was verstehen Sie unter lateraler Inhibition?
2 Wie sieht der Signalweg aus, der durch Sonic Hedgehog aktiviert wird?
3 Wie wirkt Retinsäure? Wie wird diese hergestellt?
4 Beschreiben Sie das Prinzip der anterior-posterioren und der dorso-ventralen Musterung des Neuralrohrs.

5 Wo entstehen die Neuralleistenzellen? Auf welchen molekularen Mechanismen basiert die Induktion der Neuralleistenzellen? Welche Derivate bilden die Neuralleistenzellen?

6 Beschreiben Sie den Aufbau eines Neurons.

7 Welche molekularen Mechanismen der axonalen Wegfindung kennen Sie?

8 Wie erfolgt die Bildung des Facettenauges?

9 Wie ist ein Linsenauge aufgebaut und wie wird es während der Entwicklung angelegt?

Fragen

JESSEL, T. M. (2000) Neuronal specification in the spinal cord: inductive signals and transcriptional codes. Nat. Rev. Genet. 1, 20-29

KANDEL, E. R., J. H. SCHWARTZ, T. H. JESSEL (2000) Principles of Neural Science. 4th Edition, McGraw-Hill, New York

KNECHT, A. K., M. BRONNER-FRASER (2002) Induction of the neural crest: A multigene process. Nat. Rev. Genet. 3, 453-461

KOPAN, R., ILLAGAN, M.A.X. (2009) The canonical Notch Signaling Pathway: Unfolding the activation mechanism. Cell 137, 216-233

NIEHRS, C. (2004) Regionally specific induction by the Spemann-Mangold organizer. Nat. Rev. Genet. 5, 425-434

NIEDERREITHER, K., P. DOLLÉ (2008) Retinoic acid in development: towards an integrated view. Nat. Rev. Genet. 9, 541-553

SAUKA-SPENGLER, T., M. BRONNER-FRASER (2008) A gene regulatory network orchestrates neural crest formation. Nat. Rev. Mol. Cell Biol. 9, 557-568

Das paraxiale Mesoderm und die Bildung von Muskeln, Knochen und Extremitäten | 9

Inhalt

Aus dem mesodermalen Keimblatt entwickeln sich ganz unterschiedliche Strukturen wie die Somiten, die Extremitäten, das Herz, das Gefäßsystem sowie das Urogenitalsystem mit Niere und Geschlechtsorganen. Aus den Somiten entstehen unter anderem die Skelettmuskulatur und Teile des Skelettsystems. Unabhängig von den gebildeten Geweben beobachten wir während der Entwicklung dieser Organe ähnliche Prozesse wie die Spezifikation von Vorläuferzellen, die Wanderung von Zellen an den Ort der Organbildung oder morphogenetische Prozesse zur Ausbildung dreidimensionaler Strukturen. Die molekularen Grundlagen dieser Prozesse und deren Bedeutung für die Bildung der aufgeführten Gewebe und Organe des mesodermalen Keimblatts werden nachfolgend in den kommenden drei Kapiteln behandelt. In diesem Kapitel beginnen wir mit den Somiten und deren Derivate sowie der Bildung von Knochen und Extremitäten.

Die Somiten: Die Segmentierung des paraxialen Mesoderms | 9.1

Ähnlich wie der Fliegenkörper ist auch der Körper von Vertebraten entlang der anterior-posterioren Achse segmentiert. Wie schon in Kapitel 8 erläutert, weist das Neuralrohr von anterior nach posterior Abschnitte unterschiedlicher Funktionalitäten auf. Äußere Kennzeichen der Körpersegmentierung sind beispielsweise die Wirbel der Wirbelsäule oder die Rippen. Nicht zuletzt ist auch die Skelettmuskulatur in Segmenten organisiert. Die zuletzt genannten Gewebe stammen aus dem paraxialen Mesoderm, welches während der frühen Embryonalentwicklung segmental angeordnet wird.

Paraxial: Seitlich zur dorsalen Mittellinie (hier Neuralrohr)

9.1.1 **Die Somitogenese**

Das paraxiale Mesoderm bildet während der Entwicklung die Somiten, welche zunächst als repetitive Gewebeblöcke entlang der anterior-posterioren Achse angelegt werden (**Abb. 9.1**). Die Bildung der einzelnen Somiten erfolgt in anterior-posteriorer Richtung. Über einen längeren Zeitraum werden nach posterior fortschreitend immer neue Gewebeblöcke aus dem paraxialen Mesoderm gebildet. Aus den einzelnen Anteilen eines Somitenblocks wiederum entstehen nachfolgend verschiedene Gewebetypen. Zunächst kann ein Somit in das Sklerotom und das Dermamyotom unterteilt werden. Aus dem Sklerotom entwickeln sich Teile des Skeletts, wohingegen aus dem Dermamyotom einerseits das Dermatom (Unterhautgewebe), andererseits das Myotom (Rumpf- und Extremitätenmuskulatur) entsteht.

Während der Segmentierung wird jeweils eine Gruppe von Zellen des paraxialen Mesoderms durch das Ausbilden einer Furche als Gewebeblock vom restlichen paraxialen Mesoderm abgetrennt (**Abb. 9.1**). In

---

Abb. 9.1

Die Segmentierung der Somiten Die Somiten entstehen aus dem paraxialen Mesoderm (blau). Die Somitendifferenzierung beginnt mit der Segmentierung der Somiten in Somitenblöcke, die durch die extrazelluläre Matrix (ECM; gelb) getrennt werden. Dieser Prozess beginnt am anterioren Ende und schreitet nach posterior fort. In der Maus wird ein Somitenblock innerhalb von 120 Minuten abgetrennt, entsprechend zwei in 240 Minuten.

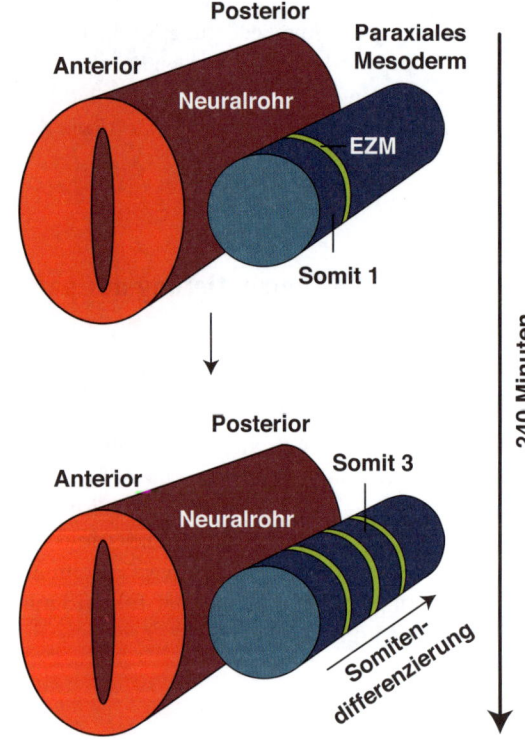

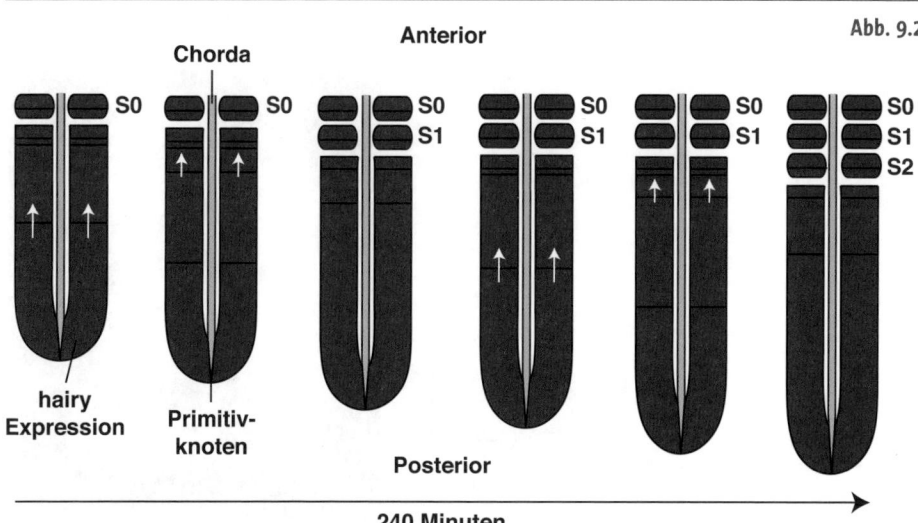

Der Oszillationsmechanismus zur Segmentierung der Somiten Der Oszillationsmechanismus zur Somitensegmentierung in der Maus ist hier schematisch dargestellt. Vor der Bildung jedes Somitenblocks beginnt die Expression von *hairy* (weinrot) im posterioren paraxialen Mesoderm (blau). Diese Expression wandert nach anterior (weiße Pfeile). Ist die *hairy* Expression im anterioren, unsegmentierten Somiten angekommen, kommt es zur Abtrennung eines Somitenblocks. Im abgetrennten Somiten-block bleibt die *hairy* Expression im posterioren Teil bestehen. Daran anschließend beginnt die *hairy* Expression erneut wieder im posterioren Mesoderm und der Prozess beginnt von vorn. In der Maus geschieht die Abtrennung eines Somiten innerhalb von 120 Minuten. Dargestellt ist die Abtrennung von zwei Somitenblöcken in entsprechend 240 Minuten.

Xenopus laevis durchläuft ein abgetrennter Somitenblock zusätzlich eine Rotation um ca. 90°. Interessanterweise erfolgt die Ausbildung der Somiten entlang der anterior-posterioren Achse in definierten und genau eingehaltenen, konstanten zeitlichen Abständen: In *Xenopus* beispielsweise in einem Abstand von 45, im Huhn von 90 und in der Maus von 120 Minuten. Dies hat schon vor vielen Jahren Anlass zu der Hypothese gegeben, dass die Auftrennung des paraxialen Mesoderms in die Somiten durch einen oszillierenden Mechanismus erfolgt. Mit dem Siegeszug der Molekularbiologie und den damit verbundenen Möglichkeiten des Expressionsnachweises von Genen konnte dies in der Tat auch auf molekularer Ebene gezeigt werden. Die Trennung der Somiten geschieht sozusagen nach einem internen, molekularen Taktgeber. Hierbei spricht man vom Segmentierungsoszillator.

Eine genauere Analyse hat gezeigt, dass einzelne Gene des Notch/ Delta-, des FGF- und des Wnt/β-Catenin-Signalwegs dieser Oszillation unterliegen. So beginnt eine Welle der *hairy* Expression, einem Zielgen des Notch-Signalwegs (siehe auch **Abb. 8.7**), am posterioren Ende des paraxialen Mesoderms und wandert nach anterior (**Abb. 9.2**). An der

Axial:
In Richtung einer Achse

Abb. 9.3

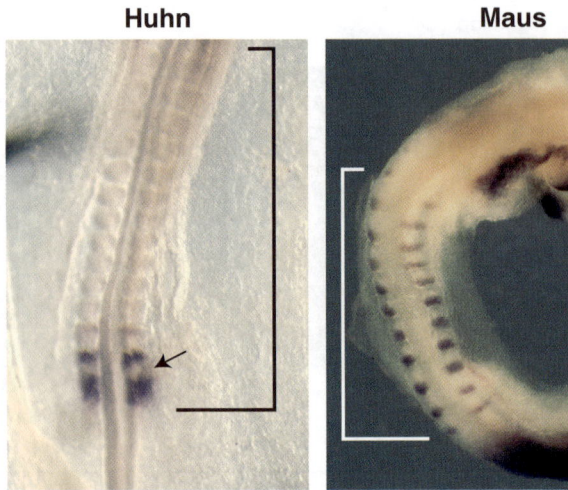

Huhn   **Maus**

Tbx18   **Uncx4.1**

Expression von Transkriptionsfaktoren in den Somiten   Dargestellt sind frühe Embryonen des Hühnchens und der Maus. Im Hühnchen Embryo ist der T-Box Transkriptionsfaktor Tbx18 in den posterioren, neu gebildeten Somiten exprimiert. Im Mausembryo zeigt der Homeobox-Transkriptionsfaktor Uncx4.1 eine spezifische Expression im posterioren Anteil aller Somiten. Die Klammern zeigen die Region der segmentierten Somiten. Die Tbx18 Abbildung wurde freundlicherweise von Prof. Dr. Thomas Brand, Universität Würzburg, zur Verfügung gestellt. Die Uncx4.1 Darstellung wurde von Prof. Dr. Gregg Düster, Burnham Institute, La Jolla, USA bereitgestellt.

anterioren Grenze des unsegmentierten Mesoderms angekommen, setzt die Bildung eines neuen Somiten ein. Dabei ist die Periodizität der molekularen Oszillation nahezu identisch mit der makroskopisch sichtbaren Periodizität, nämlich der Abtrennung einzelner Somitenblöcke innerhalb der oben genannten Zeiten. Derzeitige Modelle gehen davon aus, dass die genannten Signalwege einer negativen Feedback-Regulation unterliegen und damit diese Oszillation etablieren.

Die Segmentierung der Somiten kann man über die Expression spezifischer Faktoren erkennen. Als Beispiele führen wir hier *tbx18* im Huhn und *uncx4.1* in der Maus auf. Im Hühnchen Embryo ist *tbx18* ausschließlich in den posterioren, neu gebildeten Somiten exprimiert. In der Maus zeigt der Homeobox Transkriptionsfaktor uncx4.1 eine spezifische Expression im posterioren Teil eines jeden Somiten (**Abb. 9.3**).

9.1.2   **Die Identität der Somiten: Die *Hox*-Gene**

Dass die einzelnen Somiten des Vertebratenkörpers unterschiedliche Strukturen ausbilden, ist am besten an der Wirbelsäule zu beobachten.

Die einzelnen Wirbel haben entlang der anterior-posterioren Achse unterschiedliche Formen und übernehmen verschiedene Aufgaben, wie beispielsweise die Befestigung des Kopfes oder die der Rippen. Dies bedeutet, dass die entlang der anterior-posterioren Achse ausgebildeten Somiten während der embryonalen Entwicklung unterschiedliche Identitäten annehmen. Dies erfolgt, ähnlich wie bei *Drosophila melanogaster*, über die Aktivierung unterschiedlicher *Hox*-Gene (siehe Kapitel 6.6 und Kapitel 8.1.3). Durch die Expression mehrerer *Hox*-Gene pro Somit kann aus deren unterschiedlicher Kombination die Identität der einzelnen Somiten festgelegt werden. Interessanterweise ist beim Vergleich verschiedener Organismen wie dem Huhn, der Maus oder dem Frosch ersichtlich, dass für die Festlegung der Identität verschiedener Somiten in den einzelnen Spezies durchaus unterschiedliche *Hox*-Gene verwendet werden können. An der relativen Expression der *Hox*-Gene entlang der anterior-posterioren Achse verändert dies jedoch nichts. Wie auch in der Fliege führt ein Verlust von *Hox*-Genen zu einer sogenannten Homeotischen Transformation, bei der betroffene Somitenabschnitte ihre Identität verändern und beispielsweise Wirbel einer anderen Identität ausbilden. Neben der räumlich angesprochenen Co-Linearität der *Hox*-Gen Expression (siehe Kapitel 8.1.3) gibt es auch eine zeitliche Co-Linearität: Die Gene am 3'-Ende des Clusters, die eher am anterioren Ende des Embryos exprimiert werden, werden auch zeitlich vor jenen Genen exprimiert, die innerhalb des *Hox*-Clusters am 5'-Ende lokalisiert und somit auch posterior aktiv sind.

Homeotische Transformation: Umwandlung einer Struktur in eine andere, die normalerweise an einem anderen Ort lokalisiert ist.

Die Derivate der Somiten | 9.1.3

Die Somiten bilden die Anlage für eine Vielzahl von Gewebetypen, die im Folgenden im Detail erläutert werden sollen. Zunächst wird der Somit in das dorsal-lateral gelegene Dermamyotom und das ventrale Sklerotom unterteilt (**Abb. 9.4**). Aus dem Dermamyotom entstehen in der weiteren Entwicklung das Dermatom, aus welchem sich die Dermis und die Subkutis entwickeln, und das Myotom, aus welchem die Rumpf- und Gliedmaßenmuskulatur hervorgehen. Hierbei stellen die Myoblasten die Muskelvorläuferzellen dar, die aus dem Myotom auswandern und an den Ort ihrer Funktion (wie beispielsweise den Extremitäten) wandern. Aus dem Sklerotom entstehen Teile des Knochengewebes wie die Wirbel und Rippen, als auch das Syndetom, welches die späteren Sehnen hervorbringt. Für all diese Entwicklungsentscheidungen sind Signalmoleküle aus den umliegenden Geweben wie der Epidermis, dem Neuralrohr, dem Notochord und dem Seitenplattenmesoderm essentiell.

Abb. 9.4

Die Differenzierung der Somiten
Zunächst wird der Somit durch
vier Signale aus den benachbarten
Geweben in spezifische Regionen
unterteilt. Signal 1 kommt in Form
von Shh aus dem Notochord (blau)
und der Bodenplatte des Neuralrohrs (dunkelgrün). Dieses bewirkt
die Bildung des Sklerotoms (hellblau) im Somit. Die Signale 2 und
3 bewirken eine Dorsalisierung des
Dermamyotoms (dunkelblau). Wnt1,
Wnt3a und NT3 bilden das zweite
Signal, Wnt4, Wnt6 und Wnt7a das
dritte. Signal 4 stammt aus dem
Seitenplattenmesoderm (braun) und
vermittelt die Bildung der abaxialen
Muskelvorläuferzellen (Vorläuferzellen der Extremitätenmuskulatur).
Signalmoleküle hierbei sind BMP4
und FGF. Das Dermamyotom
unterteilt sich in das Dermatom
und das Myotom (primaxiale und
abaxiale Muskelvorläuferzellen). Die
primaxialen Muskelvorläuferzellen
(Vorläuferzellen der Rumpfmuskulatur) sind durch die frühe Expression
von Pax3 und Myf5, die abaxialen
Muskelvorläuferzellen durch die
von Pax3 und MyoD charakterisiert.
Zellen des Sklerotoms sind durch
die Pax1 Expression gekennzeichnet.
Das Dermatom bildet v. a. die Dermis, Zellen des Myotoms wandern
als Myoblasten durch den Körper
in den Rumpf und die Extremitäten
ein und bilden die Rumpf-, wie auch
die Extremitätenmuskulatur aus.
Aus dem Syndetom entstehen die
Sehnen, aus dem Sklerotom die
Wirbel und Rippen.

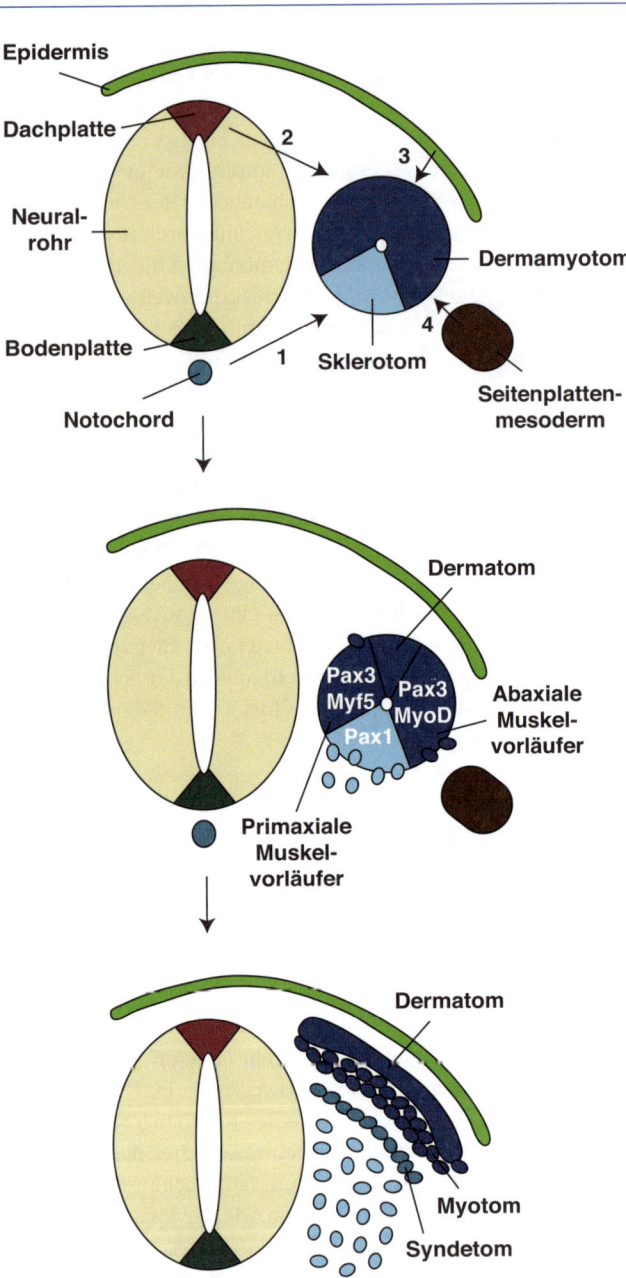

Entscheidung zwischen Sklerotom und Dermatom | 9.1.4

Die Entscheidung der Zellen eines Somiten, in Sklerotom oder Dermatom zu differenzieren, ist ausschließlich von Faktoren abhängig, die aus den benachbarten Geweben stammen (**Abb.9.4**). Dies kann durch ein einfaches Experiment veranschaulicht werden: Dreht man während der frühen Hühnchen Entwicklung den gesamten Somiten um 180°, so durchläuft der Somit eine normale Entwicklung. Die Signale für die Ausbildung der verschiedenen Achsen können daher nicht aus dem Somiten selbst stammen (autonom), sondern müssen dem benachbarten Gewebe entspringen.

Der ventro-mediale Teil des Somiten erhält in Form von Sonic hedgehog (Shh) (siehe hierzu auch Kapitel 8, **Infobox 14**) ein Signal aus dem Notochord und der Bodenplatte des Neuralrohrs. In diesem Teil des Somiten entwickelt sich daraufhin das Sklerotom, dessen Zellen zunächst spezifisch pax1 exprimieren. Pax1 ist ein Transkriptionsfaktor und für die Bildung von Knorpelgewebe entscheidend. Des Weiteren exprimieren diese Zellen i-mf (engl. *inhibitor of muscle-forming*), einen bHLH-Transkriptionsfaktor (engl. *basic helix-loop-helix*), welcher die Entwicklung von Muskelzellen unterbindet. Die Wirkung des Notochords auf die Entwicklung des ventralen Somiten in Richtung Sklerotom wird auch durch ein Transplantationsexperiment deutlich: Wird ein zusätzliches Notochord neben den dorsalen Anteil des Somiten transplantiert, so nimmt der gesamte Somit das Schicksal eines Sklerotoms an.

Infobox 15
▼

Transkriptionsfaktoren der Paired-Box Familie

Mitglieder der Paired-Box Familie sind Transkriptionsfaktoren, die sowohl eine Paired-Domäne als auch eine voll- oder unvollständige Homöodomäne aufweisen. Die Paired-Box ist eine konservierte Domäne aus 128 Aminosäuren. In manchen Proteinen kann auch ein zusätzliches spezifisches Sequenzmotiv aus acht Aminosäuren (Oktapeptid) enthalten sein. Mitglieder dieser Familie von Transkriptionsfaktoren sind unter anderem Pax1 (wichtig für die Muskeldifferenzierung, siehe Kapitel 9.1), Pax3 (wichtig für die dorsoventrale Musterung des Neuralrohrs, siehe Kapitel 8.3) und Pax6 (wichtig für die Augenentwicklung, siehe Kapitel 8.9).

▲

Die Signale, die den Somiten dorsalisieren, stammen einerseits aus dem dorsalen Neuralrohr, der sogenannten Dachplatte, als auch der Epidermis. Signalmoleküle aus dem dorsalen Neuralrohr sind Wnt1, Wnt3a und NT3 (engl. *neurotrophin 3*) sowie aus der Epidermis Wnt4, Wnt6 und Wnt7a. So entsteht aus dem dorsalen Anteil des Somiten das Dermatom.

Für die Entwicklung der primaxialen Muskeln (Rumpfmuskeln), die aus dem medio-lateralen Teil des Somiten entstehen, sind sowohl Wnt-Faktoren aus dem Neuralrohr, als auch Shh aus dem Notochord und der Bodenplatte des Neuralrohrs entscheidend.

Abaxiale Muskeln:
Muskeln, die aus den Somiten in die Extremität einwandern und dort die Skelettmuskulatur bilden.

Primaxiale Muskeln:
Muskeln, die an der Bildung der Rumpfmuskulatur beteiligt sind.

Ein weiteres Signalzentrum für die Differenzierung des Somiten in die verschiedenen Zelltypen stellt das Seitenplattenmesoderm dar. Die hier entspringenden Signalmoleküle spezifizieren den Somiten in seine laterale Domäne, aus welcher die abaxialen Muskeln (Extremitätenmuskulatur) hervorgehen. Bisher konnten BMP4 und FGF als Signale beschrieben werden. Die Sehnen entstehen aus den dorsalen Zellen des Sklerotoms, dem Syndetom. Diese Zellen exprimieren spezifisch Scleraxis, das ebenfalls ein Mitglied der bHLH-Transkriptionsfaktoren und für die Entwicklung der Sehnen ein essentieller Faktor ist.

Wenn die Signale aus dem Notochord und dem Neuralrohr ausbleiben, z.B. in *Knock-out* Mausmodellen, so geht dies mit einer fehlenden Ausbildung der Wirbel und der Rumpfmuskulatur einher. Lediglich die Muskulatur der Gliedmaßen entwickelt sich normal.

9.1.5 | ## Die Differenzierung der Skelettmuskulatur

Der Transkriptionsfaktor Pax3 ist zunächst in allen Zellen der Somiten exprimiert. In der fortgeschrittenen Entwicklung ist Pax3 jedoch ausschließlich im Myotom (primaxiale und abaxiale Muskelvorläuferzellen) vorzufinden und kann durch den Einfluss von BMP4 und Wnt moduliert werden. Ein weiterer essentieller Faktor für die Muskelentwicklung ist der bHLH-Transkriptionsfaktor MyoD. Die Bildung der primaxialen und abaxialen Muskelvorläuferzellen verläuft auf molekularer Ebene zunächst unterschiedlich. In den abaxialen Muskelzellen wird Pax3 durch von außen kommende Signale aktiviert. In der Folge induziert Pax3 die Expression von MyoD. MyoD ist dann in der Lage, sowohl seine eigene Expression als auch die anderer Faktoren wie Mitglieder der Mef-Familie (engl. *myocyte enhancer factor*) zu aktivieren. In den primaxialen Muskeln wird durch Pax3 zunächst Myf5 (engl. *myogenic factor 5*) aktiviert, ein weiterer bHLH-Transkriptionsfaktor. Myf5 wiederum bewirkt in der Folge die Expression von MyoD. So kommt es in den Muskelvorläuferzellen zu einer stabilen Expression Muskel-spezifischer Transkriptionsfaktoren, den sogenannten myogenen Faktoren, die später auch für die Expression von Strukturproteinen in der Skelettmuskulatur benötigt werden. Als Beispiele sind hier Aktin- und Myosin zu nennen, die als Filamente für die Muskelkontraktion von entscheidender Bedeutung sind.

In der fortgeschrittenen Embryonalentwicklung ist Pax3 nur noch in jenen Zellen zu finden, die in die Gliedmaßen einwandern (abaxiale Muskelzellen). Pax3 *Knock-out* Mäuse weisen demzufolge ein Fehlen von

Extremitätenmuskeln auf, die Rumpfmuskulatur hingegen entwickelt sich normal.

Reifung und Regeneration der Muskelfasern

9.1.6

Die Muskelvorläuferzellen verlassen den Somiten beziehungsweise das Myotom als Myoblasten. Zunächst werden die Myoblasten durch den Einfluss von Wachstumsfaktoren, wie beispielsweise FGFs, zur Zellproliferation angeregt. Wenn die Myoblasten den Einflussbereich dieser Wachstumsfaktoren verlassen, so nehmen sie einerseits Kontakt zur umliegenden extrazellulären Matrix auf, andererseits kommt es zur Zusammenlagerung einzelner Myoblasten. Die Kontaktaufnahme zur ECM geschieht über Fibronektin, welches von den Myoblasten sezerniert wird, und dessen Rezeptor $\alpha5\beta1$-Integrin. Die Zusammenlagerung der Myoblasten hingegen wird mithilfe von Zelladhäsionsmolekülen wie den Cadherinen und CAMs gesteuert (siehe Kapitel 5). In einem weiteren Schritt fusionieren die zusammengelagerten Myoblasten zu Myotuben. Für diesen Vorgang hat sich eine bestimmte Gruppe von Metalloproteasen, die Meltrine, als entscheidend hervorgetan.

Myotuben: Vielzellige Vorstufe der Muskelzelle / Muskelfaser

Muskeln sind in der Lage, nach einer Verletzung zu regenerieren. Dies wird durch bestimmte undifferenzierte Muskelvorläuferzellen, den Satellitenzellen, ermöglicht. Die Satellitenzellen sind in der Basallamina der reifen Myofibrillen lokalisiert und können bei Schädigung des Muskels proliferieren. Der Stammzellcharakter dieser Zellen wird durch die Expression des Transkriptionsfaktors Pax7 aufrechterhalten, da Pax7 die Expression von MyoD und somit die Differenzierung der Zellen in ein myogenes Schicksal unterdrückt.

Die Knochenbildung

9.2

Der Begriff Osteogenese beschreibt die Entstehung eines neuen Knochens. Die Bildung von Knochengewebe wird auch als Ossifikation bezeichnet. Dieser Vorgang läuft während der Embryonalentwicklung, aber auch in Folge einer Verletzung bzw. Bruchs des Knochens ab. Das gesamte Skelett eines Organismus wird aus drei verschiedenen Geweben gebildet: Dem Sklerotom, dem Seitenplattenmesoderm und den cranialen Neuralleistenzellen. Das Sklerotom ist der ventrale Teil der Somiten (**Abb. 9.4**), aus dem die Rippen und Wirbel hervorgehen. Das Skelettsystem der Gliedmaßen hingegen entsteht aus Zellen des Seitenplattenmesoderms (siehe Kapitel 9.3.). Die cranialen Neuralleistenzellen beteiligen sich u.a. an der Bildung der Knochen- und Knorpelstrukturen des Kopfes.

Die Bildung des Knochens kann über zwei Wege geschehen. Zum einen kann sich der Knochen direkt aus Bindegewebe entwickeln (desmale Ossifikation), zum anderen können zunächst Knorpelstrukturen angelegt und letztendlich in Knochen umgewandelt werden (chondrale Ossifikation).

Die desmale Ossifikation geschieht zu großen Teilen bei der Ausbildung der cranialen Knochenstrukturen aus Neuralleistenzellen. Hierbei wandern die Neuralleistenzellen von dorsal nach ventral, wobei sie mesenchymale Zellen ausbilden, proliferieren und sich in der Zielregion zusammenlagern. Dort wandeln sich einige Zellen auch in Osteoblasten um. Diese sezernieren eine Kollagen-Proteoglycan-Matrix, die in der Lage ist, Calcium zu binden. Osteoblasten, die in diese Matrix eingebettet werden, werden zu Osteozyten. Während der weiteren Ossifikation kommt es zur Ausbildung einer Knochenhaut (Periosteum) aus mesenchymalen Zellen. Auf der Innenseite der Knochenhaut werden weiterhin Osteoblasten gebildet und somit das Dickenwachstum der Knochen gefördert (perichondrale Ossifikation). An der desmalen Ossifikation sind viele parakrine Faktoren wie BMP, FGF und Shh beteiligt.

Die chondrale Ossifikation findet bei der Bildung der Wirbelsäule, der Rippen, des Beckens und der Gliedmaßenknochen statt. Hierbei unterscheidet man die endochondrale von der perichondralen Ossifikation. Die endochondrale Ossifikation beschreibt die Verknöcherung von innen, wohingegen die perichondrale Ossifikation von außen durch Absonderung von Osteoblasten aus der Knochenhaut geschieht (siehe oben). Die endochondrale Ossifikation kann man in fünf Schritte oder Phasen unterteilen. In der ersten Phase werden manche Mesenchymzellen dazu bestimmt, das Schicksal von Knorpelzellen anzustreben. Dies wird durch Shh ausgelöst, welches die Expression von Pax1 in den mesenchymalen Zellen induziert. Während der zweiten Phase kondensieren die vorbestimmten Zellen zu Verbänden und die Zellen entwickeln sich zu Chondrozyten. Dabei induzieren Mitglieder der BMP-Wachstumsfaktorfamilie (siehe Kapitel 3.3.1) die Expression der Zelladhäsionsmoleküle N-Cadherin und N-CAM (siehe Kapitel 5) sowie des Transkriptionsfaktors Sox9, welcher weitere Transkriptionsfaktoren sowie Collagen 2 und Agrican aktiviert. In der dritten Phase kommt es zur vermehrten Proliferation der Chondrozyten, die gleichzeitig verschiedene Komponenten der ECM sezernieren. Während der vierten Phase durchlaufen die Chondrozyten eine starke Vergrößerung. Dies geschieht durch die Aktivität des Transkriptionsfaktors Runx2 (engl. *runt-related transcription factor 2*), auch Cbfa1 (engl. *C-module binding factor 1*) genannt. Weiterhin produzieren die vergrößerten Chondrozyten Moleküle der ECM, woraufhin Calcium und Phosphat in die ECM eingelagert werden können. Gleichzeitig synthetisieren die

Osteoblasten:
Vorläuferzellen der Knochenstruktur

Osteozyten:
Einkernige Zellen, die in der Knochenmatrix lokalisiert sind

Chondrozyt:
Knorpelzelle

Chondrozyten VEGF (engl. *vascular endothelial growth factor*; siehe Kapitel 10.2.1), welches die Umwandlung mesenchymaler Zellen in Endothelzellen fördert. In der fünften Phase kommt es einerseits zum Abbau der Chondrozyten, die durch Osteoblasten ersetzt werden, andererseits wird ein Netzwerk an Blutgefäßen im Knochen gebildet.

Die Entwicklung der Extremitäten | 9.3

Um die Entwicklung der Extremitäten (Arme und Beine) beschreiben zu können, sollen zunächst die drei Achsen einer Extremität erläutert werden (**Abb. 9.5**): Die proximo-distale, die dorso-ventrale und die anterior-posteriore Achse. Die proximo-distale Achse beschreibt die Achse vom Körper zum Ende der Extremität, beim Arm also von der Schulter bis zu den Fingern. Die dorso-ventrale Achse definiert die Achse von der Ober- zur Unterseite der Extremität, bei der Hand ist dies vom Handrücken (dorsal) zur Handfläche (ventral). Die anterior-posteriore Achse zeigt die Richtung von vorne nach hinten an, also am Beispiel der Hand vom Daumen zum kleinen Finger.

Abb. 9.5

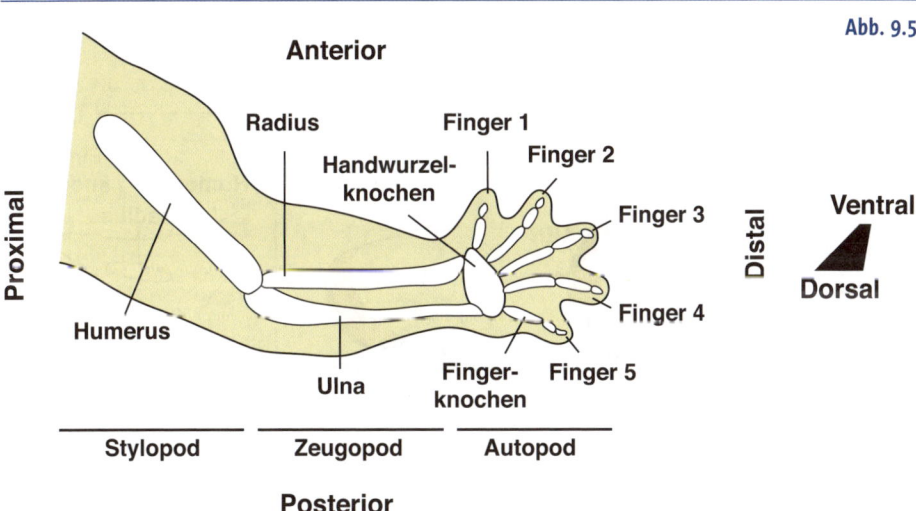

Allgemeine Definitionen einer Extremität am Beispiel einer Vorderextremität   Jede Extremität kann in drei Achsen eingeteilt werden: Eine proximo-distale (körpernah-körperfern), eine anterior-posteriore (Finger 1 bis Finger 5) und eine dorso-ventrale Achse (Außen- Innenfläche). Jede Extremität lässt sich in drei Abschnitte einteilen: Stylopod (Oberarm-, Oberbeinknochen), Zeugopod (Unterarm-, Unterbeinknochen, die jeweils aus zwei Knochen bestehen) und Autopod (Hand- und Fußknochen, die jeweils aus vielen Einzelknochen bestehen). Jede Vorderextremität besitzt charakteristische Knochen: Den Humerus, Radius und Ulna, die Handwurzel- sowie die Fingerknochen.

Nahezu jede Extremität lässt sich in drei Abschnitte einteilen: Den Stylopod (Oberarm-, Oberbeinknochen), den Zeugopod (Unterarm-, Unterbeinknochen, die jeweils aus zwei Knochen bestehen) und den Autopod (Hand- und Fußknochen, die jeweils aus vielen Einzelknochen bestehen). Diese Grundstruktur ist bei fast allen Landwirbeltieren gleich. Zu Beginn der Extremitätenentwicklung werden zunächst nur Knorpelstrukturen aufgebaut, die im Lauf der weiteren Entwicklung in Knochen umgewandelt werden.

9.3.1 Induktion des Extremitätenfeldes

Die Extremitäten entwickeln sich aus dem Seitenplattenmesoderm beidseitig lateral am Körper. Auf jeder Körperseite werden für Vorder- und Hinterextremität zwei Extremitätenfelder angelegt (**Abb. 9.6**). Die Bildung dieser Anlagenfelder wird durch den Fibroblastenwachstumsfaktor FGF10 induziert, welcher im Seitenplattenmesoderm synthetisiert wird. Die Expression von FGF10 wiederum wird durch verschiedene Faktoren der Wnt-Familie stabilisiert. Bei der Vorderextremität handelt es sich hierbei um Wnt2b, bei der Hinterextremität um Wnt8c. Der Verlust der FGF10 Funktion während der frühen Embryonalentwicklung führt zu einer Störung der weiteren Extremitätenentwicklung. Auch Mit-

T-Box:
Spezielle DNA-Bindedomäne in manchen Transkriptionsfaktoren

Abb. 9.6

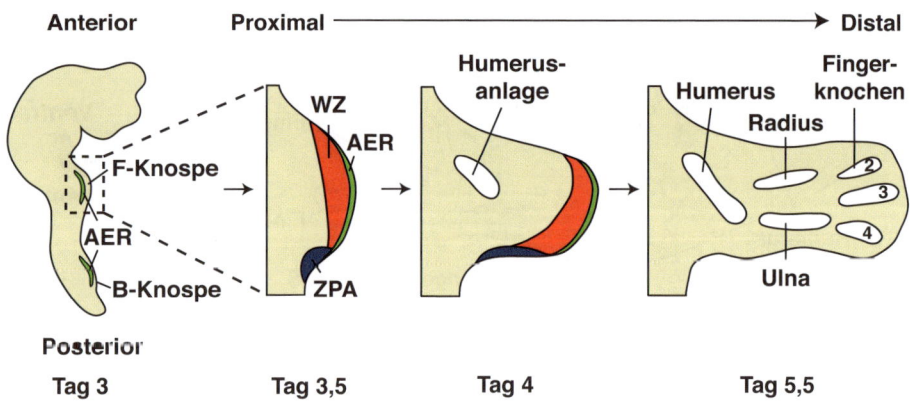

Schematische Darstellung der Extremitätenentwicklung   Anterior oben, posterior unten. Die Entwicklungstage nach der Befruchtung sind unter den jeweiligen Skizzen angegeben. **Links:** Laterale Ansicht eines Hühnchenembryos. Auf jeder Seite wird eine Flügel- (F-Knospe) und eine Beinknospe (B-Knospe) angelegt. Die apikale Ektodermleiste (AER, engl. *apical ectodermal ridge*) ist in grün hervorgehoben. **Rechts:** Vergrößerung der Flügelknospe. Die proximo-distale Achse ist von links nach rechts dargestellt. Die spezifischen Regionen innerhalb einer Extremitätenknospe sind die AER, die Wachstumszone (WZ; rot) und die Zone polarisierender Aktivität (ZPA; blau). Die Flügelknospe wächst durch vermehrte Zellproliferation in der Wachstumszone von proximal nach distal aus, wobei proximale Strukturen wie der Humerus zuerst entstehen.

glieder der T-Box Transkriptionsfaktoren haben einen Einfluss auf die Entwicklung der Vorder- und Hinterextremitäten. Während *tbx5* in der Anlage der Vorderextremität exprimiert ist, findet man eine spezifische *tbx4* Expression in der Anlage der Hinterextremität.

Die Entstehung der Extremitätenknospe | 9.3.2

Die Extremitätenknospe wächst durch zwei Mechanismen aus dem Körper aus: Einerseits wandern Zellen in die Extremität ein, andererseits kommt es zu einer Proliferation mesenchymaler Zellen.

Nach der Induktion des Extremitätenfeldes kommt es zum Einwandern von Mesenchymzellen aus dem Seitenplattenmesoderm in die sich bildende Extremitätenknospe. Diese Mesenchymzellen sezernieren weiterhin FGF10, welches im darüber liegenden Ektoderm die Ausbildung der apikalen Ektodermleiste (AER, engl. *apical ectodermal ridge*) induziert (**Abb. 9.6**). Dort kommt es zur Sekretion von FGF8 (**Abb. 9.7**), welches seinerseits die Expression von FGF10 in den darunter liegenden Mesenchymzellen stabilisiert. Nach Induktion der apikalen Ektodermleiste beginnen die darunter liegenden Mesenchymzellen aufgrund des FGF8 Signals aus der apikalen Ektodermleiste zu proliferieren. Diese Region an proliferierenden Zellen definiert die sogenannte Wachstumszone; die Zellen in der Wachstumszone behalten während der weiteren Entwicklung einen undifferenzierten Zustand bei. Erst beim Verlassen der Wachstumszone differenzieren die Zellen aus.

Im späteren Verlauf der Entwicklung muss die Extremität ihre individuelle Struktur annehmen, wobei für die Ausbildung der drei Achsen ganz spezifische Mechanismen beschrieben werden können.

Die Ausbildung der proximo-distalen Achse | 9.3.3

Die proximo-distale Achse entsteht durch Proliferation der mesenchymalen Zellen in der Wachstumszone (**Abb. 9.6**). Die neu gebildeten Zellen werden dabei aus der Wachstumszone herausgedrückt, wodurch es zur Verlängerung der Extremitätenknospe kommt. Hierbei werden die proximalen Strukturen (Stylopod) wie der Humerus zuerst gebildet. Im Anschluss kommt es zur Bildung des Zeugopods (Ulna und Radius) und des Autopods (Fingerknochen). Es stellte sich heraus, dass die apikale Ektodermleiste eine entscheidende Aufgabe bei diesem Prozess übernimmt. Die Entfernung der apikalen Ektodermleiste während der Entwicklung der Extremität führt zu einer dramatischen Verkürzung der Gliedmaßen. Dabei hat eine frühe Entfernung zur Folge, dass ausschließlich der Stylopod gebildet wird, eine spätere Entfernung wird nur mit einem Verlust der Finger begleitet. Somit scheint die apikale Ektodermleiste die Proliferationsfähigkeit der Zellen in der Wachstums-

Abb. 9.7

Expression von *FGF8* und *shh* in der Extremitäten-
knospe von Mausembryonen **A.** *FGF8* Expression.
FGF8 ist in der Extremitätenknospe spezifisch in der
apikalen Ektodermleiste exprimiert (weißer Pfeil).
B. *Shh* weist eine spezifische Expression in der Zone
polarisierender Aktivität auf (schwarzer Pfeil).
Die Abbildung wurde freundlicherweise von Prof. Dr.
Gregg Düster, Burnham Institute, La Jolla, USA, zur
Verfügung gestellt.

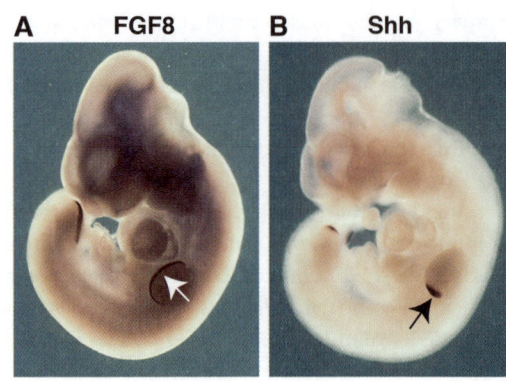

zone aufrecht zu halten. Um die Funktion der apikalen Ektodermleiste
genauer aufzuklären, wurden Transplantationsexperimente am Hühnchen Embryo durchgeführt. Sowohl die Transplantation einer jungen
Ektodermleiste auf eine ältere Extremitätenknospe als auch die einer
älteren Leiste auf eine junge Extremitätenknospe zeigte keine Auswirkung auf die weitere Entwicklung der Extremität - in beiden Versuchs-
ansätzen entwickelten sich die Gliedmaßen normal.

An diesem Punkt jedoch stellt sich die Frage, wie die Informations-
übertragung der apikalen Ektodermleiste auf die Wachstumszone
abläuft? Zur Beantwortung dieser Frage wurden zwei Modelle etabliert:

Das erste Modell wird als das sogenannte zeitabhängige Wachstums-
zonenmodell bezeichnet. Dieses besagt, dass je länger sich die Zellen in
der Wachstumszone aufhalten, desto distaler werden die daraus entstehenden Strukturen. Dieses Modell basiert im Wesentlichen auf Beobach-
tungen aus folgendem Experiment: In diesem behandelte man die Zellen
der Wachstumszone von Hühnchen Embryonen mit Röntgen-Strahlung
und beobachtete die weitere Entwicklung der bestrahlten Extremität.
Als Resultat entwickelte der Embryo eine verkürzte Extremität, wobei
ausschließlich die distalen Strukturen ausgebildet waren. Man erklärte
sich dieses Ergebnis folgendermaßen: Durch die Röntgen-Strahlung
wird die Anzahl der Zellen, welche die Wachstumszone pro Zeiteinheit
verlassen, verringert. Während der Entwicklung regenerieren die über-
lebenden Zellen und bilden im weiteren Verlauf distale Strukturen aus.
In diesem Modell müssten die Zellen einen Mechanismus entwickelt
haben, der die Zeit messen kann.

Das zweite Modell ist das sogenannte raumabhängige Modell. In diesem Modell geht man davon aus, dass die Wachstumszone schon früh
in der Entwicklung in verschiedene Bereiche eingeteilt wird und diese

während der fortlaufenden Entwicklung expandieren. Entfernt man die apikale Ektodermleiste, so kann man beobachten, dass ausschließlich die Zellen, die innerhalb einer Distanz von 200 µm von der apikalen Ektodermleiste entfernt liegen, in die Apoptose gehen, während die proximal angelegten Strukturen erhalten bleiben. Diese Resultate sprechen für das raumabhängige Modell.

Die Ausbildung der anterior-posterioren Achse | 9.3.4

Zur Musterung der anterior-posterioren Achse einer Extremität hat sich eine Region am posterioren Ende der Extremitätenknospe als entscheidend herausgestellt. Diese mesodermale Schicht wird auch als polarisierende Region oder Zone polarisierender Aktivität (ZPA, engl. *zone of polarizing activity*) bezeichnet. Entfernt man diese Region, so beobachtet man eine abnormale Extremitätenentwicklung. Im Gegensatz hierzu hat die Entfernung der anterioren Knospenregion keine Auswirkung auf die Entwicklung der Gliedmaßen. Transplantiert man jedoch die polarisierende Region in den anterioren Teil einer anderen Extremitätenknospe, so kommt es zur Ausbildung einer doppelten Fingeranzahl in einem spiegelbildlichen Muster (**Abb. 9.8**).

Shh weist ein spezifisches Expressionsmuster in der polarisierenden Region auf (**Abb. 9.7**). Die Funktion von Shh während der Extremitätenentwicklung konnte durch ein Implantationsexperiment erstmals gezeigt werden: In diesem wurden Fibroblasten aus dem Hühnchen durch Infektion mit einem viralen Vektor zur Synthese von Shh angeregt. Implantiert man diese unter das anteriore Ektoderm einer Extremitätenknospe eines frühen Hühnchenembryos, so kann man den gleichen Phänotyp wie nach Umpflanzung der polarisierenden Region beobachten – eine doppelte Fingeranzahl im spiegelbildlichen Muster.

An diesem Punkt stellt sich die Frage, durch welchen Mechanismus Shh die Ausbildung der verschiedenen Finger bzw. Zehen vermittelt. Wie schon in Kapitel 8.3 (dorso-ventrale Musterung des Neuralrohrs) beschrieben, bildet das Shh-Protein innerhalb eines Gewebes einen Konzentrationsgradienten aus. Dies ist auch entlang der anterior-posterioren Achse in der Extremitätenknospe der Fall. Am posterioren Ende ist die Konzentration an Shh am höchsten und nimmt in anteriore Richtung ab. So werden die einzelnen Finger je nach Shh-Konzentration gebildet; Finger 4 benötigt eine höhere Konzentration als Finger 2, während die Bildung von Finger 1 Shh unabhängig verläuft. Des Weiteren ist die Ausbildung der unterschiedlichen Finger von der Dauer des Shh Einflusses abhängig. Für die Bildung eines zusätzlichen Fingers muss die Extremitätenknospe mindestens 15 Stunden Shh ausgesetzt sein, für die Bildung zweier zusätzlicher Finger mindestens 24 Stunden.

Weitere Moleküle, die an der anterior-posterioren Achsenausbildung beteiligt sind, sind Retinsäure, BMP2 und BMP4. Auch für diese Faktoren liegt das Konzentrationsmaximum am posteriorem Ende der Extremitätenknospe vor. Es konnte gezeigt werden, dass die Expression der BMP-Faktoren durch Shh induziert wird, während Retinsäure wiederum die Expression von Shh aktiviert.

9.3.5 | Die Ausbildung der dorso-ventralen Achse

Jede Extremität besitzt eine Außen- und eine Innenseite. Die äußere, dorsale Seite ist meist behaart, die innere, ventrale Seite nicht. Auch

Abb. 9.8

A Normale Entwicklung

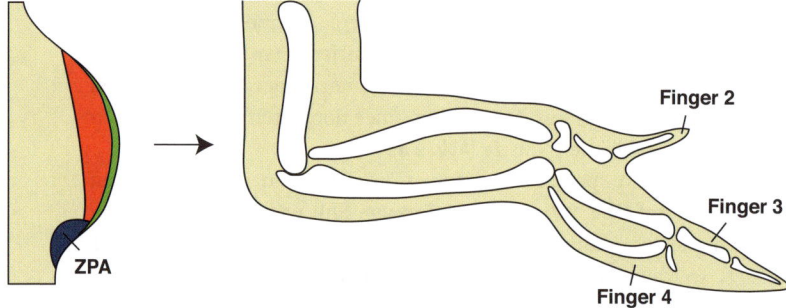

Finger 2

Finger 3

ZPA

Finger 4

B Entwicklung mit ektopischen ZPA

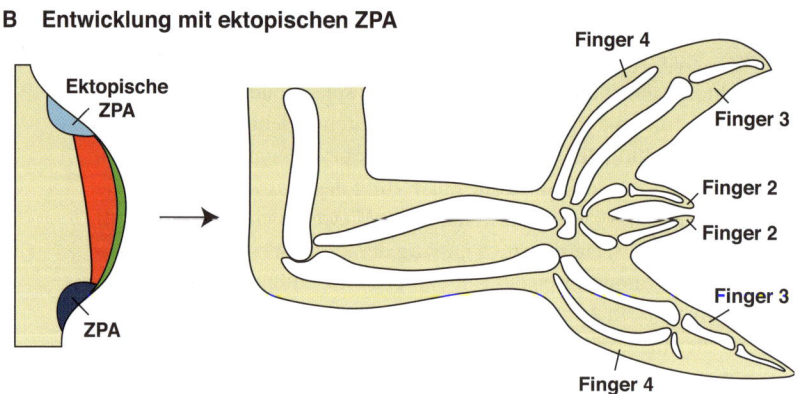

Finger 4

Ektopische
ZPA

Finger 3

Finger 2

Finger 2

ZPA

Finger 3

Finger 4

Der Einfluss einer ektopischen ZPA **A.** Die normale Entwicklung eines Flügels im Hühnchen. Signale aus der Zone polarisierender Aktivität (ZPA; dunkelblau) haben einen Einfluss auf die Ausbildung der anterior-posterioren Extremitätenachse, also die geordnete Bildung der Finger 2, 3 und 4. Rot stellt die Wachstumszone, grün die apikale Ektodermleiste dar. **B.** Das Einbringen einer ektopischen ZPA (hellblau) auf die anteriore Seite der Extremität hat die Ausbildung einer spiegelbildlichen Extremität zur Folge.

Sehnen und Muskeln zeigen eine komplexe Anordnung entlang der dorso-ventralen Achse. Die dorso-ventrale Achse wird durch das Ektoderm spezifiziert. Dies zeigt ein einfaches Experiment. Entfernt man zunächst das Ektoderm und setzt es im Anschluss um 180° gedreht wieder auf eine frühe Extremitätenknospe, so entwickeln sich die proximalen Strukturen normal, wohingegen die distalen Strukturen mit Sehnen und Muskeln umgekehrt angeordnet werden. Im Hühnchen und in der Maus ist wnt7a im dorsalen Ektoderm der Extremitätenknospe exprimiert und für die dorso-ventrale Musterung wichtig. Die ektopische Expression von Wnt7a auf der ventralen Seite der Extremitätenknospe führt zu einer Dorsalisierung der Extremität, während der Funktionsverlust einen Verlust dorsaler Strukturen mit sich bringt. Da darüber hinaus die Wnt7a *Knock-out* Maus Pfoten mit zwei ventral ausgebildeten Fußballen aufweist, scheint Wnt7a entscheidend für die Dorsalisierung der Extremitätenknospe zu sein.

Wnt7a induziert im dorsalen Mesoderm der Extremitätenknospe die Expression des Transkriptionsfaktors Lmx1. Im ventralen Ektoderm hingegen zeigt sich eine spezifische Expression des Faktors Engrailed. Interessanterweise führt der Verlust von Engrailed im ventralen Ektoderm zur ektopischen Expression von Wnt7a und zur Dorsalisierung der ventralen Extremitätenseite.

Die Funktion der *Hox*-Gene bei der Ausbildung der Extremitätenachse

9.3.6

Auch in der Musterung der Extremitätenachsen nehmen die *Hox*-Gene eine wichtige Rolle ein. Im Hühnchen sind mindestens 23 *Hox*-Gene in der Extremitätenknospe exprimiert. Da die *Hoxa* und *Hoxd* Cluster bisher am besten untersucht wurden, beschränken wir uns in diesem Kapitel nur auf die Funktion dieser. Die *Hoxa*-Gene werden in einem verschachtelten Muster entlang der proximo-distalen Achse exprimiert. Im proximalen Teil der Extremitätenknospe ist ausschließlich *Hoxa9* (Stylopod) exprimiert, im mittleren Teil sind *Hoxa9-11* (Zeugopod) und im distalen Teil *Hoxa9-13* (Autopod) vorzufinden. Der Funktionsverlust von *Hoxa13* führt ausschließlich zu Deformationen des Autopods, was das spezifische Expressionsmuster schon vermuten lässt. Die *Hoxd*-Gene weisen ein ähnliches Expressionsmuster, jedoch entlang der anterior-posterioren Achse, auf. *Hoxd9* ist im anterioren, *Hoxd9-11* im mittleren und *Hoxd9-13* im posterioren Teil der Knospe exprimiert. Die Bedeutung der *Hox*-Gene für eine korrekte Ausbildung der Extremität zeigt sich auch darin, dass eine *Hoxa11/Hoxd11* Doppel *Knock-out* Maus einen kompletten Verlust des Zeugopods aufweist.

Während sich die Extremität bildet, beginnen die Somiten und Nerven einzuwandern und die angelegten Knorpel verknöchern. Die einzelnen Finger oder Zehen entstehen durch programmierten Zelltod der Zellen zwischen den Fingerknochenanlagen.

Infobox 16
▼

Angeborene Skelettanomalien und die Polydaktylie

Mutationen in Genen einzelner Mitglieder der FGF-Rezeptorfamilie können zu Skelettfehlbildungen (Achondroplasien) führen, welche sich auch in einer fehlerhaften Ausbildung der Extremitäten äußern können. Als Polydaktylie hingegen bezeichnet man eine Überzahl an Fingern oder Zehen. Die Polydaktylie ist eine autosomal-dominant vererbbare und angeborene Krankheit und kann sowohl beim Menschen als auch bei Tieren auftreten. Beim Menschen führen Mutationen im *Hoxd13* Gen zur Polydaktylie sowie zur Fusion von Fingern und Zehen, während Mutationen im *Hoxa13*-Gen eine Verkürzung des Daumens, des kleinen Fingers und der großen Zehe mit sich bringt. Oftmals tritt eine Polydaktylie als Nebenerscheinung anderer Erkrankungen wie der Trisomien 13 und 18 auf. Nach der Geburt kann eine zusätzliche Gliedmaße operativ entfernt werden.

▲

Zusammenfassung

Aus dem Mesoderm entstehen unter anderem die Somiten, das Skelett und die Extremitäten. Die Somiten entwickeln sich aus dem paraxialen Mesoderm, wobei sich von anterior nach posterior einzelne Somitenblöcke abtrennen. Dies wird durch das Oszillationsverhalten verschiedener Gene bewirkt. An der weiteren Differenzierung der Somiten sind die hox-Gene beteiligt, die den Somiten entlang der anterior-posterioren Achse ihre Identität verleihen. Aus den Somiten entsteht später die quergestreifte Muskulatur des Rumpfes und der Extremitäten. Das Skelettsystem von Vertebraten entwickelt sich aus dem Sklerotom der Somiten, dem Seitenplattenmesoderm und den cranialen Neuralleistenzellen. Die Extremitäten von Vertebraten entstehen aus den Extremitätenknospen. Eine solche Extremitätenknospe weist verschiedene, spezielle Regionen aus: Die apikale Ektodermleiste, die Wachstumszone und die Zone polarisierender Aktivität. Diese Regionen sind einerseits für das Auswachsen der Extremität, andererseits für die Ausbildung der unterschiedlichen Achsen in dieser verantwortlich. Auch für die Entwicklung der Extremitäten nehmen die Hox-Gene eine wichtige Funktion ein.

1 Was sind Somiten?

2 Zu welchen Derivaten können Somiten differenzieren? Welche Signale und Transkriptionsfaktoren spielen hier eine Rolle?

3 Benennen Sie die Achsen einer Extremität.

4 Wie werden die Zellen der Wachstumszone zur Proliferation angeregt?

5 Was ist die apikale Ektodermleiste?

6 Welche Bedeutung hat die Zone polarisierender Aktivität?

7 Beschreiben Sie, was bei der Implantation einer zusätzlichen Zone polarisierender Aktivität in eine sich entwickelnde Extremitätenknospe geschieht.

8 Welche Bedeutung haben die *Hox*-Gene im Rahmen der Extremitätenentwicklung?

9 Welche genetischen Defekte der Extremitätenentwicklung kennen Sie?

10 Beschreiben Sie die verschiedenen Wege der Knochenbildung?

11 Was sind Osteoblasten, was Osteoklasten?

AULEHLA, A., B. G. HERRMANN (2004) Segmentation in vertebrates: clock and gradient finally joined. Genes Dev. 18, 2060-2067

ARNOLD, H. H., B. WINTER (1998) Muscle differentiation: more complexity to the network of myogenic regulators. Curr. Opin. Gen. Dev. 8, 539-544

NISWANDER, L., C. TICKLE, A. VOGEL, L. BOOTH, G. R. MARTIN (1993) FGF-4 replaces the apical ectodermal ridge and directs outgrowth and patterning of the limb. Cell 75, 579-587

NISWANDER L. (2003) Pattern formation: Old models out on a limb. Nat. Rev. Genet. 4, 133-143.

TICKLE, C. (2006) Making digit patterns in the vertebrate limb. Nat. Rev. Mol. Cell Biol. 7, 45-53.

TICKLE, C. (2003) Patterning systems – from one end of the limb to the other. Dev. Cell 4, 449-458

RIDDLE, R. D., R. L. JOHNSON, E. LAUFER, C. TABIN (1993) Sonic hedgehog mediates polarizing activity of the ZPA. Cell 75, 1401-1416

SUZUKI, T., J. TAKEUCHI, K. KOSHIBA-TAKEUCHI, T. OGURA (2004) Tbx genes specify posterior digit identity through Shh and BMP signaling. Dev. Cell 6, 43-53

RIDDLE, R. D., M. ENSINIS, C. NELSON, T. TSUCHIDA, T. M. JESSEL, C. TABIN (1995) Induction of the LIM homeobox gene Lmx1 by Wnt-7a establishes dorsoventral pattern in the vertebrate limb. Cell 83, 631-640

10 | Die Entwicklung des Herz-Kreislaufsystems

Inhalt

Das Herz-Kreislaufsystem entwickelt sich wie die Somiten und die Extremitäten aus dem mesodermalen Keimblatt. Das Herz ist ein muskuläres Organ, welches den Körper und alle seine Organe durch rhythmische Kontraktionen mit Blut und dadurch mit Sauerstoff und Nährstoffen versorgt. Dies bedeutet, dass das Herz als eines der ersten funktionellen Organe sehr früh während der Embryogenese angelegt werden muss. Ohne funktionstüchtiges Herz ist das Leben höherer Organismen nicht möglich. Damit in Vertebraten alle Organe mit Blut versorgt werden können, wird ein Gefäßsystem zum Aufbau einer Blutzirkulation durch den Körper aufgebaut. Im Blut gibt es verschiedene Zelltypen, welche alle aus einem gemeinsamen Vorläufer, der hämatopoetischen Stammzelle, entstehen.

10.1 | Das Herz: Das erste funktionelle Organ während der Embryogenese

10.1.1 | Das Herz von der Taufliege bis zur Maus

Bei Betrachtung der Herzstrukturen verschiedener Lebewesen fällt deren unterschiedliche Komplexität auf. Diese reicht von einem einfachen Herzschlauch bei der Fliege bis hin zum gekammerten Herz mit zwei Ventrikeln (Hauptkammern) und zwei Atrien (Vorhöfe oder Vorkammern) bei höheren Vertebraten (**Abb. 10.1**). Diese Unterschiede ergeben sich, wie nachfolgend dargelegt, aus der Art und Weise, wie die Lebewesen Sauerstoff aufnehmen und über das Blut im Körper verteilen.

Hämolymphe: Körperflüssigkeit einiger Invertebraten. Sie enthält das Plasma und Blutzellen und dient dem Transport von Stoffen.

Das Herz der Fruchtfliege   Das Herz der Fruchtfliege ist anatomisch sehr einfach gebaut. Es besteht aus einem einfachen Herzschlauch, welcher sich auf der dorsalen Körperseite befindet. Die Hämolymphe wird mithilfe des Herzschlauchs von der posterioren zur anterioren Körperhälfte gepumpt und zirkuliert innerhalb des Körpers ohne geschlossenes

Gefäßsystem (**Abb. 10.1**). Aufgrund des Tracheensystems ist die zirkulierende Hämolymphe nicht notwendigerweise für den Sauerstofftransport verantwortlich, sondern dient vor allem dem Transport von Nährstoffen und Abfallprodukten sowie der Zirkulation von Immunzellen.

Tracheen: Verzweigtes Kanalsystem von Invertebraten. Dient der Versorgung des Körpers mit Sauerstoff.

Das Herz des Zebrafisches Im Gegensatz zur Situation in der Fliege ist das Herz des Fisches, wie auch das anderer Vertebraten, auf der ventralen Körperhälfte lokalisiert. Im Vergleich zu den anderen Vertebratenmodellorganismen besitzt der Zebrafisch allerdings das einfachste Herz (**Abb. 10.1**). Es besitzt zwei Kammern, ein dünnwandiges Atrium und einen dickwandigen Ventrikel. Zwischen diesen beiden Anteilen des Herzens befindet sich eine Herzklappe, die den Rückstrom des Blutes verhindert. Aufgrund der Einfachheit des Herzens ist auch der Blutkreislauf einfach zu beschreiben. Das sauerstoffarme Blut wird aus dem Ventrikel in die Kiemen gepumpt (Kiemenkreislauf). Dort wird das Blut mit Sauerstoff aus dem Wasser angereichert und mithilfe der Herz- als auch der Kiemenmuskulatur durch den Körper gepumpt. Im Körper gibt das Blut den Sauerstoff ab und wird gleichzeitig mit Kohlendioxid angereichert. Das sauerstoffarme Blut fließt schlussendlich in das Atrium ein. Da der Blutdruck in den Kiemen stark abfällt, fließt das Blut relativ langsam durch den Körperkreislauf.

Das Herz der Maus Höhere Vertebraten nehmen Sauerstoff praktisch ausschließlich über die Lunge auf. Um eine Trennung von sauerstoffreichem und sauerstoffarmem Blut zu gewährleisten, werden zwei getrennte Kreisläufe eingerichtet (**Abb. 10.1**). Sauerstoffarmes Blut wird aus dem rechten Ventrikel in die Lunge gepumpt, wo die roten Blutkörperchen mit Sauerstoff beladen werden, um dann in das linke Atrium zu gelangen. Aus dem linken Ventrikel wird das Blut anschließend in den Körper gepumpt, wo Sauerstoff in das Gewebe abgegeben wird. Letztendlich gelangt das sauerstoffarme Blut wieder in das rechte Atrium. Bei den höheren Vertebraten sind beide Atrien und Ventrikel komplett voneinander abgetrennt (septiert), wodurch eine Vermischung von sauerstoffreichem und -armem Blut verhindert wird. Zwischen den Atrien und Ventrikeln befindet sich jeweils eine Herzklappe, um den gerichteten Bluttransport zu ermöglichen. Diese Atrioventrikularklappen werden aufgrund ihrer Morphologie auch als Segelklappen bezeichnet. In der rechten Herzhälfte besitzt die Atrioventrikularklappe drei Segel und wird daher auch als Trikuspidalklappe beschrieben. In der linken Herzhälfte besitzt die Klappe lediglich zwei Segel und wird als Bikuspidalklappe oder auch als Mitralklappe bezeichnet.

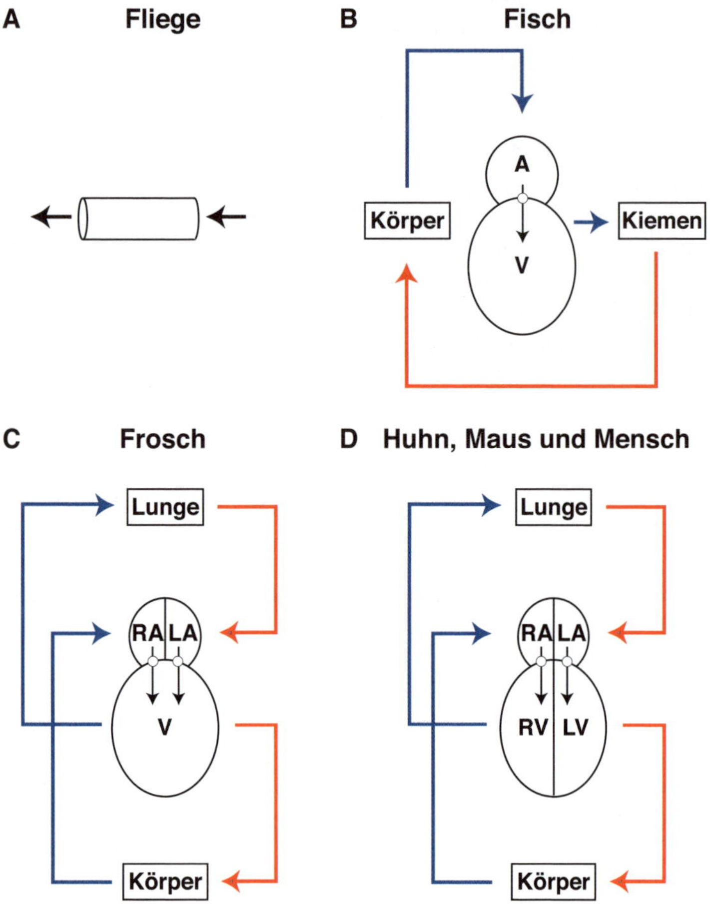

Abb. 10.1

Vergleich der Blutkreisläufe verschiedener Organismen **A.** In der Fliege besteht das Herz aus einem einfachen linearen Herzschlauch auf der dorsalen Körperseite. **B.** Das Herz des Fisches besteht aus einem Atrium und einem Ventrikel. **C.** Das Herz des Frosches besitzt einen Ventrikel und zwei voneinander getrennte Atrien. **D.** Im Huhn, in der Maus und im Menschen setzt sich das Herz aus zwei Atrien und zwei Ventrikeln zusammen. Für die genaue Beschreibung der Blutkreisläufe siehe Haupttext. Der Weg des sauerstoffreichen Blutes ist mit roten Pfeilen gekennzeichnet, der des sauerstoffarmen Blutes mit blauen. Abkürzungen: LA = linkes Atrium; RA = rechtes Atrium; LV = linker Ventrikel; RV = rechter Ventrikel; V = Ventrikel.

A Fliege
B Fisch
C Frosch
D Huhn, Maus und Mensch

Das Herz des Frosches Das Herz der Amphibien setzt sich aus zwei voneinander getrennten Atrien und einem Ventrikel zusammen (**Abb. 10.1**). Beide Atrien sind über je eine Herzklappe mit dem Ventrikel verbunden. Der Gasaustausch in Amphibien findet sowohl in der Lunge als auch über die Haut statt, wodurch kein getrennter Lungenkreislauf erforderlich ist. Dieser ist zwar prinzipiell angelegt, der Ventrikel aber nicht vollständig septiert. Aufgrund der spezifischen Kontraktion des Ventrikels wird dort das sauerstoffarme nur geringfügig mit dem sauerstoffreichen Blut vermischt.

Verschiedene Phasen der Herzentwicklung

10.1.2

Obwohl der Aufbau des Herzens bei den verschiedenen Organismen unterschiedlich ist, sind die zugrunde liegenden molekularen Mechanismen der kardialen Entwicklung hoch konserviert. Selbst zwischen Fliege und Maus finden sich viele konservierte, identische Mechanismen. Grundsätzlich lässt sich die Entwicklung des Vertebratenherzens

Abb. 10.2

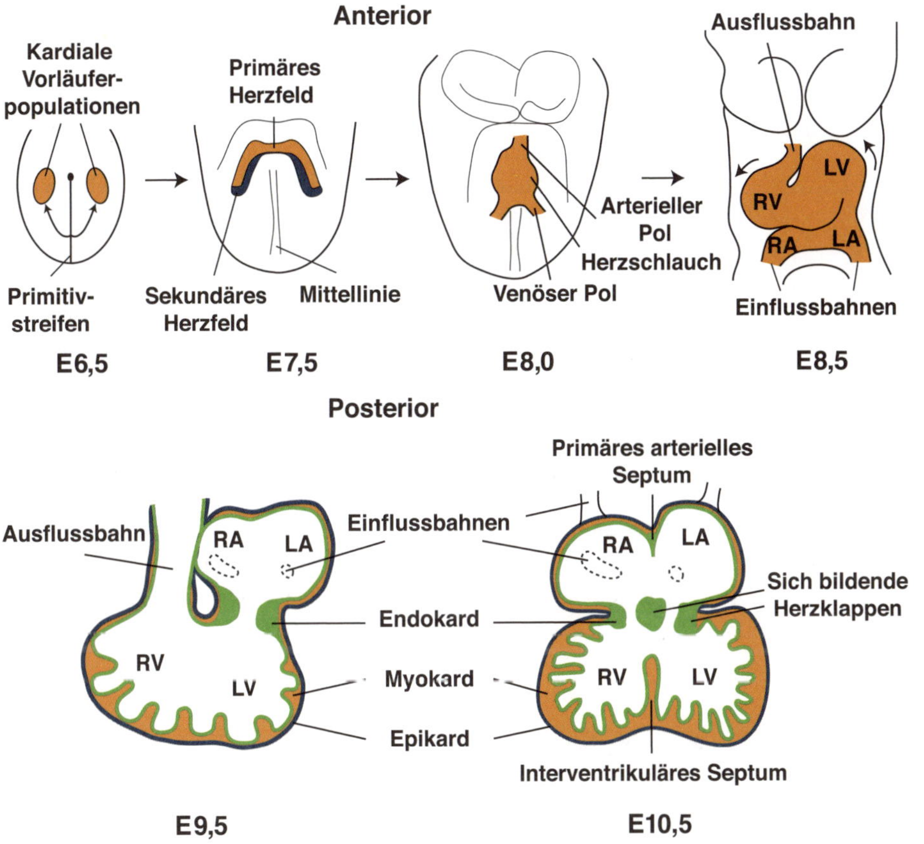

Schematische Darstellung der kardialen Entwicklung in der Maus   **Oben:** Die kardialen Vorläuferzellen sammeln sich in zwei Populationen am Embryonaltag 6,5 auf beiden Körperseiten. Am Tag E7,5 kann man das primäre (orange) vom sekundären (blau) Herzfeld unterscheiden. Am Tag E8,0 hat sich der lineare Herzschlauch gebildet. Am Tag E8,5 kommt es zur Herzschleifenbildung (Pfeile). **Unten:** Schematische Querschnitte durch Herzen der Embryonaltage E9,5 und E10,5. Das Herz besteht aus Epikard (dunkelblau), Myokard (orange) und Endokard (grün). Durch Umstrukturierung des Endokards werden die Herzklappen geformt. Das Myokard im Bereich der Ventrikel vergrößert sich durch die so genannte Trabekelbildung (siehe Einstülpungen). Septen trennen jeweils die rechten und linken Ventrikel bzw. Atrien. Abkürzungen: RA = rechtes Atrium, LA = linkes Atrium, RV = rechter Ventrikel, LV = linker Ventrikel.

in sechs Phasen einteilen, die zeitlich überlappend erfolgen: I) Die Spezifikation der kardialen Vorläuferzellen, II) die Wanderung der Vorläuferzellen an den Ort der Herzbildung, III) die Ausbildung des linearen Herzschlauches, IV) die Schleifenbildung, V) die Ausbildung des gekammerten Herzens und VI) die Reifung der Herzkammern.

Der Einfachheit halber wollen wir uns zunächst auf die Herzentwicklung in der Maus konzentrieren. In der Maus wandern mesodermale Zellen während der Gastrulation durch den Primitivstreifen, verlassen diesen und bilden am Embryonaltag 6,5 im anterioren Teil des Embryos zwei voneinander getrennte kardiale Vorläuferpopulationen (**Abb. 10.2**). Während der weiteren Entwicklung kommt es durch Verschmelzung dieser beiden Populationen zu einem Herzfeld (Embryonaltag 7,5), welches als primäres Herzfeld, im Englischen auch *cardiac crescent*, bezeichnet wird. Aus diesen Zellen formt sich bis zum Embryonaltag 8,0 der Herzschlauch mit einem anterior gelegenen arteriellen und einem posterioren venösen Pol.

Nach Bildung des Herzschlauchs beginnt das Herz, sich S-förmig aufzufalten und die spezifischen Strukturen werden erkennbar. Diese sind von anterior nach posterior folgendermaßen angeordnet: Die Ausflussbahn, der rechte Ventrikel, der linke Ventrikel und die beiden Atrien. Im Anschluss an die Schleifenbildung kommt es zu einer komplexen Reorganisation des Herzens. Die beiden Ventrikel werden durch die Bildung eines interventrikulären Septums voneinander getrennt. Dieser Vorgang bleibt zunächst unvollständig und wird erst später abgeschlossen. Die beiden Atrien werden durch das *Septum primum* getrennt. Auch hier ist der Vorgang zunächst unvollständig und wird erst später durch Bildung des *Septum sekundum* abgeschlossen. Die Atrioventrikularklappen trennen die jeweiligen Atrien und Ventrikel (siehe oben). Neben den Ventrikeln muss auch die Ausflussbahn septiert werden, um beide Ventrikel an das Gefäßsystem anzubinden. Dazu werden Neuralleistenzellen benötigt,

Tab. 10.1   **Wichtige angeborene Herzfehler beim Menschen**

Fehlbildung	Beschreibung
Ventrikelseptumdefekt	Interventrikuläres Septum wird nicht richtig gebildet.
Vorhofseptumdefekt	*Septum primum* oder *Septum sekundum* werden nicht richtig gebildet.
Fallot-Tetralogie	Septierung der Ausflussbahn nicht korrekt; Blut fließt aus dem rechten Ventrikel direkt in die Aorta und nicht in den Lungenkreislauf.

Abb. 10.3

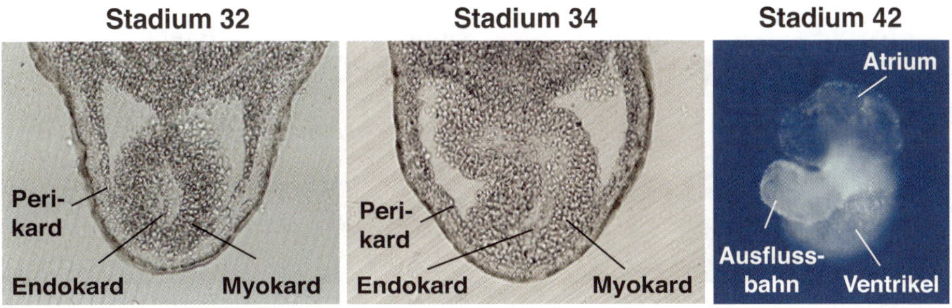

Stadium 32   Stadium 34   Stadium 42

Die Herzentwicklung in *Xenopus laevis* Die beiden linken Aufnahmen stellen Querschnitte von *Xenopus* Embryonen in den angegebenen Stadien dar. In Stadium 32 (mittleres Schwanzknospenstadium) sind das Endokard, das Myokard und das Perikard voneinander zu unterscheiden. In Stadium 34 (spätes Schwanzknospenstadium) beginnt die Herzschleifenbildung, die durch die S-förmige Struktur sichtbar wird. Die rechte Aufnahme stellt ein Herz dar, welches aus *Xenopus* Embryonen in Stadium 42 (Kaulquappenstadium) isoliert wurde. Die Ausflussbahn, der Ventrikel und das Atrium sind gut zu erkennen. Zu beachten ist, dass in diesem Stadium die Trennung der Atrien noch nicht erfolgt ist.

die in die Ausflussbahn einwandern. Durch diese Septierung werden die Aorten- und die Pulmonararterien getrennt. Die häufigsten angeborenen Herzfehlbildungen beim Menschen betreffen gerade diese Aspekte, die Septierung der Ventrikel und Atrien bzw. der Ausflussbahn (**Tab. 10.1**).

Ursprünglich ist man davon ausgegangen, dass die Zellen des primären Herzfeldes das gesamte adulte Herz bilden. Neuere Ergebnisse haben jedoch gezeigt, dass es während der Entwicklung des Herzens zu einer Expansion des Herzschlauches kommt. Dies beruht jedoch nicht nur auf einer vermehrten Proliferation der Herzzellen, sondern erfolgt auch durch die Rekrutierung zusätzlicher Zellen in den Herzschlauch. Als Ursprung dieser zusätzlichen Zellen konnte das sekundäre Herzfeld identifiziert werden (**Abb. 10.2**). Aus diesem wandern Zellen sowohl vom arteriellen, als auch venösen Pol in das Herz ein und bilden schlussendlich einen großen Teil des adulten Herzens. Die Zellen des sekundären Herzfeldes tragen hauptsächlich zur Ausbildung der Ausflussbahn und des rechten Ventrikels und nur geringfügig zur Bildung beider Atrien bei. Zellen des primären Herzfeldes bilden den linken Ventrikel und große Teile beider Atrien.

Aus den Zellen des primären und sekundären Herzfeldes entwickeln sich die Zellen des Endo- und Myokards (**Abb. 10.2** und **10.3**). Das Endokard bildet eine Schicht von Endothelzellen, die das Herz auskleiden und die mit dem Gefäßsystem in Verbindung stehen. Außerdem formt es die Herzklappen. Das Myokard bildet die quergestreiften Muskelzellen, ohne die das Herz nicht schlagen könnte.

Abb. 10.4

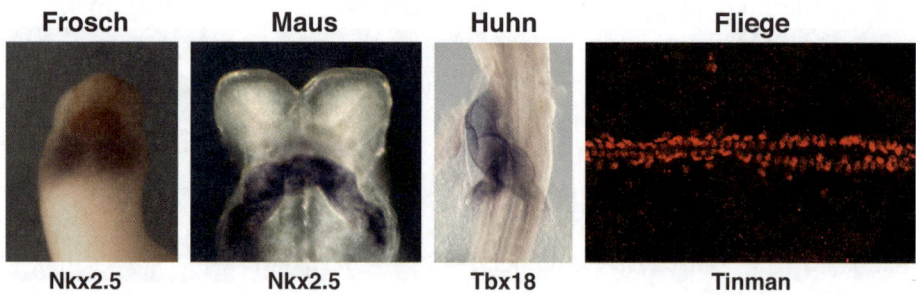

Frosch	Maus	Huhn	Fliege
Nkx2.5	Nkx2.5	Tbx18	Tinman

Die Expression kardialer Markergene Während der frühen *Xenopus* Entwicklung ist der Transkriptionsfaktor Nkx2.5 in allen kardialen Zellen exprimiert. In der Maus ist nkx2.5 am Embryonaltag 7,0 im primären Herzfeld (engl. *cardiac crescent*) aufzufinden. Der T-Box Transkriptionsfaktor Tbx18 ist im linearen Herzschlauch des Hühnchens exprimiert. Das nkx2.5 Homolog in *Drosophila*, Tinman, ist in den kardialen Zellen des linearen Herzschlauchs zu finden. Die Färbungen in *Xenopus*, Maus und Huhn stellen *whole mount in situ* Hybridisierungen dar, die Färbung in der Fliege ist eine Immunfärbung gegen das Nkx2.5 Protein (Methoden siehe Kapitel 1.2, Infobox 2). Die Aufnahmen wurden freundlicherweise von Dr. Ovidiu Sirbu, Universität Ulm (Maus), Prof. Dr. Thomas Brand, Universität Würzburg (Huhn), und PD Dr. Petra Pandur, Universität Ulm (Fliege), zur Verfügung gestellt.

Weiterhin bilden Zellen des sogenannten Proepikards eine Zellschicht epithelialen Charakters, das Perikard, welche das Herz umgibt. Des Weiteren entstehen aus dem Proepikardium die Koronararterien, die das Herz mit Blut und Sauerstoff versorgen.

Abschließend soll kurz auf die Bildung des Herzens bei der Fliege eingegangen werden. Dort beginnt die Spezifikation der Herzzellen nach der Gastrulation im dorsal gelegenen mesodermalen Gewebe auf beiden Seiten des Embryos. Nach der Kontraktion des Keimes wandern die kardialen Vorläuferzellen zusammen mit dem Ektoderm auf die dorsale Seite und treffen auf der dorsalen Mittellinie zusammen, wo sie zu einem linearen Herzschlauch fusionieren (**Abb. 10.4**). Dieser ist mit dem linearen Herzschlauch während der frühen Entwicklung der Vertebraten vergleichbar. Eine Schleifen- oder Kammerbildung jedoch unterbleibt. Vor dem Schlüpfen der Larve beginnt das Herz, seine Funktion aufzunehmen und pumpt die Hämolymphe durch den Körper.

10.1.3 Wichtige Signalwege während der kardialen Entwicklung

Sowohl der kanonische (siehe Kapitel 3.4.2, **Abb. 3.9**) als auch der nichtkanonische (siehe Kapitel 5, **Abb. 5.5**) Wnt-Signalweg spielen während der Herzentwicklung eine wichtige Rolle. Beide Signalwege werden abhängig vom Zeitpunkt gezielt reguliert. Verschiedene Studien in den letzten Jahren haben aufgezeigt, dass der kanonische Wnt-Signalweg sowohl einen negativen als auch einen positiven Effekt auf die Kardiogenese ausüben kann. Dabei muss der kanonische Wnt-Signalweg für die Fest-legung der myokardialen Zellen sowie die Proliferation der Herzvorläu-ferzellen aktiv sein. Verschiedene Arbeiten zeigen auch einen positiven Einfluss des nicht-kanonischen Wnt-Signalwegs auf die Kardiogenese.

Darüber hinaus konnte gezeigt werden, dass während der termina-len Differenzierung und der Morphogenese des Herzens ausschließlich der nicht-kanonische Wnt-Signalweg aktiviert ist. Der Wnt/β-Catenin-Signalweg hingegen muss für die terminale Differenzierung inhibiert sein. Weiterhin ist der nicht-kanonische Wnt-Signalweg für das Einwan-dern der Neuralleistenzellen in das Herz und für die korrekte Morpho-genese der Ausflussbahn notwendig. In *Xenopus laevis* konnte gezeigt werden, dass der nicht-kanonische Wnt-Signalweg auch für die Adhä-sion der myokardialen Zellen verantwortlich ist und sein Funktionsver-lust zu einer abnormalen Herzentwicklung führt.

Für die Induktion kardialer Zellen ist eine erhöhte Aktivität verschie-dener BMP-Faktoren essentiell. In *Drosophila* wurde gezeigt, dass das Pro-tein Dpp (Decapentaplegic), welches zu den Vertebratenproteinen BMP2 und 4 eine hohe Homologie aufweist, für die Induktion der kardialen Vorläuferzellen unabdingbar ist. Die Expression einer dominant-nega-tiven Variante der BMP-Rezeptoren führt zu einer Reduktion bis hin zu einem Verlust des Herzens während der Embryogenese in Vertebraten.

Dominant-negativ: Protein, welches bei Überexpression die Funktion des Wildtyp-Proteins unterdrückt, beispielsweise durch Kompetition oder Austitrieren eines bindenden Interak-tionspartners.

Auch der FGF-Signalweg (siehe Kapitel 3.4.5) spielt während der kardia-len Spezifizierung, Proliferation und Differenzierung eine entscheidende Rolle. Im Hühnchen beispielsweise wird durch die ektopische Expres-sion von FGF4 die Bildung von kontraktilem Gewebe induziert. *FGF8* ist in der Maus während der Gastrulation in den mesodermalen Zellen exprimiert. Später in der Entwicklung ist es im Endoderm, der kardialen Vorläuferzellen und in der Ausflussbahn des adulten Herzens aktiv. Die konditionelle *FGF8 Knock-out* Maus weist Defekte im rechten Ventrikel als auch der Ausflussbahn auf. Des Weiteren zeigte sich in embryonalen Stammzellen, dass deren Differenzierung in kardiale Zellen durch den Verlust des FGF-Rezeptors dramatisch gestört ist. Weiterhin sind *FGF8* und *FGF 10* in der Maus und im Hühnchen wichtige Markergene für das sekundäre Herzfeld.

_____ **Infobox 17**
▼

Wichtige kardiale Transkriptionsfaktoren

Die Spezifikation der kardialen Vorläuferpopulation und die folgende Differenzierung in die verschiedenen Zelltypen des Herzens werden durch die Aktivierung spezifischer kar-dialer Transkriptionsfaktoren geprägt. Mitglieder der T-Box Familie wie Tbx1, Tbx5, Tbx18 und Tbx20 sind entscheidende Faktoren während der gesamten Kardiogenese. Tbx1 wird schon früh in der Herzentwicklung aktiviert und gilt als ein charakteristisches Markergen für das sekundäre Herzfeld. Auch Tbx5 und Tbx20 werden schon früh im Herzen exprimiert. Der Funktionsverlust beider Gene verursacht starke Defekte in der Herzentwicklung wie eine Reduktion kardialen Gewebes und eine Störung in der Schleifenbildung. In den verschiedensten Organismen wie der Fliege, dem Frosch und der Maus sind Homologe des menschlichen Homöoboxtranskriptionsfaktor Nkx2.5 schon früh im kardialen Gewebe exprimiert (**Abb. 10.4**). In der Maus führt ein Verlust von Nkx2.5 zu einer Störung in der Schleifenbildung des Herzschlauchs, dessen kontraktile Eigenschaft ist davon jedoch nicht beeinflusst. In *Xenopus* resultiert die Überexpression von Nkx2.5 in einer Vergrößerung, wohingegen der Funktionsverlust eine Reduktion des Herzens mit sich bringt. Auch in *Drosophila* ist das Nkx2.5 Homolog Tinman für die Herzentwicklung essentiell. Die Zinkfinger Transkriptionsfaktoren GATA4, 5 und 6 nehmen eine wichtige Rolle im kardialen Netzwerk ein. Die Inhibition von GATA4 in Vertebraten führt zum so genannten *Cardia bifida* Phänotyp, bei dem die primär angelegten Herzvorläuferzellpopulationen nicht in der ventralen Mittellinie des Embryos fusionieren. *Islet1* ist ein wichtiges Markergen für das sekundäre Herzfeld. Kommt es zum Verlust dieses Transkriptionsfaktors, so hat dies eine Störung der Herzentwicklung zur Folge. Dies konnte in Modellsystemen wie Fisch, Frosch, Maus und embryonalen Stammzellen gezeigt werden.

Für die kardiale Entwicklung ist ein stabiles und funktionierendes Netzwerk aller kardialen Faktoren von großer Bedeutung (**Abb. 10.5**). Entfällt die Funktion von nur einem dieser Faktoren, so kann dies schwerwiegende Folgen für die Herzentwicklung haben. Es kann zu Veränderungen in der Expression weiterer kardialer Markergene, der Morphologie und / oder der Funktion des Herzens kommen. Einzelne Komponenten wie die Ausflussbahn, der Ventrikel oder das Atrium können reduziert sein oder komplett fehlen.

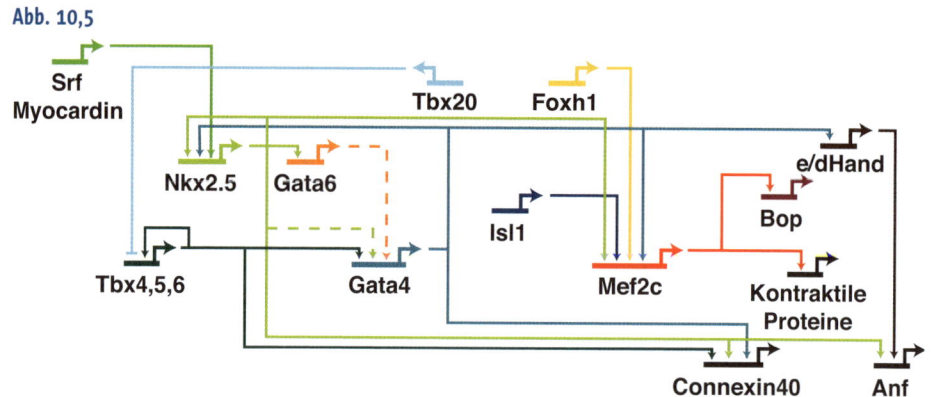

Abb. 10,5

Netzwerk kardialer Transkriptionsfaktoren   Die verschiedenen kardialen Transkriptionsfaktoren bilden ein komplexes Netzwerk. Die einzelnen Transkriptionsfaktoren sind farblich unterschiedlich markiert. Die durchgezogenen Pfeile stellen eine direkte Expressionsregulation dar, die gestrichelten Pfeile zeigen indirekte Regulationen. Pfeile zeigen aktivierende Regulationen, Striche mit einem Querstrich veranschaulichen eine negative Regulation der Expression.

Eine wichtige Gruppe von Herzfehlern betrifft die Septierung der Herzkammern. Fehlen Gene wie *tbx1* und *FGF8*, die spezifisch im sekundären Herzfeld exprimiert werden, kommt es zu Defekten in der Ausbildung der Ausflussbahn.

▲

Der Blutkreislauf: Die Ausbildung des Gefäßsystems | 10.2

Der Blutkreislauf in Vertebraten beschreibt den Weg, welchen das Blut durch den Organismus nimmt. Mithilfe des Blutkreislaufes wird gewährleistet, dass alle Zellen und Organe des Körpers mit den notwendigen Nährstoffen und Stoffwechselprodukten versorgt und gleichzeitig von Abfallprodukten befreit werden. Des Weiteren kann über den Blutkreislauf die Körpertemperatur reguliert werden. Eine weitere wichtige Aufgabe des Kreislaufes ist die Versorgung der Zellen und Organe mit Sauerstoff, als auch der Abtransport von Kohlendioxid aus den Geweben.

Die Blutgefäße, die vom Herzen wegführen, werden als Arterien, jene die zum Herzen hinführen, als Venen bezeichnet. Grundsätzlich haben Gefäße einen sehr ähnlichen grundlegenden Aufbau, der nachfolgend beschrieben wird. Allerdings können die einzelnen Bestandteile je nach spezifischem Gefäß und den gegebenen Anforderungen variieren.

Die Innenseite eines Gefäßes wird von Endothelzellen gebildet. Dabei handelt es sich um eine Schicht spezialisierter Epithelzellen, die mit ihrer apikalen Seite Kontakt zum zirkulierenden Blut aufnehmen. Die lateralen Seiten sind durch enge Zell-Zell-Kontakte charakterisiert, die verhindern sollen, dass Blut aus dem Gefäß in das Gewebe gelangt. Auf der basalen Seite sitzen die Endothelzellen der subendothelialen Matrix auf. Die Endothelzellen sowie die subendotheliale Matrix werden zusammen auch als *Tunica intima* bezeichnet.

Innerhalb des Gefäßes nehmen die Endothelzellen verschiedene Funktionen wahr. Einerseits sind sie am Stoffaustausch zwischen Gewebe und Blut beteiligt, andererseits setzen sie Substanzen frei, die an der Regulation des Gefäßdurchmessers und somit des Blutdrucks beteiligt sind. Darüber hinaus bilden sie Stoffe, die für die Blutgerinnung erforderlich sind. Außerdem sind sie für den Übertritt von Immunzellen in das umgebende Gewebe notwendig.

Die *Tunica intima* wird von einer Schicht glatter Muskelzellen sowie einer extrazellulären Matrix umgeben, die reich an Kollagen und elastischen Fasern ist. Die glatten Muskelzellen regulieren den Gefäßdurchmesser, während die Bestandteile der ECM für die Aufnahme mechanischer Kräfte verantwortlich sind. Diese Schicht des Gefäßes wird als *Tunica media* bezeichnet.

Die *Tunica adventitia* bildet die äußerste Schicht des Gefäßes. Hierbei handelt es sich um eine extrazelluläre Matrix, mit der das Gefäß in das umgebende Gewebe eingebettet ist.

10.2.1 | Vaskulogenese und Angiogenese

Die Entwicklung der Blutgefäße während der Embryogenese wird durch zwei zeitlich nacheinander geschaltete Prozesse gewährleistet: Die Vaskulogenese und die Angiogenese. Unter der Vaskulogenese versteht man die Bildung eines neuen Blutgefäßnetzwerks aus endothelialen Vorläuferzellen, wohingegen die Angiogenese das Wachstum und die Umstrukturierung dieses Netzwerks definiert (**Abb. 10.6**).

Abb. 10.6

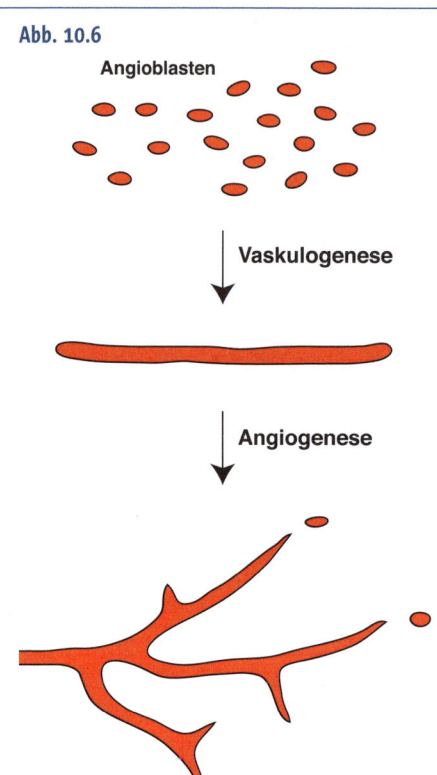

Die Bildung des Gefäßnetzwerks In der Vaskulogenese kommt es durch Zusammenlagerung der Angioblasten, den endothelialen Vorläuferzellen, zur Bildung der ersten Gefäße. Während der Angiogenese werden diese Gefäße durch Auswachsen neuer Gefäße und einer Remodellierung der bestehenden Gefäße zu einem komplexen Netzwerk verbunden.

Die Vaskulogenese Zellen, die während der Gastrulation am posterioren Ende des Mausembryos aus dem Primitvstreifen auswandern und am Aufbau des Gefäßsystems beteiligt sind, werden als Hämangioblasten bezeichnet. Die Hämangioblasten bilden die Gesamtheit an Vorläuferzellen der Endothel- und Blutzellen. In der ersten Phase der Vaskulogenese sammeln sich die Hämangioblasten in Aggregaten auf der ventralen Seite des Embryos, den sogenannten Blutinseln. Die Zellen im Inneren dieser Blutinseln entwickeln sich zu den Blutvorläuferzellen, die außen liegenden zu den Angioblasten, den Vorläuferzellen der Blutgefäße. In der zweiten Phase der Vaskulogenese kommt es zur Proliferation und Differenzierung der Angioblasten in Endothelzellen, die schlussendlich in der dritten Phase der Vaskulogenese die Gefäßwände ausbilden. Es kommt zur Etablierung eines einfachen Netzwerks von Blutgefäßen.

Die Vaskulogenese wird durch drei Familien an Wachstumsfaktoren eingeleitet: Den FGFs, den VEGFs (engl. *vascular endothelial growth factor*) und den Angiopoietinen. FGF2 wird für die Bildung von Hämangioblasten aus dem Mesoderm benötigt. Die Differenzierung der Angioblasten aus dem Hämangioblasten wird durch die Aktivität des Wachstumsfaktors VEGF und der zugehörigen Rezeptoren Flk1 und Flt1 unterstützt. VEGF wird von den mesenchymalen Zellen gebildet, die sich in unmittelbarer Nachbarschaft zu den Blutinseln befinden. Rezeptoren für VEGF befinden sich sowohl auf der Membran der Hämangioblasten als auch auf der der Angioblasten und vermitteln die Proliferation dieser Zellen. Die Expression von VEGF im lateralen Mesoderm wird durch ein aus dem Notochord kommendes Shh-Signal initiiert und aufrecht gehalten. Ist die Funktion von VEGF oder seinem Rezeptor Flk1, einer Rezeptor-Tyrosinkinase, gestört, kommt es zu einer massiven Störung der Blutgefäßbildung. Die dritte Gruppe der beteiligten Wachstumsfaktoren, die Angiopoietine, sorgt dafür, dass die Gefäße von glatter Muskulatur ummantelt werden (siehe oben).

Die Angiogenese Das in der Vaskulogenese entstandene, einfache Netzwerk an Blutgefäßen wird durch die Angiogenese ausgeweitet, umgestaltet und verzweigt. Es kommt zum Auswuchs neuer Gefäße und zu einer Remodellierung des bereits bestehenden Netzwerkes. Die primären Gefäße, die während der Vaskulogenese gebildet wurden, wachsen auf der extrazellulären Matrix durch Zellproliferation an ihrer Spitze. Dabei kommt es zum VEGF vermittelten Abbau der extrazellulären Matrix und einer Lockerung bestehender Zellverbände, sodass ein Gefäß in die Nachbarschaft auswandern kann. Die Gefäßzellen bilden dabei Filopodien, die ihre Umgebung nach anziehenden und abstoßenden Signalen abtasten und so die Gefäße zu einem bestimmten Ziel führen. Die Signalmoleküle, die das gerichtete Wachstum der Blutgefäße unterstützen, gehören zu den Familien der Netrine und Semaphorine, die auch bei der axonalen Wegfindung eine Rolle spielen (Kapitel 8.5). Dadurch kommt es zur Gestaltung eines komplexen Blutgefäßnetzwerks (**Abb. 10.7**). Auch ein Mangel an Sauerstoff im Gewebe führt zur vermehrten Bildung neuer Gefäße. Ein wichtiger Faktor ist dabei der Wachstumsfaktor HIF1α (engl. *hypoxia-inducible factor 1α*). Dieser induziert weitere Angiogenese fördernde Faktoren.

Abb. 10.7

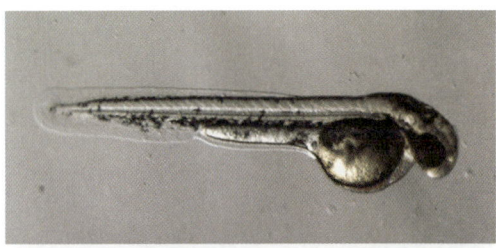
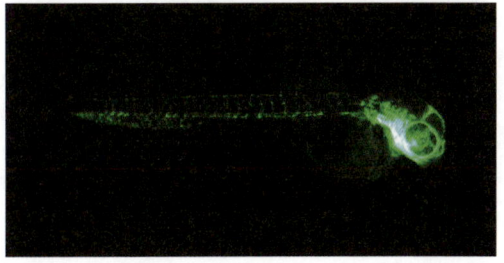

Darstellung des komplexen Gefäßnetzwerks im Zebrafisch
Gezeigt ist ein transgener Zebrafisch Embryo, in dem die Expression von GFP über den Promotor des Endothel-spezifischen Faktors Fli1 reguliert wird. Das Bild wurde freundlicherweise von Dr. Melanie Philipp, Duke University, USA, zur Verfügung gestellt.

10.2.2 | **Arterien, Venen und Kapillare**

Das Blut wird über drei Arten von Gefäßen durch den Körper transportiert: Arterien, Venen und Kapillaren. Diese drei Arten unterscheiden sich einerseits durch Funktion und Aufbau und andererseits durch die Fließrichtung des Blutes (siehe oben). Der Blutdruck in den Venen ist sehr gering, weshalb diese mit Venenklappen ausgestattet sind, die so den Rückfluss des Blutes verhindern. Die Kapillaren sind die kleinsten Blutgefäße. Sie verbinden die Arterien und Venen miteinander und sorgen für einen beständigen Stoffwechsel zwischen Gefäßen und umliegenden Geweben – Nährstoffe werden den Geweben zugeführt, Abfallprodukte abtransportiert.

Die Entscheidung eines Gefäßes, ein arterielles oder venöses Schicksal anzunehmen, hängt von der Expression bestimmter Proteine in seiner Membran ab. Die endothelialen Zellen, deren Membran den EphB4 Rezeptor aufweisen, entwickeln sich zu Venen, diejenigen, die den Liganden Ephrin B2 exprimieren, zu Arterien. Die Entscheidung zwischen der Expression des Liganden oder des Rezeptors wiederum hängt von der Notch-Aktivität ab. Ist Notch aktiv, kommt es zur Aktivierung des Transkriptionsfaktors Gridlock, der wiederum die Ephrin B2 Expression fördert – Arterien werden gebildet. Im Falle von einer niedrigen Notch-Aktivität kommt es zur EphB4 Expression und zur Entwicklung von Venen.

10.3 | ## Die Blutbildung

Die Blutbildung im Organismus lässt sich in zwei Phasen einteilen, eine embryonale und eine adulte Phase. Wie in Abschnitt 10.2.1 erläutert, stammen die Zellen des Blutes vom Hämangioblasten ab, die sich auf der ventralen Seite des Embryos in den sogenannten Blutinseln zusammenfinden und in deren inneren Teil sich die ersten Blutzellen entwickeln. Die hämatopoetischen Stammzellen (siehe Kapitel 13.3) konnten erstmals um Tag 11 der Mausembryogenese im mesodermalen Keimblatt in der sogenannten Aorten-Gonaden-Mesonephros Region (AGM Region) gefunden werden. Diese Stammzellen besiedeln später zunächst die fötale Leber, dann das Knochenmark.

Im Rahmen der Blutbildung, der Hämatopoese, werden aus den hämatopoetischen Stammzellen lebenslang ständig neue Blutzellen hergestellt. Dies ist notwendig, da die Blutzellen nur eine begrenzte Lebensdauer aufweisen. Die Erythrozyten (rote Blutkörperchen) beispielsweise sterben nach einer Lebensdauer von 120 Tagen ab und müssen dann durch neue ersetzt werden.

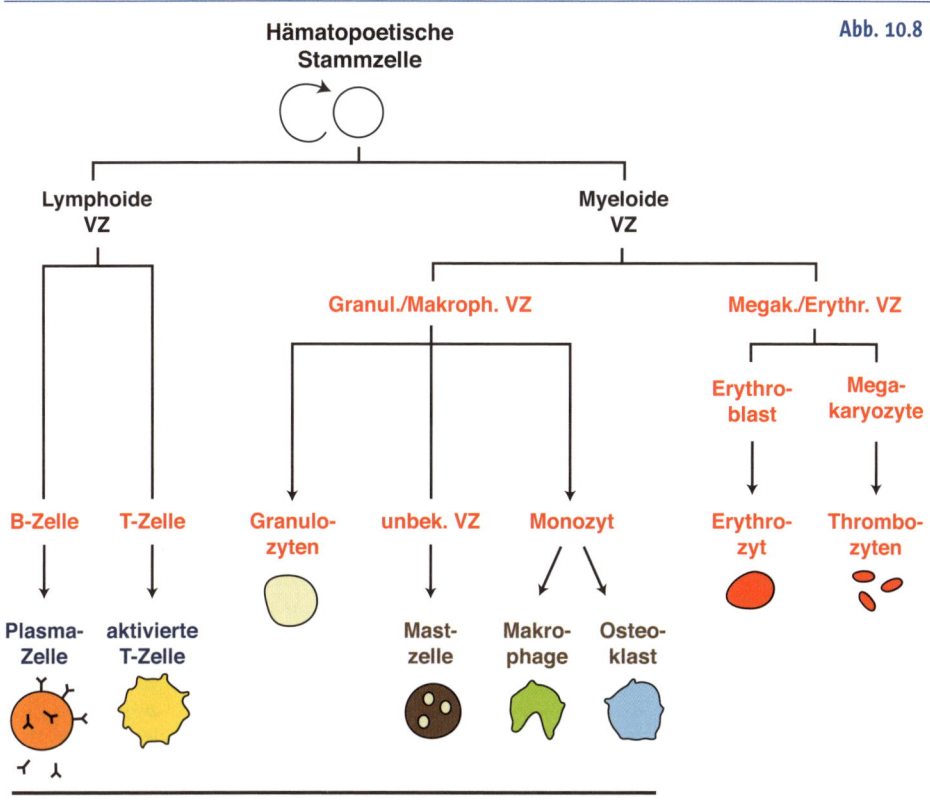

Abb. 10.8

Schematische Übersicht über die Blutbildung Im adulten Organismus leiten sich alle Zellen des Blutes von der hämatopoetischen Stammzelle ab, die sich im Knochenmark befindet und die Fähigkeit aufweist, sich selbst zu erneuern. Im ersten Schritt der Differenzierung entstehen einerseits lymphoide, andererseits myeloide Vorläuferzellen (VZ). Aus den lymphoiden Vorläuferzellen entstehen Plasma- und T-Zellen. Die myeloiden Vorläuferzellen werden nochmals in die Granulozyten/Makrophagen und die Megakaryozyten/Erythrozyten Vorläuferzellen geteilt. Weitere Entwicklung siehe Haupttext. Die Zellen mit schwarzer Beschriftung befinden sich im Knochenmark, die mit roter Beschriftung im Blut, die mit brauner Beschriftung in anderen Geweben.

Das Blut setzt sich aus verschiedenen Arten von Zellen zusammen, u.a. den Leukozyten (weiße Blutkörperchen), den Erythrozyten und den Thrombozyten (Blutplättchen). Die hämatopoetischen Stammzellen können sich in acht Haupttypen von Blutzellen entwickeln (siehe **Abb. 10.8**). Zunächst spaltet sich der Stammbaum in zwei Äste auf, den lymphoiden und den myeloiden. Aus den lymphoiden Vorläuferzellen entstehen die B- und T-Zellen (auch Lymphozyten genannt). Die B-Zellen entwickeln sich zu Plasmazellen weiter, wohingegen die T-Zellen in mindestens zwei Unterklassen, den T-Helferzellen und den cytotoxischen T-Zellen, unterteilt werden können. Zellen aus dem lymphoiden Stammbaum tragen zur Immunabwehr bei, wie z.B. Plasmazellen, die Antikörper gegen körperfremde Moleküle (Antigene) herstellen. Die myeloiden Vorläuferzellen teilen sich in weitere Vorläuferzellen auf, in solche für Granulozyten/Makrophagen und für Megakaryozyten/Erythrozyten. Erstere entwickeln sich zu Granulozyten (neutrophil, basophil und eosinophil) und zu Monozyten, die im Blut zirkulieren und an der Immunabwehr beteiligt sind. Des Weiteren können daraus Mastzellen, Makrophagen und Osteoklasten entstehen, welche im Gewebe lokalisiert und ebenso in die körpereigene Immunabwehr involviert sind. Die Megakaryozyten/ Erythrozyten Vorläuferzellen bilden einerseits die Thrombozyten und andererseits die Erythrozyten aus. Die Thrombozyten sind ein wichtiger zellulärer Bestandteil für die Blutgerinnung, während die roten Blutkörperchen Sauerstoff durch den Körper zu Geweben und Organen transportieren.

Stromazellen:
Die Stromazellen setzen sich u.a. aus Fettzellen, Blutgefäßen, Fibroblasten, Makrophagen und Nervenzellen zusammen.

Die hämatopoetischen Stammzellen im Knochenmark von adulten Organismen sind zwischen den Stromazellen lokalisiert. Dieser Ort wird als Stammzellnische bezeichnet. Signale in der Stammzellnische sorgen dafür, dass einerseits der Stammzellcharakter aufrechterhalten wird, andererseits unterstützen sie deren Differenzierung in die verschiedenen Zelltypen des Blutes. An der Aufrechterhaltung des Stammzellcharakters sind unter anderem Mitglieder der Wnt-Familie als auch Cytokine wie der Stammzellfaktor SCF (engl. *stem cell factor*) beteiligt. Weitere extrazelluläre Faktoren sind in die Regulation der Proliferation und Differenzierung der hämatopoetischen Stammzellen involviert. Diese können entweder von den Blutzellen selbst oder den Stromazellen gebildet werden. Als Beispiele sind hier folgende Faktoren zu nennen: Interleukin 3, das für die Bildung der multipotenten Vorläuferzellen wichtig ist, Erythropoietin, welches für die Differenzierung der Erythrozyten benötigt wird und Kolonie-stimulierende Faktoren wie der M-SCF (engl. *macrophage colony-stimulating factor*).

Zusammenfassung

Das Herz-Kreislaufsystem wird aus dem mesodermalen Keimblatt gebildet. Da das Herz für die Versorgung der Organe mit Sauerstoff und Nährstoffen unabdingbar ist, findet die Bildung des Herzens schon früh in der Embryonalentwicklung statt. Die Herzentwicklung kann man in verschiedene Entwicklungsschritte wie die Spezifikation der Herzvorläuferzellen, die Wanderung dieser Zellen an ihren funktionellen Ort im

Körper, die Bildung des linearen Herzschlauchs, die Schleifenbildung und die Reifung des Herzens einteilen. Zur Etablierung des Blutkreislaufs muss zudem ein Netzwerk aus Gefäßen erstellt werden. Die Endothelzellen der Gefäße entstehen aus dem Hämangioblasten. Dies erfolgt über Prozesse, die als Vaskulogenese und Angiogenese bezeichnet werden. Arterien sind Blutgefäße, die vom Herzen wegführen, Venen sind solche, die zum Herzen hinführen. Neben den Endothelzellen entstehen auch die Blutzellen aus den Hämangioblasten. Im adulten Organismus entwickeln sich kontinuierlich neue Blutzellen aus den hämatopoetischen Stammzellen.

Fragen

1 Aus welchem Keimblatt entsteht das Herz?

2 Nennen Sie die verschiedenen allgemeinen Stufen der Herzentwicklung.

3 Wie verläuft die Herzentwicklung in der Maus, wie die in der Fliege?

4 Nennen Sie die wichtigsten Signalwege, die für die kardiale Entwicklung essentiell sind und beschreiben Sie grob deren Aufgaben in diesem Kontext.

5 Benennen Sie die wichtigsten kardialen Transkriptionsfaktoren.

6 Welche Funktion kommt dem Gefäßsystem zu?

7 Beschreiben Sie die Unterschiede zwischen der Vaskulogenese und der Angiogenese.

8 Welche verschiedenen Arten von Gefäßen gibt es?

9 Wie verläuft die Entscheidung zur Ausbildung einer Arterie gegenüber einer Vene?

10 Wie werden die Zellen des Blutes während der Embryogenese angelegt?

11 Zu welchen Zelltypen können hämatopoetische Stammzellen differenzieren?

Literatur

BUCKINGHAM, M., S. MEILHAC, S. ZAFFRAN (2005) Building the mammalian heart from two sources of myocardial cells. Nat. Rev. Genet. 6, 826-835

CARMELIET, P. (2003) Angiogenesis in health and disease. Nat. Med. 9, 653-660

HARVEY, R. P. (2002) Patterning the vertebrate heart. Nat. Rev. Genet. 3, 544-556

PHILLIPS, R. L., R. E. ERNST, B. BRUNK, N. IVANOVA, M. A. MAHAN, J. K. DEANEHAN, K. A. MOORE, G. C. OVERTON, I. R. LEMISCHKA (2000) The genetic program of hematopoetic stem cells. Science 288, 1635-1640

SRIVASTAVA, D., E. N. OLSON (2000) A genetic blueprint for cardiac development. Nature 407, 221-226

11 | Die Entwicklung des Urogenitalsystems

Inhalt

In diesem Kapitel wollen wir auf die Entwicklung des urogenitalen Systems, welches ebenfalls aus dem mesodermalen Keimblatt stammt, näher eingehen. Zu diesem System gehören die Ausscheidungs- und Geschlechtsorgane. Hierbei konzentrieren wir uns auf die Niere als Ausscheidungsorgan und die Geschlechtsorgane der höheren Vertebraten. Die Entwicklung der Säugerniere ist durch mehrere, charakteristische Vorgänge beprägt: Die Umwandlung von mesenchymalen zu epithelialen Zellen, die Ausbildung eines Tubulisystems, die Verästelung der Ureterknospe und die Bildung des Sammelrohrs. Bei höheren Vertebraten kann man den weiblichen vom männlichen Organismus durch definierte innere und äußere Geschlechtsmerkmale voneinander unterscheiden. Die initiale Entwicklungsentscheidung zwischen weiblichem und männlichem Organismus ist in Säugern durch das X-Chromosom geprägt. Die weitere Entwicklung der Geschlechtsorgane ist von spezifischen molekularen Faktoren abhängig, auf die in diesem Kapitel näher eingegangen wird.

11.1 | Die Entwicklung der Niere

Die Vertebratenniere entwickelt sich aus dem intermediären Mesoderm, welches zwischen dem paraxialen Mesoderm und dem Seitenplattenmesoderm lokalisiert ist. Wichtige Prozesse sind hierbei induktive Interaktionen, die Umwandlung von Mesenchym zu Epithel, die Tubulogenese, die Verästelung der Ureterknospe und die Bildung des Sammelrohrs. Zum besseren Verständnis dieser Vorgänge werden im Folgenden die verschiedenen Funktionen und der Aufbau der Säugerniere beschrieben.

11.1.1 | Funktionen der Niere

Die Niere ist ein paarig angeordnetes, osmoregulatorisches Organ. Die Säugerniere reguliert den Wasserhaushalt, den Säure-Base-Haushalt

sowie den Blutdruck. Weiterhin sorgt sie für die Ausscheidung harnpflichtiger und giftiger Substanzen. Außerdem bildet sie das Hormon
Erythropoetin, welches im Rahmen der Blutbildung die Entwicklung
von Erythrozyten anregt (siehe Kap. 10.3). Die Niere höherer Vertebraten
übernimmt demzufolge essentielle Funktionen für den Organismus,
während die Niere niederer Vertebraten ein eingeschränkteres Funkti-
onsspektrum besitzt. Manche Aufgaben werden dort von anderen Organen übernommen, wie beispielsweise der Haut (Wasserhaushalt) und
Harnblase bei Amphibien oder den Kiemen (Stoffaustausch) und Salz-
drüsen (Osmoregulation) bei Fischen.

Der Aufbau der Säugerniere

Die funktionelle Einheit der Niere ist das sogenannte Nephron (**Abb.
11.1**). Dieses besteht aus einem Glomerulus (Nierenkörperchen), dem
Tubulussystem (Nierenkanälchen) und dem Sammelrohr. Jede Säugerniere besitzt ca. eine Million dieser Nephrone. Der Glomerulus wird
von der Bowman-Kapsel umschlossen und ist über diese mit dem Tubulussystem verbunden. An dieser Verbindung wird die sogenannte Blut-
Harn-Schranke ausgebildet und der Primärharn aus dem Blut filtriert.
Das Tubulussystem ist aus einem proximalen, einem intermediären
und einem distalen Anteil zusammengesetzt. Im Mittelstück wird die
Henle-Schleife aus den geraden Abschnitten und dem intermediären

11.1.2

Glomerulus:
Gefäßknäuel, in wel-
chem der Primärharn
gebildet wird.

Henle-Schleife:
Benannt nach Jakob
Henle. Kommt nur bei
Säugern und Vögeln
vor.

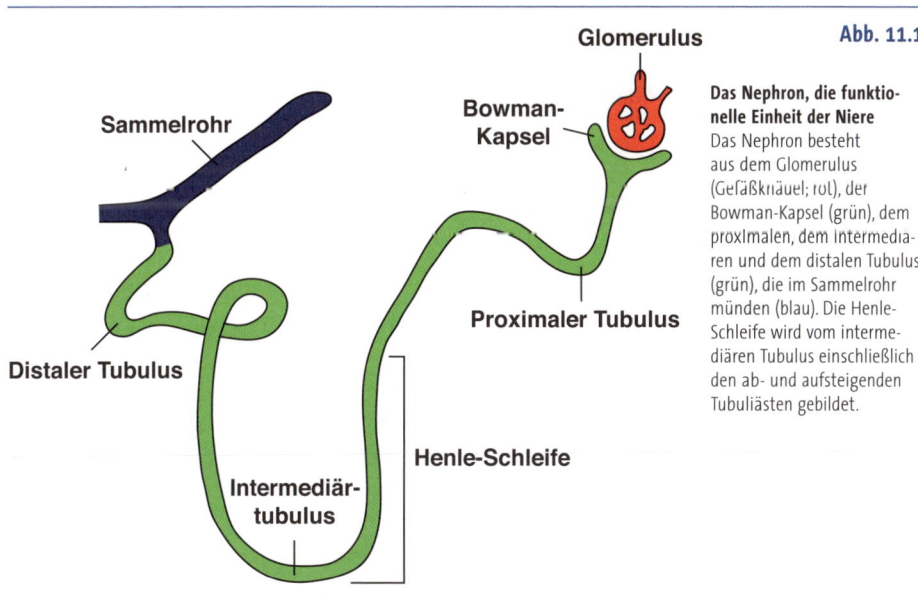

Glomerulus

Sammelrohr

**Bowman-
Kapsel**

Proximaler Tubulus

Distaler Tubulus

Henle-Schleife

**Intermediär-
tubulus**

Abb. 11.1

**Das Nephron, die funktio-
nelle Einheit der Niere**
Das Nephron besteht
aus dem Glomerulus
(Gefäßknäuel; rot), der
Bowman-Kapsel (grün), dem
proximalen, dem intermedia-
ren und dem distalen Tubulus
(grün), die im Sammelrohr
münden (blau). Die Henle-
Schleife wird vom intermediären Tubulus einschließlich
den ab- und aufsteigenden
Tubuliästen gebildet.

Teil des Tubulussystems geformt. Im Primärharn befinden sich niedermolekulare, wasserlösliche Stoffwechselendprodukte wie Keratin, Harnstoff, Harnsäure und Oxalsäure, die bei einer Akkumulation im Körper zu einer Vergiftung führen würden. Allerdings enthält der Primärharn auch Moleküle wie Zucker, Aminosäuren, Salze und Wasser, die für den Körper nützlich sind. Auf dem Weg durch das Tubulussystem wird der Primärharn durch Resorption von Wasser, Ionen, Zuckern und Aminosäuren sowie durch Sekretion harnpflichtiger Substanzen in seiner Zusammensetzung deutlich verändert und so zum Sekundärharn. Dieser macht letztlich nur ungefähr ein Prozent des Primärharns aus. Der Sekundärharn gelangt in das Sammelrohr und wird schließlich über die Harnblase ausgeschieden.

11.1.3 Die Entwicklung der Vorniere als funktionelle Niere

Die Nierenentwicklung der Säugetiere ist durch die sukzessive Bildung dreier örtlich und zeitlich verschiedener exkretorischer Organe charakterisiert: Die Vorniere (Pronephros), die Urniere (Mesonephros) und die Nachniere (Metanephros) (**Abb. 11.2**). Vor- und Urniere sind während der

Abb. 11.2

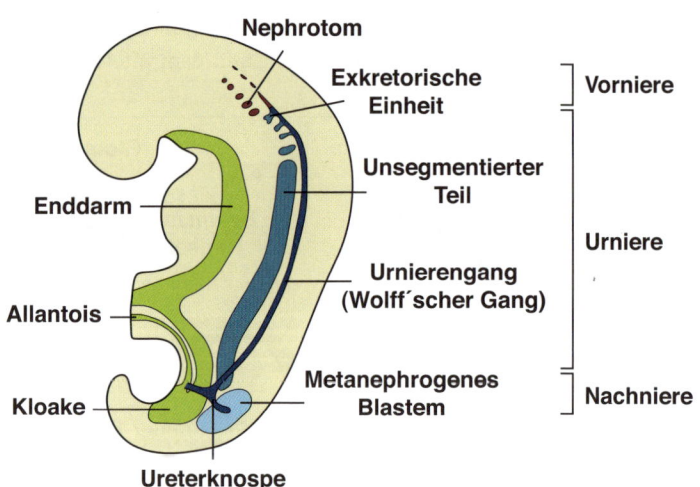

Die Säugerniere – eine schematische Übersicht Die Nierenentwicklung der Säuger beginnt mit der Ausbildung der Vorniere (Pronephros; weinrot) aus dem intermediären Mesoderm. Dabei wird das intermediäre Mesoderm segmentiert, wobei die so genannten Nephrotome entstehen. Die Vorniere bildet sich während der weiteren Entwicklung zurück und die Urniere (Mesonephros; blau) differenziert sich. Eine exkretorische Einheit entsteht, wenn ein Urnierensegment mit dem Urnierengang (Wolff'scher Gang; dunkelblau) verschmilzt. Am posterioren Ende des Wolff'schen Ganges wird die Ureterknospe ausgebildet, welche in das metanephrogene Blastem (hellblau) einwächst – die Nachniere wird ausgebildet. Enddarm, Allantois und Kloake sind in hellgrün dargestellt.

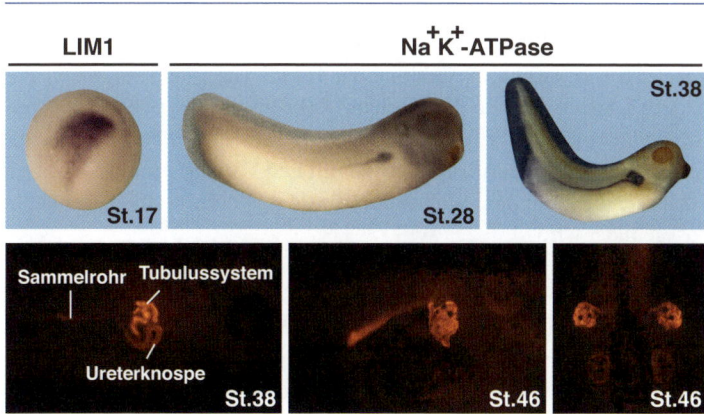

Abb. 11.3

Pronephrosentwicklung in *Xenopus laevis* Die drei oberen Fotos zeigen Embryonen, die durch eine *whole-mount in situ* Hybridisierung angefärbt wurden (laterale Ansichten der Embryonen), die drei unteren zeigen Embryonen, deren Pronephros mittels Immunfluoreszenz sichtbar gemacht wurde (die beiden linken Fotos zeigen laterale Ansichten, das rechte ist eine dorsale Ansicht). Die Stadien und Marker sind jeweils angegeben. In *Xenopus* ist die Nierenanlage in Stadium 17 durch die Expression von LIM1 gut zu erkennen. Die Natrium-Kalium ATPase, ein Ionentransporter, ist in den späteren Entwicklungsstadien im ganzen Pronephros exprimiert. Durch die Immunfärbung mit den Pronephros-spezifischen Antikörpern 3G8 (Tubulus) und 4A6 (Sammelrohr und Ureterknospe) kann man die späte Pronephrosentwicklung verfolgen. Die Aufnahmen wurden freundlicherweise von Aleksandra Tecza, Universität Ulm, zur Verfügung gestellt.

Säugerentwicklung nur transient präsent, aus der Nachniere entwickelt sich schlussendlich die adulte Niere. Bei Fischen und Amphibien hingegen stellt die Vorniere ein vollständig funktionelles Organ dar.

Die frühe Nierenentwicklung lässt sich anschaulich am Beispiel von *Xenopus laevis* erläutern (**Abb. 11.3**). Hier bilden sich die Vorläuferzellen schon gegen Ende der Gastrulation (Stadium 13) aus dem intermediären Mesoderm. Die Bildung des Pronephros im intermediären Mesoderm erfolgt in Zellen, welche die Homeobox-Transkriptionsfaktoren Pax2, Pax8 und Lim1 exprimieren. Deren Expression wird durch Faktoren des paraxialen Mesoderm aktiviert. Nach Abschluss der Neurulation (Stadium 21) kommt es zur Bildung des pronephrogenen Mesenchyms aus dem intermediären Mesoderm, welches lateral zu den Somiten lokalisiert ist. Dort bildet sich zunächst ventral zu den anterioren Somiten der Vorniierengang (Sammelrohr) aus (engl. *pronephric duct*). Zellen dieses Ganges wandern dann in posteriore Richtung und verlängern somit den Gang. Später in der Entwicklung fusioniert der posteriore Teil des Vorniierengangs mit der Kloake und die erste exkretorische Einheit entsteht. Gleichzeitig induziert das anteriore Ende des pronephrotischen

Gangs im pronephrogenen Mesenchym die Umwandlung von Mesenchym zu Epithel (MET = engl. *mesenchymal-epithelial transition*; Kapitel 5, **Abb. 5.13**) – es kommt zur Bildung der Tubuli. Umgekehrt induziert das pronephrogene Blastem (Mesenchym) das weitere Auswachsen und Verzweigen der Ureterknospe aus dem anterioren Teil des Vornierengangs. Es folgt die Fusion der Ureterknospe mit den Vornierentubuli, wodurch schlussendlich mit dem Glomerulus die funktionelle Vorniere (Pronephros) gebildet wird.

11.1.4 Die Entwicklung der Säugerniere

Bei den Säugern wird die Vorniere nur rudimentär angelegt (**Abb. 11.2**). Es handelt sich hierbei um segmentiertes, intermediäres Mesoderm, aus dem die ersten Nephrotome ausgebildet werden. Während sich die Vorniere schon früh in der Entwicklung zurückbildet, entwickelt sich parallel die Urniere ebenfalls aus dem intermediären Mesoderm. Die Urniere bildet die ersten exkretorischen Einheiten (Urnierenkanälchen), die sich S-förmig auffalten und an ihrem medialen Ende einen Glomerulus mit Bowman-Kapsel entwickeln. Am entgegen gesetzten Ende ist jede Einheit mit dem Urnierengang, auch Wolff´scher Gang genannt, verbunden. Im Verlauf der weiteren Entwicklung degenerieren die Urnierenkanälchen von anterior nach posterior. In der weiblichen Entwicklung degeneriert die Urniere einschließlich dem Wolff´schen Gang vollständig. Im männlichen Organismus hingegen bildet sich aus dem Wolff´schen Gang die Samenleiter aus (siehe Abschnitt 11.2).

Nephrotom:
Segment des intermediären Mesoderms

11.1.5 Die Nachniere bei Säugern

Die reife Niere (Nachniere) entwickelt sich während des Abbaus der Urniere. Auch sie bildet sich aus dem intermediären Mesoderm. Die Bildung der Nachnierenkanälchen läuft auf gleiche Weise wie die der Urnierenkanälchen ab. Die Kanälchen für die Harnableitung entstehen aus der Ureterknospe, die sich aus dem Wolff´schen Gang ausstülpt.

Die Ureterknospe formt sich aus dem posterioren Teil des Urnierengangs und wächst mit seinem erweiterten Ende zunächst in dorsale, dann anteriore Richtung in das umliegende metanephrogene Blastem ein (**Abb. 11.2**). Wichtigstes Signal für das Ausstülpen der Ureterknospe ist der Wachstumsfaktor GDNF (engl. *glial cell line derived neurotrophic factor*), der dem intermediären Mesoderm entstammt. Die Bildung von GDNF unterliegt der Kontrolle von Pax2 und Hox11. Der Rezeptor für GDNF, die Tyrosinkinase Ret, befindet sich auf der Oberfläche der Epithelzellen des Wolff´schen Ganges. Das umliegende Mesenchym bedeckt in der Folge die Knospenspitze des Ureters wie eine Kappe. Durch die Interaktion zwischen Ureterknospe und umliegendem Mesenchym vergrößern

Abb. 11.4

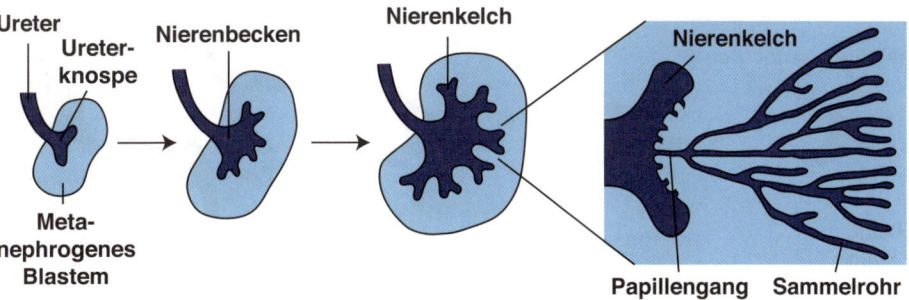

Die Ausbildung der Ureterknospe Die Ureterknospe (dunkelblau) bildet sich aus dem posterioren Teil des Wolff´schen Gangs. Sie wächst in das metanephrogene Blastem (hellblau) ein, wodurch das Nierenbecken entsteht. Aus den einzelnen Endigungen des Nierenbeckens formen sich die Nierenkelche. In der Vergrößerung eines Nierenkelchs wird ersichtlich, das aus diesem mehrere Papillengänge auswachsen, die wiederum in die Sammelrohre übergehen.

sich beide Gewebe massiv (**Abb. 11.4**). Das Ende der Ureterknospe erweitert sich zum Nierenbecken, das weiter in die zwei bis drei Nierenkelche aufgegliedert wird. Jeder dieser Nierenkelche bildet zwei neue Knospen, die sich weiter in bis zu 12 und mehr Kanälchen aufteilen können. Diese distalen Kanälchen werden als Sammelrohre bezeichnet. Sie stellen die Verbindungsstücke zu den Nephronen dar. In Richtung Nierenbecken laufen die Sammelrohre in den sogenannten Papillengängen zusammen, die letztendlich in die Nierenkelche münden.

Wie schon erläutert, wachsen die verzweigten Enden der Ureterkospe, die Sammelrohre, in das umliegende Mesenchym ein (**Abb. 11.4**). Dort entstehen innerhalb des metanephrogenen Mesenchyms durch Zellanhäufung und Umwandlung in Epithel (MET, Kapitel 5, **Abb. 5.13**) die Nierenbläschen (**Abb. 11.5**). Diese Nierenbläschen bilden jeweils an ihrem distalen Ende ein Nierenkanälchen (Nierentubuli), durch welches sie mit einem Sammelrohr verschmelzen. An ihrem proximalen Ende entwickeln die Nierenbläschen die Bowman-Kapsel, die wiederum mit einem Knäuel aus Blutgefäßen, dem Glomerulus, in Kontakt treten. Zwischen Sammelrohr und Bowman-Kapsel faltet sich das Nierenkanälchen zur sogenannten Henle-Schleife auf. Somit ist eine exkretorische Einheit der Niere, das Nephron, geschaffen.

Von der Ureterknospe werden sowohl FGF2 als auch BMP7 abgegeben, wichtige Faktoren für die Hemmung der Apoptose (siehe Kapitel 7.3) im angrenzenden mesenchymalen Blastem. Des Weiteren sezerniert sie LIF (engl. *leucemia inhibitory factor*, siehe auch Kapitel 13.3) und Wnt6, die beide zur Bildung der Nierentubuli benötigt werden. Das mesen-

Abb. 11.5

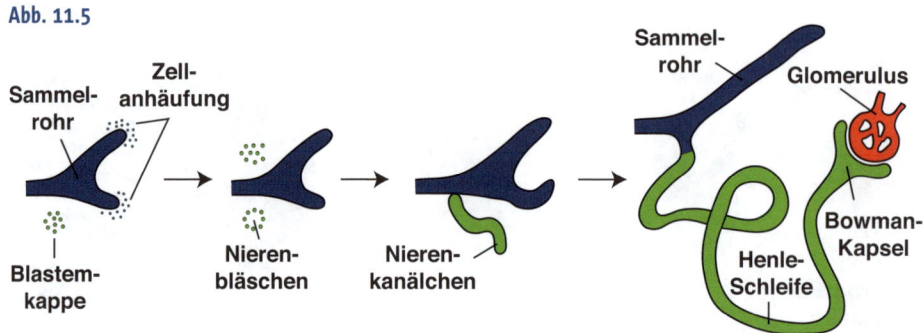

Die Ausbildung des Nephrons Die Sammelrohre (dunkelblau) wachsen in das metanephrogene Blastem ein. Dabei entstehen dort durch Zellanhäufungen die Blastemkappen (hellgrün), die sich zu den Nierenbläschen entwickeln. In der weiteren Entwicklung entsteht aus einem Nierenbläschen ein Nierenkanälchen, welches Kontakt zum Sammelrohr aufnimmt. Das Nierenkanälchen formt sich zum Tubulus mit Henle-Schleife. An seinem distalen Ende wird die Bowman-Kapsel gebildet, welche den Glomerulus (rot) umschließt.

chymale Blastem selber erhält durch WT1 (engl. _Wilms Tumor gene 1_) die Kompetenz, Nephrone zu bilden. Sowohl der Funktionsverlust von WT1 als auch der von GDNF führt zur Reduktion bis hin zum vollständigen Verlust der Niere. Die Nierentubuli wiederum sezernieren Wnt4, welches der Epitheliarisierung und Stabilisierung der Tubuli dient. Das kondensierte Mesenchym sezerniert parakrine Faktoren wie BMP4 und TGFβ2, welche die Verzweigung der Nephrone begrenzen und stabilisieren.

11.2 | Die Geschlechtsbestimmung höherer Organismen

In höheren Organismen kann man zwei Geschlechter unterscheiden: Das weibliche und das männliche Geschlecht. Bei den Alligatoren beispielsweise ist die Bestimmung des Geschlechts interessanterweise von der Temperatur abhängig, bei welcher die Embryonen im Nest ausgebrütet werden: Bei einer Temperatur unter 30 °C entwickeln sich nur Weibchen, bei einer Temperatur über 34 °C ausschließlich Männchen. Bestimmte Fischarten sind im adulten Stadium sogar in der Lage, aufgrund von veränderten Umweltbedingungen eine Geschlechtsumwandlung vorzunehmen. Bei Säugern ist die Festlegung des Geschlechts von der unterschiedlichen Kombination der X und Y Chromosomen in der befruchteten Eizelle abhängig: Liegen zwei X Chromosomen vor, entwickeln sich weibliche, liegt eine Kombination aus X und Y Chromosom vor, entwickeln sich männliche Nachkommen.

Abb. 11.6

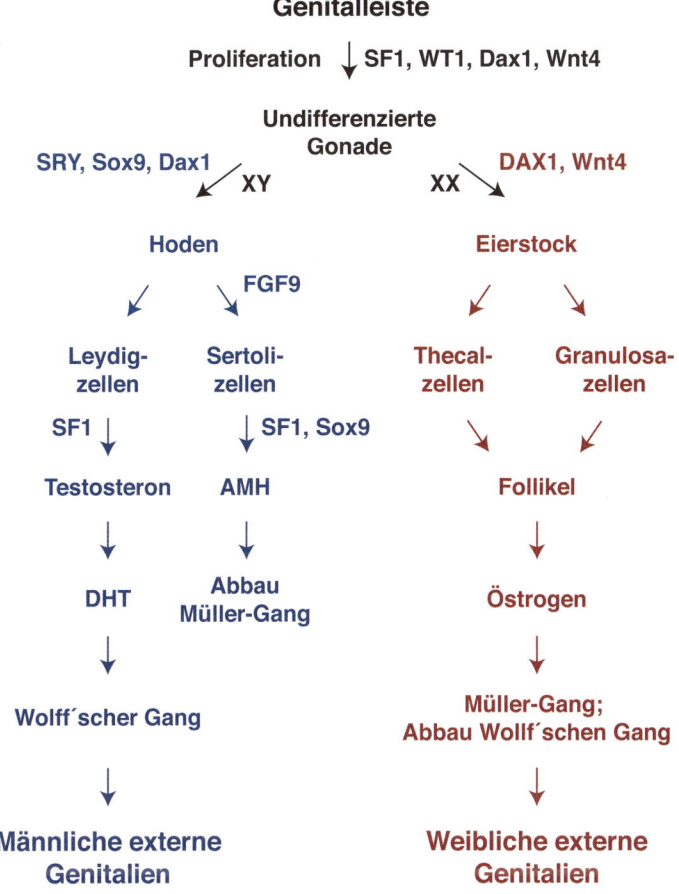

Übersicht zur Bestimmung der Geschlechter   Aus der Genitalleiste entsteht durch Einfluss von SF1 (engl. *steroidogenic factor 1*), WT1 (*Wilms-Tumor Gen 1*), Dax1 und Wnt4 und vermehrter Zellproliferation die undifferenzierte Gonade. Durch die Anwesenheit eines Y Chromosoms entsteht daraus der Hoden. Molekulare Faktoren hierbei sind Sry (engl. *sex-determining region of the Y chromosome*), Sox9 und Dax1. Weitere männliche Entwicklung (**links**; blau): Im Hoden entstehen die Sertoli- und Leydig-Zellen. Die Sertoli-Zellen bilden das AMH (engl. *anti-Müllerian hormone*), welches den Abbau des Müller-Gangs bewirkt. Die Leydig-Zellen synthetisieren Testosteron, aus welchem das DHT (*Dihydrotestosteron*) entsteht. Beide nehmen Einfluss auf die Entwicklung des Wolff´schen Gangs in diverse männliche Genitalien. Weibliche Entwicklung (**rechts**; weinrot): Die Aktivität von Dax1 und Wnt4 bewirkt die Ausbildung der Eierstöcke aus der undifferenzierten Gonade. In den Eierstöcken sind die Theca- und Granulosa-Zellen lokalisiert. Beide Zelltypen tragen zur Ausbildung der Follikel bei. Der Follikel bildet das Östrogen, welches den Abbau des Wolff´schen Gangs und die weitere Differenzierung des Müller-Gangs in die weiblichen Genitalien fördert.

Die Geschlechtsorgane in Säugetieren entstammen einer Vorläufer-population an Zellen, der sogenannten Genitalleiste, die sich in direkter Nachbarschaft der Nachniere (Metanephros) befindet (**Abb. 11.6 und 11.7**).

Abb. 11.7

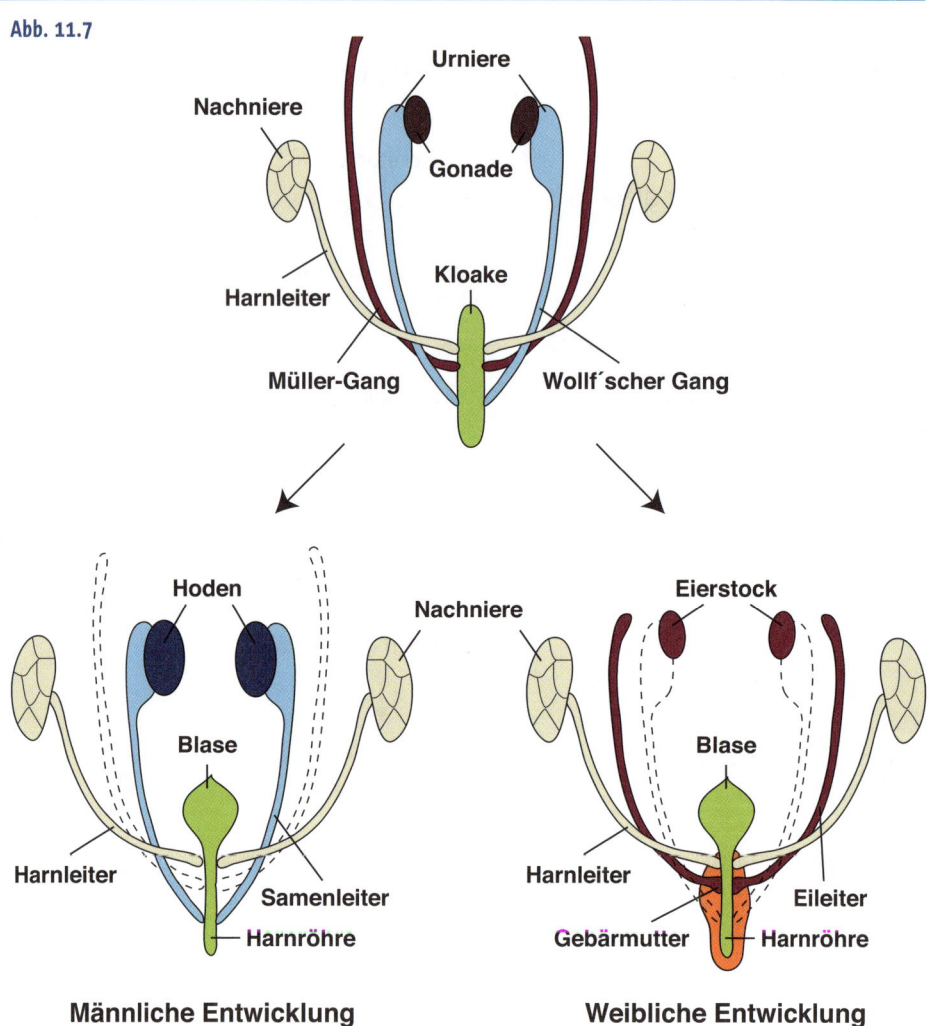

Schematische Übersicht zur Geschlechtsentwicklung   **Oben:** Die undifferenzierte Gonade (braun) entwickelt sich in unmittel-barer Nachbarschaft zur Urniere (hellblau). **Unten links:** Entwicklung der männlichen Genitalien. Die undifferenzierte Gonade entwickelt sich zum Hoden und der Wolff´sche Gang zur Samenleiter (hellblau). Der Müller-Gang degradiert. **Unten rechts:** Weibliche Genitalentwicklung. Aus den undifferenzierten Gonaden entstehen die Eierstöcke (weinrot). Der Wolff´sche Gang wird abgebaut, wohingegen der Müller-Gang zu den Eileitern, die in der Gebärmutter münden, umgewandelt wird (weinrot).

Diese Genitalleiste vergrößert sich durch Proliferation, wobei die undifferenzierte Gonade entsteht. In den somatischen Anteil der Gonade wandern später die zukünftigen Keimzellen ein. Dies erfolgt unter Einfluss des Chemokins SDF1, welches in der Genitalleiste gebildet wird, und dessen Rezeptor Cxcr4, der auf den Keimzellen zu finden ist. In der undifferenzierten Gonade entsteht zudem der Müller-Gang, die späteren Eileiter weiblicher Organismen.

Die undifferenzierte Gonade weist ein doppeltes Entwicklungspotential auf, ein weibliches als auch ein männliches. Unter Einfluss verschiedener Faktoren entwickelt sich aus der undifferenzierten Gonade entweder der Hoden (männlich) oder der Eierstock (weiblich) (**Abb. 11.6**). Im Hodengewebe entstehen u.a. die Sertoli-Zellen, die über die Bildung von AMH (engl. _anti-Müllerian hormone_) für den Abbau des Müller-Gangs verantwortlich sind, sowie die Leydig-Zellen. Die Leydig-Zellen synthetisieren Testosteron und das Testosteron-Derivat DHT (Dihydrotestosteron), die beide an der Entwicklung der männlichen Genitalien beteiligt sind. Im Eierstock bilden sich die Theca- als auch die Granulosa-Zellen, die gemeinsam an der Bildung der Follikel beteiligt sind. Es kommt zur Synthese von Östrogen und zur Ausbildung weiterer weiblicher Geschlechtsorgane. Die Entwicklung des Geschlechts lässt sich in zwei Phase einteilen: Die primäre und die sekundäre Geschlechtsbestimmung, die im Folgenden erläutert werden sollen.

Follikel:
Eizelle mit umgebenden Granulosa- und Thecazellen

Primäre Geschlechtsbestimmung

| 11.2.1

Unter der primären Geschlechtsbestimmung versteht man die Entwicklung der Gonade in entweder Hoden oder Eierstöcke (Ovarien). Diese Entscheidung wird in Säugern über die Kombination der Chromosomen getroffen: Die Kombination zweier X Chromosomen führt zur Entwicklung von Eierstöcken, die eines X und eines Y Chromosoms zur Bildung von Hoden. Diese Festlegung wird durch den Eintritt des Spermiums in die Eizelle getroffen; die Eizelle enthält ein X Chromosom und das Spermium kann nun entweder ein weiteres X (resultiert in Weibchen), oder aber ein Y Chromosom (resultiert in Männchen) mitbringen.

Molekularen Grundlagen der primären Geschlechtsbestimmung

| 11.2.2

Das Y Chromosom spielt bei der Bestimmung des Geschlechts eine besondere Rolle. Vor einigen Jahren konnte ein Gen identifiziert werden, welches auf dem kurzen Arm des Y Chromosoms lokalisiert ist und bei der Bildung des Hodengewebes einen entscheidenden Beitrag leistet. Dieses Gen erhielt den Namen sry (engl. _sex-determining region of the Y chromosome_; **Abb. 11.6**). Das Protein, für welches sry codiert, umfasst eine Länge von 223 Aminosäuren und gehört der Familie der HMG-Box

HMG-Box:
engl. _high mobility group_, DNA-Bindedomäne.

Transkriptionsfaktoren an. In der Maus ist sry zunächst in den somatischen Zellen der undifferenzierten Gonaden männlicher Individuen exprimiert, während die Expression vor dessen weiterer Differenzierung in Hodengewebe abnimmt. Mit einem entscheidenden Experiment in der Maus konnte gezeigt werden, dass die Expression von Sry ausreicht, männliche Genitalien auszubilden. Hierbei wurde ein Fragment, welches die codierende Sequenz als auch die regulatorischen Regionen des sry-Gens umfasst, in die Vorkerne einer frisch befruchteten Zygote mit XX Vererbung injiziert. Es kam zur Entwicklung von weiblichen Tieren, jedoch mit Hoden, Penis und weiteren männlichen Geschlechtsmerkmalen. Somit ist Sry eines der wichtigsten Proteine für die Entwicklung des männlichen Geschlechts.

Ein weiteres, für die männliche Entwicklung wichtiges Protein ist Sox9 (**Abb. 11.6**). Auch Sox9 gehört zu den HMG-Box Transkriptionsfaktoren. Organismen mit zwei X Chromosomen und einer zusätzlichen Kopie von Sox9 entwickeln sich zu Männchen, auch im Falle einer Abwesenheit von Sry. Ein Verlust der Sox9 Funktion resultiert in einer Änderung des Geschlechts von männlich zu weiblich. Eine direkte Verbindung zwischen Sry und Sox9 konnte bisher jedoch nicht gezeigt werden.

Ein dritter Faktor, FGF9, ist ebenfalls an der männlichen Geschlechtsentwicklung beteiligt. Homozygote FGF9 Mutanten entwickeln sich nahezu alle in eine weibliche Richtung. In wildtypischen Organismen unterstützt FGF9 die Proliferation und Differenzierung der Sertoli-Zellen im Hodengewebe.

Der Transkriptionsfaktor SF1 (engl. _steroidogenic factor 1_) ist sowohl in der Sertoli-, als auch in den Leydig-Zellen aktiv. In den Leydig-Zellen ist dieser Faktor für die Synthese von Testosteron wichtig. In den Sertoli-Zellen führt die gemeinsame Aktivität von SF1 und Sox9 zur Bildung von AMH.

Die Entwicklung des weiblichen Geschlechts wird durch die Aktivität zweier Faktoren bestimmt: Dax1 und Wnt4 (**Abb. 11.6**). Dax1 gehört zur Familie der im Zellkern lokalisierten Hormonrezeptoren und ist zunächst in den Gonadenvorläufern beider Geschlechter exprimiert. Im Hoden ist Dax1 zusammen mit Sry an dessen Entwicklung beteiligt. In den Eierstöcken ist ausschließlich Dax1 exprimiert und weist eine antagonistische Wirkung zu Sry und Sox9 auf. Dax1 führt darüber hinaus zu einer Inhibition von SF1. Das sezernierte Glykoprotein Wnt4 sorgt in der weiblichen Gonade für die Repression der Hodenentwicklung. Wnt4 ist schon in der undifferenzierten und später ausschließlich in der weiblichen Gonade exprimiert. In weiblichen Organismen kommt es durch den Wnt4 Funktionsverlust zur Expression hodenspezifischer Markergene wie beispielsweise AMH. In genetisch männlichen Organismen, in denen eine Wnt4 Duplikation vorliegt, wird vermehrt Dax1 synthetisiert, wodurch sich die Gonaden zu Eierstöcken entwickeln.

Sekundäre Geschlechtsbestimmung

11.2.3

Die sekundäre Geschlechtsbestimmung determiniert den geschlechtlichen Phänotyp außerhalb der Gonaden (männliche und weibliche Gangsysteme, externe Genitalien wie Penis oder Klitoris). In der frühen Entwicklung sind die männlichen und weiblichen Genitalien nicht unterscheidbar. Für die Ausbildung der sekundären Geschlechtsmerkmale sind Hormone zuständig, die von der jeweiligen Gonade synthetisiert und sezerniert werden.

Männliche sekundäre Geschlechtsbestimmung

11.2.4

Wie schon erwähnt, sind die Sertoli- und die Leydig-Zellen im Hodengewebe für die Synthese wichtiger männlicher Hormone zuständig. Die Sertolizellen bilden AMH, welches ein Mitglied der TGFβ-Wachstumsfaktorfamilie (siehe dazu Kapitel 3.3.1) ist. AMH vermittelt die Degeneration des Müller-Gangs. Dabei bewirkt es, indirekt über die Mesenchymzellen der Umgebung, die Zellapoptose (siehe Kapitel 7.3) im Müller-Gang.

Daneben wird ein weiteres wichtiges männliches Geschlechtshormon, das Testosteron, von den Leydig-Zellen produziert, welches für die Entwicklung von Penis, Hodensack und Prostata verantwortlich ist. Im Gegensatz dazu wird die Entwicklung der Brustanlage gehemmt. Weiterhin ist Testosteron für die Bildung der Samenleiter aus dem Wolff´schen Gang verantwortlich. Testosteron wird über das Enzym 5α-Ketosteroidredukatse 2 zu DHT (5α-Dihydroxytestosteron) umgewandelt, welches die biologisch aktivste Form von Testosteron ist. DHT ist beispielsweise für die Entwicklung und Funktion der Prostata und die Bildung der Körperbehaarung wichtig. Die Bedeutung dieses Faktors wird bei Personen mit einem XY Chromosomensatz deutlich, die DHT aufgrund eines Enyzmdefekts nicht bilden können. Äußerlich sind die betroffenen Personen vor der Pubertät überwiegend mit weiblichen Geschlechtsmerkmalen ausgestattet. Darüber hinaus weisen die Kinder funktionstüchtige Hoden auf und der Wolff´sche Gang entwickelt sich während der Kindheit entsprechend weiter. Im Gegensatz dazu ist der Müller-Gang degeneriert und nicht zu Eileitern differenziert. Während der Pubertät kommt es bei den betroffenen Personen auch zur Ausbildung externer männlicher Geschlechtsmerkmale, beispielsweise einem Penis, da der Hoden vermehrt Testosteron bildet, auf welches die externen Genitalien reagieren.

11.2.5 | Weibliche sekundäre Geschlechtsbestimmung

Bei einem XX Genotyp entwickeln sich die Gonadenvorläufer zu Eierstöcken. Zellen des Eierstocks bilden das weibliche Geschlechtshormon Östrogen. Während der sekundären Geschlechtsbestimmung fördert Östrogen unter anderem die Ausbildung der Gebärmutter und der Eileiter aus dem Müller-Gang. In den Eierstöcken ist Östrogen auch für die Reifung befruchtungsfähiger Eizellen essentiell. In Mäusen mit einem Funktionsverlust des Östrogen-Rezeptors können Zellen nicht auf das Hormon Östrogen reagieren. Dadurch sterben alle Keimzellen im adulten Tier ab. Des Weiteren verwandeln sich die Granulosa-Zellen, welche die Keimzellen umschlossen haben, in Sertoli-Zellen.

Zusammenfassung

Das urogenitale System schließt einerseits die Ausscheidungs-, andererseits die Geschlechtsorgane ein. Die Säugerniere entwickelt sich über zwei Vorstufen, der Vor- und Urniere, zur reifen Niere, der Nachniere. Dieser Prozess ist von charakteristischen Entwicklungsvorgängen wie dem Übergang von Mesenchym zu Epithel geprägt. Die Säugerniere umfasst etwa 1 Millionen funktionelle Einheiten, die Nephrone, die für die Produktion des sekundären Harns verantwortlich sind. Höhere Vertebraten weisen entweder ein weibliches oder männliches Geschlecht auf. Die Entscheidung zwischen beiden Geschlechtern wird schon zum Zeitpunkt der Befruchtung durch die unterschiedliche Kombination der beiden Geschlechtschromosomen X und Y getroffen. Die Geschlechtsbestimmung wird in eine primäre und sekundäre Phase eingeteilt, in welchen definierte Faktoren für die Entwicklung beider Geschlechter verantwortlich sind. Zu diesen gehören zunächst Faktoren wie Sry, Sox9, Dax1 und Wnt4, später insbesondere Hormone wie AMH, Testosteron und Östrogen.

Fragen

▼

1 Nennen Sie wichtige Funktionen der Säugerniere.

2 Beschreiben Sie den Aufbau eines Nephrons.

3 Wie entwickelt sich die Ureterknospe?

4 Wie entsteht ein Nephron?

5 Nennen Sie wichtige molekulare Faktoren der Nierenentwicklung und erläutern Sie kurz deren Funktionen.

6 Was bezeichnet man als die primäre Geschlechtsbestimmung, was als die sekundäre?

7 Welche Faktoren sind an der Ausbildung der weiblichen bzw. der männlichen Gonade beteiligt?

8 Was ist der Müller-Gang, was der Wollf'sche Gang? Zu welchen Strukturen tragen sie bei?

Literatur

KOOPMAN, P., J. GUBBAY, N. VIVIAN, P. GOOD-FELLOW, R. LOVELL-BADGE (1991) Male development in chromosomally female mice transgenic for Sry. Nature 351, 117-121

PARKER, K.L., A. SCHEDL, B.P. SCHIMMER (1999) Gene interactions in gonadal development. Annu. Rev. Physiol. 61, 417-433

SCHEDL A. (2007) Renal abnormalities and their developmental origin. Nat. Rev. Genet. 8, 791-802

SWAIN, A., V. NARVAEZ, P. BURGOYNE, G. CAMERINO, R. LOVELL-BADGE (1998) Dax1 antagonizes Sry action in mammalian sex determination. Nature 391, 761-767

VAINIO, S., M. HEIKKILA, A. KISPERT, N. CHIN, A.P. MCMAHON (1999) Female development in mammals is regulated by Wnt-4 signalling. Nature 397, 405-409

VAINIO, S., Y. LIN (2002) Coordinating early kidney development: Lessons from gene targeting. Nat. Rev. Genet. 3, 533-543

12 | Derivate des Endoderms

Inhalt

Aus dem endodermalen Keimblatt bilden sich unter anderem der Darm, die Leber, das Pankreas (Bauchspeicheldrüse), die Lunge und die Schilddrüse. Im Rahmen dieses Kapitels soll auf die Entwicklung der Leber und der Bauchspeicheldrüse im Detail eingegangen werden. Bei den Wirbeltieren entwickeln sich die Leber und das Pankreas als Ausstülpungen des caudalen Vorderdarms direkt neben dem Magen. Die Bauchspeicheldrüse entsteht aus der gezielten Fusion einer dorsalen mit einer ventralen Ausstülpung des Darms und lässt sich später in einen endokrinen als auch einen exokrinen Anteil einteilen.

Aus dem endodermalen Keimblatt entwickeln sich unter anderem der Darm, der Magen, die Leber, die Gallenblase und das Pankreas, die alle in räumlicher Nachbarschaft zueinander angeordnet sind (**Abb. 12.1**). Die Leber als auch das Pankreas entstehen durch Ausknospungen der caudalen Darmregion. Nicht alle Zellen des Darms besitzen die Fähigkeit, in Leber oder Pankreas zu differenzieren. Hierbei spielen Wnt-Proteine und Retinsäure eine entscheidende Rolle, da sie durch einen Konzentrationsgradienten entlang der anterior-posterioren Körperachse eine Musterung des Darms entlang dieser Achse bewirken. Dadurch erhalten nur Zellen des anterioren Teils die Kompetenz, Leber- oder Pankreasgewebe auszubilden. Dieser Bereich zeichnet sich durch die Expression des Homeoboxtranskriptionsfaktors Hex und des Signalmoleküls Sonic Hedgehog (Shh; Kapitel 8, **Infobox14**) aus. Der Transkriptionsfaktor Hex wird sowohl für die Leber-, als auch die Pankreasentwicklung benötigt.

Die Entscheidung, ob Zellen des Vorderdarms eine Entwicklung in Leber, Pankreas oder Darm einschlagen, hängt von verschiedenen Faktoren ab, die wir in diesem Kapitel eingehend besprechen wollen (**Abb. 12.2**). Bei beiden Organen, Leber und Pankreas, finden wir ein ähnliches Entwicklungsschema. Zunächst kommt es im Bereich des Vorderdarms zur Ausbildung einer Ausstülpung (Knospe) der Epithelzellen in das umgebende Gewebe, welches einen mesenchymalen Charakter aufweist. Die ausgebildete Knospe interagiert anschließend mit dem umliegenden Mesenchym auf molekularer Ebene, was für die Proliferation und Differenzierung hin zu Leber oder Pankreas entscheidend ist.

Die Entwicklung der Leber | 12.1

Die Leber übernimmt im Stoffwechselgeschehen eines Organismus wichtige Funktionen. Sie steht an zentraler Stelle des Stoffwechsels von Kohlenhydraten, Lipiden und Aminosäuren. In der Leber wird beispielsweise Glucose in Form von Glykogen gespeichert. Darüber hinaus hat sie wichtige Funktionen in der Bildung lebenswichtiger Proteine wie den Gerinnungsfaktoren sowie beim Abbau und der Ausscheidung von Stoffwechselprodukten, Giftstoffen und Medikamenten. Des Weiteren ist sie in den hormonellen Stoffwechsel involviert, da sie Hormone aktiviert (z.B. Schilddrüsenhormone), synthetisiert und abbaut (z.B. Insulin und Glukagon). Außerdem produziert die Leber die für die Fettverdauung benötigte Gallenflüssigkeit, die anschließend in der benachbarten Gallenblase gespeichert wird (**Abb. 12.1**).

Abb. 12.1

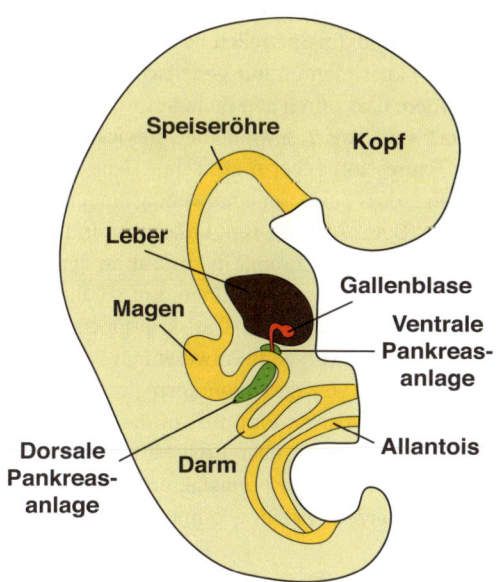

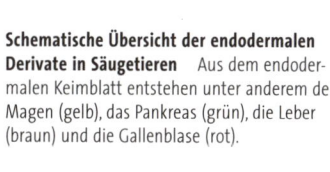

Schematische Übersicht der endodermalen Derivate in Säugetieren Aus dem endodermalen Keimblatt entstehen unter anderem der Magen (gelb), das Pankreas (grün), die Leber (braun) und die Gallenblase (rot).

Hepatoblasten:
Vorläuferzellen der
Hepatozyten oder
Gallengangzellen

Hepatozyten:
Leber- oder Leberepi-
thelzellen

Erste Anzeichen einer Differenzierung in Richtung Lebergewebe sind durch die Expression der Leber-spezifischen Gene Albumin, Transthyretin und α-Fetoprotein gegeben. In der Maus erfolgt dies etwa um Tag 8,25 der Embryonalentwicklung. Zellen, die diese Markergene exprimieren, werden als Hepatoblasten bezeichnet. Diese können später entweder in Hepatozyten oder in Gallengangzellen differenzieren.

Für die Entwicklung der Leber scheinen Signale aus der benachbarten, kardialen Vorläuferzellpopulation entscheidend zu sein, wohingegen die Anwesenheit des Notochords, welches normalerweise in einer größeren Distanz zur Leber angeordnet ist, einen negativen Einfluss auf die Leberentwicklung ausübt. Diese Tatsachen veranschaulichen folgendes Experiment: Ersetzt man das sich entwickelnde Herzgewebe durch Zellen aus dem Notochord, so wird die Bildung hepatischer Zellen inhibiert. Neben den kardialen Zellen spielen auch die Endothelzellen des Gefäßsystems eine wichtige Rolle bei der Leberentwicklung. Entfernt man diese aus der Nachbarschaft der Leberanlage, kommt es zur Unterdrückung der Leberbildung. Die induktiven Signale aus Herz und Gefäßsystem sind verschiedene Mitglieder der FGF-Wachstumsfaktoren (siehe Kapitel 3.4.5), die von kardialen und endothelialen Zellen gebildet und sezerniert werden.

An diesem Punkt stellt sich die Frage, wodurch die Zellen des Vorderdarms ihre Kompetenz erhalten, auf den Einfluss oder die Anwesenheit von FGF-Molekülen zu reagieren. Es hat sich heraus gestellt, dass einige Proteine der Familie der Forkhead Transkriptionsfaktoren (Fox-Gene) für diese Kompetenz entscheidend sind. Im Speziellen handelt es sich hierbei um Foxa1 und Foxa2. In Experimenten mit genetisch veränderten Mäusen konnte gezeigt werden, dass durch den Endoderm-spezifischen Funktionsverlust von Foxa1 und Foxa2 sowohl die Entwicklung der Leberknospe als auch die Expression Leber-spezifischer Gene negativ beeinträchtigt wird. Dies zeigt, dass beide Gene notwendig sind, um die Expression Leber-spezifischer Gene zu initiieren. Einerseits sind diese Transkriptionsfaktoren in der Lage, die Chromatinstruktur an den Stellen der genannten Leber-spezifischen Gene zu öffnen, um so die regulatorische Region (Promotorregion) für weitere Transkriptionsfaktoren zugänglich zu machen. Andererseits werden in Anwesenheit von Foxa1 und Foxa2 störende Nukleosomen von der Promotorregion entfernt. Beide Maßnahmen haben einen positiven Einfluss auf die Expression Leber-spezifischer Gene. An der frühen Leberentwicklung beteiligen sich unter anderem auch die GATA-Transkriptionsfaktoren GATA4 und GATA6, die wir schon bei der Herzentwicklung kennen gelernt haben (Kapitel 10, **Infobox 17**).

Die Entwicklung des Pankreas | 12.2

Im adulten Organismus übernimmt das Pankreas eine doppelte Funktion: Einerseits besitzt dieses Organ einen exokrinen, andererseits einen endokrinen Anteil (**Abb.12.2**). Der exokrine Teil des Pankreas besteht aus

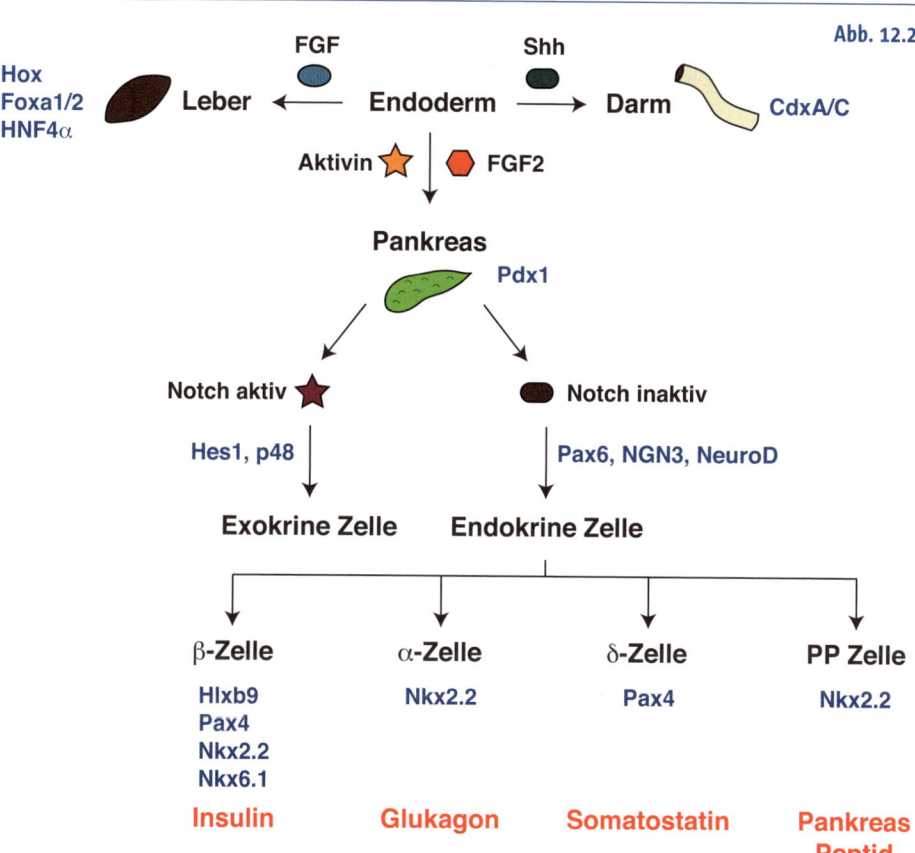

Abb. 12.2

Molekulare Grundlagen der Derivatentwicklung des Endoderms Aus dem endodermalen Keimblatt entstehen u.a. die Leber, das Pankreas und der Darm. Für die Leberentwicklung müssen Mitglieder der FGF-Familie anwesend sein. Spezifische hepatische Markergene sind verschiedene Hox-Gene, Foxa1/2 und HNF4α (engl. _hepatocyte nuclear factor 4α_). Zur Entwicklung des Darms wird Shh benötigt. Spezifischer Maker für das Darmgewebe sind CdxA und C (caudale Homeobox Proteine A und C). Unter Einfluss von Aktivin und FGF2 entsteht das Pankreas, in dessen Zellen Pdx1 (pankreatischer duodenaler Transkriptionsfaktor 1) exprimiert wird. Im Pankreasgewebe können exokrine und endokrine Zellen gebildet werden, welche durch den Notch-Signalweg unterschieden werden. Zur Entwicklung der exokrinen Zelle müssen Notch, Hes1 und p48 aktiv sein. Zur Entwicklung der endokrinen Zelle muss Notch inaktiviert sein, während Pax6, NGN3 und NeuroD exprimiert werden. Aus den endokrinen Zellen entwickeln sich weiterhin die β-, α-, δ- und PP-Zellen. Die spezifischen Markergene hierfür sind in der Abbildung in blau hervorgehoben. Diese Zellen produzieren Insulin (β-Zellen), Glukagon (α-Zellen), Somatostatin (δ-Zellen) und das Pankreas Peptid (PP-Zellen).

mehreren Tausend, locker zusammen gefügten Läppchen, die Verdauungsenzyme produzierende Drüsengänge enthalten und somit für die Verdauung von Nährstoffen von Bedeutung ist. Der endokrine Anteil setzt sich aus den Langerhans´schen Inseln, eine Anhäufung von endokrinen Endothelzellen, zusammen. Diese Zellen produzieren Hormone wie Glukagon (in den α-Zellen), Insulin (in den β-Zellen), Somatostatin (in den δ-Zellen) und das Pankreas Peptid (in den PP Zellen) und geben diese auf ein Signal hin direkt ins Blut ab, wodurch sich erklärt, warum der endokrine Anteil des Pankreas so reich an Gefäßen ist. Dadurch beteiligt sich das Pankreas insbesondere an der Regulation der Verdauung und des Blutzuckerspiegels.

Das Pankreas wird während der Entwicklung paarig angelegt, wobei sich eine dorsale sowie eine ventrale Pankreasknospe bilden. Beide Knospen fusionieren später in der Entwicklung, um das reife Pankreas auszubilden. In Säugern beteiligen sich beide Anlagen an der Ausbildung des endokrinen als auch exokrinen Pankreasgewebes. Die bei der Entwicklung beider Knospen involvierten Transkriptionsfaktoren sind sehr ähnlich, wenn auch in ihrer Kombination nicht identisch. Dies impliziert, dass die genetischen Regulationsnetzwerke in beiden Anlagen leicht unterschiedlich sind. Im Fisch bildet die dorsale Pankreasanlage interessanterweise fast ausschließlich endokrines Pankreasgewebe, während die ventrale Anlage überwiegend an der Bildung der exokrinen Drüse teilnimmt.

Anders als bei der Entwicklung der Leber ist für die Entstehung des Pankreas die Anwesenheit des Notochords wichtig. Umgekehrt muss die Herzanlage in einer gewissen Distanz lokalisiert sein. Unter Einfluss von FGF2 und Aktivin, welche vom Notochord abgegeben werden, kommt es in einem Teil des Endoderms zur Repression von Shh. In Folge dessen wird die Expression des Pankreas-spezifischen Markergens Pdx1 (pankreatischer duodenaler Transkriptionsfaktor 1) aktiviert und Pankreas Gewebe ausgebildet (**Abb.12.2**). Endodermales Gewebe mit einer hohen Aktivität an Shh hingegen entwickelt sich zu Darmgewebe. Entfernt man das Notochord während der frühen Entwicklung, so führt dies zu einer fehlerhaften Ausbildung des Pankreas. Pdx1 ist zusammen mit IFABP (engl. *intestinal fatty acid binding protein*) eines der ersten Pankreas-spezifischen Gene. Wichtige Aufgaben von Pdx1 sind die Stimulierung der Ausknospung des Darmepithels, die Aufrechterhaltung der Shh-Repression im Endoderm, die Initiation der Differenzierung der Langerhans´schen Inseln und die Expression von Insulin in den β-Zellen des Pankreas.

Neben dem Notochord sind auch die umliegenden Gefäße für die Entwicklung des Pankreas von entscheidender Bedeutung. Das Pankreas entwickelt sich exakt an der Stelle, an welcher das Endoderm des Vorderdarms, die Aorta und die Vitellinvene aufeinander treffen (**Abb. 12.3**). Im Falle der Abwesenheit dieser Gefäße kommt es zum Verlust der Pdx1 Expression - die Entwicklung des Pankreas ist gestört. Im Umkehrschluss führt die Anhäufung zusätzlicher Endothelzellen zu einer Expansion der Pdx1 Expression, was von einer vermehrten Bildung von Pankreasgewebe begleitet wird.

Vitellinvene: Vene, über die Nährstoffe aus dem Dottersack in den Embryo transportiert werden.

In Säugern entwickeln sich der endokrine und exokrine Teil des Pankreas aus einer gemeinsamen Vorläuferzellpopulation (**Abb.12.2**). Bei der Auftrennung dieser in einen exokrinen und einen endokrinen Anteil übernimmt Notch (siehe auch Kapitel 8.2) eine essentielle Aufgabe. Ist Notch aktiv, kommt es unter Mitwirkung von Hes1 (engl. _hairy and enhancer of split 1_) und p48 zur Entwicklung einer exokrinen Pankreaszelle. Im Falle der Inaktivierung von Notch wird das Schicksal der Zelle in Richtung einer endokrinen Zelle gelenkt. Die weitere Differenzierung der endokrinen Zelle erfolgt über NGN3 (Neurogenin 3), Pax6 und NeuroD. Die nachfolgende Entwicklung der endokrinen Zellen in die verschiedenen Hormon-produzierenden Zelltypen hängt von der spezifischen Expressionskombination verschiedener Transkriptionsfaktoren ab. Für die Ausbildung der β-Zellen wird die Aktivität von Hlbx9, Pax4, Nkx2.2 und Nkx6.1 benötigt. Die Entstehung der α-Zellen setzt die Expression von Nkx2.2, die der δ-Zellen Pax4 und die der PP Zellen ebenfalls Nkx2.2 voraus. Die β-Zellen sind in den Langerhans´schen Inseln mit 65 bis 80 % vertreten. Die α-Zellen bilden in den Langerhans´schen Inseln einen Anteil von 15–20 % und die δ-Zellen einen von 3–10 %.

Abb. 12.3

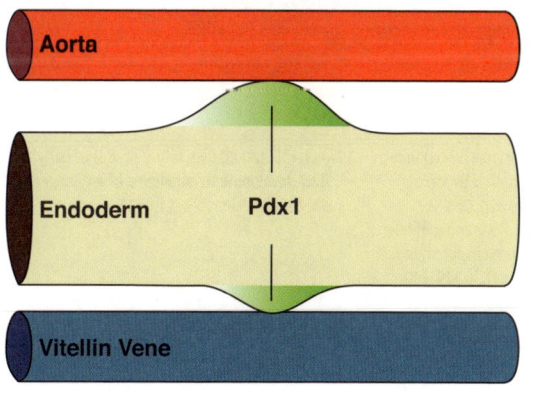

Einfluss der Gefäße auf die Pankreasentwicklung Das endodermale Gewebe, welches sich in örtlicher Nähe zur Aorta und der Vitellinvene befindet, entwickelt sich durch eine hohe Pdx1-Aktivität zum Pankreas.

Zusammenfassung

Die Leber, das Pankreas und der Darm entstehen aus dem endodermalen Keimblatt des frühen Embryos. Die Lenkung der Zellen des Endoderms in die diversen Entwicklungslinien erfordert Signale aus den umliegenden Geweben. Für die Bildung von hepatischen Zellen wird ein FGF-Signal aus dem benachbarten Herzgewebe benötigt. Außerdem sind Transkriptionsfaktoren der GATA- und Foxa-Familien für die Ausbildung der Leberknospe wichtig. Die Entwicklung des Pankreas beginnt mit der Ausbildung einer dorsalen und einer ventralen Knospe aus dem Vorderdarm und erfordert gleichzeitig die Aktivität von Aktivin und FGF2. Dadurch wird die Expression von Shh im Vorderdarm reprimiert und Pdx1 als entscheidender Transkriptionsfaktor aktiviert. Die beiden Anlagen fusionieren im weiteren Entwicklungsverlauf und tragen beide sowohl zum endokrinen als auch zum exokrinen Pankreas bei. Die Entscheidung zwischen exokrinem und endokrinem Pankreas wird durch den Notch-Signalweg vermittelt.

Fragen

▼

1 Nennen Sie einige Derivate des endodermalen Keimblatts.

2 Welche Funktionen hat die Leber im Körper?

3 Welche Rolle spielt das Herz in der Entwicklung der Leber?

4 Beschreiben Sie die Funktion der Forkhead-Transkriptionsfaktoren während der hepatischen Entwicklung.

5 Erläutern Sie die Aufgaben des Pankreas.

6 Welche Aufgabe hat Notch in der Pankreasentwicklung?

7 Nennen Sie die Zelltypen des endokrinen Anteils des Pankreas.

8 Welche Funktion kommt dem Gefäßsystem für die Entwicklung des Pankreas zu?

Literatur

▼

LAMMERT, E., O. CLEAVER, D. MELTON (2001) Induction of pancreatic differentiation by signals from blood vessels. Science 294, 564-567

ZARET, K.S. (2008) Genetic programming of liver and pancreas progenitors: lessons for stem-cell differentiation. Nat. Rev. Genet. 9, 329-340

ZARET, K.S. (2002) Regulatory phases of early liver development: paradigms of organogenesis. Nat. Rev. Genet. 3, 449-512

Regeneration und Stammzellen | 13

Die Regeneration von Zellen und Gewebeverbänden spielt für das Überleben eine wichtige Rolle. So besitzen einige Organismen die Möglichkeit, verletzte oder verlorene Zellen oder sogar Organe zu ersetzen. Stammzellen zeichnen sich dadurch aus, dass sie sich zwar in einem nicht-differenzierten Zustand befinden, aber die Fähigkeit zur Differenzierung in verschiedene Zelltypen besitzen. Außerdem sind sie in der Lage, diesen undifferenzierten Zustand unter definierten Bedingungen aufrecht zu erhalten. In der Medizin setzt man große Hoffnungen in Stammzellen, um mit diesen einen Gewebeersatz zu züchten. Patientenspezifische embryonale Stammzellen könnten über induzierte pluripotente Stammzellen gewonnen werden. Andere Ansätze gehen davon aus, dass man zur Therapie geschädigter Organe die Regenerationsfähigkeit dieser stärken oder reaktivieren könnte. Dabei orientieren sich die Wissenschaftler vor allem an verschiedenen Tiermodellen, die eine hohe Regenerationsfähigkeit besitzen.

Im Vergleich zum Menschen besitzen viele, auch höhere Lebewesen, eine durchaus größere Regenerationsfähigkeit. Finden wir diese beim Menschen auf einige wenige Organe wie die Leber oder die Knochen begrenzt, gibt es Organismen mit äußerst imposanten Fähigkeiten zur Regeneration. Eidechsen beispielsweise sind insbesondere dadurch bekannt, dass sie einen verloren gegangenen Schwanz ersetzen können. Bei Lurchen können sogar die Extremitäten, die Retina oder die Linse nach Schädigung oder Verlust ersetzt werden. Interessant ist auch die Fähigkeit von Fischen, Herzgewebe nach Verlust, beispielsweise nach experimenteller Entfernung, regenerativ zu ersetzen. Ein weiteres, bekanntes Beispiel ist Hydra, die bei Teilung zwei vollständige Organismen nachbilden kann (**Abb. 13.1**). Gleiches gilt für bestimmte Würmer (Planarien). Hier kommt es durch Umstrukturierung zur Neubildung von verloren gegangenen Strukturen, wobei wenig neues Wachstum vorliegt. Wir sprechen in diesem Fall von Morphallaxis. Bei der Molchextremität hingegen, die nach Amputation nachwächst, kommt es durch Wachstum zur Neubildung gemusterter Strukturen. In diesem Falle sprechen wir von Epimorphose. Beide Formen von Regeneration sollen nachfolgend anhand der genannten Beispiele diskutiert werden (Abschnitt 13.1 und 13.2). Weiterhin stellt sich die Frage, warum manche Organismen diese vielfältigen Möglichkeiten zur Regeneration besitzen und andere wie der Mensch nicht.

Darüber hinaus können adulte Stammzellen zur Regeneration beitragen, beispielsweise bilden hämatopoetische Stammzellen kontinuierlich Zellen des Blutes (Abschnitt 13.3). Daneben können beim Menschen einige Organe oder Gewebe wie die Leber verlorene Zellen durch Proliferation bereits differenzierter Zellen ersetzen. Dies wird als kompensatorische Regeneration bezeichnet.

13.1 | Regeneration bei Hydra

Teilt man eine Hydra in zwei Stücke, ein Kopf- und ein Fußstück, so können die jeweiligen Fragmente die verloren gegangenen Strukturen ergänzen (Abb. 13.1). Entnimmt man ein kleineres Stück aus der Rumpfregion, welches selbst keine Kopf- oder Fußstrukturen besitzt, werden eben diese ersetzt. Bemerkenswert an diesen Regenerationsvorgän-

Abb. 13.1

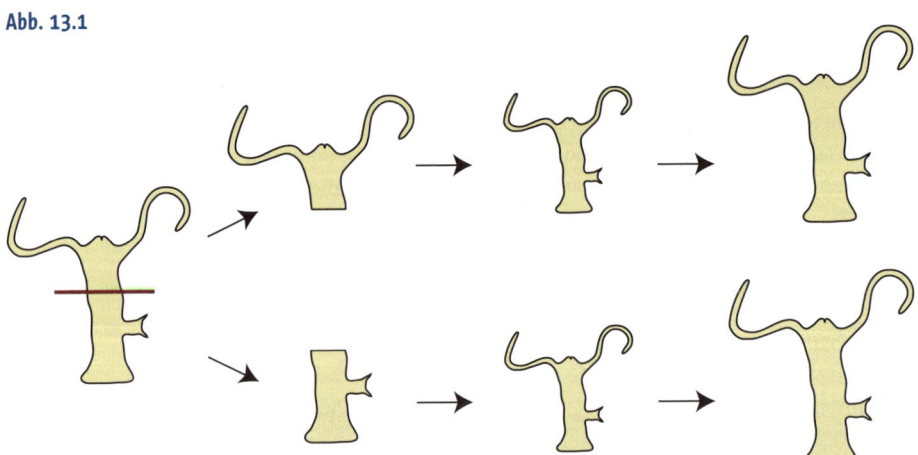

Regeneration bei Hydra Wird eine Hydra in zwei Teilstücke getrennt, so regenerieren beide Stücke zu je einem vollständigen Tier, wobei diese zunächst kleiner sind.

gen ist, dass diese ohne viel Zellwachstum beziehungsweise Zellproliferation geschehen. Diese Tatsache wird durch zwei weitere Befunde belegt: Teilt man eine Hydra in zwei Fragmente, so regenerieren diese, wobei die nachgebildeten Organismen zunächst kleiner sind. Erst nach einer gewissen Wachstumsphase erreichen die Organismen ihre ausgewachsene Größe. Selbst bei Unterdrückung der Zellproliferation durch Bestrahlung kann Hydra vollständige Organismen aus zwei getrennten Teilstücken ausbilden. Beide Experimente unterstützen die Hypothese, dass die Zellen innerhalb des Organismus permanent ihre Position (den Positionswert) bestimmen und somit die ihnen vorgegebene Struktur ausbilden können. Zellen verändern ihre Identität unabhängig davon, welchen Zellzustand sie vorher eingenommen haben.

Diese Regenerationsexperimente zeigen, dass die Zellen von Hydra jederzeit in der Lage sind, ihre Positionsinformation innerhalb des Organismus abzulesen und ihr Schicksal auf Änderungen hin anzupassen. Tatsächlich geschieht dies auch in einer normalen Hydra. Markiert man Zellen unterhalb des Kopfes und betrachtet den Organismus Tage später, so finden sich diese Zellen sowohl in den Tentakeln als auch im Fußbereich wieder (Kapitel 2, **Abb. 2.8**). Dies zeigt, dass während der Hydra Entwicklung ständig Proliferation stattfindet und die neu gebildeten Zellen in die Endbereiche des Körpers wandern. Dies bedeutet, dass die Zellen fortwährend anderen Positionsinformationen ausgesetzt werden und ihren Differenzierungszustand dem selbigen anpassen können. Dies deutet bereits auf Morphogengradienten hin, die zur Vermittlung dieser Positionsinformationen dienen könnten. Des Weiteren müsste es Organisationszentren geben, die in die Etablierung solcher Gradienten eingebunden sind.

Die Kopfregion, die das sogenannte Hypostom einschließt, besitzt interessante biochemische Eigenschaften. Nimmt man ein Hypostom und transplantiert dieses auf eine zweite Hydra, so entsteht an der implantierten Stelle eine Knospe, aus der eine neue Hydra aussprosst (**Abb. 13.2**). Dieses Experiment macht deutlich, dass dem Hypostom organisierende Eigenschaften zukommen. Eine weitere solche Region stellt der Bereich dar, der sich unmittelbar unterhalb des Kopfes befindet. Dieser allerdings weist zusätzlich zu den induktiven auch inhibitorische Eigenschaften auf, was durch folgende Beobachtung deutlich wird: Nimmt man beispielsweise ein Stück, welches sich proximal zum Kopf befindet und transplantiert dieses in eine zweite Hydra, so wird man keine Induktion einer zweiten Körperachse feststellen können (**Abb. 13.2**). Transplantiert man jedoch ein proximales Körperstück in eine Hydra, der vorher der Kopfbereich durch Amputation entfernt wurde, so ist die Ausbildung einer zweiten Körperachse zu beobachten (**Abb. 13.2**).

Abb. 13.2

Transplantationsexperimente in Hydra
A. Transplantiert man das Hypostom (orange) in die mittlere Region einer zweiten Hydra, so entwickelt sich an dieser Stelle eine zweite Knospe. **B.** Wird die basale Region (blau) einer Hydra in die mittlere Region einer zweiten Hydra eingesetzt, so kommt es dort zur Bildung einer zweiten Fußregion. **C.** Wird ein dem Kopf proximales Stück (rot) in den anterioren Teil einer weiteren Hydra transplantiert, so hat dies keinen Einfluss auf die weitere Entwicklung der Empfängerhydra. **D.** Wird eine proximale Region einer Hydra in den anterioren Teil einer Empfängerhydra, bei welcher das Kopfstück fehlt, eingesetzt, regeneriert nicht nur der Kopf, sondern es entsteht auch eine weitere Knospe. **E.** Wird die proximale anteriore Region einer Hydra in die basale Region eingepflanzt, so kommt es dort zur Ausknospung.

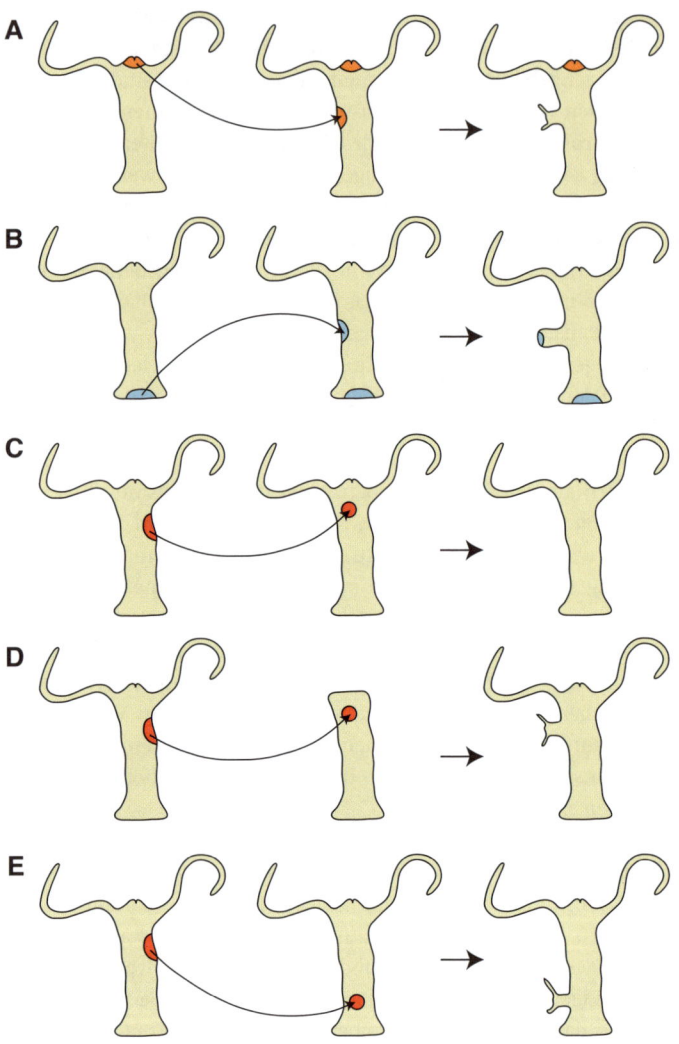

Diese Experimente zeigen, dass der Kopfbereich einerseits inhibitorische Faktoren sezerniert, welche die Ausbildung einer zweiten Körperachse unterdrücken, andererseits mit dem Hypostom gleichzeitig ein Organisationszentrum zur Ausbildung einer zweiten Körperachse aufweist. Versucht man diese Vorgänge molekular zu analysieren, so findet man in dieser Region Vertreter bekannter Genfamilien vor. Im Hypostom und in der sich entwickelnden neuen Knospe beobachtet man beispielsweise die

Expression von Wnt-Proteinen. Im Rumpfbereich sind Vertreter der BMP-Familie exprimiert. Entsprechend dieser Expression kann die Ausbildung einer zusätzlichen Körperachse durch die ektopische Expression von Wnt-Proteinen oder aber Inhibitoren der Glykogen Synthase Kinase-3 (GSK-3) ausgelöst werden. Zusammenfassend zeigen diese Daten, dass der Musterbildung in Hydra einerseits ein Gradientenmodell zur Übermittlung der Positionsinformation zugrunde liegt, andererseits aber auch bereits in Hydra Moleküle gefunden werden können, die wir bei entwicklungsbiologischen Musterbildungsprozessen in höheren Vertebraten oder der Fliege bereits kennen gelernt haben (siehe Kapitel 3, 4 und 6).

Regeneration der Extremitäten | 13.2

Viele Amphibien wie der Salamander zeigen besondere Regenerationsfähigkeiten. Ein beliebter Modellorganismus ist in diesem Zusammenhang *Ambystoma mexicanum* (Axolotl). Bereits genannt ist die Fähigkeit, den Schwanz, die Extremitäten oder die Linse zu ersetzen. Bei der Regeneration all dieser Strukturen kommt es zum Neuwachstum der verloren gegangenen Gewebe. Amputiert man beispielsweise einem Axolotl die Extremitäten an verschiedenen Stellen der proximo-distalen Achse, so kann dieser die verloren gegangenen Strukturen im Laufe mehrerer Wochen vollständig ersetzen (**Abb. 13.3**). Dabei kommt es zunächst zum Verschluss der Wunde durch epidermale Zellen. Unterhalb dieser Epidermis bildet sich ein Blastem aus, in welchem undifferenzierte Zellen vorzufinden sind.

Ein weit verbreitetes Modell – welches jedoch zuletzt in Frage gestellt wurde - geht davon aus, dass diese Ansammlung undifferenzierter Zellen durch die De-Differenzierung von Zellen entsteht, die unterhalb der Wundepidermis liegen. Im Rahmen der Regeneration proliferieren diese Zellen und differenzieren dann erneut zu Knochen, Bindegewebe und Muskeln. Zugleich kann es dabei zur sogenannten Transdifferenzierung kommen: Aus Muskelzellen werden beispielsweise Knorpelzellen oder aus Knorpel- Muskelzellen. Bemerkenswert ist dabei, dass eigentlich terminal differenzierte Zellen wie beispielsweise die des Skelettmuskels, die normalerweise nicht mehr im Zellzyklus sind (sondern in der G0-Phase), in der Umgebung des Blastems wieder in den Zellzyklus eintreten. Das Blastem schafft damit nicht nur besondere Bedingungen, unter denen differenzierte Zellen wieder dedifferenzieren können, sondern auch, dass diese wieder in den Zellzyklus eintreten.

Neueste Daten jedoch können mit diesem Modell nicht in Einklang gebracht werden. Ist man bisher davon ausgegangen, dass die Regene-

Transdifferenzierung: Umwandlung von Zellen eines Differenzierungszustands in einen neuen Zustand, zuweilen enger gefasst und nur auf solche Veränderungen angewandt, die eine Keimblattgrenze überschreiten.

Abb. 13.3

Regeneration einer Extremität von Axolotl
Oben: Adulter Axolotl.
Unten: Werden Teile einer Extremität an verschiedenen Stellen (A-C) entlang der proximo-disalen Achse abgetrennt, so regeneriert die Extremität von Axolotl Tieren wieder vollständig.

ration von Extremitäten mit einer erheblichen Veränderung einmal getroffener Differenzierungsentscheidungen begleitet ist (siehe oben), zeigt sich nunmehr, dass dies vermutlich nicht der Fall ist. Mithilfe GFP-transgener Axolotl Embryonen konnte gezeigt werden, dass beispielsweise Muskelzellen während der Regeneration keine Knorpelzellen ausbilden, und letztere keine Muskelzellen. Diese neuen Erkenntnisse veranschaulichen, dass Blastemzellen im Wesentlichen ein eingeschränktes Entwicklungspotential, welches sich an ihrem Ursprungsgewebe orientiert, aufweisen.

Die Ausbildung des Blastemcharakters hängt einerseits von der Gegenwart der Wundepidermis, andererseits auch von der Innervation der Extremität ab. Daher geht man davon aus, dass beide Gewebetypen Wachstumsfaktoren sezernieren, die die Ausbildung des Blastems begünstigen.

Bei Betrachtung verschiedener Amputationsversuche hat sich weiterhin herausgestellt, dass während der Regeneration der Extremität jeweils Strukturen entstehen, die sich weiter distal zur Amputationsstelle befinden. Daraus lässt sich schließen, dass innerhalb der Extremität die Zellen in der Lage sind, ihren Positionswert entlang der proximo-distalen Achse zu erkennen. Hierbei scheint Retinsäure (siehe Kapitel 8, **Infobox 13**) eine besondere Rolle zu spielen. Behandelt man eine amputierte Extremität mit Retinsäure, so wachsen an der Amputationsstelle zunächst weiter proximal gelegene Strukturen aus, die ja eigentlich schon vorhanden sind, bevor die weiter distal gelegenen, verloren gegangenen Strukturen ersetzt werden.

Stammzellen | 13.3

Stammzellen sind Zellen, die in einem relativ undifferenzierten Zustand vorliegen und somit verschiedene Entwicklungsmöglichkeiten besitzen. Darüber hinaus haben sie die Möglichkeit, ihren sogenannten Stammzellcharakter aufrecht zu erhalten (Selbsterneuerung, engl. *self renewal*). Grundsätzlich unterscheiden wir embryonale von adulten Stammzellen. Die embryonalen Stammzellen werden aus frühen Embryonen gewonnen und können im Prinzip in alle drei Keimblätter des Embryos bzw. dessen Derivate differenzieren. Dem gegenüber stehen adulte Stammzellen, die im adulten Organismus vorzufinden und dort für die Gewebshomöostase notwendig sind. Als Beispiel seien hier die hämatopoetischen Stammzellen des Knochenmarks genannt, die für die ständige Erneuerung von Erythrocyten und der Zellen des Immunsystems verantwortlich sind (siehe Kapitel 10.3).

Homöostase: Einhaltung des physiologischen Gleichgewichts durch Selbstregulation.

Zellen, die zwar die Fähigkeit besitzen, in verschiedene Gewebetypen zu differenzieren, jedoch kein Self Renewal aufweisen, werden auch als Progenitorzellen bezeichnet. Der Begriff Vorläuferzelle (engl. *precursor cell*) hingegen beschreibt eine solche Zelle, die die Eigenschaft hat, sich in einen Zelltyp zu entwickeln und somit ein deutlich eingeschränkteres Entwicklungspotential als eine Progenitorzelle aufweist. Mit dem Begriff Potenz beschreiben wir die Möglichkeiten zur Differenzierung, die eine Zelle besitzt. Totipotent ist eine Zelle, die in der Lage ist, einen vollkommenen und vollständigen Organismus zu bilden. In diesem Sinne ist nur die Zygote totipotent. Die Fähigkeit der Totipotenz wurde für keine der etablierten Vertebratenstammzellen gezeigt. Unter Pluripotenz verstehen wir die Fähigkeit einer Zelle, in die Derivate aller drei Keimblätter zu differenzieren, darüber hinaus auch in Keimzellen und extraembryonale Gewebetypen. Das Beispiel für pluripotente Stammzellen sind emb-

Spermatogonien:
Urkeimzellen, die die Stammzellpopulation des Hodens ausbilden. Sie sind dort im Epithel lokalisiert und entwickeln sich zu den Spermien.

ryonale Stammzellen, die aus der inneren Zellmasse gewonnen wurden (siehe Kapitel 13.3.1). Multipotent sind jene Zellen, die die Fähigkeit haben, in mehrere Entwicklungslinien zu differenzieren und damit ein Organ bilden können; sie weisen jedoch ein sehr viel geringeres Entwicklungspotential als pluripotente Stammzellen auf. Das beste Beispiel für multipotente Stammzellen sind hämatopoetische Stammzellen, die in alle Derivate des Blutes differenzieren können (siehe Kapitel 10.3). Oligopotent sind solche Zellen, die in einige wenige Zelltypen differenzieren können, beispielsweise neurale Stammzellen des Gehirns. Unipotente Zellen hingegen können sich lediglich in einen Zelltyp entwickeln. Als Beispiel seien hier die Spermatogonien genannt.

13.3.1 | Embryonale Stammzellen

Embryonale Stammzellen (ES-Zellen) können aus frühen Mausembryonen gewonnen werden. Isoliert man Zellen der inneren Zellmasse von Blastocysten und nimmt diese in Kultur, können sie unter bestimmten Bedingungen ihre Pluripotenz aufrecht erhalten. Dazu werden Faktoren benötigt, welche die Differenzierung der Zellen unterdrücken. Es hat sich gezeigt, dass hierzu embryonale Fibroblasten der Maus geeignet sind. Diese sezernieren unbekannte Faktoren, die auf Stammzellen einwirken und deren Differenzierung unterdrücken. Darüber hinaus hat sich gezeigt, dass ein einzelner Faktor, der *Leukemia Inhibiting Factor* (LIF) in der Lage ist, denselben Effekt zu bewirken. Kultiviert man daher Zellen der inneren Zellmasse auf einem sogenannten *Feederlayer* muriner embryonaler Fibroblasten, gegebenenfalls noch in Gegenwart von LIF, so verharren diese Zellen in ihrem undifferenzierten Zustand. Sie wachsen in Kolonien (**Abb. 13.4**).

Abb. 13.4

In vitro **Kultivierung von ES-Zellen**   Embryonale Stammzellen können auf einer *Feeder*-Zellschicht (Fibroblasten aus Mausembryonen) in Kultur gehalten werden. Die Stammzellkolonien können über die AP-Färbung (<u>A</u>lkalische <u>P</u>hosphatase; blau) von anderen Zellen unterschieden werden. Die Aufnahme wurde freundlicherweise von Tata P. Rao, Universität Ulm, zur Verfügung gestellt.

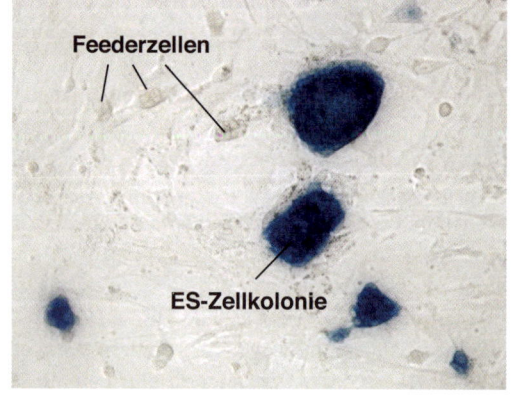

Feederzellen

ES-Zellkolonie

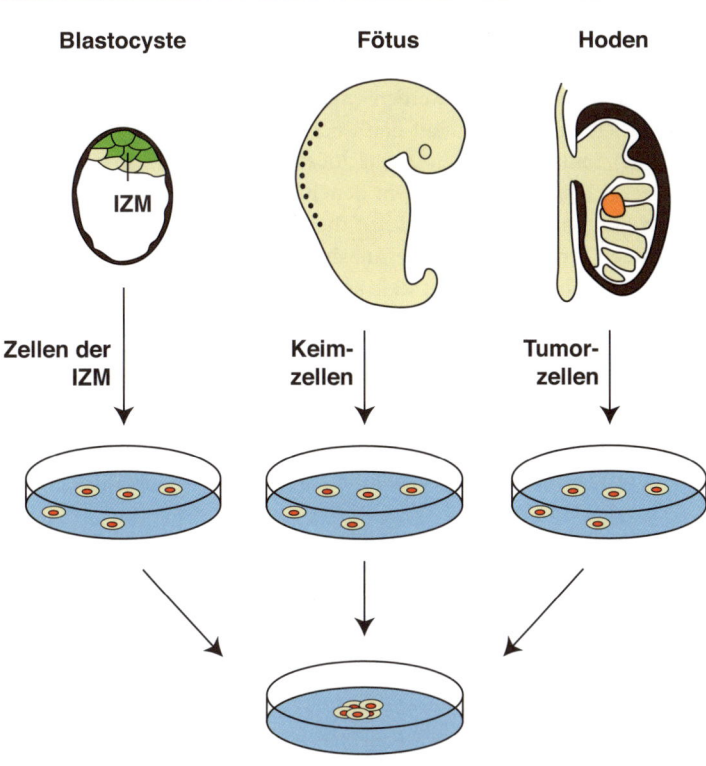

Blastocyste **Fötus** **Hoden**

Zellen der
IZM

Keim-
zellen

Tumor-
zellen

Pluripotente Stammzellen

Abb. 13.5

Gewinnung von Stamm-zellen Pluripotente ES-Zellen können auf drei verschiedenen Wegen gewonnen werden. Aus frühen Embryonen können ES-Zellen aus der inneren Zellmasse (IZM) isoliert werden (Embryonale Stammzellen). Des Weiteren können Keimzellen aus dem Fötus gewonnen und als pluripotente ES-Zellen kultiviert werden (Embryonale Keimzellen). Auch Tumorzellen des Hodens weisen Eigenschaften von pluripotenten Stamm-zellen auf (Embryonale Carcinomazellen).

Entfernt man diese Differenzierungsinhibitoren, so beginnen die murinen embryonalen Stammzellen spontan mit der Differenzierung. Dabei bilden sie, je nach Kulturbedingungen, Derivate aller drei Keimblätter. Man sagt daher auch, dass diese Zellen pluripotent sind. Ähnliche Eigenschaften weisen auch die aus Föten gewonnenen, embryonalen Keimzellen oder embryonale, karzinome Stammzellen, die aus Tumoren der Keimzellen isoliert werden können, auf (**Abb. 13.5**).

Für die Aufrechterhaltung des Stammzellzustandes (engl. *stemness*) aktivieren verschiedene, von außen kommende Wachstumsfaktoren in den Stammzellen Transkriptionsfaktoren. Die bekanntesten Beispiele sind die Transkriptionsfaktoren Oct3/4, Nanog, Sox2, Foxd3 und Rex1. Diese halten gegenseitig ihre Expression aufrecht und unterdrücken gemeinsam mit transkriptionellen Repressoren die Aktivierung von Differenzierungsgenen.

Auf die Differenzierung embryonaler Stammzellen haben ganz unterschiedliche Faktoren einen Einfluss. Um dies so reproduzierbar wie möglich zu gestalten, verwenden viele Forscher die sogenannte *Hanging-Drop* Methode. Dabei werden embryonale Stammzellen dissoziiert und in kleinen Tröpfchen auf den Deckel einer Kulturschale pipettiert (**Abb. 13.6**). Senkt man diesen Deckel auf eine Kulturschale, so bilden sich am Deckel hängende Tropfen, in denen sich die dissoziierten, embryonalen Stammzellen befinden. Auf diesem Wege gelingt es, in jedem hängenden Tropfen die gleiche Anzahl embryonaler Stammzellen einzubringen. Innerhalb kurzer Zeit aggregieren diese Stammzellen und bilden einen Zellhaufen, einen sogenannten *Embryoid Body* (Embryonalkörperchen). Nach einigen Tagen können diese Embryonalkörperchen aus den hängenden Tropfen in eine Kulturschale überführt und auf geeignete Kulturschalen ausplattiert werden. Verwendet man dabei Kulturschalen mit einem kleinen Volumen, so können jeweils ein bis drei Embryonalkörperchen ausplattiert und die Differenzierung einzel-

Abb. 13.6

Die *Hanging-Drop* Methode **A.** Bei der *Hanging-Trop* Methode werden dissoziierte ES-Zellen (schwarze Zellen) in Tropfen auf einen Deckel einer Kulturschale gebracht. Im Anschluss wird dieser Deckel auf das Unterteil einer Kulturschale gebracht, so dass die Tropfen zum Hängen kommen. **B.** Nach einiger Zeit aggregieren diese ES-Zellen am Boden der Tropfen und formen die Embryonalkörperchen (engl. *embryoid bodies*). **C-D.** Zur weiteren Kultivierung und Analyse können die Embryonalkörper zunächst in einem großen Volumen kultiviert und dann je ein bis drei in Kulturschalen mit einem kleinen Volumen gebracht werden.

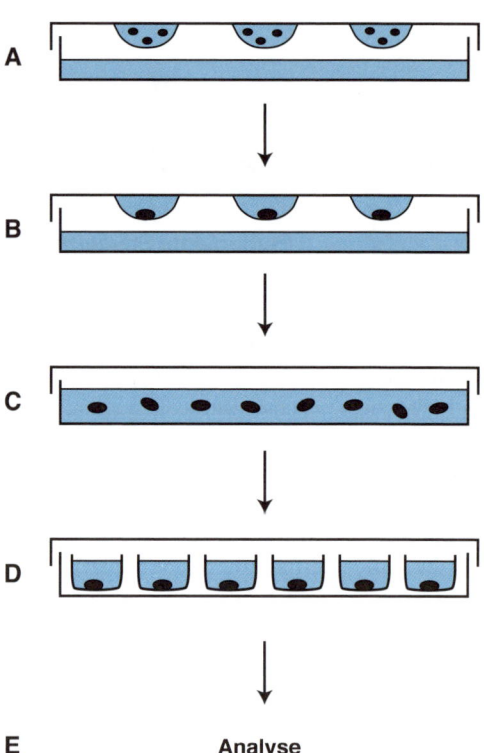

ner *Embryoid Bodies* verfolgt werden. Untersucht man in diesen *Embryoid Bodies* die Differenzierung mithilfe von Markergenanalysen oder Immunhistochemie, so lässt sich zeigen, dass in Gegenwart von normalem fötalem Kälberserum embryonale Stammzellen in alle möglichen Zelltypen differenzieren können. Eine wichtige Frage der Stammzellforschung ist daher, ob es gelingen kann, embryonale Stammzellen zielgerichtet in einen bestimmten Zelltyp zu differenzieren und so mit hoher Ausbeute und Reinheit gewebespezifische Zellen zu züchten. Leider ist dies bisher noch nicht gelungen, da in einzelnen *Embryoid Bodies* grundsätzlich verschiedene Zelltypen generiert werden. Darüber hinaus haben diese Embryonalkörperchen in Bezug auf den Einsatz in der Therapie einen weiteren, schwerwiegenden Nachteil. Transplantiert man beispielsweise *in vitro* differenzierte, embryonale Stammzellen in eine Maus, so beobachtet man mit fast 100%iger Häufigkeit das Auftreten von Tumoren. Ursache für diese Tumore sind zurückgebliebene und nicht differenzierte embryonale Stammzellen. Im Hinblick auf eine Therapie ist daher nicht nur die zielgerichtete Differenzierung, sondern auch die 100%ige Selektion differenzierter Zellen ohne verbleibende nicht differenzierte Vorläuferzellen eine große Herausforderung.

Darüber hinaus wirft die Verwendung humaner embryonaler Stammzellen für die *in vitro* Differenzierung in der Therapie auch ethische Fragen auf. Für die Gewinnung humaner embryonaler Stammzellen aus der inneren Zellmasse müssten menschliche Embryonen getötet werden. Dies ist in vielen Ländern, darunter auch in Deutschland, verboten. Statt dessen hat man in Deutschland die sogenannte Stichtagsregelung eingeführt, die es Forschern ermöglicht, mit humanen embryonalen Stammzellen nach Genehmigung und unter strengen Auflagen zu arbeiten, so lange diese vor einem bestimmten Stichtag im Ausland hergestellt wurden. Die Entwicklung von Therapieformen, die auf der Verwendung embryonaler Stammzellen beruhen, hat darüber hinaus noch eine weitere Problematik zu lösen: Die Abstoßung körperfremden Gewebes, was wir auch aus der Transplantationsmedizin kennen. Dies führt uns zu der Frage, ob nicht körpereigene Zellen eines Patienten für eine stammzellbasierte Therapie sehr viel geeigneter wären. Daher gibt es Bestrebungen, für therapeutische Zwecke entweder adulte Stammzellen einzusetzen oder patienteneigene humane ES-Zellen zu generieren.

Kerntransfer | 13.3.2

Über einen Zeitraum von einigen Jahren wurde die Möglichkeit des therapeutischen Klonens als Möglichkeit zur Generierung patientenspezifischer ES-Zellen diskutiert und erforscht. Dabei wurde die Methode des Kerntransfers bei verschiedenen Organismen angewandt und prin-

Abb. 13.7

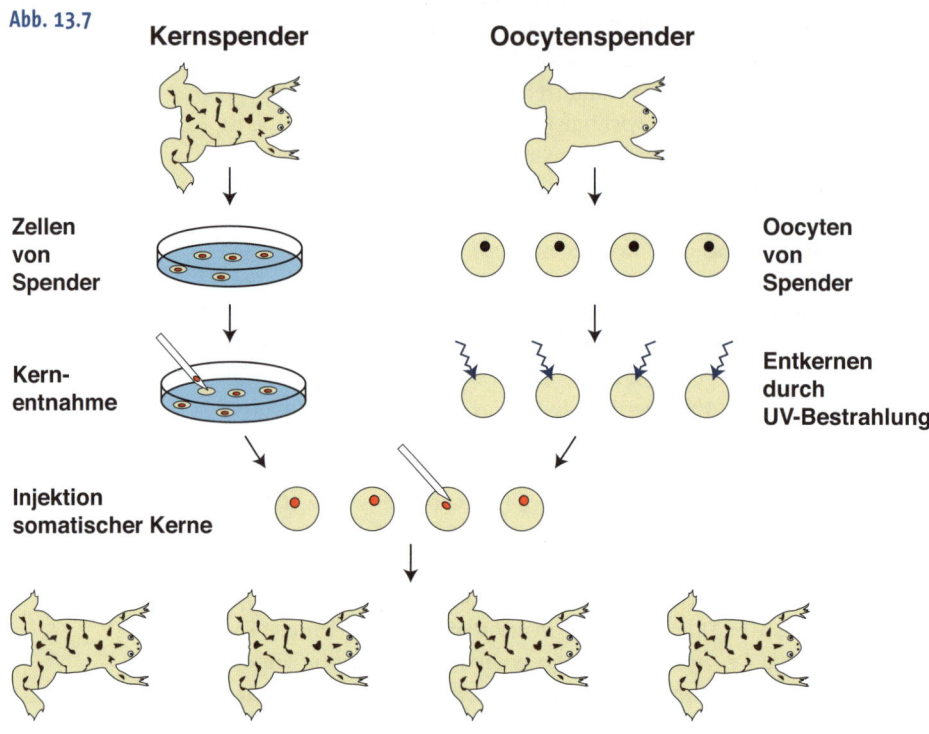

Dem Kernspender identische Klone

Kerntransfer Darstellung des Kerntransfers an *Xenopus laevis* zur Generierung von Klonen. Erstmal durchgeführt von Sir John Gurdon. In diesem Experiment wurden Hautzellen des Kernspenders isoliert, kultiviert und die Kerne (rot) entnommen. Diese Kerne wurden anschließend in Oozyten eines anderen Tieres gebracht, deren Kerne durch UV-Bestrahlung inaktiviert wurden. Aus den neu entstandenen Oozyten entwickelten sich dem Kernspender identische Klone.

zipiell als durchführbar nachgewiesen. Hierfür werden aus einem adulten Organismus Fibroblasten der Haut entnommen (wahlweise auch andere Gewebetypen) und diesen der Zellkern entnommen (Kernspender). Parallel wird aus einer unbefruchteten (menschlichen) Eizelle die Erbinformation entfernt (Oocytenspender) und durch den Zellkern des Kernspenders ersetzt. Der so generierte Embryo ist genetisch mit dem Kernspenderorganismus identisch und wird daher als Klon bezeichnet. In der Folge können Zellen der inneren Zellmasse eines so generierten Embryos entnommen und als embryonale Stammzellen kultiviert werden. So könnte beispielsweise die Erbinformation eines Patienten verwendet werden, um über Kerntransfer embryonale Stammzellen zu generieren, die demnach zum Patienten genetisch identisch sind. Diese Zellen werden auch als ntES-Zellen (engl. *nuclear transfer ES cells*) bezeichnet. Nach der *in vitro* Differenzierung dieser Zellen könnten diese für therapeutische Zwecke eingesetzt werden (Therapeutisches Klonen).

Diese Methode funktioniert auch, wenn man den durch Kerntransfer geklonten Embryo in eine Leihmutter einpflanzt. Auch aus diesem Embryo kann ein dem Kernspenderorganismus genetisch identischer Organismus entstehen. Diese Methode wurde zum ersten Mal von Sir John Gurdon beim Krallenfrosch *Xenopus laevis* (**Abb. 13.7**) angewandt. Auf diese Weise wurde später auch das Klonschaf Dolly generiert und so der Beweis erbracht, dass auch Säuger durch Kerntransfer vermehrt werden können. Einige Zeit später wurde diese Methode auch auf andere Organismen wie Hunde, Katzen, Mäuse, Kühe und andere angewandt. Beim Menschen ist das reproduktive Klonen weltweit geächtet und verboten.

Induzierte pluripotente Stammzellen
13.3.3

Einige ethische Probleme bei der Generierung von patientenspezifischen ES-Zellen über Kerntransfer wie zum Beispiel die Verwendung menschlicher Eizellen und die Tötung eines Embryos sind damit aber nicht gelöst. Eine weitere Möglichkeit zur Generierung patienteneigener Stammzellen wäre die Reprogrammierung differenzierter somatischer Zellen hin zu undifferenzierten Vorläuferzellen, die als Stammzellen in Kultur gehalten werden können. Auf diesem Gebiet konnten in den letzten Jahren wichtige Fortschritte erzielt werden. Dabei wurde gezeigt, dass das kombinierte Einbringen von Oct4, Sox2, c-Myc und Klf4, die in Stammzellen aktiv sind, zur Folge hat, dass eine differenzierte Zelle wieder einen undifferenzierten Zustand einnimmt. Nach einiger Forschungsarbeit konnte dieses Repertoire an vier Genen noch weiter eingeschränkt werden. In adulten neuralen Stammzellen genügt bereits ein einzelner Faktor, pluripotente embryonale Stammzellen zu generieren, nämlich Oct4. Diese Zellen werden als induzierte pluripotente Stammzellen (iPS-Zellen) bezeichnet. Sind diese induzierten pluripotenten Vorläuferzellen aber auch zu ES-Zellen, die aus der inneren Zellmasse gewonnen wurden, funktionell identisch?

Das Entwicklungspotential von undifferenzierten ES-Zellen kann durch eine Reihe experimenteller Ansätze bestimmt werden, die an dieser Stelle besprochen werden sollen:

▶ *In vitro* Differenzierungsassay
▶ Teratom Bildung
▶ Bildung chimärer Mäuse
▶ Keimbahntransmission
▶ 4n Komplementationsassay

Zunächst einmal kann das Potential in *in vitro* Differenzierungsexperimenten wie der oben beschriebenen *Hanging-Drop* Methode ermittelt werden. Daran anschließend analysiert man durch die Anwendung geeigneter Methoden die Differenzierung in die drei Keimblätter und deren Derivate. Des Weiteren führt die Implantation von Stammzellen in Mäuse zur Ausbildung embryonaler Tumore, die Derivate aller Keimblätter enthalten können. Somit weist die Bildung von Tumoren auf die Pluripotenz von ES-Zellen hin. Solche Tumore werden auch als Teratokarzinome bezeichnet. Weiterhin kann die Entwicklungsfähigkeit von ES-Zellen getestet werden, in dem man diese in eine Blastocyste einbringt und untersucht, ob diese Zellen in die innere Zellmasse integrieren und dort in die Derivate alle drei Keimblätter differenzieren können. Es wird folglich untersucht, ob die zu untersuchenden Zellen in der Lage sind, chimäre Mäuse zu bilden. Etwas strenger ist dieser Test, wenn man die Bildung der Keimzellen in der chimären Maus als weiteres Kriterium hinzunimmt (Keimbahntransmission). Der strengste Test auf Pluripotenz ist der 4n Komplementationstest. Dabei injiziert man die zu testenden Zellen in Blastocysten, die einen tetraploiden Chromosomensatz (4n) besitzen. Da tetraploide Zellen in diesen Embryonen keine somatischen Zellen ausbilden können, entwickelt sich nur dann ein Embryo, wenn die injizierten Zellen die Zellen der inneren Zellmasse bilden.

Bisherige Arbeiten der Grundlagenforschung haben gezeigt, dass die induzierten pluripotenten Stammzellen in Differenzierungsexperimenten identische Eigenschaften zu embryonalen Stammzellen aufweisen, zur Bildung von chimären Mäusen beitragen und eine Keimbahntransmission zeigen. Selbst im 4n Komplementationsassay versagen sie nicht. Neueste Arbeiten aus dem Sommer 2009 haben gezeigt, dass induzierte pluripotente Vorläuferzellen auch zur Bildung genetisch identischer Nachkommen verwendet werden können.

Der Fortschritt auf diesem Gebiet ist im Moment enorm. In ersten Experimenten wurden die Reprogrammierungsfaktoren noch mithilfe viraler Konstrukte in die zu programmierenden Zellen eingebracht (2006). Dabei konnten sowohl somatische Zellen der Maus als auch somatische Zellen des Menschen reprogrammiert werden. Das Problem hierbei ist allerdings, dass das Einbringen viraler Gensequenzen eine mögliche therapeutische Anwendung beim Menschen praktisch unmöglich macht, da viele Viren mit einer späteren Tumorbildung assoziiert werden. Wenig später (2008) wurden bereits Plasmidvektoren erfolgreich angewendet. Aber auch dies würde noch zu einer genetisch veränderten iPS-Zellen führen. Ein großer Durchbruch wurde erzielt, als es gelang, die Reprogrammierung ohne genetische Vektoren zu ermöglichen (2009). Bei diesem Verfahren setzt man auf kleine chemisches

Moleküle (engl. *small molecule compounds*), die die Reprogrammierung unterstützen. Dabei konnten verschieden Substanzen, die entweder die Reprogrammierung generell unterstützen oder einzelne Reprogrammierungsfaktoren ersetzen können, gefunden werden: a) Valproinsäure (2-Propylpentansäure), ein HDAC-Inhibitor, b) BIX, ein Regulator einer spezielle Histonmethylase, und c) BayK8644, eine Substanz, die bestimme Calciumkanäle aktivieren kann. In einem anderen Ansatz verfolgt man weiterhin die Gegenwart aller vier Reprogrammierungsfaktoren. Diese werden von den Feederzellen hergestellt, die zur Kultivierung der ES-Zellen verwendet werden. Damit sie von den zu reprogrammierenden Zellen aufgenommen werden, wurden hier elf Argininreste an die Transkriptionsfaktoren angehängt. Diese Modifikation bewirkt, dass die Faktoren Membran-gängig werden. So konnten erstmals iPS-Zellen ohne virale oder DNA-Vektoren generiert werden. Da es sich um iPS-Zellen handelt, die durch Behandlung mit Proteinen hergestellt wurden, bezeichnet man diese auch als piPS-Zellen (engl. *protein induced pluripotent stem cells*). Aus diesen Darstellungen wird insbesondere deutlich, wie schnell sich dieses Feld im Moment bewegt.

HDAC:
engl. *histone deacytylase*, Enzym welches Histone deacetylieren kann.

Histonmethylase:
Enzym, welches Histonreste methylieren kann.

Könnten diese iPS-Zellen für eine Therapie beim Menschen verwendet werden? Auch hier erfolgt eine Überprüfung der Möglichkeiten im Mausmodell. In der Tat konnten hier bereits einige Erkrankungen durch die Anwendung von Differenzierungsprotokollen auf induzierte pluripotente Stammzellen mit nachfolgender Transplantation erfolgreich behandelt werden.

Darüber hinaus können iPS-Zellen als *in vitro* Modellsystem für verschiedene Erkrankungen verwendet werden. Generiert man solche iPS-Zellen von Patienten mit genetisch bedingten Erkrankungen, können anschließend in der Kultur die Folgen der genetischen Veränderung auf das Verhalten von Stammzellen während der Differenzierung untersucht werden.

Adulte Stammzellen

13.3.4

Auch im adulten Vertebratenorganismus finden sich noch Stammzellen, die als adulte Stammzellen bezeichnet werden. Im Gegensatz zu embryonalen sind adulte Stammzellen jedoch lediglich multi-, oligo-, oder gar unipotent (siehe oben). Das bekannteste Beispiel für adulte Stammzellen sind wohl die hämatopoetischen Stammzellen des Knochenmarks, die lebenslang für eine Regeneration der Blutzellen sorgen. Dabei kann die multipotente hämatopoetische Stammzelle verschiedene Entwicklungslinien einschlagen (siehe Kapitel 10.3, **Abb. 10.8**). Die seit Jahren relativ erfolgreich eingesetzte Transplantation hämatopoetischer Stammzellen zur Behandlung verschiedener Formen der Leukämie war die erste etablierte

Stammzelltherapie. Eine gewisse Zeit lang hat man angenommen, dass auch adulte Stammzellen die Fähigkeit besitzen, in verschiedene Gewebe zu differenzieren, die normalerweise nicht im Bereich der *in vivo* ablaufenden Differenzierungsmöglichkeiten liegen. Man spricht in diesem Zusammenhang von der Plastizität adulter Stammzellen. Häufig hat sich jedoch gezeigt, dass die angenommene Transdifferenzierung auf anderen Vorgängen beruht. So glaubte man, dass hämatopoetische Stammzellen in der Lage sind, auch *in vivo* in Herzmuskelzellen zu differenzieren und dadurch nach einem Herzinfarkt die Herzfunktionen zu verbessern. Tatsächlich hat sich aber gezeigt, dass vermeintlich transdifferenzierte hämatopoetische Stammzellen mit Herzmuskelzellen fusionierten und sich nicht neu in diese verwandelt haben. Die beobachteten (geringen) funktionellen Verbesserungen der Herzfunktion hingegen beruhen vermutlich auf parakrinen Effekten der hämatopoetisch Stammzellen, die im Herzgewebe bisher unbekannte Faktoren abgeben und vermutlich auf die Revaskularisierung des Herzmuskels positiv einwirken.

Auch in anderen Geweben wie Gehirn, Darm, Muskel (Satellitenzellen, Kap. 9.1.6) und Herz konnten adulte Stammzellen nachgewiesen werden. Unklar bleibt bis jetzt, wie viel diese Zellen zur normalen Organregeneration beitragen und ob man diese auch zur Behandlung von Erkrankungen verwenden kann. So können aus dem adulten Herzen Stammzellen isoliert werden, die Markergene der frühen kardialen Entwicklung exprimieren und die man in der Kulturschale in reife Herzmuskelzellen differenzieren kann. Vielleicht gelingt es ja auch eines Tages, diese Zellen für die Behandlung eines Herzinfarktes zu aktivieren.

Auch adulte Stammzellen benötigen zur Aufrechterhaltung des Stammzellcharakters äußere Faktoren, die durch Wachstumsfaktoren und Zell-Zell-Kontakte gebildet werden. Zusammen werden diese als Nische bezeichnet. So ist beispielsweise für Stammzellen des Knochenmarks ein Kontakt zu Osteoblasten essentiell, um ihren Stammzellcharakter aufrecht zu erhalten. Trotz jahrzehntelanger Forschung ist es bisher noch nicht gelungen, Kulturbedingungen zu schaffen, um hämatopoetische Stammzellen längere Zeit und stabil in Kultur zu halten.

Zusammenfassung

Verschiedene Organismen wie Hydra, Eidechsen oder der Zebrafisch besitzen die Fähigkeit, verloren gegangene Gewebe zu regenerieren. Der Mensch hingegen zeigt diese Fähigkeit nur in einem extrem eingeschränkten Rahmen, z.B. bei der Wundheilung. Stammzellen sind Zellen, welche die Fähigkeit besitzen, in verschiedene Zelltypen zu differenzieren (Potenz) und in der Lage sind, den undifferenzierten Zustand über Selbsterneuerung (engl. *self renewal*) aufrecht zu erhalten. Grundsätzlich können embryonale Stammzellen (ES-Zellen), die aus der inneren Zellmasse der Blastocyste gewonnen werden, von adulten Stammzellen unterschieden werden, welche im adulten Organismus in vielen Organen nachgewiesen werden konnten. Patienten-spezifische embryonale Stammzellen können über Kerntransfer (ntES-Zellen) oder Reprogrammierung somatischer Zellen (iPS-Zellen) generiert werden. Zuletzt konnten auch Protein-induzierte pluripotente Stammzellen (piPS-Zellen) gewonnen werden. Verschiedene Studien in der Maus zeigen, dass über Kerntransfer oder Reprogrammierung generierte ES-Zellen für therapeutische Zwecke verwendet werden könnten.

Fragen

1 Was verstehen wir unter Regeneration? Geben Sie Beispiele!

2 Wie verläuft die Regeneration einer Extremität?

3 Was sind Stammzellen?

4 Wie können Sie die Pluripotenz embryonaler Stammzellen zeigen?

5 Was ist die *Hanging-Drop* Methode?

6 Wie kann man embryonale Stammzellen kultivieren?

7 Was sind iPS-, was piPS-Zellen?

8 Welche adulten Stammzellen kennen Sie?

9 Finden Sie Beispiele, bei denen man embryonale Stammzellen, iPS-Zellen oder piPS-Zellen für eine Therapie im Mausmodell erfolgreich verwendet worden sind.

Literatur

JAENISCH, R. UND YOUNG, R. (2008) Stem cells, the molecular circuitry of pluripotency and nuclear reprogramming. Cell 132, 567-582

KRAGL, M., D. KNAPP, E. NACU, S. KHATTAK, M. MADEN, H. H. EPPERLEIN, E. M. TANAKKA (2009) Cells keep a memory of their tissue origin during axolotl limb regeneration. Nature 460, 60-65

SHI, Y., C. DESPONTS, J. T. DO, H. S. HAHM, H. R. SCHÖLER, S. DING (2008) Induction of pluripotent Stem Cells from mouse embryonic fibroblasts by Oct4 and Klf4 with small-molecule compounds. Cell Stem Cell 3, 568-574

TAKAHASHI, K. UND S. YAMANAKA (2006) Induction of pluripotent stem cells from mouse embryonic and adult fibroblast cultures by defined factors. Cell 126, 663-676

WILMUT, I., A. E. SCHNIEKE, J. MCWHIR, A. J. KIND, K. H. S. CAMPBELL (1997) Viable offspring derived from fetal and adult mammalian cells. Nature 385, 810-813

ZHOU, H. UND 13 ANDERE (2009) Generation of induced pluripotent stem cells using recombinant proteins. Cell Stem Cell 4, 381-384

Glossar

Abaxiale Muskeln: Muskeln, die aus den Somiten in die Extremität einwandern und dort die Skelettmuskulatur bilden.

AER: engl. *apical ectodermal ridge*. Kante auf der Extremitätenknospe. Sie fördert das Wachstum der Extremität in die proximo-distale Achse, in dem sie Wachstumsfaktoren bildet.

Akrosom: Organell im Spermienkopf. Enthält Enzyme, welche für die Befruchtung bzw. das Eindringen des Embryos in die Eizelle wichtig sind.

Allantois: Embryonale Harnblase. Wichtig für Gasaustausch und Entsorgung von Abfallprodukten.

Allel: Variante eines Gens. Allele unterscheiden sich nur geringfügig in einigen wenigen Basen voneinander.

AMH: *A*nti-*M*üller *H*ormon. Bei genetisch männlichen Vertebraten bewirkt es die Rückbildung des Müller'schen Ganges, dem embryonalen Vorläufer des Eileiters. Wird von den Sertoli-Zellen des Hodens produziert.

Amnion: Dünne, gefäßlose Haut, welche die mit Fruchtwasser gefüllte Amnionhöhle umgibt.

Amnioserosa: Gehört zum extraembryonalen Teil von *Drosophila*. Transiente, einzellige Epithelschicht.

Amnioten: Tiere, die eine Amnionhöhle ausbilden, wie Vögel und Säugetiere.

Angioblast: Endotheliale Vorläuferzelle.

Angiogenese: Bildung kleiner Gefäße durch Aussprossen aus einem größeren Gefäß.

Anterior: Nach vorne, vorne

Apoptose: Kontrollierter, programmierter Zelltod.

APX: engl. *anterior pharynx in excess*

Arthropoden: Gliederfüßler

Axial: In Richtung einer Achse

bHLH: *B*asic *H*elix-*L*oop-*H*elix, Domäne in bestimmten Transkriptionsfaktoren

Blastem: Undifferenzierte Zellen mesenchymalen Charakters.

Blastocoel: Primäre Leibeshöhle, flüssigkeitsgefüllter Raum des frühen Embryos

Blastocoeldach: Unterseite der animalen Kappe in *Xenopus*

Blastocyste: Frühes Embryonalstadium bei Säugetieren. Blasenförmiger Keim nach den Furchungsteilungen.

Blastoderm: Äquivalent zur Blastula in *Xenopus laevis*

Blastomeren: Zellen des frühen Embryos bis hin zur Blastula, die während der Furchungsteilungen der Zygote entstehen, relativ groß

Blastoporus: Auch Urmund genannt. Öffnung in *Xenopus*, durch welche die Zellen während der Gastrulation in das Innere des Embryos einwandern.

Blastula: Frühes Entwicklungsstadium, in welchem der Embryo eine Hohlkugel bildet

BMP: engl. *bone morphogenetic protein*, Familie von Wachstumsfaktoren der TGF-β Familie.

Caudal: In Richtung Schwanz

Chimäre: Organismus, der aus Zellen unterschiedlicher genetischer Identität zusammengesetzt ist.

Chorda dorsalis: Auch Notochord genannt. Dorsaler Achsenstab der Chordaten.

Chordaten: Organismen mit einer *Chorda dorsalis*.

Chorion: Bei Insekten. Schale des Eies; bei höheren Vertebraten extraembryonale Struktur, die den Embryo umhüllt.

Chromatin: Mit Histonen assoziierte DNA, bildet die Chromosomen.

Cranial: In Richtung Kopf

Cycline: Proteine, die im Zellzyklus eine Schlüsselfunktion übernehmen.

Dpp: *decapentaplegic*, Wachstumsfaktor der TGF-β Familie in *Drosophila*, Homolog zu BMP in Vertebraten, wirkt in Form eines Morphogens.

Delamination: Ablösen von Zellen aus einem Gewebeverband.

Dermis: Unterhaut

Dermatom: Anteil der Somiten, der die Dermis bildet.

Determination: Auswahl und Festlegung des Schicksals von Zellen.

Differenzierung: Spezialisierung von Zellen.

Diploid: Doppelter Chromosomensatz. Die Zelle enthält zwei Chromosomensätze und damit zwei Allele von jedem Gen.

Distal: Von Körpermitte entfernt.

Dominant-negativ: Ein dominant-negatives Konstrukt blockiert bei Überexpression die Funktiondes Wildtyp Proteins.

Dorsal: Rückenwärts

Dotter: Struktur bestehend aus Phosolipiden und -proteinen. Speicher von Energie und Nährstoffen.

Dottersack: Extraembryonale, häutige Struktur, welche von der Keimscheibe unterhalb des sich bildenden Embryos auswächst und den Dotter enthält. Bei Fischen, Vögeln und Reptilien.

Endokard: Innerste Schicht der Herzwand. Bildet auch die Herzklappen.

Enhancer: Regulierender Abschnitt auf der DNA, an welchen Transkriptionsfaktoren binden.

Epiblast: Obere Zellschicht auf Keimscheibe. Struktur, aus welcher der Embryo gebildet wird. Teil der inneren Zellmasse bei der Maus.

Epibolie: Radiale Interkalation, durch die sich das Ektoderm über den Dotter zieht.

Epidermis: Oberhaut

extrakorporal: Außerhalb des Körpers

extrazellulär: Außerhalb der Zelle

FGF: engl. *fibroblast growth factor*, Familie von Wachstumsfaktoren

Follikel-Zellen: Zellen, welche die Ei- und Nährzellen von *Drosophila* umgeben. Allgemein Zellen, die eine Hülle bilden, die andere Zellen oder ein flüssigkeitsgefülltes Volumen umgeben.

Furchung: Frühembryonale Zellteilungen, bei welchen die befruchtete Eizelle in immer kleinere Tochterzellen geteilt wird.

Gameten: Keimzellen. Eizellen oder Spermien.

Gastrula: Embryo, der sich in der Gastrulation befindet.

Gastrulation: Vorgang, bei welchem die endo- und mesodermalen Zellen in den Embryo einwandern und dort die inneren Organe bilden.

Genom: Gesamtes Erbgut eines Organismus

Genotyp: Erbgut eines Organismus

Germarium: Stammzellregion des Eischlauches

Genitalleiste: Anlage, aus welcher die weiblichen und männlichen Genitalien hervor gehen.

GFP: Grün fluoreszierendes Protein

Gliazelle: Nicht-neuronale Zelle im ZNS. Dient der Versorgung der neuronalen Zellen und der elektrischen Isolation.

Glomerulus: Gefäßknäuel, in welchem der Primärharn gebildet wird.

GLP: engl. *abnormal germ line proliferation*

Gonade: Hoden oder Ovar

Hämolymphe: Körperflüssigkeit von einigen Invertebraten. Enthält das Plasma und Blutzellen und dient dem Transport von Stoffen.

Haploid: Einfacher Chromosomensatz

HDAC: engl. *histone deacytylase*, Enzym, welches Histone deacetylieren kann

Henle-Schleife: Benannt nach Jakob Henle. Kommt nur bei Säugern und Vögeln vor.

Hensen-Knoten: Äquivalent zum Primitivknoten oder dem Spemann-Organisator. Am anterioren Ende der Primitivrinne gelegene Verdickung.

Hepatische Zelle: Leberzelle

Hermaphrodit: Organismus, der Keimzellen beider Geschlechter bildet.

Histonmethylase: Enzym, welches Histonreste methylieren kann

HMG: engl. *high mobility group*, DNA Bindedomäne bestimmter Wachstumsfaktoren

HOM/Hox: Einige Transkriptionsfaktoren mit einer Homeodomäne zur DNA-Bindung, die auf Ebene der DNA in Clustern organisiert sind. Nicht alle Homeoboxtranskriptionsfaktoren gehören zu den HOM- (*Drosophila*) oder *Hox* (andere Tiere, insbesondere Vertebraten) Genen.

Homeosis: Veränderung eines Körpersegmentes unter Annahme der Eigenschaften eines anderen Segmentes.

Homeotische Gene: Auch *Hox*-Gene.

Homologe Gene: Gene, die in ihrer Aminosäureabfolge (Sequenz) eine sehr hohe Ähnlichkeit aufweisen. Vermutlich während der Evolution aus einem gemeinsamen Vorläufer entstanden.

Homologe Rekombination: Austausch von Allelen

Homeobox: Abschnitt in einem Gen, welches die Homöodomäne codiert.

Homeodomäne: Spezieller Bereich in manchen Transkriptionsfaktoren, der die Bindung an DNA vermittelt.

Homeostase: Einhaltung des physiologischen Gleichgewichts durch Selbstregulation.

Hypoblast: Struktur, aus welcher die extramembryonalen Strukturen hervorgehen Sitzt dem Dotter auf und wird vom Epiblast überlagert.

Imaginalscheibe: Ansammlung ektodermaler, undifferenzierter Zellen holometaboler Insekten, aus denen später Organe wie Augen, Beine und Flügel hervor gehen.

Imago: Adultes Insekt

Implantation: auch Nidation. Einnisten des Embryos in die Gebärmutterschleimhaut

intrazellulär: innerhalb der Zelle
Induktion: Auslösung eines Entwicklungsvorgangs durch einen Induktor.
Induktor: Gewebe oder Molekül, das im Empfängergewebe morphogenetische Prozesse oder eine Differenzierung auslöst.
Ingression: Ablösen und Einwandern einzelner mesenchymaler Zellen.
Innere Zellmasse: Gewebe, aus welchem sich der Embryo entwickelt.
Invagination: Einstülpung einer Zellschicht
Invertebraten: Tiere ohne Wirbelsäule, Wirbellose
Involution: Rollbewegung eines Zellverbunds um eine Kante ins Körperinnere. Kann Teilvorgang einer Invagination sein.
Knock-out: Ausschalten beider Allele eines Gens
Kollersche Sichel: Halbmondförmiger Bereich kleiner Zellen vor der posterioren Marginalzone im Hühnermembryo.
Kompetenz: Fähigkeit oder Vermögen zu einer bestimmten Entwicklung.
Konformation: Struktur eines Proteins
Laterale Inhibition: Von einem Ort ausgehende Hemmung, die seitlich in das benachbarte Gewebe wirkt.
Lethal: Zum Tode führend
Ligand: Bindungspartner für einen Rezeptor
Maternal: Mütterlich
Membranpotential: Elektrischer Spannungsunterschied zwischen extra- und intrazellulärem Kompartiment.
Metamere: Wiederkehrende Segmente
microRNA: Kurze, einzelsträngige RNA-Moleküle, welche die Expression von Ziel-mRNA Molekülen unterdrücken.
MOM: engl. _more mesoderm_
Morphallaxis: Regeneration durch Umgestaltung ohne Vermehrung der Zellen
Morphogen: Signalmoleküle, die an der Morphogenese beteiligt sind
Morphogenese: Musterbildung, Gestaltbildung, Formbildung von Organismen
Morula: Frühes Embryonalstadium (Brombeerstadium), kugeliger Zellhaufen
Müller-Gang: Genitalanlage der weiblichen Genitalien wie die Eileiter, Gebärmutter und Scheide.
Mutante: Genetisch veränderter Organismus
Mutation: Veränderung der genetischen Information
Myokard: Gestreifte Muskulatur des Herzens
Myotom: Teil des Somiten, aus dem die quergestreifte Muskulatur des Rumpfes und der Extremitäten hervorgeht
Myotuben: Vielzellige Vorstufe der Muskelzelle/Muskelfaser

Nekrose: Pathologische Absterben von einzelnen oder mehreren Zellen im lebenden Organismus
Neurula: Embryo, der sich im Neurulationsstadium befindet.
Neurulation: Embryonaler Vorgang, bei welchem sich das Neuralrohr bildet.
Neuralleiste: Rand der Neuralplatte, aus welchem die Neuralleistenzellen hervorgehen
Neuralleistenzellen: Zellen der Neuralleiste
Neuralplatte: Vorläuferzellpopulation des Zentralen Nervensystems
Neuralrohr: Strutur aus Neuralplatte, die nach der Neurulation entsteht
Nieuwkoop-Zentrum: Geweberegion im dorsovegetalen Bereich von frühen _Xenopus_ Embryonen. Benannt nach seinem Entdecker Pieter Nieuwkoop.
Notochord: Siehe _Chorda dorsalis_
Nuclease: Enzym, welches RNA (RNAse) oder DNA (DNAse) spaltet.
Oogenese: Eireifung
Oozyte: Unreife Eizelle
Osteoblasten: Vorläuferzellen der Knochenstruktur
Osteoklasten: Entstehen aus hämapoetischen Stammzellen, dienen dem Abbau der Knochensubstanz
Ovar: Eierstock
Ovariole: Eischlauch
Paraloge Gene: Gene, die in ihrer Aminosäureabfolge (Sequenz) sehr ähnlich sind, und in einem Organismus vorkommen. Vermutlich durch Genduplikation(en) entstanden
Paraxial: Nahe der Achse
Perikard: Bindegewebe, welches das Herz umhüllt.
Perivittelinraum: Raum zwischen Vitellinhülle und Oozyte in Drosophila melanogaster
P-Granula: Partikel, die RNA Moleküle und Proteine enthalten.
Phänotyp: Erscheinungsbild eines Organismus
Plazenta: Aus extraembryonalen Zellen des Embryos gebildet, dient dem Stoffaustausch zwischen Embryo und Mutter
Polydaktylie: Überzahl an Fingern oder Zehen
Polzellen: Zellen am posterioren Ende eine _Drosophila_ Embryos, aus welchen die Keimzellen hervorgehen
Posterior: Nach hinten, hinten
Posttranslational: Nach der Translation
Primaxiale Muskeln: Muskeln, die an der Bildung der Rumpfmuskulatur beteiligt sind.
Primitivknoten: Entspricht dem Spemann-Organisator in Amphibien. Verdickung am anterioren Ende des Primitvstreifens von Vögeln (Hensen-Knoten) oder Säugern.

Primitivstreifen: Äquivalent zum Blastoporus in Amphibien, Spezielle Struktur in Maus- oder Hühnerembryonen, durch welche die Zellen während der Gastrulation hindurch wandern

Proliferation: Zellvermehrung durch Zellteilung

RAR/RXR: Verschieden Rezeptoren für Retinsäure (engl. *retinoic acid*, RA)

Rekombination: Austausch von Allelen

Reporter: Gen, dessen Protein im Embryo visualisiert werden kann.

Rhombomer: Segment des Hinterhirns

Ribosom: Ort der Proteinbiosynthese

Rostral: In Richtung Schnauze

Selektorgen: Gene, die das Schicksal einer Zelle oder einer ganzen anatomischen Einheit bestimmen.

Shield: Äquivalent im Zebrafisch zum Spemann-Organisator in *Xenopus laevis*

Shh: Sonic hedhehog, extrazellulärer Wachstumsfaktor, kann als Morphogen wirken

Sklerotom: Ventraler Teil des Somiten, woraus das Knochengewebe hervorgeht.

Somatische Zellen: Nahezu alle Körperzellen (mit Ausnahme der Keimzellen) von höheren Organismen

Somiten: Zellblöcke mesodermalen Schicksals während der frühen Entwicklung, die bilateral neben der *Chorda dorsalis* angeordnet sind. Aus diesen gehen die Dermis, Körpermuskulatur und Knochen hervor.

Spemann-Organisator: Dorsale Urmundlippe von Amphibien. Äquivalent zu Primitivknoten von Vögeln und Säugern.

Spermatogonien: Urkeimzellen, die die Stammzellpopulation des Hodens ausbilden. Sie sind dort im Epithel lokalisiert und entwickeln sich zu den Spermien.

Spezifikation: Erste, reversible Programmierung eines Entwicklungsweges

Spina bifida: Fehlbildung des Neuralrohrs

subkutan: Unter die Haut

Syncytium: Zelle mit mehreren Zellkernen

T-Box: Spezielle DNA-Bindedomäne in manchen Transkriptionsfaktoren

Tracheen: Verzweigtes Kanalsystem von Invertebraten. Dient der Versorgung des Körpers mit Sauerstoff.

Transdifferenzierung: Umwandlung von Zellen eines Differenzierungszustands in einen neuen Zustand, zuweilen enger gefasst und nur auf solche Veränderungen angewandt, die eine Keimblattgrenze überschreiten.

Transgen: Durch Einschleusung eines fremden Gens hergestellter Organismus

Transposon: DNA-Abschnitte, die mithilfe des Enzyms Transposase ihre Lokalisation im Genom ändern können. Auch springende Gene genannt.

Trophoblast: äußere, zellige Wand der Säugerblastocyste, die in direktem Kontakt zur Mutter steht und aus welcher extraembryonale Strukturen entstehen.

UTR: Untranslatierte Region einer mRNA

Vaskulogenese: Frühe Gefäßbildung

Vegetal: Unpigmentierter Teil der *Xenopus* Oozyte oder Embryos

Vegetativ: Siehe vegetal

Ventral: Bauchwärts

Vertebraten: Tiere mit Wirbelsäule

Vitellinmembran: Hülle um die Eizelle, nicht zellulär, bei Säugetieren durch die *Zona pellucida* ersetzt

Vitellinvene: Vene, die Nährstoffe aus dem Dottersack in den Embryo bringt

Vorkern: Nucleus der Gamete

Wildtypallel: Häufigstes Allel in einer Population, siehe Allel

Wolffscher Gang: Anlage des Harn- und des Samenleiters in Wirbeltieren

Zementdrüse: Auch Haftdrüse. Anterior-ventrales Organ in Xenopus, bildet ein klebriges Sekret, mit dem die Kaulquappe sich an der Unterseite von Blättern von Wasserpflanzen festhalten kann.

Zona pellucida: Hülle um die Eizelle bei Säugetieren

ZPA: engl. *zone of polarising activity*, Zone polarisierender Aktivität, Bereich im posterioren Teil der Extremitätenknospe, besitzt eine Musterungsaktivität

Zygote: Befruchtete Eizelle

Zygotische Gene: Gene des Embryos, stehen im Gegensatz zu maternalen Genen der Mutter

Register

Prof. Dr. Michael Kühl, Studium und Promotion der Biochemie in Berlin. Seit 2002 Universitätprofessor für Biochemie und Molekulare Biologie. Forschungsschwerpunkte im Bereich der intrazellulären Signaltransduktion und deren Bedeutung in der frühen embryonalen Entwicklung. Seit 2006 auch Leiter der International Graduate School in Molecular Medicine in Ulm.

Dr. Susanne Gessert, Studium und Promotion in der Biologie an der Universität Ulm. Seit Jahren tätig in der Grundlagenforschung im Bereich der Entwicklungsbiologie.

Bibliografische Information der Deutschen Bibliothek
Die Deutsche Bibliothek verzeichnet diese Publikationen in der Deutschen Nationalbibliografie; detaillierte bibliografische Daten sind im Internet über http://dnb.ddb.de abrufbar.

ISBN 978-3-8252-3331-0 (UTB)
ISBN 978-3-8001-2923-2 (Ulmer)

© 2010 Eugen Ulmer KG
Wollgrasweg 41, 70599 Stuttgart (Hohenheim)
E-Mail: info@ulmer.de
Internet: www.ulmer.de
Lektorat: Dr. Bärbel Hecker, Alessandra Kreibaum
Herstellung: Jürgen Sprenzel
Graphiken: Dr. Susanne Gessert
Umschlagentwurf: Atelier Reichert, Stuttgart
Satz: Atelier Reichert, Stuttgart
Druck und Bindung: Graph. Großbetrieb Friedr. Pustet, Regensburg
Printed in Germany

ISBN 978-3-8252-3331-0 (UTB-Bestellnummer)

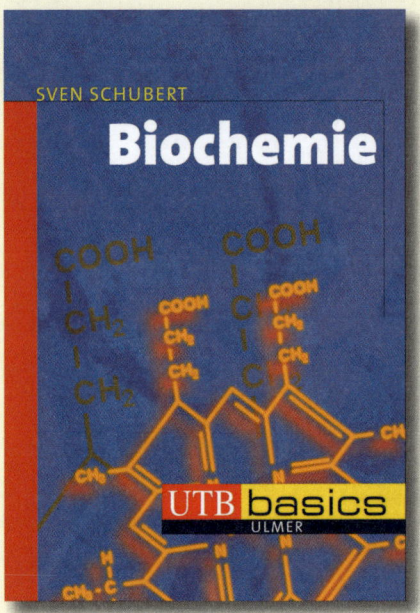